꿀벌의 숲속살이
THE LIVES OF BEES

꿀벌의 숲속살이
야생 꿀벌은 어떻게 살아갈까

초판 1쇄 인쇄일 2021년 7월 7일   **초판 1쇄 발행일** 2021년 7월 15일

지은이 토머스 D. 실리 | **옮긴이** 조미현

펴낸이 박재환 | **편집** 유은재 | **마케팅** 박용민 | **관리** 조영란

펴낸곳 에코리브르 | **주소** 서울시 마포구 동교로15길 34 3층(04003) | **전화** 702-2530 | **팩스** 702-2532

이메일 ecolivres@hanmail.net | **블로그** http://blog.naver.com/ecolivres

출판등록 2001년 5월 7일 제201-10-2147호

종이 세종페이퍼 | **인쇄·제본** 상지사 P&B

ISBN 978-89-6263-225-5 03490

책값은 뒤표지에 있습니다.   잘못된 책은 구입한 곳에서 바꿔드립니다.

꿀벌의 숲속살이

야생 꿀벌은 어떻게 살아갈까

토머스 D. 실리 지음 | 조미현 옮김

에코리브르

코넬 대학교의 과학자, 작가, 교수로서

40년 넘도록 학생들에게 꿀벌에 대해 알려주고 관심을 갖게 했으며,

필자에 대한 아낌없는 성원으로 이 책이 탄생하는 데 밑거름이 되어준

로저 모스(Roger A. Morse, 1927~2000)께 바칩니다.

차례

머리말

우리 인간은 항상 꿀벌―아피스 멜리페라(*Apis mellifera*: 꿀을 나르는 벌)―에 매료되었다. 수십만 년 동안 아프리카, 유럽, 아시아에 거주했던 최초의 우리 조상들은 분명 두 가지 귀한 물질인 꿀을 저장하고 밀랍을 만드는 이 벌의 경이로운 근면성에 감탄했을 것이다. 좀더 최근으로 와서 지난 1만 년 동안 인류는 복잡한 양봉 기술을 발명하고 과학적인 꿀벌 연구를 시작했다. 예를 들면, 고대 철학자 아리스토텔레스는 일벌이 먹이 채집의 효율을 높이려고 채집 여행 내내 일반적으로 한 종류의 꽃만을 고수하는 벌의 이러한 '꽃 지조' 습성을 처음 기술했다. 그리고 지난 몇백 년 동안 인류는 꿀벌에 대한 수만 편의 과학 기사를 집필했다. 대부분 양봉의 실용적 요소에 관한 것이지만 그 밖에 이 한없이 매혹적인 벌의 기초생물학에 관한 글도 많았다. 인류는 꿀벌과 양봉에 관한 수천 권의 책도 펴냈다. 미국에서만 1700년대부터 2010년까지 양봉, 꿀벌학, 꿀벌에 관한 동화 등 4000권 가량의 서적이 출판되었다.

인류가 꿀벌에 줄곧 매료되었음을 감안하면, 최근까지도 아피스 멜리페라의 진정한 자연사―즉 야생에서 이 종의 군락들이 어떻게 살아가는지―에 대해 우리가 아는 게 거의 없었다는 사실이 오히려 이상하다. 꿀벌의 자연생활에 대한 전반적인 탐사가 오래도록 지연된 이유는 무엇일까? 내가 생각하기에 답은 단순하다. 이 부지런하고 흥미진진한 곤충에 가장 뜨거운 관심을 가진 이들―양봉가와 생물학자―이 대개 자연 풍경 어디나 널려 있는 속 빈 나무와 바위틈에 사는 야생 군락이 아닌, 양봉장의 바글바글한 인공 벌통에 거주하며 세심한 관리를 받는 군락을 갖고 작업해왔기 때문이다. 우리의 벌꿀을 생산하고 우리의 농작물을 수분시키는 것이 바로 이러한 관리 군락인 만큼 양봉가들이 자기 벌통에 사는 군락에 초점을 맞추는 게 놀랄 일은 아니다. 관리 군락은 대조 실험이 필요한 과학 탐구에 가장 적합하므로, 생물학자들도 인공 시설에 사는 군락을 대상으로 작업해왔다는 사실 역시 놀랍지 않다. 예를 들어 노벨상 수상자 카를 폰 프리슈(Karl von Frisch)가 만약 유리벽이 있는 관찰용 벌통에 사는 군락을 갖고 연구하지 않았다면, 만일 개체 식별을 위해 일부 채집 벌에게 페인트 표시를 하지 않았다면, 그런 다음 이 벌들이 인공 먹이원, 즉 그가 실험실 바깥마당에 설치해둔 작은 설탕 시럽 접시에 다녀온 후 벌집 안에서 어떤 행동을 하는지 관찰하지 않았다면, 그는 꿀벌이 추는 8자춤의 의미를 절대 발견하지 못했을 것이다.

벌통―원통형 토기든, 엮어서 짠 바구니든, 혹은 (아주 최근의) 스티로폼 용기든―에 사는 꿀벌들에 쏠린 인류의 오랜 관심의 초점은 오늘날까지 지속되고 있다. 그러나 지난 몇십 년간 양봉가와 생물학자들은 이 매력 덩어리 곤충이 우리가 관리하지 않는 곳에서는 어떻게 살아가는지 조사하기 시작했고, 이런 '자연으로의 귀환' 덕분에 우리는 꿀벌의 생활에서 많은 새로운 수수께끼에 눈을 뜨게 되었다. 이 책은 꿀벌 군락이 자연 세계에서 어떻게 살아가는지에 관해 알려진 것들을 검토하려는 나의 시도다. 우리는 나무 구멍과 바위틈에 거주하며 자유롭게 사는 군락이 우리 눈에 보이는 사과 과수원과 블루베리밭에 놓여 있거나, 양봉장을 빽빽이 채우고 있거나, 뒤뜰에 자리 잡은 흰 상자에서 사는 양봉 군락과 상당히 다른 삶을 영위하고 있음을 알게 될 것이다. 아마 가장 놀라운 사실일 텐데, 우리는 야생 군락이 살아남아서 자신의 개체수를 유지하고 있는 데 반해 양봉가들이 관리하는 군락 중 무려 40퍼센트가 매년 죽어가고 있다는 사실도 알게 될 것이다.

야생 꿀벌 이야기는 우리가 아피스 멜리페라와 관련해 우리 스스로를 바라보는 시각과 양봉 기술을 실행하는 방식을 확장시켜줄 수 있기 때문에 중요하다. 이를테면 꿀벌을 그저 꿀을 생산하고 수분 계약(pollination contract)을 이행하기 위해 우리가 마음대로 부릴 수 있는, 말 잘 듣고 부지런한 곤충으로서가 아니라 우리가 감탄하고 존중하고 진정으로 벌 친화적인 방식으로 다뤄야 하는 대단한 곤충으로 생각해볼 수 있다. 다음 장들에서는 야생 꿀벌 군락에 관한 연구의 여러 가닥—둥지 짓는 양식, 둥지 간격, 먹이 채집 범위, 짝 짓기 체계, 질병에 대한 저항력, 군락유전학(colony genetics) 등—이 합쳐져 어떻게 각기 독자적으로 살아가는 이들 군락이 번성하는 방식을 밝혀냈는지 살펴보고자 한다. 마지막 장인 '다윈식 양봉'에서는 이렇게 늘어만 가는 지식을 우리가 어떻게 하면 아주 중요한 한 가지 쟁점을 다루는 데 활용할 수 있을지 논의할 것이다. 그것은 바로 수천 년 동안 인간의 삶을 달콤하게 만들어줬고 해가 갈수록 인류의 식량 공급에서 의존도가 높아지고 있는 아피스 멜리페라라는 종과 더 좋은 동반자가 되는 방안이다.

내가 야생 꿀벌에 빠진 것은 열한 살이 채 되지 않은 1963년 봄부터였다. 지금도 여전히 그렇지만, 나는 당시 뉴욕주 이타카(Ithaca)에서 동쪽으로 몇 마일 떨어진 엘리스할로(Ellis Hollow)라 불리는 작은 골짜기에 살았다. 그곳은 너비가 겨우 1.6킬로미터(1마일)에 길이가 3.2킬로미터(2마일)인 계곡으로, 마운트플레전트(Mount Pleasant)와 스나이더힐(Snyder Hill)이라는 2개의 가파른 산 사이에 있다. 이 산들은 뉴욕주 중부의 핑거호(Finger Lakes) 지역을 관통하며 이어지는, 나란히 뻗은 고대 사암 절벽들로 이뤄져 이 일대에 울퉁불퉁한 멋진 풍경을 더해준다. 엘리스할로는 성장하는 아이에게 좋은 장소였다. 울창한 산비탈과 계곡의 바닥—짙은 상록수 숲으로 둘러싸인 경사진 들판, 잠자리들이 순찰을 도는 양지바른 습지, 그리고 그 모든 곳을 거치며 굽이굽이 완만하게 흐르는 캐스캐딜라 크리크(Cascadilla Creek)—이 끝없어 보였기 때문이다. 멋진 도가머리딱따구리가 목수개미를 찾아 나무를 쪼는 걸 처음 관찰한 것도, 강철 같은 눈을 한 악어거북이 늪 깊숙이 알을 낳고 있는 걸 처음 지켜본 것도, 내가 키우는 너구리한테 개울의 바위 아래서 가재 사냥하는 법을 처음 보여준 것도 이곳이었다. 다행히 늘 매혹적인 이 장소에는 내 탐험을 제한할 '출입 금지' 표시가 없었다. 지금도 차를 몰고 엘리스할로 강변도로를 따라 집에 갈 때면 내 눈은 여전히 탐사해야 할 지점들을 포착한다.

1963년 6월 초의 어느 날, 엘리스할로 강변도로를 따라 걷고 있을 때였다. 시끄러운 윙윙 소리가 들리더니 빵 트럭 크기의 자욱한 꿀벌 무리가 우리 집에서 동쪽으로 100미터(330피트)가량 떨어진 길가의 아주 오래된 검은호두나무 주변을 빙빙 돌고 있는 게 보였다. 나는 겁이 나서 길 맞은편 그늘진 숲으로 건너가 안전한 거리를 유지하며 지켜봤다. 그곳에서 나는 벌들이 지면으로부터 약 4미터(12피트) 높이의 두꺼운 나뭇가지 위에 착륙해 자신들의 암갈색 몸 수천 개로 그것을 뒤덮더니, 골프공 크기의 옹이구멍으로 줄줄이 들어가는 광경을 보았다. 꿀벌들이 이사 중이었던 것이다! 오르기 좋은 나무이자 검은호두의 풍부한 공급원으로 내가 소중히 여겨왔던 이 거대한 나무가 순식간에 '굉장히' 특별해졌다. 이제는 벌 나무였다! 그해 여름, 나는 자주 그곳을 찾았고 점차 벌에 대한 공포심도 극복해 결국에는 가까이서 (발판 사다리 위에 자리를 잡고) 쏘이지 않고도 녀석들을 지켜볼 수 있다는 걸 알게 됐다. 경이로운 시간이었다.

어머니가 벌에 대한 나의 호기심을 알아채셨고, 1963년 크리스마스에 부모님은 삽화가 아름다운 꿀벌에 관한 동화책 한 권을 선물해주셨다. 메리 가이슬러 필립스(Mary Geisler Phillips)가 쓴 《꿀은 누가 만들까(The Makers of Honey)》(1956)였다. 나는 그걸 꼼꼼히 읽었고, 그 책이 나를 꿀벌의 생태로 안내해주는 방식이 좋았다. 그 책은 이 글을 타이핑하고 있는 순간에도 내 책상 위에 놓여 있다. 이 작은 책과는 특별히 깊은 인연이 있다는 느낌이 드는데, 저자 역시 코넬 대학교 가정학부(현재는 인간생태학부) 교수였기 때문이다. 그녀는 대학의 라디오 방송 대본 및 출판 봉사 활동의 편집인도 맡았다. 게다가 코넬 대학교의 첫 양봉 교수인 에버렛 필립스(Everett F. Phillips)가 그녀의 남편이었다.

소년 시절 꿀벌 세계로의 이 사랑스러운 입문, 특히 나무에 사는 야생 꿀벌 군락을 직접 관찰했던 경험을 감안하면, 내가 1974년에 생물학 박사 학위를 따려고 대학원에 들어가 논문 연구 주제를 정해야 했을 때 (양봉가가 아닌) 꿀벌들이 자신의 거주 구역을 선택할 때 무엇을 추구하는지 탐구하기로 결정한 것도 놀랄 일은 아니다. 나는 그 과정에서 하버드 대학교의 논문 지도교수였던 독일인 생태학자 베르트 횔도블러(Bert Hölldobler)에게서 배운 "너의 동물을 그들의 세상 안에서 알라"는 원칙을 꿀벌들에게 적용할 수 있겠다고 생각했다. 또한 꿀벌들을 단지 양봉장의 하얀 상자 속에 사는 '농업의 천사(angels of agriculture)'가 아닌, 숲속의 속 빈 나무에 사는 놀라운 야생 생물로 바라보는, 꿀벌 연구의 새로운 접근법을 발전시킬 수 있기를 바랐다. 그뿐만 아니라 내가 새 집으로 이사 가는 벌 떼를 조심스럽게 관찰한 1963년 이래로 의식해왔던 수수께끼를 이 논문 연구를 통해 풀기를 바랐다. 도대체 부모님 집 인근 검은호두나무의 어두운 구멍에 어떤 매력이 있기에 벌들은 그곳을 거주지로 삼은 것일까? 그날 그 나무에 그 벌 떼가 입주하는 것을 지켜본 사건이 야생에서 꿀벌이 살아가는 방식을 이해하고픈 나의 오랜 열정에 불을 댕겼던 것이다.

뉴욕주 이타카에서
토머스 D. 실리

서문

우리는 우리가 무슨 일을 하지 않고 있는지 결코 알지 못했기에
우리가 무슨 일을 하고 있는지 결코 알지 못했다.
우리가 아무 일도 하지 않는다면 자연이 어떤 일을 하게 될지 알고 나서야
우리는 비로소 우리가 무슨 짓을 저지르고 있는지 알 수 있을 것이다.

–웬델 베리(Wendell Berry), 〈야생의 보존(Preserving Wildness)〉(1987)

이 책은 꿀벌(아피스 멜리페라)이 야생에서 어떻게 살아가는지에 관한 이야기다. 목적은 꿀벌 군락이 인간의 용도를 위해 양봉가에 의해 관리되는 게 아니라 독자적으로 살아갈 때, 그리고 생존과 번식 및 이를 통해 차세대 군락에 성공적으로 기여하는 데 유리한 방식으로 살아갈 때, 그것들이 어떻게 작동하는지에 대해 우리가 아는 정보를 집대성하는 데 있다. 우리의 목표는 꿀벌의 자연생활—둥지를 짓고 덥히며, 새끼를 키우고, 식량을 채집하고, 적을 막아내고, 번식을 완수하고, 계절에 맞춰가는 방식—을 이해하는 것이다. 우리는 꿀벌 군락이 자연에서 **어떻게** 살아가는지 살펴보는 것 외에도 그들이 자신의 일을 처리할 때 **왜** 지금과 같은 방식으로 하면서 사는지 검토하려 한다. 바꿔 말해서, 우리는 자연 선택이 진화의 미로를 통과하는 기나긴 여정 중에 이 중요한 종의 생태를 어떤 식으로 형성했는지도 탐구하고자 한다. 그럼으로써 아피스 멜리페라가 어떻게 유럽·서아시아·아프리카 대부분을 포함하는 지역에 토착하게 되었고, 그리하여 양봉가들이 아메리카·오스트레일리아·동아시아로 그

것을 도입하기도 전에 세계 최고의 종이 되었는지를 밝혀낼 것이다.

꿀벌이 자연 세계에서 어떻게 살아가는지 아는 것은 광범위한 과학 연구에서 중요하다. 이는 아피스 멜리페라가 생물학의 기본적인 질문, 특히 행동과 연관된 질문을 탐구하는 데 모델 시스템 중 하나가 되었기 때문이다. 동물인지학이든 행동유전학이든 사회행동학이든 어느 분야의 수수께끼를 풀기 위해 이 벌들을 연구하더라도 실험 조사를 설계하기 이전에 그들의 자연 생태를 익히는 것은 대단히 중요하다. 가령 수면 연구자들은 수면 기능 탐구에 꿀벌을 사용함으로써 밤에 대부분의 수면을 취하며 비교적 길게 한숨 자는 것은 바로 군락 안의 나이 든 벌, 즉 일벌뿐이라는 사실을 알고는 많은 도움을 받았다. 만일 이 연구자들이 해 질 무렵 어떤 벌이 군락에서 가장 깊게 잠드는지 알지 못했다면, 진정으로 유의미한 수면 박탈 실험을 설계하는 데 실패했을 것이다. 모든 유기체 실험이 그렇지만 꿀벌을 갖고 하는 제대로 된 실험은 그들의 자연스러운 생활 방식을 활용한다.

야생에서 사는 꿀벌 군락이 어떻게 작동하는지 아는 것은 양봉 기술의 개선에도 중요하다. 일단 꿀벌의 자연생활을 이해하고 나면, 우리가 꿀 생산과 작물 수분을 위해 이 벌들을 철저하게 관리하면서 이들에게 얼마나 스트레스 가득한 생활 환경을 창출하고 있는지 좀더 명확히 알 수 있다. 그러면 우리는—벌과 우리 자신 모두에게—더 나은 양봉 관행을 고안할 수 있을 것이다. 자연을 지속 가능한 농법 개발의 지침으로 활용하는 것의 중요성을 저술가이자 환경 운동가이자 농부인 웬델 베리는 아름답게 표현한 바 있다. "우리가 아무 일도 하지 않는다면 자연이 어떤 일을 하게 될지 알고 나서야 비로소 우리는 우리가 무슨 짓을 저지르고 있는지 알 수 있을 것이다."

현 상태의 양봉은 우리의 관리하에 있는 동물이 주로 우리 이익에 이바지하는 인위적 방식으로 살도록 강요받지 않을 경우 어떤 삶을 살지 고려하지 못할 때 그들의 생활에 어떤 문제점이 발생할 수 있는지를 너무나 명백하게 보여준다. 많은 양봉가들—특히 이 책에서 초점을 맞추는 종인 아피스 멜리페라 수만 군락을 보유한 산업 규모의 양봉장을 운영하는 북아메리카 양봉가들—이 매년 40퍼센트 이상의 군락 사망률에 시달리고 있다. 물론 이는 전적으로 양봉가들의 군락 운영 관행 때문만은 아니다. 농부들의 작물 생산 관행 변화, 특히 식물에 흡수되어 꽃꿀과 꽃가루를 오염시키는 살충제의 조직적인 사용과 많은 곳이 클로버와 알팔파 대신 옥수수와 대두 재배로 전환했다는 점도 이 슬픈 이야기에서 한 몫을 담당한다. 그러나 양봉장의 벌통에 수용된 꿀벌 군락의 생활을 필요 이상으로 조작한 게 군락의 치솟는 사망률에 기여한 것은 틀림없다. 우리는 양봉가들이 군락을 양봉장—여기서 벌집은 수백 미터(적어도 1000피트)가 아니라 사실상 1미터(약 3피트)도 떨어져 있지 않다—에서 북적대며 함께 살도록 강요하면 자신의 작업 효율은 높일지 모르나 벌들의 질병 확산 또한 촉진한다는 걸 알게 될 것이다. 마찬가지로 양봉가들이 벌의 천연 둥지 구멍 크기인 작은 벌집이 아니라 거의 자신만큼 키가 큰 거대한 벌통에 벌을 수용함으로써 군락을 특대형으로 만들면 꿀 생산량은 늘어날지 모르나 그 군락은 치명적인 외부 기생 진드기인 꿀벌응애(*Varroa destructor*) 같은 아피스 멜리페라의 병원균 및 기생충의 거대한 숙주로 변질될 수 있다.

양봉의 표준적인 관행에서 발생하는 꿀벌의 폐해를 고려했을 때, 현재 많은 양봉가들이 이 기술의 대안적 접근법을 모색하고 있다는 사실은 놀랍지 않다. 이들은 자연을 모델로 삼고 싶어 하며, 그러자면 꿀벌이 자연에서 자기 힘으로 어떻게 살아가는지를 확실히 이해해야 한다. 나는 양봉 관행을 좀더 벌 친화적이 되도록 바로잡고 싶어 하는 독자들에게 도움을 드리고자 내가 '다윈식 양봉'이라 부르는, 벌에게 야생의 생활 방식대로 살 기회를 주는 걸 목표로 하는 양봉 접근법을 마지막 장에 할애했다.

미국 북동부의 야생 군락에 초점

이 책은 현재 유럽, 아시아 일부, 대규모 사막 지역을 제외한 아프리카 전역, 북아메리카와 남아메리카 대부분, 오스트레일리아와 뉴질랜드 일부를 망라하는 광대한 지리적 범위에 걸쳐 아피스 멜리페라가 자연 속에서 어떻게 살아가는지에 대한 포괄적 설명을 제공하지는 않는다. 그 대신 우리의 가장 중요한 꽃가루 매개자인 군락이 거의 400년 동안 도입종으로 번성해온 곳인 미국 북동부 낙엽수림의 야생에서 어떻게 살아가는지에 초점을 맞춘다. 이곳은 또한 동료들과 내가 40년 넘도록 야생에서 살아가는 꿀벌의 행동, 사회생활, 생태를 연구해온 장소이기도 하다(그림 1.1). 우리 연구가 비록 토착 범위 바깥에서 사는 꿀벌에 바탕을 두고 있기는 하지만, 나는 미국 북동부 한 모퉁이의 숲속에서 꿀벌이 살아가는 방식에 관해 우리가 알게 된 것들이 유럽, 특히 북부 및 서부 유럽의 자연 속에서 이 벌들이 원래 어떻게 살았는지를 이해하는 데 도움을 줄 수 있을 거라고 생각한다.

1800년대 중반까지 미국 북동부에 사는 모든 꿀벌은 1600년대 초부터 북유럽에서 북아메리카로 넘어온 꿀벌 군락의 후손이었다. 곤충분류학자들은 약 30개의 아피스 멜리페라 아종(亞種, 지리적 변이)을 인정하고 있으며, 북유럽 태생 꿀벌을 린네식 생물분류법상 '아피스 멜리페라 멜리페라(Apis mellifera mellifera)' 아종의 일원이라고 말한다. 이 아피스 멜리페라 아종―'유럽흑색종 꿀벌'이라고도 부른다―은 분류학상으로 기술된 최초의 꿀벌이라는 영예를 안았다. 이는 360년 전인 1758년 스웨덴 웁살라 대학교의 식물·동물학 교수 칼 린네(Carl Linnaeus)가 《자연의 체계(Systema Naturae)》라는 저서를 발간했을 때 이뤄졌으며, 그는 이 책에서 생물학자들이 그 이후 사용해온 분류 체계를 제시했다.

유럽흑색종 꿀벌은 몸통의 색깔이 암갈색에서 칠흑색에 걸쳐 있다는 이유

그림 1.1 **왼쪽**: 미국 코넬 대학교의 아노트 산림(Arnot Forest)에 살고 있는 야생 꿀벌 군락의 나무 집. 붉은 화살표는 이 군락의 둥지에 있는 작은 옹이구멍 입구다. **오른쪽**: 독일 뮌헨에 사는 야생 꿀벌 군락의 둥지 입구.

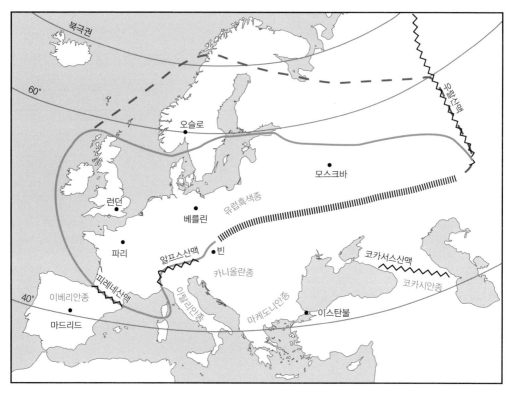

그림 1.2 유럽흑색종 꿀벌의 분포 지도. 초록색 선: 최초의 서쪽·북쪽·동쪽 분포 한계선. 세로빗살무늬 선: 남유럽 및 동유럽의 꿀벌 종(이탈리안종, 카니올란종, 마케도니안종, 코카시안종) 전이대(轉移帶). 붉은 점선: 양봉의 북한계선.

로 이런 이름이 붙었는데, 역사적으로는 서쪽의 영국제도에서부터 동쪽의 우랄산맥까지, 남쪽의 피레네와 알프스 산맥에서부터 북쪽의 발트해 연안까지 북유럽 전역에 걸쳐 살았다(그림 1.2). 우리는 7200~7500년 전의 것으로 추정되는 도기 조각에서 밀랍의 자취를 찾아낸 고고학 연구를 통해 이 벌이 약 8000년 전 독일과 오스트리아에 살았다는 것을 알고 있다. 또한 벌 자체의 유전자 연구를 통해 이 벌이 약 1만 년 전부터 북유럽 기후가 빙하기 이후 온난화를 겪음에 따라 버드나무·개암나무·참나무·너도밤나무 같은 고온성 나무로 울창한 숲이 확장되자 그것을 따라 빙하기 레퓨지아(refugia: 광범위하게 분포했던 유기체가 다른 곳에서는 멸종했으나 살아 있는 지역—옮긴이)—프랑스 남부와 에스파냐의 산맥에 있는 삼림 지대—로부터 북쪽과 동쪽으로 범위를 넓혔다는 것도 알고 있다. 분명 유럽흑색종 꿀벌은 빙하기 동안 진화한 겨울철 생존 적응을 이용해 퍼져나갔고, 결국에는 유럽 내에서 다른 어떤 아종보다 더 북쪽까지 범위를 확장하며 번성했다. 그 범위 중 삼림이 울창한 동쪽의 3분의 2 지역(독일 동부에서 우랄산맥까지)에는 한때 수백만 개의 유럽흑색종 꿀벌 군락이 살았던 것으로 추정된다. 그리고 나무 양봉—둥지를 만들기 위해 나무에 구멍을 낸 다음 그 인공 구멍에 사는 군락을 죽이지 않고 꿀을 수확하는 방식—이 중세 유럽에서 거래된 대부분의 밀랍과 꿀을 공급했다는 사실은 의심의 여지가 없다. 수세기의 역사를 가진 이 나무 양봉 전통의 발자취는 러시아연방의 일부인 바시키르공화국의 우랄산맥 남쪽 지방에서 발견할 수 있다. 이 지방의 숲에는 아직도 순종 유럽흑색종 꿀벌 군락이 서식하고 있으며, 바시키르의 나무 벌통 양봉가들은 여전히 높은 나무 위에 있는 인공 둥지 구멍에 사는 군락으로부터 참피나무(*Tilia cordata*) 벌꿀을 수확한다.

유럽흑색종 꿀벌은 비교적 시원한 여름과 길고 추운 겨울이 있는 삼림 지역에서 사는 데 훌륭하게 적응했다. 따라서 이 아종의 벌들이 1600년대 초 영국 및 스웨덴 이민자들에 의해 북아메리카의 매사추세츠, 델라웨어, 버지니아 주로 들어왔다가 양봉가들의 벌통에서 빠져나와(분봉해) 곧 현지 동물군의 중요한 일부가 되었다고 해도 놀랍지 않다. 이미 1720년에 폴 더들리(Paul Dudley)라는 한 신사는 런던왕립학회의 〈철학회보(Philosophical Transactions)〉에 〈벌들의 꿀을 얻기 위해 숲속 어디에 그들이 벌집을 이루고 사는지 찾아내기 위해 뉴잉글랜드에서 최근에 알아낸 방법 설명〉이란 제목의 글을 발표했다. 1600~1700년대에 쓰인 북아메리카의 편지·일기·여행기를 분석한 결과, 이 꿀벌들이 5대호 아래 삼림이 울창한 북아메리카 동쪽 절반에 걸쳐 급속하게 퍼진 것으로 드러났다(그림 1.3). 루이스·클라크 원정대(Lewis and Clark

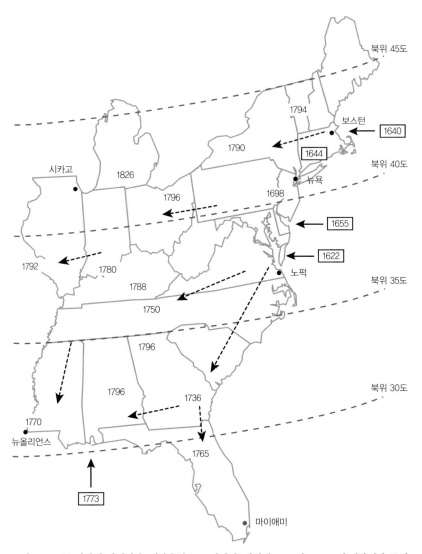

그림 1.3　1660년대에 버지니아, 매사추세츠, 코네티컷, 메릴랜드, 그리고 1773년 앨라배마 주에 도입된 데 이어(실선 화살표로 표시) 북아메리카 동부 전역에 걸쳐 퍼진 유럽흑색종 꿀벌. 점선 화살표는 그 이후 벌의 확산을 나타낸다.

Expedition: 토머스 제퍼슨 대통령의 명령을 받아 메리웨더 루이스 대위와 윌리엄 클라크 소위 가 1804년부터 2년간 이끈 아메리카 대륙 횡단 탐험대—옮긴이)의 일기 역시 북아메리카의 미시시피강 동쪽에서 유럽흑색종 꿀벌이 빠르게 정착했음을 입증한다. 일레로 원정팀이 세인트루이스를 떠나 캔자스강을 따라 텐트를 친 지 얼마 안 된 1804년 3월 25일 일요일에 윌리엄 클라크는 자신의 일기에 이렇게 썼다. "간밤에 강 수면이 14인치(약 36센티미터—옮긴이) 상승했다. 부하들이 꿀벌이 집을 지은 나무들을 많이 찾아서 다량의 꿀을 채취했다."

요즘 미국 북동부 숲속에 사는 야생 꿀벌은 더 이상 유전적으로 순종인 유럽흑색종 꿀벌 개체군이 아니다. 이는 1859년 유럽과 미국 사이에 증기선 항로가 출범한 이후, 미국 양봉가들이 남유럽이나 북아프리카 태생인 그 밖의 여러 아피스 멜리페라 아종의 여왕벌 수입을 시작했기 때문이다. 이런 수입이 60년 넘게 이어졌고, 그러는 사이 짝짓기를 끝낸 여왕벌 수천 마리가 북아메리카로 건너왔다. 그런데 이런 일이 1922년에 돌연 중단되었다. 최초로 발병했다고 알려진 잉글랜드 남부의 지명을 딴 질병으로 특별히 전염병 지정을 받지는 않았지만 전염성이 강하고 치명적이라고 짐작되는 와이트섬병(Isle of Wight disease)으로부터 미국 꿀벌을 보호하기 위해 미 의회가 추가 수입을 금지하는 꿀벌법(Honey Bee Act)을 통과시킨 해다. 뒤에서 살펴보겠지만, 미국 북동부에 서식하는 야생 꿀벌의 유전자 구성은 현재 유럽흑색종 꿀벌과 그 밖에 여러 아피스 멜리페라 아종의 조합으로 이뤄져 있다. 1800년대 말과 1900년대 초에 도입된 것 중 가장 중요한 3종은 모두 유럽 중남부에서 왔다. 바로 아피스 멜리페라 리구스티카(*A. m. ligustica*, 이탈리아), 아피스 멜리페라 카르니카(*A. m. carnica*, 슬로베니아), 아피스 멜리페라 카우카시카(*A. m. caucasica*, 코카서스)다. 그 밖의 여러 아종은 중동과 아프리카—아피스 멜리페라 라마르키(*A. m. lamarckii*, 이집트), 아피스 멜리페라 키프리아(*A. m. cypria*, 키프로스), 아피스 멜리페라 시리아카(*A. m. syriaca*, 시리아와 지중해 동쪽 지방), 아피스 멜리페라 인테르미사(*A. m. intermissa*, 북아프리카)—에서 들어왔는데 인기가 없는 것으로 판명됐고, 미국 어디서도 유전학적으로 잘 나타나지 않는 듯하다.

좀더 최근인 1987년에는 아프리카 동부 및 남부가 고향인 아피스 멜리페라 아종, 즉 아피스 멜리페라 스쿠텔라타(*A. m. scutellata*)가 플로리다를 경유해 미국 남부로 들어왔다. 이때 아열대 기후인 플로리다에서 번성할 벌을 찾던 한 양봉가가 열대 지방에 적응한 이 아종의 여왕벌들을 밀수입했던 모양이다. 그 이후 아피스 멜리페라 스쿠텔라타 군락은 실제로 플로리다에서 번성했고 미국 남동부에 서식하는 꿀벌의 유전자에 큰 영향을 주었으나 미국 북동부에 서식하는 꿀벌한테는 그렇지 않았다. 아마도 아피스 멜리페라 스쿠텔라타 군락이 북부의 겨울에 살아남지 못해서일 듯하다. 1990년에는 아피스 멜리페라 스쿠텔라타 아종인 아프리카의 벌이 두 번째로 제2의 장소를 통해 미국에 들어왔는데, 이때는 벌 무리가 미국과 멕시코 국경을 지나 텍사스로 날아왔다. 이번에도 그들은 이미 거주하고 있던 유럽종 꿀벌과 섞였다. 그 이후로 아프리카종 꿀벌과 유럽종 꿀벌의 잡종(이른바 '아프리카화 꿀벌')인 군락 개체군들이 텍사스 남부의 습한 아열대 지역과 뉴멕시코, 애리조나, 캘리포니아 주 최남단 지역에서 발달해왔다. 2013년 현재, 텍사스 남부의 아프리카화 꿀벌의 유전자 풀(pool)에는 아직도 유럽종 꿀벌의 유전적 기여(미토콘드리아 및 핵 유전자 모두 약 10퍼센트)가 약간 남아 있다.

유럽, 중동, 아프리카의 여러 지역 꿀벌이 셀 수 없이 북아메리카에 도입된 복잡한 역사는 한 가지 중요한 문제를 제기한다. 바로 이 책의 주요 주제인 미국 북동부에 사는 야생 군락에는 아피스 멜리페라 아종들이 어떻게 혼합되어 있느냐는 것이다. 다행히 지금 뉴욕주 남부의 광활한 숲속에 사는 군락의 경우는 이 질문에 대한 명확한 답이 있다. 나는 1977년 그리고 다시 2011년에 이 울창하게 우거진 삼림 지역에 사는 32개의 야생 군락으로부터 일벌들을 수집했다. 1977년의 꿀벌 세트 32개는 코넬 대학교 곤충 컬렉션에 핀으로 고정시켜 (바우처) 표본 저장했고, 2011년의 꿀벌 세트 32개는 DNA를 꽤 잘 보존하는 에탄올이 가득한 유리병에 저장했다. 2012년에는 양쪽 집단의 꿀벌

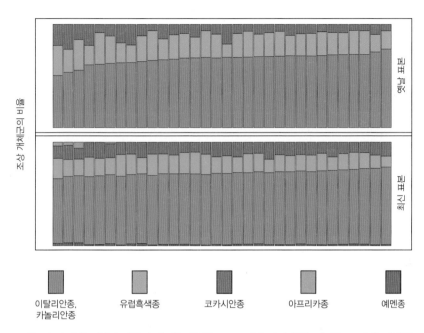

조상 개체군의 비율

옛날 표본

최신 표본

이탈리안종,   유럽흑색종   코카시안종   아프리카종   예멘종
카놀리안종

그림 1.4　뉴욕주 이타카 남쪽 숲에 사는 꿀벌(*Apis mellifera*)의 혈통. 옛날(1970년대) 개체군
과 최신(2010년대) 개체군 모두 대개는 유럽 남부 및 남동부에서 들어온 벌, 즉 1880년대 이래
북아메리카 양봉가들의 인기를 끈 아종인 이탈리안종, 카니올란종, 코카시안종의 후손이다. 또한
옛날 개체군과 최신 개체군은 둘 다 1600년대부터 북아메리카에 도입된 북유럽의 유럽흑색종 혈
통을 확실하게 갖고 있다. 최신 개체군에는 아프리카(*A. m. scutellata*)와 아라비아반도(*A. m.
yemenetica*) 벌들의 혈통도 약간 보인다.

표본을 내 제자 중 한 명으로 일본 오키나와과학기술대학원대학 생태진화학
부를 이끌고 있는 알렉산더 미케예프(Alexander S. Mikheyev) 교수에게 보냈다.
그곳에서 내가 표본으로 수집한 64개 군락으로부터 각각 벌 한 마리씩을 뽑
아 DNA를 추출했고, 1977년('옛날')과 2011년('최신') 양쪽 꿀벌 개체군의 아종
구성을 밝혀내기 위해 전장 유전체 분석(Whole Genome Sequencing)에 기초한
연구를 수행했다(그림 1.4).
　이 유전학적 탐정 작업에 따르면, 옛날 및 최신 표본의 벌은 모두 주로 유
럽 남부, 특히 이탈리아와 슬로베니아에서 들어온 아피스 멜리페라의 두 아

종의 후손이었다. 각각 이탈리안종과 카니올란종이다. 이러한 결론이 놀랍지 않은 것은 이들이 1800년대 이래 북아메리카 양봉가들 사이에서 가장 인기 있는 것으로 판명 난 두 아종이기 때문이다. 이 두 아종 군락은 온순하고(잘 쏘지 않고) 꿀을 많이 생산하는 편이다. 하지만 놀라운 사실은 옛날 및 최신 표본의 벌들이 모두 1600년대부터 알프스 북부에서 들어온 흑색꿀벌(유럽흑색종)과 1800년대 말부터 코카서스에서 들여온 회색산꿀벌(코카시안종)의 유전자도 많이 보유하고 있다는 발견이었다(그림 1.4 참조). 이러한 유전학적 탐정 작업은 또한 옛날(1977) 표본 말고 최신(2011) 표본의 벌들이 두 가지 아프리카 아종의 유전자를 조금씩(1퍼센트 미만) 갖고 있다는 점도 밝혀냈다. 바로 아프리카 사하라 남쪽이 고향인 아피스 멜리페라 스쿠텔라타와 아라비아의 고온 건조 지대(즉 사우디아라비아, 예멘, 오만) 및 아프리카 동부(즉 수단, 소말리아, 차드)가 고향인 아피스 멜리페라 예메네티카다. 뉴욕주 이타카 인근 숲에 사는 야생 군락의 최신 개체군에 아프리카종 유전자가 이렇게 약간 침투한 것은 아마 아프리카화 꿀벌―아피스 멜리페라의 아프리카종과 유럽종의 잡종―이 1980년대 말과 1990년대 초 미국 남부에 정착한 결과일 터이다. 이 남부 지방―플로리다, 조지아, 앨라배마, 텍사스 주 포함―은 아프리카화 꿀벌들한테 유리한 따뜻한 기후를 갖고 있으며, 미국의 상업용 여왕벌 생산이 대부분 이뤄지는 곳이다. 분명 지난 25년여 동안 남부 주들의 여왕벌 생산업체는 북부 주들의 양봉인들에게 아프리카 혈통의 유전자를 일부 지닌 여왕벌을 공급해왔다. 겨울 동안 플로리다에서 군락을 사육하고 봄에는 사과와 크랜베리를 비롯한 그 밖의 작물을 수분시키기 위해 그들을 북쪽으로 (트럭을 이용해) 운반하는 이동식 양봉가들 역시 아프리카화 꿀벌의 유전자가 북부로 흘러드는 데 이바지했을 것이다.

이타카 남쪽 숲에 사는 꿀벌의 유전자에 대한 이 참신한 최첨단 시각은 두 가지 중요한 사실을 밝혀냈다. 첫째, 1980년대와 1990년대에 플로리다와 텍

시스에 도착한 아프리카종 꿀벌이 이타카 인근 숲에 있는 야생 군락의 유전적 구성에는 아주 경미한 영향을 미쳤을 뿐이라는 걸 보여준다. 다시 말하면, 이 야생 군락의 유전자 구성은 아직도 거의 400년 된 유럽종 꿀벌의 수입 역사를 주로 반영한다. 둘째, 이 야생 군락 개체군의 유전자는 **북유럽** 꿀벌의 도입이 약 200년 먼저 시작되었음에도 대부분 **남유럽** 태생 꿀벌한테서 왔음을 보여준다. 짐작건대 이는 북유럽 여러 곳에서 온 유럽흑색종에 비해 남유럽의 이탈리아와 슬로베니아 태생 벌(이탈리안종과 카니올란종)의 인기가 훨씬 더 많다는 사실을 반영하는 듯하다. 대부분의 양봉가는 차분하고 꿀을 많이 생산하는 벌을 선호하며, 남유럽의 연한 색 벌이 북유럽의 진한 색 벌에 비해 벌통을 열었을 때 정신없이 돌아다닐 가능성이 낮고 다수의 일벌 개체군을 생산해 꿀을 많이 모으는 것 같다.

이타카 인근 야생 군락의 유전자 대부분이 남유럽의 비교적 온화한 기후에 적응한 꿀벌한테서 온 것이라는 점과 이타카의 겨울이 길고 많은 눈이 오며(그림 1.5) 흔히 매서울 정도로 춥다(최저 기온이 대략 섭씨 영하 23도)는 점을 감안하면, 다음과 같은 의문을 가질 만하다. 이타카 지역 인근의 야생 꿀벌은 이 북아메리카 북부에서의 생활에 잘 적응한 것인가? 우리는 이어지는 장들에서 이 질문에 대한 대답이 확고하게 '그렇다'라는 사실을 알게 될 것이다. 요컨대 여러 연구를 통해 이 지역의 야생 꿀벌 군락이 이곳에서 사는 데 놀랍도록 능숙하다는 것이 밝혀졌다. 이들 연구는 군락의 둥지 취향, 육아와 분봉(swarming, 分蜂: 여왕벌이 산란해 새 여왕벌을 만들고 나면 기존 여왕벌이 일부 일벌과 함께 딴 집을 찾아 옮겨가는 것―옮긴이)의 계절별 패턴, 먹이 채집 기술, 겨울을 나는 능력, 병원균 및 기생충에 대한 방어력이 하나같이 미국 북동부의 이 외딴 장소에서의 삶에 얼마만큼 잘 적응했는지를 보여준다. 아마 이 야생 군락이 자신의 현재 환경에 잘 적응했다는 가장 강력한 징후는 그들이 적절하게 명명된 외부 기생 진드기 꿀벌응애(학명 *Varroa destructor*의 '*destructor*'는 '파괴자'라는 뜻

그림 1.5   뉴욕주 이타카 근처 엘리스할로에 위치한 한 양봉장의 겨울 전경.

이다—옮긴이)에 맞서 일련의 강한 방어 행동을 보유하고 있다는 사실일 것이다. 10장에서 우리는 1990년대 중반 이 진드기—원래 숙주는 아시아 꿀벌 종인 아피스 케라나(*Apis cerana*: 이하 '동양종 꿀벌'로 표기—옮긴이)—가 이타카 지역에 도착했을 때는 그 인근에 사는 야생 군락 개체군이 떼죽음을 당했지만, 그런 다음 이 진드기를 죽이는 일벌의 여러 가지 방어 행동과 관련한 강력한 자연 선택을 통해 어떻게 회복했는지를 알게 될 것이다. 실제로 지금은 2010년대(꿀벌응애가 도래하고 약 20년 후)의 야생 꿀벌 군락 밀도가 1970년대(꿀벌응애가 도래하기 약 20년 전)의 밀도와 비슷하다고 알려져 있다.

이타카 근처 숲에 사는 야생 꿀벌 군락이 조상들의 여러 유럽 고향보다 겨울이 훨씬 더 길고 추운 이 북쪽 삼림 지대에서 살아남고 번식하는 데 잘 적응했다고 해서 놀랄 이유는 없다. 결국 이들 군락은 미국 북동부에서 살아온 거의 400년의 역사 내내 기후에 적응해야 하는 강력한 자연 선택에 노출되었던 것이며, 자연 선택에 의한 진화가 새로운 문제에 대응해 건강한 해결책을 확보한 식물 개체군이나 동물 개체군을 단 몇 년 만에 만들어낼 수 있음을 입증한 생물학자들의 연구는 셀 수 없이 많다. 이타카 근처 숲에 사는 야생 꿀벌 군락의 꿀벌응애 저항력과 관련한 급속한 진화 외에 불과 약 10년 만에 유순하게 진화한 푸에르토리코의 아프리카화 꿀벌(아피스 멜리페라 스쿠텔라타) 사례도 있다. 분명 1994~2006년에 벌어진 이 급속한 진화적 변화는 주요 포식자가 부재한 곳에 사는 꿀벌에게서 공격성이 줄어든 유전자를 선호한 자연 선택에 의해 추진되었을 것이다. 변화한 환경에서 곤충이 신속하게 행동적 적응을 보인 또 하나의 두드러진 경우로, 하와이 카우아이섬에서 암컷을 부르던 수컷 귀뚜라미(Teleogryllus oceanicus)의 노랫소리가 1990년대 말부터 2003년 사이에 적응을 통해 소멸한 사례를 들 수 있다. 이런 행동 변화는 울음소리로 숙주인 귀뚜라미의 위치를 파악하는 기생파리가 우연히 도입된 이후 나타났다. 날개 구조에 노래를 못하게 하는 돌연변이가 생긴 수컷 귀뚜라미들이 자연 선택에 의해 강력하게 선호되었다. 신속한 진화가 조용한 귀뚜라미를 탄생시킨 것이다!

이어지는 내용에 대한 로드맵

이 책의 목표는 여러분에게 꿀벌 군락, 특히 세계의 한랭 기후 지역에 살고 있는 꿀벌 군락의 자연생활을 정확하게 보여주는 것이다. 이 구경을 즐기려면 어떤 때는 처음 보는 과학적 지형을 걸어야 하고, 그 과정에서 수십 차례 멈춰 서야 하며, 매번 멈춘 장소에서 다른 방향을 주의 깊게 살펴야 할 것이다. 여러분은 곧 이 책이 한편으로는 많은 생물학 연구자의 작업을 집대성한 것이면서 또 한편으로는 이 특별한 자연의 일부를 좀더 잘 이해하려는 나의 개인적 탐구 여행기임을 알게 될 것이다. 다음은 이어지는 내용에 대한 로드맵이다.

2장에서는 '사육' 꿀벌인 아피스 멜리페라 군락이 야생에서는 어떻게 살까, 라는 수수께끼에 내가 언제 어디서 어떻게 강한 흥미를 갖게 됐는지 설명하려 한다. 그러기 위해 뉴욕주 중부의 이타카라는 소도시 남쪽에 있는 풍경과 숲속으로 여러분을 안내할 것이다. 이 책에서 설명한 많은 조사를 수행한 곳이다. 또한 1970년대 말 내가 이 숲들 중 한 곳인 아노트 산림에 사는 야생 군락 개체군을 어떻게 연구하기 시작했는지도 보여준다. 그뿐만 아니라 치명적인 외부 기생 진드기 꿀벌응애가 1990년대 초 어느 때쯤 이타카 지역에 퍼졌음에도 2000년대 초 이 숲에 야생 군락이 여전히 살고 있다는 사실을 알고 내가 얼마나 놀랐는지도 설명한다. 나아가 그 밖의 장소에 있는 야생 아피스 멜리페라 군락의 풍도(豐度: 특정 장소와 시간에 존재하는 종의 수—옮긴이)와 지속성에 대해 알려진 것들을 검토한다. 2장 말미에 가면 여러분은 이 책의 나머지 부분에서 단계적으로 풀릴 두 가지 커다란 수수께끼를 확실히 알게 될 것이다. 1) 이타카 인근 숲에 사는 야생 꿀벌 군락은 진드기 살충제 처리를 하지 않았는데도 어떻게 살아남을 수 있었을까? 그리고 좀더 광범위하게는 2) 꿀벌의 야생 군락과 관리 군락의 생활은 어떻게 다르며, 우리에게 가장 중요한 꽃가루 매개자의 더 나은 집사가 되기 위해 우리는 이 차이로부터 무엇을 배울 수 있을까?

3장과 4장에서는 현재의 아피스 멜리페라의 생태로부터 한 걸음 물러나 최근까지도 우리가 꿀벌의 자연생활에 관해 그다지 아는 게 없었던 이유를 탐구한다. 인류가 약 1만 년 전에 떠돌이 사냥꾼·채집자로부터 양치기·농부의 정착 생활로 전환하자마자 어쩌면 꿀벌 군락은 인공 구조물(벌통)에 살기 시작했다는 사실을 알게 될 것이다. 우리 인간은 파괴적인 벌꿀 사냥을 그만두면서 곧바로 조작에 능한 양봉가가 된 듯싶다. 또한 수천 년 동안 우리가 꿀벌의 집에 손을 넣어 황금빛 꿀을 훔치는 일이 더욱더 용이해지도록 꿀벌 관리 군락의 인공 거주지를 조금씩 개선해왔다는 사실도 알게 될 것이다. 이렇게 해서 점진적으로 꿀벌은 야생에서 사는 방식과 갈수록 동떨어지게 되었다. 그러는 동안에도 벌들은 우리에게 자신의 본성을 절대 양보하지 않고 수백만 년 전에 정해진 생활 방식을 계속 따랐다. 우리가 이 곤충의 짝짓기를 통제해 우리의 목적에 맞게 사육하는 방법—여왕벌의 인공 수정—을 완성한 것은 약 70년 전의 일이다. 다행히 오늘날에도 인공 수정되는 것은 극히 적은 여왕벌뿐이다. 여전히 대부분은 마주치는 모든 수벌과 닥치는 대로 짝짓기를 한다.

5장에서 10장까지는 대부분 지난 40년간 세계 온대 지방에 사는 꿀벌의 자연사에 관해 알려진 지식을 짚어본다. 여기서 우리는 둥지 건설, 연간 주기, 군락 번식, 먹이 채집, 온도 조절, 군락 방어라는 뒤섞인 주제를 검토할 것이다. 이 모든 장에 걸쳐 우리는 꿀벌이 양봉가의 관리 없이도 여전히 완벽하게 생존하고 번식할 수 있도록 꿀벌 군락의 경이로운 내부 활동이 자연 선택에 의해 사육 환경이 아닌 야생 생활에 맞게 형성된 경위를 알게 될 터이다. 좀 더 구체적으로 말하면 우리는 벌이 어떻게 밀랍 벌집을 짓고 사용하는지, 분봉 및 수벌 양육의 시기를 어떻게 조절하는지, 공장과 흡사한 먹이 및 물 채집 조직을 어떻게 운용하는지, 둥지의 보온 항상성을 어떻게 유지하는지, 군락 방어의 무기고를 어떻게 지탱하는지 알게 될 것이다. 이는 모두 꿀벌 군락이 자신의 유전자를 차세대 군락에 전달하기 위한 일련의 복잡한 적응 방법 중 일부다.

마지막으로 11장은 아피스 멜리페라가 자연 세계에서 살아가는 방식에 관해 우리가 배운 것으로부터 실질적인 교훈을 제시한다. 우선 야생에서 사는 군락 생활과 양봉을 목적으로 운영하는 군락 생활의 21가지 요점을 비교하는 형태로 앞장들에서 언급한 결론들을 요약한다. 그런 다음 양봉가들이 자신의 벌을 자연적인 생활 방식에 좀더 가깝게 살도록 함으로써 스트레스를 덜 받고 더욱 건강하게 키울 수 있는 14가지 실용적인 방안을 제안한다.

아직, 숲속에 벌이 있다

나의 사망 보도는 대단히 과장되었다.

─마크 트웨인(Mark Twain), 〈뉴욕 저널(New York Journal)〉(1897)

이 책에서 내가 언급할 연구 중 다수는 나와 동료들이 지난 40년간 뉴욕주 중부에 있는 코넬 대학교의 본거지인 이타카라는 소도시 인근의 숲속에 사는 야생 꿀벌 군락을 대상으로 수행한 것이다. 이타카는 북쪽으로 거의 65킬로미터(40마일)에 걸쳐 흐르는, 빙하 작용으로 깊어진 기다란 카유가호(Cayuga Lake) 남쪽 끝에 있다. 카유가호는 쫙 펼친 두 손의 손가락처럼 뉴욕주 한가운데를 가로질러 남북으로 뻗은 11개의 핑거호 중 하나다(그림 2.1). 이 호수들 **사이**에는 석회암 암반 위에 깊고 기름진 토양으로 덮인 구불구불한 언덕이 펼쳐져 있다. 이곳은 포도밭, 과수원, 낙농장을 비롯해 집약적 농업을 하는 비옥하고 생산성 높은 지대다. 그러나 이 호수들 **남쪽**, 즉 이타카 남쪽은 지형과 토양이 북쪽과는 현저히 달라서 야트막한 산이 많고 수목이 울창한 풍경을 볼 수 있다. 여기서는 울퉁불퉁한 산들 사이로 구불구불 나 있는 협곡들을 만날 수 있는데, 그중 일부는 수직에 가까운 경사면을 이루고 산성 토양이 셰일(shale)과 사암의 기반암을 얇게 덮고 있다. 이타카 남부 지역은 애팔래치아 고원 지대

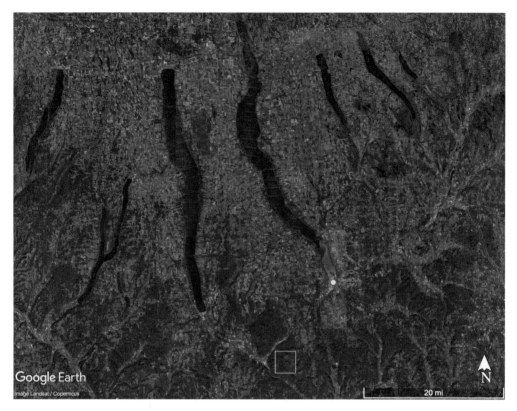

그림 2.1 뉴욕주 핑거호 지역의 항공 사진. 노란 점: 이타카시. 노란 사각형: 아노트 산림. 축척: 32킬로미터(20마일).

의 일부로서 해발 610미터(2000피트)가 넘는다. 대부분 농업에는 부적합하지만 흑곰, 비버, 보브캣, 아메리카담비, 밍크, 호저, 여우, 큰까마귀 등 야생 동물에게 주요 서식지를 제공하는 아름다운 활엽수림을 뒷받침하고 있다. 또한 이곳에는 야생 꿀벌 군락도 있다.

핑거호 지역의 기후는 북유럽과 비슷하다. 여름은 짧고 덥고 습하며, 기온은 섭씨 32도를 좀처럼 넘지 않는다. 겨울은 길고 추우며 눈이 많다. 기온은 섭씨 영하 18도 아래로 떨어질 때가 많고, 연간 총강설량은 평균 150센티미터(5피트)가 넘는다. 지구상의 이 지역에서 꿀벌 군락이 번성하려면 계절에 따른 극적인 날씨 변동에 대처할 수 있어야 한다.

이타카 인근 숲의 생태사

핑거호 인근 지대의 최초 거주자는 홍적세 후기의 인디언 수렵인이었다. 새 까맣게 탄 모닥불 잔해의 방사성탄소연대를 측정해본 결과, 이 반(半)유목 수 렵인은 약 1만 3000년 전 마지막 빙하가 사라지고 난 직후 도착한 뒤로 약 4000년 전까지 이곳에 살았던 것으로 밝혀졌다. 이 수렵·채집인의 뒤를 이은 이들은 나무껍질로 덮은 전통 가옥 마을에 살면서 호수들 사이의 비옥한 땅에 서 밭을 가꾼 아메리카 인디언 농민이었다. 그들은 원주민 담배 품종인 니코 티아나 루스티카(Nicotiana rustica)와 함께 옥수수, 호박, 콩─아메리카 인디언 농업의 유명한 '세 자매'─을 재배했다. 그들은 또한 사냥감(사슴, 칠면조, 여행비 둘기 등)을 수렵하고, 장어와 연어를 낚고, 도토리와 산딸기류를 채집하고, 도 기로 된 요리용 냄비를 만들기도 했다. 그들의 생활 방식은 기원전 약 1000년 부터 프랑스, 잉글랜드, 네덜란드의 유럽인이 침범하기 시작한 1600년대 초 까지 고스란히 유지됐다. 당시 핑거호 지역에 살았던 아메리카 인디언은 이로 쿼이족〔Iroquois: 또는 '롱하우스(longhouse: 한 동의 집을 벽으로 막아 여럿이 공동으로 기거 하는 전통 가옥─옮긴이) 사람들'이라는 뜻의 하우데노사우니(Haudenosaunee)〕이라고 불 렸다.

미국 독립전쟁(1775~1783) 이후 뉴욕주는 몇몇 소규모 원주민 보호 구역을 제외한 이로쿼이족의 토지 전체에 대한 소유권을 얻었고, 1790년대 말에는 대서양을 따라 위치한 주들─주로 뉴욕, 펜실베이니아, 뉴저지, 매사추세츠, 코네티컷─에 정착민이 이주해 들어오기 시작했다. 부유한 정착민은 핑거호 사이의 경사 완만한 녹지에 농장을 지었다. 일찍이 이로쿼이족이 넓은 밭으로 말끔히 정리해놓은 곳이었다. 하지만 가난한 이들은 이타카 남쪽의 울창한 산지에 정착했고, 이곳의 땅은 헐값에 팔리거나 소작인에게 임차됐다. 산지의 농부들은 원시림을 밀어내고 감자, 다양한 곡물(밀, 귀리, 보리), 과일(특히 사과)을 경작했으며 양모를 얻기 위해 양을 키웠다. 1840~1850년대에 가장 척박한 땅에 살던 사람들 대다수는 감자잎마름병에서 비롯된 대기근을 피해 온 아일랜드 이민자였고, 그들의 존재는 이 산지의 지명에 남아 있다. 예를 들어 아노트 산림—내가 야생 꿀벌 연구를 여러 차례 수행한 1700헥타르(4200에이커)의 험준한 삼림 보호 구역—에서 가장 눈에 띄는 산의 이름은 아이리시힐(Irish Hill)이며, 포니할로(Pony Hollow)의 카유타(Cayuta)시부터 시작해 아이리시힐 맨 꼭대기의 버려진 산속 농장들에서 끝나는 바위투성이 흙길의 이름은 매클러리 로드(McClary Road)다. 1860년대의 인구 조사 기록을 보면 아이리시힐의 많은 정착민—윌리엄 헤더링턴(William Hetherington), 에이브럼 실리(Abram Sealy)와 아자라 실리(Azara Sealy), 메리 피어슨(Mary Pearson)을 포함해—이 아일랜드 태생이라고 나온다. 그러나 1870년대에 들어서면 이타가 남쪽 산지의 저질 토양을 경작하던 농부 중 농장을 버리는 이들이 빠르게 늘어났고, 1920년대에는 대부분이 떠나고 없었다. 그로 인해 1800~1860년에는 이 산지에서 어마어마한 산림 파괴가 일어났고, 뒤이어 1870년대부터는 농업 이후, 즉 이차림(二次林: 산불, 토양 유실, 벌채 따위의 여러 가지 원인으로 훼손된 뒤 토양에 남아 있는 종자, 뿌리, 포자 따위에서 새롭게 생겨나는 숲—옮긴이)으로의 복귀가 있었다.

오늘날 이타카 남쪽 산지의 버려진 밭과 목초지 대부분은 오래전에 사라진 주택 및 헛간의 초석, 우물 석재, 그리고 한때 경작지였던 곳의 경계를 표시하는 마차 크기의 돌무더기가 여기저기 흩어져 있는 폐쇄적인 캐노피(canopy: 지붕 모양으로 우거진 산림—옮긴이) 숲으로 다시 자라났다. 이 삼림지는 또한 아노트 산림의 아이리시힐 로드에 있는 작은 묘지처럼 다수의 버려진 무덤을 가려주기도 한다. 이곳에 있는 20기가량의 무덤은 대부분 관 모양으로 움푹 꺼진 땅을 보고 겨우 알아챌 수 있을 뿐이다. 그 밖의 몇 기는 가장자리에 놓인, 아무 글씨도 적혀 있지 않은 바위 덕분에 알아볼 정도다. 불과 6기에만 이름과 날짜가 새겨진 값비싼 화강암 묘비가 있다. 거기에 새겨진 사망 연도는 각각 1860, 1862, 1864, 1871, 1881, 1884년이다. 아이리시힐의 인구 증가는 1880년대 들어 끝났고, 그로 인해 숲이 되돌아오기 시작한 듯하다.

이타카 남쪽 산지를 뒤덮은 나무들의 나이테도 지난 약 130년간 이 지역이 야생으로 복귀했다는 명확한 기록을 우리에게 제공한다. 아내 로빈 해드록 실리(Robin Hadlock Seeley)와 나는 1986년 이타카로 다시 이사 왔을 때, 허드 로드(Hurd Road)를 따라가면 나오는 엘리스할로의 한 모퉁이에 있는 이타카 남동쪽 구릉의 삼림지 40헥타르(100에이커)를 사들이기 시작했다. 그곳은 내가 자란 지역에서 불과 몇 마일밖에 떨어져 있지 않았다. 지금은 우리의 숲이 된 이곳의 대부분은 한때 허드(Hurd) 집안의 농장이었다. 그들은 아사 허드(Asa Hurd)가 펠렉 엘리스(Peleg Ellis)와 함께 이 골짜기에 정착하기 위해 왔던 1800년대 초부터 아사 허드의 아들 웨슬리 허드(Wesley Hurd)가 죽기 바로 직전인 82세에 이 땅을 판 1883년까지 두 세대 동안 이곳에서 계속 살았다. 그다음 몇십 년 동안은 몇몇 소유주가 건초를 베고 농장의 밭에서 가축을 키웠지만 계속해서 산 사람은 아무도 없었다. 집과 헛간과 밭은 점차 버려졌다. 1930년대 들어서는 다양한 품종의 활엽수들이 주로 자랐으며, 널찍한 간격으로 떨어진 스트로브잣나무(Pinus strobus)들이 모든 나무 위로 우뚝 솟아 있는 숲으로 되돌아갔다. 북향의 가파른 경사지에 그림자를 드리우는 어두운 캐나다솔송나무(Tsuga canadensis) 숲도 있는데, 이곳의 토양이 서늘하고 습기를 유지하기 때문이다.

이타카 남쪽의 구릉 삼림지 대부분이 그렇듯 우리 땅은 다양한 토종 활엽수 품종을 보유하고 있다. 여기에는 적참나무와 백참나무와 떡갈밤나무(Quercus 종), 사탕단풍나무와 아메리카꽃단풍나무와 줄무늬단풍나무와 네군

도단풍나무(*Acer* 종), 백물푸레나무와 붉은물푸레나무(*Fraxinus* 종), 샤그바크히코리나무와 비터넛히코리나무와 피그넛히코리나무(*Carya* 종), 황자작나무와 검은자작나무와 흰자작나무(*Betula* 종), 흑벚나무와 핀벚나무(*Prunus* 종), 버터넛나무와 검은호두나무(*Juglans* 종), 미국너도밤나무(*Fagus grandifolia*), 미국피나무(*Tilia americana*), 튤립나무(*Liriodendron tulipifera*), 사사프라스(*Sassafras albidum*), 목련(*Magnolia acuminata*), 미국서어나무(*Carpinus caroliniana*), 이스턴새우나무(*Ostrya virginiana*), 그리고 약간의 미국밤나무(*Castanea dentata*) 등이 속한다. 아직도 돌담 지하실 구멍으로 확실하게 식별할 수 있는 허드 가족의 집터 부근에는 놀랄 것도 없이 오래된 사과나무(*Malus pumila*)와 배나무(*Pyrus communis*)가 있다.

1988년 겨울, 이 땅에 집을 짓기 위해 부지를 정리하면서 나는 가슴께 높이에 지름이 약 80센티미터(32인치) 되는 떡갈나무(*Quercus alba*) 몇 그루를 베어 넘어뜨리곤 나이테를 살펴봤다. 알고 보니 이 떡갈나무들의 나이는 100~110세였다. 이 나무들은 생의 처음 50년간은 급속히 자라서 지름이 금방 약 56센티미터(22인치)에 도달했다. 하지만 여생 동안은 그보다 천천히 자랐다. 마지막 50~60년간은 지름이 겨우 25센티미터(10인치)밖에 자라지 않았다. 이 나이테와 인근 부동산의 경계를 표시하는 커다란 캐나다솔송나무 및 사탕단풍나무(*Acer saccharum*)로부터 비어져 나온 녹슨 철조망 조각을 통해 나는 그 떡갈나무들이 1880년대에 버려진 목장에서 갑자기 생겨났으며, 햇빛을 둘러싼 경쟁이 거의 없는 가운데 1930년대까지 계속해서 빠르게 성장한 다음, 숲 지붕이 닫힘에 따라 좀더 천천히 성장했다고 추론했다. 이 지역에서 전형적인 우리의 숲은 현재 약 140세까지의 연령대에 속하는 큰 나무들이 지배한다. 이 나무들은 너구리, 도가머리딱따구리, 아메리카올빼미, 꿀벌을 비롯해 상당한 크기의 둥지 구멍이 필요한 다양한 동물에게 집을 제공해줄 만큼 크다. 실제로 2016년 8월 나의 아내 로빈은 벌 떼가 나무 꼭대기 위를 나는 웅웅 소리를 들고서 아메리카꽃단풍나무까지 그들을 따라가는 데 성공했고, 거기서 벌들이 새 집의 입구인 캄캄한 옹이구멍으로 드나드는 광경을 발견했다(그림 2.2).

이 삼림 지역에 사는 꿀벌들한테 먹이를 공급하는 것은 어떤 식물일까? 숲에서 자라는 나무 중에서는 단풍나무, 벚나무, 참피나무, 튤립나무, 목련, 밤나무가 전부 꽃꿀이나 꽃가루 또는 둘 다의 풍부한 공급원이다. 마찬가지로 숲의 하층 또는 시냇물과 습지를 따라 자리한 양지바른 장소에서 발견할 수 있는 여러 관목과 초본류 식물도 벌들에게 훌륭한 먹이를 제공한다. 관목에는 검은오리나무(*Alnus glutinosa*), 갯버들(*Salix discolor*), 티피나옻나무(*Rhus typhina*), 벤조인생강나무(*Lindera benzoin*), 채진목(*Amelanchier* 종), 산사나무(*Crataegus* 종), 북쪽 관목인 인동(*Lonicera canadensis*)이 속한다. 이 숲속의 초본류 중 벌들의 먹이원으로 가장 중요한 것은 검은딸기나무(*Rubus* 종), 미역취(*Solidago* 종), 과꽃(*Aster* 종)이다. 그리고 꿀벌의 일벌들은 집에서 10킬로미터(6마일) 넘게 떨어진 먹이원까지 날아갈 수 있기 때문에(이에 대해서는 8장에서 더 논의한다), 울창한 산속 높은 곳에 사는 군락은 농장, 정원, 차도, 계곡 아래 폐기물을 버리는 지역에서 자라는 먹이가 풍부한 꽃들도 이용할 수 있다. 사과 과수원, 아카시아(*Robinia pseudoacacia*) 임분(林分: 삼림 안에 있는 나무의 종류, 나이, 생육 상태 따위가 비슷해 주위의 다른 삼림과 구분되는 숲의 범위—옮긴이), 메밀(*Fagopyrum esculentum*)밭, 흰토끼풀(*Trifolium repens*)과 전동싸리(*Melilotus alba*)와 알팔파(*Medicago sativa*) 씨앗이 뿌려진 건초지, 부들(*Typha latifolia*)과 물봉선화(*Impatiens capensis*) 그리고 털부처손(*Lythrum salicaria*)을 비롯해 꽃가루와 꽃꿀의 훌륭한 공급원을 다수 보유한 습지가 이런 장소에 속한다. 꽃밭과 노변에서도 벌들은 풍부한 먹이를 제공하는 많은 토종 식물과 도입 식물을 발견한다. 가장 흔하게 볼 수 있는 것은 크로커스(*Crocus vernus*), 민들레(*Taraxacum officinale*), 치커리(*Cichorium intybus*), 유액 분비 식물〔예를 들면 아스클레피아스(*Asclepias syriaca*)〕, 호장근(*Fallopia japonica*), 그리고 개박하(*Nepeta cataria*)와 보

그림 2.2 로빈의 벌 나무. 이 아메리카꽃단풍나무의 둥지 입구는 사진의 거의 맨 위쪽에 있는 어두운 옹이구멍이다. 입구는 나무 바닥에서 5.9미터(19.4피트) 높이에 있다.

리지(*Borago officinalis*)와 박하(*Mentha* 종)를 비롯한 다양한 허브다.

이타카 인근과 그 밖의 지역 숲속에는
야생 꿀벌 군락이 얼마나 많을까

꿀벌은 1600년대 중반 북아메리카에 도입되었고, 야생 꿀벌 군락은 1700년대 말 미시시피강 동쪽의 숲 전역에서 번성했다고 오랫동안 알려져왔다. 하지만 이 대륙 전체에 걸쳐 어느 곳이든 야생 꿀벌 군락이 풍부하다는 믿을 만한 정보를 우리가 얻기 시작한 것은 1970년대에 들어서였다. 그때 이래로 북아메리카, 유럽, 오스트레일리아의 여러 곳에서는 자연 지역에 사는 꿀벌 군락의 밀도 (그리고 간격) 문제를 조사해왔다. 아피스 멜리페라의 자연사에서 이 중요한 요소를 우리가 더 잘 이해할 수 있도록 하기 위해 수행한 탐구였다.

나는 꿀벌이 양봉가의 벌통이 아닌 천연 공동(cavity, 空洞)에 살 때는 어떤 식으로 생활하는지에 관해 구할 수 있는 정보라면 모조리 뒤지기 시작한 1970년대에 일찍이 야생 군락의 풍도에 궁금증을 가졌다. 나의 최고 수확은 유니버시티 칼리지 런던의 슬라브·동유럽학과 학자 도로시 골턴(Dorothy Galton)이 쓴 《1000년간의 러시아 양봉 조사(Survey of a Thousand Years of Beekeeping in Russia)》(1971)라는 아주 흥미로운 제목의 소책자였다. 거기서 골턴은 1100년대부터 1600년대까지 러시아 숲속의 나무 양봉가[보르트니키(bortniki)]들이 어떻게 활동했는지 설명한다. 이 시기는 러시아 귀족들이 거대한 벌 숲을 소유하던 때였고, 숲에서 가장 큰 나무들은 꿀벌에게 집을 제공하도록 법적인 보호를 받았다. 이 숲속에 사는 주민들은 가장 큰 나무의 높은 곳에 벌을 위한 둥지 구멍을 도려내고, 거기에 견고한 문을 맞춰 끼우고, 어떤 구멍에 벌들이 있는지 보기 위해 정기적으로 점검하면서 주인을 위해 일했다. (주민들은 귀족

그림 2.3　인공 나무 구멍에 둥지를 튼 군락에서 꿀을 채취하고 있는 바시키르의 나무 양봉가. 러시아연방 바시키르공화국의 우랄산맥 남부 지방에서 촬영했다.

의 소유였다). 늦여름에는 벌이 있는 나무로 돌아가 들통을 들고 나무마다 올라가서는 문을 열어 벌의 둥지를 노출시키고, 겨울 동안 군락을 지탱할 정도만 남긴 채 벌집의 일부를 떼어냈다(그림 2.3). 벌꿀과 밀랍은 벌집을 물속에 집어넣어 분리했다. 꿀물은 벌꿀 술이 되었고, 꿀물 위에 뜬 밀랍 조각은 걷어내서 러시아와 비잔틴제국의 교회 및 수도원에 밀랍 양초로 공급하기 위해 정제했다.

　골턴은 매년 수백 톤에 달하는 밀랍 수출이 중세 러시아 경제에 대단히 중요했으므로, 러시아의 나무 양봉은 조직적인 사업이었다고 설명한다. 그녀는 또한 모스크바 동쪽 니즈니노브고로드(Nizhny Novgorod)시 근처에 있는 모로

조프(Morozov) 사유지의 1600년대 말 기록을 인용하며 러시아 벌 숲에 군락이 풍부했다는 정보를 제공하기도 한다. 이 대토지는 넓이가 10~88제곱킬로미터(4~28제곱마일)에 달하고, 꿀벌이 차지한 둥지 구멍이 있는 나무가 3~50그루 포함된 벌 숲이 4개 있었다. 이 4개의 숲에서 **알려진** 군락의 평균 밀도는 1제곱킬로미터당 0.5개(1제곱마일당 1.3개)였다. 그런데 나는 이런 의문이 들었다. 이 숲에 거주하는 군락의 총밀도는 이 기록이 보여주는 것보다 더 높았을 수도 있지 않을까? 보르트니키들이 찾지 못한 나무의 높은 곳 천연 은신처에 사는 비밀 군락도 많지 않았을까?

골턴이 추정한 중세 러시아 숲의 꿀벌 군락 밀도—**적어도** 1제곱마일당 1개—는 이해할 수 있었다. 나는 1975년, 1976년, 1977년 여름에 꿀벌의 둥지 위치 선호도를 연구한 적이 있고, 이 작업을 통해 이타카 인근 숲속의 야생 군락 밀도가 적어도 1제곱마일당 1개라는 증거를 확보했기 때문이다. 벌의 거주지 선호에 대한 내 연구에는 구멍 크기나 입구 크기처럼 단 한 가지 특성만 달리한 실험용 둥지 상자 여러 쌍을 설치한 다음, 야생 벌 떼가 그 한 쌍 중 어느 것을 먼저 차지하는지 살펴보는 작업이 포함되어 있었다(5장의 둥지 위치 선택에 관한 단락 참조). 나는 드라이든(Dryden)과 캐럴라인(Caroline) 시에서 이타카 남쪽의 울창한 숲 지역을 관통하는 도로를 따라 적어도 10미터(33피트)씩 떨어진 나무에 각 쌍의 상자를 못으로 고정했다. 둥지 상자 쌍을 1마일가량의 간격을 두고 떨어뜨려놓았으므로 밀도는 대략 1제곱마일당 한 쌍이었다. 여름마다 나는 평균 2쌍의 상자당 0.5개의 분봉군을 포착했고, 이는 1제곱마일당 0.5개의 분봉군(1제곱킬로미터당 0.2개의 분봉군)을 발생시킬 만큼 그 지역에 사는 야생 군락이 많다는 얘기였다. (내가 알기로 이 연구를 수행한 지역에는 관리 군락이 거의 없었다.) 하지만 내 둥지 상자를 설치한 장소의 **모든** 분봉군을 끌어들였을 가능성은 없으므로, 1제곱마일당 0.5개 이상의 분봉군이 만들어져 있을 것 같았다. 그렇다면 실제로는 이타카 인근 숲속에 1제곱마일당 여러 개의 야생 군락이 있는 게 아닐까 싶었다. 이 질문에 답하려면 큰 숲을 찾은 다음, 그 안에 살고 있는 모든 야생 꿀벌 군락의 위치를 파악해봐야 한다는 걸 나는 알고 있었다.

다행히 코넬 대학교는 이타카에서 남서쪽으로 불과 25킬로미터(15마일) 떨어진 곳에 위치한 아노트 산림이라는 제멋대로 뻗어나간 17제곱킬로미터(6.6제곱마일)의 연구용 숲을 소유했다(그림 2.1 참조). 이 숲은 톰킨스(Tompkins) 카운티에 있는 뉴필드(Newfield)시와 스카일러(Schuyler) 카운티에 있는 카유타시 일부로까지 확장되고 있다(그림 2.4). 게다가 아노트 산림에서 발견할 수 있는 삼림 서식지는 그 경계선에서 끝나지 않는다. 오히려 아노트 산림의 북쪽, 서쪽, 남쪽 경계를 넘어 가파른 경사의 클리프사이드(Cliffside)와 뉴필드 주유림(州有林)까지, 그리고 동쪽 경계를 넘어 몇몇 사유림으로까지 이어진다. 나아가 아노트 산림의 북서쪽 모퉁이를 둘러싼 양질의 농지(포니할로)가 있는 협곡 건너편으로는 47제곱킬로미터(18제곱마일)에 달하는 바위투성이 코네티컷힐 야생생물관리지역(Connecticut Hill Wildlife Management Area)이 있다. 역시 대부분이 삼림지인 주립 보호 구역이다. 농업은 이 모든 곳에서 100년 넘게 금지됐고, 오늘날 그곳은 대개 활엽수림으로 이뤄져 있지만 일부 습지와 오래된 들판 서식지도 있다. 지역 전체가 야생 꿀벌을 비롯한 야생 생물 연구에 최상의 환경을 제공한다.

1978년 7월 나는 친구이자 같은 꿀벌 연구원인 커크 비서(Kirk Visscher)와 함께 아노트 산림에 사는 야생 꿀벌 군락을 탐구하기 시작했다. 우리는 유

그림 2.4 **위:** 숲의 경계를 노란 선으로 표시한 아노트 산림의 항공 사진. 붉은 막대: 위의 막대는 1킬로미터, 아래 막대는 1마일. 북쪽이 위. 골짜기 서쪽에 있는 건물 단지는 뉴욕주 남부와 펜실베이니아주 북부의 광대한 숲에서 거둬들인 활엽수 통나무를 가공 처리하는 제재소다. **아래:** 아이리시힐 로드에서 남동쪽으로 바라본 아노트 산림 풍경. 나무들이 단풍을 드러내기 시작한 9월 말에 촬영한 사진이다.

럽과 북아메리카에서 수세기 동안 행해온 야외 활동인 벌 사냥('최단 경로 찾기(beelining)'라고도 부른다)의 도구와 방법을 이용해 탐구했다. 대부분의 벌 사냥꾼은 약간의 벌꿀과 재미를 위해 야생 군락을 수색한다. 우리의 목적은 순수하게 과학적—아노트 산림에서 많은 야생 꿀벌 군락이 살아가는 방식을 발견하는 것—이었지만 재미도 있었다.

벌 사냥을 시작했을 때 커크와 나는 완전 초보였고, 우리에게 그 기술을 가르쳐줄 사람은 아무도 없었다. 그런데 우연히 1949년에 발간한 이 방면의 최고급 안내서 《벌 사냥꾼(The Bee Hunter)》을 발견했다. 이 책은 뉴햄프셔(New Hampshire)주 뉴포트(New Port)에 있는 자신의 여름 별장 주변 산지에 사는 야생 꿀벌 군락을 수십 년간 찾아다닌 경험이 있는 벌 사냥꾼(하버드 대학교 건축사 교수) 조지 에절(George H. Edgell)이 집필한 것이었다. 에절은 꿀벌을 끌어들이는 꽃이 가득한 넓은 빈터(넓을수록 좋다)에서 야생 군락 사냥을 어떻게 시작하는지 설명한다. 꽃에 앉아 먹이를 채집 중인 벌을 포획하기 위해서는 벌 상자라고 부르는 두 칸짜리 소형 기구를 사용한다. 일단 벌 상자 안에 대여섯 마리의 벌을 가두면, 설탕 시럽이 가득한 작은 정방형 밀랍 벌집을 그 안에 끼워 넣는다. 상자 안의 벌은 시럽이 가득한 벌집을 발견하고는 그 맛난 내용물을 진탕 먹은 다음 집으로 날아갈 채비를 할 것이다. 벌 상자 안에서 우연히 미끼를 찾을 수 있도록 벌들에게 5분 정도 시간을 주고 나서는 그것들을 내보내 어느 방향으로 날아가는지 자세히 관찰한다. 이 단계에서 그중 일부가 당신의 조그만 먹이 기지로 다시 돌아오기를 초조해하며 기다린다. 보통 일부는 돌아오는데, 만일 이때 꽃을 활짝 피운 식물이 빈약한 먹이를 제공할 뿐이라면 당신의 첫 번째 고객들은 시럽으로 꽉 찬 당신의 벌집에 흥분해 그 보물을 개척하도록 도와줄 동료를 모아올 것이다. 1시간가량 지나면 벌들은 당신의 먹이 기지와 자신의 집 사이의 비행경로에 익숙해질 테고, 많은 벌이 직선 경로—'최단 경로'—를 날아서 둥지로 돌아갈 터이다. 이때 당신은 자기(magnetic) 나침반으로 그들이 사라지는 방향을 측정해 벌집의 방향을 알아내고, 페인트 표시를 해둔 벌 대여섯 마리의 왕복 시간을 측정해 벌집까지의 거리를 추정한다. 벌들이 집으로 날아가서 짐을 내려놓고 다시 돌아오는 데 고작 2~3분이 걸린다면 둥지는 100미터(330피트) 정도밖에 떨어져 있지 않을 테고, 만일 6~7분 동안 사라졌다가 돌아온다면 둥지는 아마도 약 1킬로미터(0.6마일)는 떨어져 있을 것이다. 이제 당신은 전체 작업을 최단 경로상의 어딘가로 옮기고 싶을 터이다. 그러려면 가능한 한 많은 벌을 당신의 벌 상자 안에 가둬 최단 경로상의 또 다른 빈터로 100~200미터(300~600피트) 옮긴 다음 여기서 벌을 놓아준다. 그리고 당신이 제대로 맞는 방향으로 움직이고 있는지 확인하기 위해 또다시 벌들이 사라진 쪽을 기억하고, 거리 추정치를 업데이트하기 위해 한 번 더 그들의 왕복 시간을 기록한다. 끈기 있게 최단 경로 위에서 일련의 이동을 하다 보면 당신은 벌들이 거주하는 나무 군락으로, 그다음엔 거주지인 나무 한 그루로, 마침내는 집의 입구인 옹이구멍이나 틈새에 도달할 것이다. 그걸 발견하는 것은 언제나 엄청난 전율이다!

커크와 나는 아노트 산림 중심부 인근의 작은 빈터로 차를 몰고 가서 꿀벌들이 방문하는 꽃을 뒤지는 것으로 이곳의 야생 군락 조사를 시작했다. 우리는 이 장소에서 꿀벌 한 마리를 찾는 데도 애를 먹었는데, 결국에는 커크가 활짝 핀 찔레나무(Rosa multiflora) 꽃에서 벌 한 마리를 발견해 간신히 벌 상자 속에 가두었다. 그런 다음 아니스(anise) 향의 설탕 시럽이 가득한 작은 정방형 밀랍 벌집 한 개를 벌 상자 안에 슬며시 밀어 넣었다. 벌은 이 미끼로 배를 가득 채우고는 풀려나자마자 동쪽으로 날아갔고, 이로써 우리에게 그 집의 전반적인 방향을 드러냈다. 9분하고도 20초가 지난 뒤 벌은 우리 먹이 기지로 돌아왔고, 다시 배를 채우려고 벌집에 앉았다. 커크는 이 일벌이 조용히 우리의 시럽을 죽죽 들이켜는 동안 배에 초록색 페인트 점을 찍었다. 이제 우리는 녀석을 식별할 수 있었다. 초록 배는 단골손님이 되었고, 1시간가량 지나자 우

그림 2.5 야생 군락의 집 사냥 초기에 설탕 시럽으로 가득 찬 사각형 벌집의 먹이 활용을 돕기 위해 뽑혀온 채집벌 무리.

리가 제공하는 훌륭한 먹이를 채취할 동료 수십 마리를 모집해 둥지에서 데려왔다(그림 2.5). 그동안 커크와 나는 그 동료 중 약 10마리에게 페인트 표시를 하고 녀석들이 집으로 가는 최단 경로의 방향을 측정했다. 거의 정동 쪽이었다(그림 2.6의 붉은 선 참조). 그런 다음 녀석들의 비행경로에서 몇 단계를 거치며 우리의 먹이 기지를 이동시키기 시작했다. 이동은 매번 1시간 넘게 걸렸고, 그때마다 벌들의 거주지에 100~200미터(330~660피트)씩 가까워질 뿐이었다. 하지만 녀석들의 나무 집을 찾아내기로 마음먹은 이상 우리는 밀고 나갔

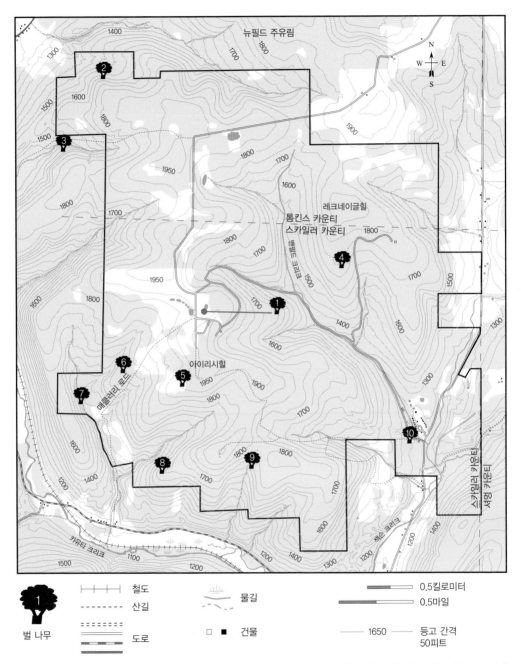

그림 2.6 1978년 아노트 산림에서 발견한 벌 나무 10그루의 위치를 보여주는 지도. 각 벌 나무의 위치는 번호로 표시했다. 붉은 선은 저자가 시도한 최초의 벌 사냥 경로를 나타낸다.

다. 멈출 때마다 벌들이 사라진 방향을 유심히 기억했다가 그쪽으로 전진하면서 우리는 녀석들의 거주지를 겨우 알아낼 수 있었다. 출발 지점에서 동쪽으로 약 800미터(0.5마일) 떨어진 캐나다솔송나무의 약 6미터(20피트) 높이에 있는 구멍이었다.

7월 초에는 아노트 산림의 꽃들에서 꿀벌을 찾기가 쉽지 않았으므로, 커크와 나는 8월 말까지 벌 사냥을 연기했다. 그때쯤이면 도로를 따라 줄지어 늘어선, 숲속 빈터를 가득 메운 끝도 없는 미역취 초원이 꽃을 활짝 피워 채집 벌 무리를 유혹하리라는 걸 우리는 알고 있었다. 이로써 분명 이 숲에 사는 다른 군락들한테로 안내할 최단 경로 확인에 필요한 채집 꿀벌 수색은 수월해질 터였다.

1978년 8월 26일 몇 주간의 집중적인 벌 사냥을 시작하기 위해 아노트 산림을 다시 찾았을 때, 내 눈앞에는 과연 만개한 미역취(대부분 *Solidago canadensis*)의 바다가 펼쳐져 있었다. 눈부시게 노란 꽃차례를 위아래로 오르내리는 꿀벌들로 북적였다. 아름다웠다! 내게 허용된 3주의 시간 동안 아노트 산림 전역을 조사할 수 없다는 것을 알기에 나는 수색을 숲의 남쪽과 서쪽에 집중하기로 마음먹었다. 내가 이 장소를 선택한 이유는 숲의 남쪽과 서쪽 경계 아래로 좁고 바닥이 편평한 골짜기가 있고(그림 2.6 참조), 그 안에 미역취 들판으로 가득한 버려진 목장과 폐선 철로가 있었기 때문이다. 아주 반갑게도, 여기서는 먹이 채집 중인 꿀벌을 찾기 쉬웠다. 게다가 이 골짜기에서 작업하는 동안, 나는 벌들이 사라지는 방향의 추정치를 얻는 것도 매우 쉽다는 걸 알게 됐다. 녀석들은 걸쭉한 시럽을 잔뜩 묻히고 내 먹이 기지를 떠나 숲속 높은 곳에 있는 집으로 가는 도중 가파른 산비탈을 힘겹게 오르느라 천천히 날 것이기 때문이다. 그림 2.6은 벌들의 이런 귀가 비행이 아노트 산림 안에 있는 8개와 서쪽 경계 바로 밖에 있는 1개 등 총 9개의 야생 군락을 내게 추가로 안내해줬음을 보여준다. 그리고 이 벌 사냥이 나를 기쁘게 한 점이 하나 더 있었다. 양봉가들의 군락으로는 전혀 이어지지 않았다는 것이다. 아노트 산림 안과 주변에 사는 것은 오직 야생 군락뿐이라는 사실이 확실해졌다.

물론 커크와 내가 이 숲에서 발견한 9개의 벌 나무 군락이 거기에 사는 야생 군락의 전부는 아니라고 나는 생각했다. 결국 숲의 북쪽 및 동쪽 지역 꽃밭에서는 아무런 최단 경로도 추적하지 못했으니, 아노트 산림의 절반 정도는 미지의 세계였던 것이다. 게다가 숲의 남쪽 및 서쪽 지역에서 모든 군락의 위치를 파악했느냐 하면, 그것도 자신할 수 없었다. 따라서 나는 내가 발견한 9개의 군락이 **기껏해야** 이 숲에 거주하는 전체 군락 중 절반 정도라고 결론지었다. 그렇다면 이 17제곱킬로미터(6.6제곱마일)의 숲에는 18개 이상의 군락이 있다는 얘기였다. 그래서 나는 1978년 9월 아노트 산림에 사는 야생 군락의 밀도를 적어도 1제곱킬로미터당 1개, 그러니까 1제곱마일당 2.5개 이상으로 계산했다.

다른 곳에는 야생 꿀벌 군락이 얼마나 많을까

1978년 아노트 산림 안에 사는 꿀벌 군락의 밀도 연구를 기반으로 북아메리카, 유럽, 오스트레일리아 등 여러 곳의 다른 생물학자들이 이 문제를 조사해왔다. 이러한 추가 조사 중 첫 연구를 진두지휘한 인물은 일찍이 1969년 내가 아직 고등학생일 때 자신의 꿀벌연구소에서 연구를 시작하도록 너그럽게 허락해줬던 코넬 대학교의 곤충학 교수 로저 모스였다. 그와 7명의 대학원생 팀은 뉴욕주 북부 온타리오호(Lake Ontario)에 있는 작은 항구 도시 오스위고(Oswego)에서 1990년 봄 연구를 수행했다. 그들의 조사를 촉발한 것은 브라질의 파이프 선적 화물에 둥지를 틀고 있던 아프리카화 꿀벌—유럽 아종과 아프리카 아종인 아피스 멜리페라 스쿠텔라타 사이의 잡종(이것에 대해서는 추후에 논의한다)—군락을 발견한 사건이었다. 이 이국적인 꿀벌의 존재는 아프리카화 벌과 이들이 운반할지도 모르는 무시무시한 외부 기생 진드기(꿀벌응애)가 북아메리카에 유입될 수 있다는 우려를 불러일으켰고, 그리하여 항구 주변에 사는 모든 꿀벌 군락에서 아프리카화 벌과 꿀벌응애의 존재 여부를 확인할 수 있도록 그것들의 위치를 파악하려는 시도가 이뤄졌다. 항구에서 1.6킬로미터 (1마일) 반경 내에 사는 꿀벌 군락에 대한 정보를 알려주면 35달러의 보상금을 제공한다는 광고가 신문과 라디오에 실렸다. 나무와 건물에 사는 야생 군락 11개와 뒤뜰 벌통에 거주하는 관리 군락 1개가 발견됐다. 이러한 작업의 결과, 이 작은 도시의 야생 군락 밀도는 커크와 내가 아노트 산림 숲에서 찾아낸 것보다 훨씬 더 높은 1제곱킬로미터당 2.7개(1제곱마일당 7개)인 것으로 밝혀졌다. 다행히 아프리카화 꿀벌이나 꿀벌응애는 전혀 발견되지 않았다.

텍사스 A&M대학교의 앨리스 핀토(M. Alice Pinto)가 이끄는 생물학자 팀이 1991~2001년에 수행한 뛰어난 연구에서는 그보다 밀도가 훨씬 더 높은 야생 군락이 발견됐다. 이 팀은 텍사스 남부의 31.2제곱킬로미터(12.2제곱마일)에 달하는 자연보호 지역인 웰더 야생생물보호구역(Welder Wildlife Refuge)에서 작업을 수행했다. 그들의 목표는 미국 남부에 사는 야생 꿀벌 개체군의 '아프리카화'를 추적하는 것이었다. 그들은 멕시코에서 아프리카화 꿀벌이 도착하기 이전과 도착했을 때 그리고 그 이후에 이 야생생물보호구역에 사는 군락의 표본을 추출하는 방법을 사용했다. 아프리카화 꿀벌은 1956년 남아프리카공화국에서 브라질로 도입된 아프리카 아종 아피스 멜리페라 스쿠텔라타의 신생 개체군에서 발생했다. 도입 목적은 열대 환경에 적합한 꿀벌을 만들어내기 위해 브라질에 이미 존재하던, 온대에서 진화한 몇몇 유럽 아종과 열대에서 진화한 아프리카 아종을 교배하기 위함이었다. 그러나 아피스 멜리페라 스쿠텔라타의 일부 군락이 격리된 양봉장에서 탈출해 브라질 기후에 적응해 번성했고, 아메리카 대륙의 열대 전역에서 이 아종의 강력한 야생 군락 개체군을 증식시

그림 2.7　웰더 야생생물보호구역의 떡갈나무 숲속에 있는 연구원. 연구원은 뒤쪽에 있는 나무 안에 둥지를 튼 아프리카화 꿀벌 군락으로부터 이제 막 일벌 표본을 채취했다. 포충망 바로 위에 둥지 입구가 보인다.

컸다.

웰더 야생생물보호구역의 식생은 탁 트인 초원, 덤불 관목림, 산재한 메스키트나무(*Prosopis* 종), 떡갈나무(*Quercus virginiana*) 숲의 혼합으로 이뤄져 있다(그림 2.7). 11년 내리 연중 몇 차례씩 텍사스 A&M대학교의 생물학자 팀은 야생 꿀벌 군락을 찾아 야생생물보호구역 안에 있는 6.25제곱킬로미터(2.4제곱마일)의 조사 지역을 뒤졌고, 발견하는 군락마다 일벌 표본을 수집했다. 삼림 지역에는 둥지 구멍이 많았다. 거의 모든 군락(85퍼센트)을 떡갈나무 구멍에서 발견했다. 이 벌들의 모계 혈통을 밝히기 위해 미토콘드리아 DNA를 분석해보니 연구 초기 3년 동안(1991~1993)은 조사 지역에 사는 여왕벌이 주로 몇몇 유럽 아종의 후손이라는 게 확실해졌다. 68퍼센트는 이탈리안종과 카니올란종(원산지는 둘 다 남유럽), 26퍼센트는 유럽흑색종(원산지는 북유럽), 6퍼센트는 이집트종(원산지는 북아프리카)이었기 때문이다. 하지만 그다음 몇 년간은 이곳에 사는 여왕벌이 주로 남아프리카 아종인 아피스 멜리페라 스쿠텔라타의 후손이었다. 그렇다면 조사 지역에 사는 군락에 대한 연구는 유럽 꿀벌 군락이 개체군을 장악하고 있던 처음 4년간 군락 밀도에 대해 무엇을 밝혀냈을까? 연구는 초원, 관목림, 삼림이 혼합된 이 서식지에서 야생 군락 밀도가 놀랍도록 높다는 것을 보여줬다. 1제곱킬로미터당 군락이 9~10개(1제곱마일당 약 24개)였다!

아피스 멜리페라가 토종인 유럽에서는 세 연구팀이 야생 군락의 풍도를 조사해왔다. 비드고슈치(Bydgoszcz)에 있는 카지미에시 비엘키(Kazimierz Wielki) 대학교의 안제이 올렉사(Andrzej Oleksa)가 이끄는 폴란드 팀은 발트해 바로 남쪽의 폴란드 북부에 있는 저지대의 야생 군락 개체군을 연구했다. 이곳의 풍경은 농업 지역―경작지, 목초지, 과수원―이 지배적이고(68퍼센트), 나머지는 대부분 숲으로 뒤덮여 있다(27퍼센트). 폴란드에서 이 지방에 사는 꿀벌 개체군은 아직도 북유럽의 토종 흑색 꿀벌인 유럽흑색종으로 이뤄져 있다.

안제이 올렉사와 그의 동료들은 지방 도로―그림 2.8에 보이는 것처럼 시골길을 따라 늘어선 오래된 나무 임분―에 생겨난 야생 군락의 존재를 가늠하는 데 초점을 맞췄다. 연구원들은 1만 5000제곱킬로미터(6000제곱마일)의 연구 지역에서 균등한 범위를 설정하기 위해 신중하게 선택한 201개 도로의 큰 나무 1만 5115그루를 점검했다. 그들은 도합 142킬로미터(88마일)의 도로 지역을 뒤져 45개의 꿀벌 군락을 찾아냈는데, 이는 밀도가 도로 1킬로미터당 0.32개(1마일당 0.51개)란 뜻이었다. 이 지방 도로의 밀도를 바탕으로 대로변 나무에 사는 야생 군락의 전반적 밀도를 1제곱킬로미터당 0.10개(1제곱마일당

그림 2.8 서양물푸레나무(*Fraxinus excelsior*)와 노르웨이단풍나무(*Acer platanoides*)가 뒤섞여 늘어서 있는 폴란드 북부의 시골길.

0.26개)라고 추정했다. 연구자들은 자신들의 추정치가 조사 지역의 27퍼센트를 차지하는 삼림지의 야생 군락을 고려하지 않았으므로 야생 군락의 총풍도를 틀림없이 너무 적게 잡은 것이라고 지적한다. 또한 대로변 나무의 높은 곳에 둥지를 튼 일부 군락을 간과했을 수도 있다고 언급한다. 그렇더라도 그들의 야생 군락 밀도 추정치는 지방 도로가 야생 군락의 은신처 역할을 하고 있다는 사실을 밝혀냈기 때문에 큰 가치가 있다. 나아가 이는 자연환경 대부분이 농업 용지로 대체되고 양봉이 지극히 대중화한 장소에 아직도 야생 꿀벌 군락이 존재한다는 사실을 보여준다. 양봉가들은 이 연구를 수행한 폴란드 지방에

서 1제곱킬로미터당 무려 4.4개(1제곱마일당 11.4개)의 군락을 관리하고 있다.

폴란드 바로 서쪽의 독일에서는 할레(Halle) 대학교의 로빈 모리츠(Robin Moritz)와 그의 동료들이 자연 지역에 사는 꿀벌 군락의 풍도를 조사해왔다. 이 팀은 독일 북쪽에서 남쪽에 걸쳐 간격이 한참 떨어진 세 곳의 현장에서 작업했다. 두 현장은 국립공원에 있었는데, 베를린 북쪽 뮈리츠(Müritz) 호수 지역에 있는 318제곱킬로미터(123제곱마일)의 뮈리츠 국립공원과 독일 중부의 삼림지대 하르츠(Harz)산맥에 있는 25제곱킬로미터(10제곱마일)의 하르츠 국립공원이다. 세 번째 현장은 뮌헨 서쪽에 있는 바이에른(독일 남부)의 전원 지역이었다. 연구자들은 세 현장에 사는 군락을 철저하게 뒤지는 직접적이고 무지막지한 접근법을 취하지 않았다. 그 대신 유전 분석에 바탕을 둔 간접적 접근법을 택했다. 구체적으로 말하면, 각 연구 현장 내에서 10마리가량의 처녀 여왕꿀벌이 혼인 비행을 수행하게 한 다음, 얼마나 많은 군락이 각 여왕벌과 짝짓기한 수벌을 생산했는지 밝혀내기 위해 여왕벌마다 일벌 자손의 유전자를 분석했다. 이 접근법의 장점은 연구 지역 수벌의 표본을 확실하게 추출하기 위해 여왕꿀벌의 놀라운 난교를 활용했다는 것이다. 여왕벌은 각각 10~15마리의 수컷과 교미하므로, 여왕벌 10마리의 일벌 자손은 이 여왕벌의 짝짓기 지역에 사는 군락으로부터 수벌 100~150마리의 표본을 제공한 셈이었다. 유전분석 결과, 세 현장에는 수벌을 생산하는 군락이 24~32개 있다는 사실이 드러났다. 여왕벌과 수벌이 짝짓기 현장에 도달하기 위해 둘 다 평균 900미터(0.56마일)를 날아간다고 가정하면, 이 24~32개의 군락이 흩어져 있는 영역은 반경 1.8킬로미터(1.1마일)에 면적은 10.2제곱킬로미터(3.9제곱마일)라고 할 수 있다. 따라서 세 연구 현장의 평균 군락 밀도 추정치는 1제곱킬로미터당 2.4~3.2개(1제곱마일당 6.2~8.2개)였다. 그러나 독일에서는 양봉가들이 이따금 시골의 국립공원 안에 자신의 군락을 놔둘 수 있으므로(그리고 그렇게들 한다), 이 연구에서 보고한 군락 밀도 추정치는 관리 군락과 야생 군락을 합산한 밀도를 나타낸다는 데 유의해야 한다.

최근에는 또 다른 독일 생물학자 팀인 뷔르츠부르크(Würzburg) 대학교의 대학원생 파트리크 콜(Patrick L. Kohl)과 벤야민 루치만(Benjamin Rutschmann)이 원시림이 대부분인 독일 중부와 남서부의 유럽너도밤나무(Fagus sylvatica) 숲에서 야생 군락을 조사했다. 바로 튀링겐에 있는 160제곱킬로미터(62제곱마일)의 하인리히(Hainrich) 삼림지, 그리고 바덴뷔르템베르크(Baden-Württemberg)주 슈베비셰알프스(Schwäbische Alb)산맥에 있는 생물권보전지역의 몇몇 숲이었다. 하인리히 숲 현장은 벌통 놓을 장소를 찾고 있는 양봉가들에게는 출입 금지 구역이다. 이 숲에서는 연구자들이 커크 비셔와 내가 아노트 산림에서 쓴 것과 동일한 방법(최단 경로 찾기)을 사용했지만, 슈베비셰알프스 지역의 숲에서는 익히 알려진 까막딱따구리(Dryocopus martius) 둥지 구멍 98개를 점검했다. 북유럽에서 가장 큰 이 딱따구리는 꿀벌들의 적당한 둥지가 될 만큼 충분히 널찍한 공간(20리터(5.3갤런) 이상)의 구멍을 판다. 이 팀은 하인리히 숲에서 야생 군락 9개의 위치를 발견 또는 추측하고, 그걸 바탕으로 이곳의 야생 군락 밀도 추정치를 계산했다. 1제곱킬로미터당 0.13개(1제곱마일당 0.34개)의 군락이었다. 슈베비셰알프스 생물권보전지역의 숲에서는 오래된 딱따구리 둥지 구멍이 있는 너도밤나무 98그루를 점검해 꿀벌이 거주하는 나무 7그루를 발견했다. 딱따구리 구멍이 있는 나무의 밀도를 알고 있었으므로, 그들은 슈베비셰알프스 숲의 야생 군락 밀도 추정치를 1제곱킬로미터당 적어도 0.11개(1제곱마일당 0.28개)로 계산했다. 물론 연구자들이 조사 구역에 살고 있는 군락을 전부 찾았는지 확신할 수 없으므로 두 수치는 실제 군락 밀도의 최소 추정치로 보면 된다.

유럽 꿀벌이 1822년 이래 도입종으로 서식해온 오스트레일리아의 생물학자들 역시 원시림 서식지에 사는 꿀벌 군락의 밀도를 측정하기 위해 국립공원을 이용했다. 시드니 대학교의 벤저민 올드로이드(Benjamin Oldroyd)가 이끄는 이 팀은 755제곱킬로미터(292제곱마일)의 배링턴톱스(Barrington Tops) 국립공원, 83제곱킬로미터(32제곱마일)의 웨딘마운틴스(Weddin Mountains) 국립공원, 그리고 3750제곱킬로미터(1378제곱마일)의 거대한 와이퍼펠드(Wyperfeld) 국립공원에서 작업했다. 세 공원 모두 오스트레일리아 남동부에 있지만, 그곳들의 식생형(植生型: 일정한 지역에서 나타나는 특유한 식물의 군락 유형―옮긴이)은 아열대우림에서 반건조 유칼립투스(Eucalyptus) 삼림까지 다양하다. 오스트레일리아 생물학자들은 독일 연구진처럼 세 조사 현장에서 야생 군락의 밀도 추정치를 내는 데 간접적인 유전학적 접근법을 사용했다. 이번에도 역시 목적은 얼마나 많은 군락이 주어진 현장에 있는 수벌을 생산하는지 밝혀내는 것이었다. 그러나 오스트레일리아 연구자들은 조사 지역 내에 거주하는 수벌을 아버지로 둔 일벌들의 유전자가 아니라, 수벌 집합소의 (헬륨을 채운) 기상 관측 기구에 매단 수벌 덫에 포획된 수벌의 유전자에 기초해 이를 측정했다(7장 참조). 그들은 각 국립공원에 있는 수벌 집합소 2곳에서 수벌을 포획해 이들의 유전자로부터 1제곱킬로미터당 0.4~1.5개(1제곱마일당 1.0~3.9개)의 군락 밀도 추정치를 계산했다. 이 오스트레일리아 조사자들이 이용한 대규모 국립공원 내에서는 양봉을 금지했으므로 이러한 결과는 관리 군락의 존재에 영향을 받지 않았다.

원시림 서식지의 야생 군락 밀도에 관한 가장 최근의 연구는 2017년 로빈 래드클리프(Robin Radcliffe)가 수행한 조사인데, 그는 뉴욕주 신다긴할로(Shindagin Hollow) 주유림 중 5제곱킬로미터(1.9제곱마일) 지역을 샅샅이―벌 사냥을 통해―뒤졌다. 이 주유림은 이타카 남동쪽에 있고 아노트 산림에서는 동쪽으로 약 30킬로미터(20마일) 떨어진 21제곱킬로미터(8제곱마일) 면적의 처녀림이다(그림 2.9). 로빈은 군락 5개의 위치를 찾아냈고 여기서 1제곱킬로미터당 1개(1제곱마일당 2.5개) 군락의 추정치를 산출했는데, 1978년 아노트 산림에서 커크 비서와 내가 찾은 추정치, 그리고 2002년(이번 장 뒷부분 참조)과 2011년(10장 참조)에 수행한 추후 조사에서 내가 찾은 추정치와 사실상 같다.

그림 2.9 **왼쪽:** 신다긴할로 주유림의 캐나다솔송나무. **오른쪽:** 둥지 입구를 클로즈업한 사진. 벌들이 둥지 안에서 조용히 지내던 11월 말에 촬영했다.

표 2.1 야생 유럽종 꿀벌 군락의 밀도 추정치

연구 장소	군락 수/1제곱킬로미터	군락 수/1제곱마일
아노트 산림, 뉴욕주(미국)	1.0 +	2.5 +
오스위고, 뉴욕주(미국)	2.7	6.9
웰더 야생생물보호구역, 텍사스주(미국)	9.3~10.1	23.8~25.8
신다긴할로 주유림(미국)	1.0	2.5
농지(폴란드)	0.1 +	0.26 +
국립공원 2곳과 숲 1곳(독일)	2.4~3.2	6.2~8.2
하인리히 숲과 슈베비셰알프스(독일)	0.1 +	0.3 +
국립공원 2곳(오스트레일리아)	0.4~1.5	1.0~3.9

복습하기: 야생 유럽종 꿀벌 군락의 풍도에 대해 우리가 배운 것은 무엇인가? 방금 설명한 연구들의 결론을 요약한 표 2.1을 보면 자연 지역에 사는 군락의 밀도는 매우 다양하지만 보통 1제곱킬로미터당 1~3개(1제곱마일당 2.6~7.8개)의 범위에 있는 것으로 추정된다. 물론 야생 군락의 밀도는 다소 낮은 편인데, 이는 꿀벌 둥지가 평균적으로 넓은 간격을 두고 떨어져 있다는 뜻이다. 가령 아노트 산림에서 각각의 군락과 그로부터 가장 가까이 있다고 알려진 이웃 군락 사이의 평균 거리는 0.87킬로미터(0.54마일)다. 확실히 자연환경에 사는 야생 군락은 일반적으로 양봉장에 사는 관리 군락보다 간격이 훨씬 더 많이 떨어져 있다. 우리는 10장에서 군락 간의 이러한 간격 차이가 벌들의 건강에 지대한 영향을 끼칠 수 있음을 알게 될 것이다.

야생 군락은 꿀벌응애 때문에 전멸했는가

꿀벌응애는 꿀벌에 기생하는 작지만 위험한 진드기다. 다 자란 이 종의 암컷
은 커봤자 핀의 머리만 하므로 일벌에 비하면 하찮은 미물이다(그림 2.10). 그렇
더라도 이 작디작은 적갈색 원반 모양의 생물에 심하게 감염되면 꿀벌 군락
하나가 붕괴할 수 있다. 이렇게 치명적인 이유는 이 진드기가 미성숙한 벌(애
벌레와 번데기)의 지방체(에너지 저장) 조직을 먹고 사는데, 이런 섭식이 성장 중인
벌을 약화시키는 바이러스를 퍼뜨리고 설상가상으로 복부 수축이나 오그라든
날개처럼 심각한 신체 손상도 유발할 수 있기 때문이다. 후자는 날개 기형 바
이러스가 일으키는 최악의 증상으로, 아마도 이 진드기가 매개하는 모든 병
원균 중 가장 큰 피해를 줄 것이다. 꿀벌응애의 치명성은 개체의 급속한 성장
으로 증폭된다. 진드기는 일주일도 안 되어 알에서 성충으로 자란다. 이는 군
락 안에 들끓는 꿀벌응애 개체군이 봄에는 보잘것없이 시작했다 하더라도 기
하급수적인 성장이라는 마법을 통해 늦여름이 되면 폭발적으로 증가할 수 있
다는 뜻이다. 그리고 어떤 군락에서 진드기에 대한 부담이 크면 거기서 생겨
나는 일벌들이 바이러스 역가(virus 力價: 바이러스가 증식하는 수준을 단위로 환산한 수
치—옮긴이)가 너무 높은 채로 생을 시작하므로 병이 들어 일을 할 수 없게 된
다. 결국 그 군락의 개체군은 포식, 벌집 외부에서 일하다 겪는 사고, 꿀벌응
애의 기생에서 비롯된 노화 촉진으로 죽는 벌의 손실을 상쇄해줄 혈기왕성한
젊은 벌의 충분한 공급이 부족해 붕괴하고 만다.

처음에 꿀벌응애는 동아시아 내륙 지방에서만 살았다. 여전히 꿀벌응애는
이란의 광활한 사막 동쪽의 아시아와 중앙아시아에 우뚝 솟은 산맥 남쪽 전
역에 걸쳐 사는 원래 숙주인 동양종 꿀벌과 안정적인 숙주-기생충 관계를 유
지하고 있다. 불행히도 이 진드기는 동양종 꿀벌에서 아피스 멜리페라로 숙주
전환을 이루는 데 성공했고, 그 이후 퍼져서 오늘날의 분포는 새로운 숙주인

그림 2.10   꿀벌 일벌에 붙어 있는 꿀벌응애의 암컷 성충.

아피스 멜리페라만큼이나 거의 전 세계적이다. 이런 숙주 전환은 양봉가들이
아피스 멜리페라 군락을 러시아 서부 및 우크라이나에서 러시아 극동 지방인
프리모르스키(Primorsky)로 옮겨간 1900년대 초 무렵에 일어났다. 이 지방은
아피스 멜리페라의 원산지와는 한참 멀고 동양종 꿀벌의 토착 범위 내에 있
다. 그런데 아피스 멜리페라와 동양종 꿀벌의 서식 범위가 겹치자마자 아피스
멜리페라 군락에 진드기가 들끓기 시작했다. 이는 아마도 아피스 멜리페라 군
락이 동양종 꿀벌 군락으로부터 꿀을 훔치면서 시작된 듯한데, 양봉가들이 자
신의 아피스 멜리페라 군락에 동양종 꿀벌 군락의 새끼들(애벌레와 번데기)을 넣
어 군락을 강화시키려 하면서 부지불식간에 배양되었을 수도 있다. 그런 다음
러시아 양봉가들이 진드기를 보유한 아피스 멜리페라 여왕벌을 프리모르스키

지방에서 소련 서부 지역으로 옮기면서 1950~1960년대에 꿀벌응애를 유럽으로 퍼뜨렸다. 유럽에 서식하는 아피스 멜리페라 군락에서 꿀벌응애를 처음 발견했다고 보고된 해는 불가리아 1967년, 독일 1971년, 루마니아 1975년이었다. 이 진드기는 1975~1976년 루마니아와 불가리아에서 해외 원조 계획의 일환으로 튀니지와 리비아에 수백 개의 꿀벌 군락을 보내면서 북아프리카로도 퍼졌다. 남아메리카에 꿀벌응애가 유입된 것은 확실히 1971년 일본 양봉가들이 꿀벌응애를 보유한 (일본에서 채취한) 아피스 멜리페라 군락을 파라과이로 옮기면서였다. 경로는 알 수 없지만 이 진드기는 1972년 브라질에도 들어왔다.

꿀벌응애는 비교적 최근에 2개의 경로를 통해 북아메리카에 들어왔다. 첫 번째는 플로리다를 통해서였을 것이다. 1980년대 중반 한 양봉가가 진드기를 보유하고 있는(꿀벌응애가 들끓는) 몇몇 브라질산 여왕벌을 밀수입했든지, 아니면 아프리카화 꿀벌의 분봉군이 화물선에서 떨어져 나왔든지 둘 중 하나일 가능성이 높다. 플로리다 식물양봉검역소의 기록에 따르면, 1983~1989년 중앙아메리카나 남아메리카로부터 도착한 여덟 척의 배에서—보통은 선적 컨테이너에서—아프리카화 꿀벌의 분봉군이 발견됐다. 이 기록을 보면 적어도 한 척의 배에서 "벌들한테 꿀벌응애가 들끓었다"고 나와 있다. 두 번째 경로는 1990년대 초 꿀벌응애가 우글대는 아프리카화 꿀벌의 분봉군이 미국-멕시코 국경을 넘어 북쪽으로 날아간 텍사스를 통해서였다.

꿀벌응애와 나의 첫 조우는 1994년 6월 이타카의 내 실험실에서 일어났다. 나는 그 순간을 생생하게 기억한다. 실험을 준비하기 위해 어린 일벌들한테 페인트 표시를 하고 있는데, 놀랍게도 노란 페인트 점을 막 찍으려던 벌의 흉부에서 꿀벌응애 한 마리가 허둥지둥 지나가는 게 보였다. 꿀벌응애가 무서운 기생충임을 알고 있었기에 당황스러웠지만, 나는 그것이 내 실험실에 이 진드기들이 이제 막 도착했다는 징표이기를 바랐다. 그러나 8월 말에 나는 그 진드기들이 1994년 이전에 도착했고, 이제 내 실험실의 군락에 엄청나게 득시글거리고 있다는 사실이 명확해지는 소름끼치는 광경을 목격했다. 대부분 오그라든 날개를 가진 일벌 수십 마리가 내 벌통 앞 잔디를 힘없이 기어가고 있었다. 분명 내 군락의 많은 일벌이 병들어 있었지만, 나는 여전히 낙관했다. 당시에는 이것이 현실적인 희망 같았다. 왜냐하면 한 달 뒤인 1994년 9월, 실험실 양봉장에 있는 19개의 군락을 점검해보니 하나같이 일벌 수도 충분하고 보유한 꿀 저장량도 상당했기 때문이다. 이는 다가올 겨울에 살아남을 만큼 다들 건강한 상태임을 시사했다. 하지만 몇 달 뒤 나는 꿀벌응애가 꿀벌의 건강을 얼마나 처참하게 앗아갈 수 있는지 깨달았다. 1995년 4월이 되자 19개 군락 중 아직 살아 있는 군락은 단 2개뿐이었다. 1994년에서 1995년으로 넘어가는 겨울의 군락 사망률 89퍼센트는 꿀벌응애의 끔찍한 독성에 대한 소름끼치는 교훈이었다.

벌들을 도울 길은 하나밖에 없어 보였다. 바로 진드기 살충제 처리였다. 나는 1995년 여름 플루발리네이트(fluvalinate, 아피스탄(Apistan))를 사용하기 시작했고, 약 20년이 지난 지금은 학생들과 함께 **우리 양봉장에서 키우는** 다수의 군락을 진드기 제거 화학 물질, 흔히 포름산이나 티몰 성분의 약품으로 처리한다. 우리가 그렇게 하는 이유는 대부분의 실험에 심각한 꿀벌응애 감염으로 스트레스를 받지 않는 군락이 필요하기 때문이다.

학생들과 함께 우리 양봉장에 사는 관리 군락에 꿀벌응애가 들끓는 것을 통제할 방법을 배워가던 1990년대 중반, 나는 이타카 인근 숲속에 사는 야생 군락들한테는 무슨 일이 벌어지고 있을지 걱정스러웠다. 분명 아무도 목숨을 구할 진드기 살충제로 그들을 처리하고 있지 않았고, 그래서 나는 궁금했다. 다들 죽어나가고 있는 걸까? 아니면 이미 모조리 사라졌을까? 전멸했을 가능성도 있어 보였다. 심지어 그럴 가능성이 높아 보였다. 그리고 설령 일부가 아직 살아 있다 해도 이 생존 군락 역시 그저 분봉군을 내보내고 나서 양봉가에 의해 진드기 살충제로 처리된 군락일 것 같아 두려웠다. 만일 그렇다면, 아직 살아 있는 군락도 가공할 바이러스를 퍼뜨리는 진드기로 인해 사라질 운명에 처한 (얼마 가지 못할) 군락일 터였다.

야생 군락에 대한 나의 우려는 이 군락 개체군이 실제로 몰살했음을 시사하는 세 가지 사실로 심해졌다. 첫째, 4월 말과 5월 초가 되면 이타카 근처 잔디밭과 들판을 뒤덮는 민들레꽃에서 1990년대 중반부터 꿀벌을 찾기 힘들었다. 희소식은 아니었다. 둘째, 역시 1990년대 중반 코넬 대학교 캠퍼스 주변의 나무나 건물에 정착한 벌 떼를 수거해달라고 요청하는 전화가 나한테 거의 걸려오지 않고 있다는 것을 알았다. 여름마다 이런 벌 떼 수거 전화를 여러 통 받곤 했던 1980년대와는 딴판이었다. 확실히 나쁜 소식이었다. 그리고 셋째, 1995년 캘리포니아 주립대학교 데이비스 캠퍼스의 유명한 꿀벌 연구자 2인방 베른하르트 크라우스(Bernhard Kraus)와 로버트 페이지 주니어(Robert E. Page Jr.)의 논문은 꿀벌응애가 "캘리포니아 전역을 돌아다니며 사는 벌 군락 개체군의 동태에 파괴적인 영향을 끼쳤다"고 보고했다. 그들은 "캘리포니아 꿀벌들에게는 꿀벌응애에 대한 일반적이고 광범위한 전적응(前適應: 생활 양식을 바꿔야 할 때 이미 적합한 형질이 있는 현상—옮긴이)이 없다"고도 했다. 진심으로 끔찍한 소식이었다.

1997년 6월 양봉 잡지 중 하나인 〈미국 꿀벌 저널(American Bee Journal)〉에서 애리조나주 투손(Tucson)에 있는 미국 농무부 꿀벌연구소 소속 과학자 제럴드 로퍼(Gerald Loper) 박사가 쓴 기사를 읽고 나의 걱정은 한층 더 심해졌다. 로퍼는 이 기사에서 투손 북쪽 소노란(Sonoran) 사막의 산지에 사는 야생 꿀벌 군락 개체군에 대해 자신이 수행하고 있던 장기적 연구의 결과물을 보고했다. 1987년부터 그는 한 번이라도 야생 군락이 점거한 적 있는 둥지 247곳의 위치(대부분 바위틈)를 파악해온 터였다. 그는 유전자 분석을 통해 이 모든 군락이 유럽종 꿀벌임을 알아냈다. 사실 군락의 68퍼센트는 유럽흑색종 꿀벌

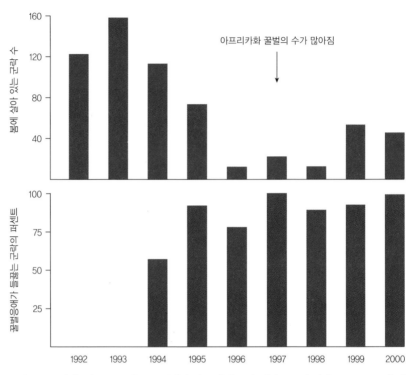

그림 2.11 애리조나주 투손의 북쪽 산지에 사는 야생 군락 개체군 조사 결과. 1991~1993년 기문응애가 이 지역 전체에 퍼졌고, 1993년에는 꿀벌응애가 유입됐다. 1997~1998년 주로 유럽종이었던 개체군의 유전자가 아프리카화 꿀벌로 바뀌었다.

의 미토콘드리아 DNA 단상형(haplotype)을 갖고 있었다. 그는 매년 3월 초 겨울 동안 그곳의 군락들이 살아남았는지 알아보기 위해 점검했고, 6월에는 분봉 결과를 평가하기 위해 또 한 번 검사했다. 가능한 곳에서는 이 군락들에 기문응애(Acarapis woodi) 및 꿀벌응애가 있는지 살펴보려고 이들의 일벌 표본을 수집하기도 했다. (둥지 입구에 날숨을 불어넣은 다음 100~150마리의 벌을 그물로 잡았다.)

제럴드 로퍼가 보고한 결론은 암울한 그림을 그렸다. 이 야생 유럽종 꿀벌 군락 개체군은 두 종류의 진드기, 특히 꿀벌응애의 유입으로 떼죽음을 당했다(그림 2.11). 꿀벌응애가 연구 지역에 들어오기 전인 1992~1993년에는 247곳의 둥지에 120~160개의 군락이 살고 있었지만, 거의 모든 군락이 꿀벌응애로 들끓게 된 1994~1996년에는 점유 장소가 급락해 1996년 3월에는 아직 살아남은 군락이 고작 12개뿐이었다. 이 야생 군락 개체군은 1995년부터 아프리카화 꿀벌이 유입되지 않았다면 아마 자취를 감췄을 것이다. 아프리카화 꿀벌은 1990년대 말에 늘어나기 시작해 현재 다시 번성하고 있다. 이 논문을 읽고 나는 복잡한 감정에 빠졌다. 애리조나주 남부 산지에 사는 야생 꿀벌 개체군에 관한 로퍼의 장기적 연구에는 대단히 감명을 받았지만, 꿀벌응애 유입 직후 붕괴된 야생 유럽종 꿀벌 군락의 개체군에 관한 우울한 보고에는 깊이 좌절했다.

이타카 주위에서 내가 직접 관찰하고 있던 상황과 제럴드 로퍼의 애리조나 조사 결과를 같이 고려했을 때, 나는 2000년대 초 이타카 남쪽의 숲에서 야생 꿀벌 군락이 아마도 사라졌을 것이라고 생각했다. 그리고 야생 생물 없이는 살 수 없는 사람으로서 그들의 죽음이 애통했다. 그러나 한편으로는 내 안의 호기심이 계속 이런 질문을 던졌다. **과연 정말로** 야생 군락이 전부 사라졌을까? 호기심은 내가 감당할 수 있는 수준 이상으로 많은 질문을 던졌고, 나는 그것들 대부분을 한쪽으로 제쳐두었다. 하지만 내가 확실한 답을 구할 수 있는 특별한 자원, 즉 아노트 산림의 꿀벌이 거의 내 발치에 있었기 때문에 야생 꿀벌에 관한 이 한 가지 질문만은 지나칠 수 없었다. 지난 1978년 커크 비서와 함께 수행한 이 숲의 야생 군락 개체군 조사 덕분에 꿀벌응애가 이 대륙에 발을 들여놓기 이전 야생 군락의 풍도에 관한 확고한 기본 정보가 있던 북아메리카 동쪽 전역 중 한 곳이 바로 이 연구용 숲이라는 사실을 깨달았다. 만일 내가 이 작업을 또다시 한다면 살아남은 야생 군락 일부를 찾아낼 수 있을까? 아니면 상상했던 대로 그들의 소멸을 확인하게 될까? 나는 그걸 알아내고 싶었다. 2002년 아노트 산림으로 돌아가 가능한 한 첫 번째 때와 근접한 방식으로 이 두 번째 조사의 수행 절차를 밟았다. 하나는 예전과 **똑같은 계절**

그림 2.12 미역취 꽃차례에서 꽃꿀과 꽃가루를 채취하고 있는 일벌.

인 8월 중순부터 9월 말까지 조사하는 것이었다. 또 하나는 예전과 **똑같은 방식**으로, 조지 에절이 그의 매력적인 저서 《벌 사냥꾼》에서 기술했던 방법을 사용하는 것이었다.

나는 아노트 산림 북동쪽 입구 바로 안의 미역취 들판에서 2002년 8월 20일 오후 두 번째 조사에 착수했다. 지난 1978년 8월 26일, 첫 번째 조사를 위해 내가 3주간의 벌 사냥을 시작했던 때와 같은 계절이었다. 햇볕이 쨍쨍하고 더웠다. 몇 주 동안 비가 내리지 않았지만 많은 미역취가 밝고 노란 꽃을 펼쳐놓았으므로 벌을 찾기에는 상황이 완벽해 보였다. 하지만 과연 찾을 수 있을까? 답은 '아니요'일 거라고 예상했다. 나는 트럭에서 내려 걸어 올라가면서 먹이 채집 꿀벌을 찾느라 오후 내내 터벅터벅 돌아다니다 한 마리도 못 건진 채 '그래, 무서운 꿀벌응애와 날개 기형 바이러스가 쌍으로 아노트 산림의 야생 군락 개체군을 말살시키고 말았어' 하며 집으로 돌아갈 거라고 생각했다. 처음 10분간은 이 예상이 맞는 듯했다. 꿀벌은 찾지 못했으나 호박벌(Bombus 종)은 여러 마리 마주쳤다. 그들의 존재는 가뭄에도 미역취 꽃이 벌들을 홀릴 만한 꽃꿀과 꽃가루를 제공해주고 있다는 뜻이었다. 그때였다. 내 눈에 빛나는 미역취 꽃차례에 앉은 꿀벌 한 마리가 들어왔다(그림 2.12)! 몇 초 뒤, 이 녀석은 내 벌 상자 안에서 미친 듯이 윙윙댔다. 몇 분 더 뒤지니 근처 다른 미역취 꽃 위에 벌 한 마리가 또 나타났고, 내 벌 상자에는 곧 두 번째 포로가 생겼다. 1시간 만에 나는 6마리의 꿀벌 일벌을 발견해 포획했고, 먹이를 먹게 한 다음 놓아줬다.

이번 꿀벌 수색 성공은 이 숲속에 아직 먹이를 채집하는 꿀벌이 있음을 입증했다. 그러나 그들은 어디서 온 걸까? 아노트 산림의 벌 나무일까, 아니면 숲 밖의 양봉장 벌통일까? 그날 오후가 끝날 무렵 나는 정답을 알았다. 설탕 시럽이 가득한 나의 벌집을 떠나는 와자지껄한 벌 무리는 두 줄이었는데, 하나는 북쪽으로 다른 하나는 남쪽으로 향했기 때문이다. 두 줄 모두 양봉가들이 벌통을 놓는 장소가 아니라 아노트 산림의 깊숙한 곳을 가리켰다.

다음 6주 동안 나는 날씨가 좋은 날이면 남는 시간을 모조리 아노트 산림의 벌 사냥에 쏟아부었다. 코넬 대학교의 수업은 8월 말에 시작됐고 내 동물행동학 강의는 월요일과 수요일 그리고 금요일 정오에 있었으므로, 주중엔 대부분 오후의 단 몇 시간이라도 사냥에 나설 수 있었다. 또한 밤이면 곧 쌀쌀해지기 시작해 어떤 날은 늦은 아침이 되어서야 벌들이 모습을 보였다. 그러나 내게는 다행스럽게도 가뭄이 계속됐고, 화창한 날씨가 우세했다. 보아하니 풍부한 꽃꿀이 가득한 꽃을 찾을 수 없게 된 벌들은 내가 아니스 향 설탕 시럽으로 미끼를 놓을 때마다 나의 먹이 공급 벌집을 털러 왔다.

나는 총 27일에 걸쳐 117시간 동안 숲에서 벌 사냥을 했고, 이 기간 중 숲의 서쪽 절반에 흩어져 있는 12곳의 빈터에서 벌집까지의 최단 경로 찾기를 시작했다(그림 2.13). 1978년에도 그랬지만, 완벽하게 숲 전체를 샅샅이 뒤져서 아노트 산림에 사는 야생 군락을 조사하지는 않았다. 그런데도 정말로 8개의 야생 군락을 발견했다! 각 군락은 사탕단풍나무 2그루, 미국물푸레나무(*Fraxinus americana*) 2그루, 캐나다솔송나무 1그루, 스트로부스소나무(*Pinus strobus*) 1그루, 사시나무(*Populus tremuloides*) 1그루, 그리고 적참나무 1그루 등 살아 있는 견고한 나무에 거주하고 있었다. 꿀벌이 사는 8그루의 나무를 발견하니 너무 기뻤다. 아노트 산림에 사는 9개의 야생 군락을 발견했던 1978년만큼이나 2002년에도 야생 군락이 많다는 것을 입증했기 때문이다.

지난 대부분의 10년간 뉴욕주에 꿀벌응애가 있었다는 사실을 놓고 볼 때, 어떻게 이런 일이 가능할까? 한 가지 가능성은 아노트 산림의 꿀벌이 너무 고립된 나머지 꿀벌응애에 노출되지 않았을 수 있다는 것이다. 내가 발견한 최단 경로 중 숲 바깥 방향을 가리키는 경로가 거의 없었다는 점(그림 2.13에 나타나 있듯 장소 3, 5, 9에서 서쪽을 향하고 있을 뿐이다)은 아노트 산림 인근에 사는 관리 군락이 (만약 있다고 쳐도) 극히 적다는 것을 보여주었다. 따라서 이 숲에 사는 군락은 그냥 꿀벌응애에 아직 노출되지 않은 것일 수도 있었다.

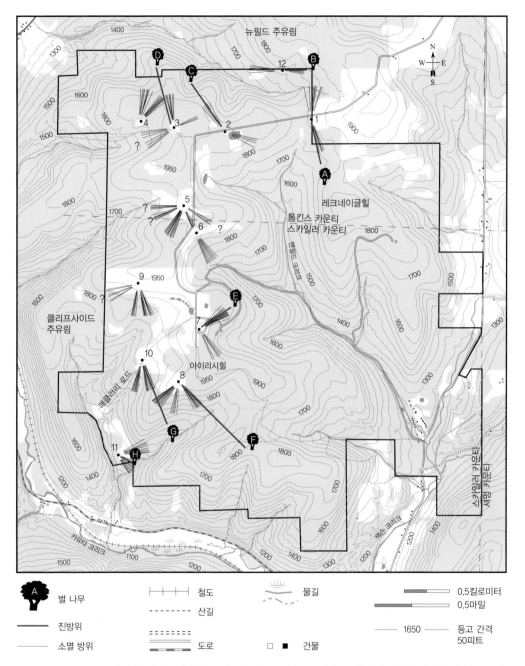

그림 2.13 2002년 8~9월의 벌 사냥 기간에 최단 경로가 시작된 장소(1~12)와 8그루의 벌 나무를 발견한 장소(A~H)를 보여주는 아노트 산림 지도. 〔진방위(true bearing)는 기준선의 방향을 진북(眞北)으로 선정했을 때의 방위를 말한다—옮긴이.〕

아노트 산림의 군락에 꿀벌응애가 들끓고 있는가

아노트 산림의 야생 군락에 꿀벌응애가 들끓고 있는지 알아보기 위해 나는 몇몇 야생 군락을 표준 광식가동소상(框式可動巢箱: 벌집의 틀이 고정되어 있지 않아 자유롭게 꺼내고 넣을 수 있는 벌통. '소상'은 벌통을 가리킨다—옮긴이)에 거주하도록 유도해야 했다. 이렇게 해야 진드기 양을 측정할 수 있기 때문이다. 아노트 산림의 벌집에 사는 야생 군락을 가장 쉽게 획득하는 방법은 숲속에 벌 유인통을 설치해 분봉군을 포획하는 것이었다. 그래서 분봉기가 시작되기 전인 2003년 5월 초에 그림 2.13의 장소 1, 2, 5, 7, 10 근처에 5개의 벌 유인통을 놓았다. 모든 벌통은 내가 8개의 일벌집 틀과 2개의 수벌집 틀을 설치한 오래된 랑스트로스식 벌통(Langstroth hive: 이하 랑식 벌통—옮긴이)이었다. 내가 천연 둥지에서 발견한 일벌집 대 수벌집의 비율(4:1)로 설치한 것이다. (여기에 대해서는 5장에서 논의한다.) 나는 나무토막으로 각 벌통의 입구를 좁혀서 (벌들이 바라는 크기인) 약간 작은 16제곱센티미터(2.5제곱인치)의 구멍을 만들었다. 끝으로 지면에서 약 4미터(약 12피트) 높이의 나무에 받침대를 놓고 그 위에 각각의 벌 유인통을 입구가 남향이 되도록 고정시켰다(그림 2.14). 유럽종 꿀벌의 둥지 선호도에 들어맞는, 그러니까 아노트 산림의 꿀벌 분봉군에 이상적인 속성(구멍 크기, 입구 면적, 지면으로부터의 입구 높이 등)을 갖춘 둥지 구멍을 벌들에게 제공하기 위해서였다.

나는 벌 유인통에 거주할 군락의 진드기 양을 쉽게 측정할 수 있도록 벌통마다 꿀벌응애 그물망을 설치했다. 그냥 진드기는 지나가다 빠질 수 있지만 벌은 그렇지 않은 그물망이다. 이 그물망을 벌집이 들어 있는 목재 상자(벌통 본체)와 목재 밑판(벌통 바닥) 사이에 끼웠다. 군락의 진드기 양을 측정하려면 끈적끈적한 판—윗면을 식물성 기름으로 덮은 판지 한 장—을 꿀벌응애 그물망 밑에 삽입하고 48시간 후 거기에 걸려든 진드기를 세보기만 하면 되었다.

그림 2.14 분봉군을 끌어들여 광식가동소상에 사는 야생 군락을 획득하기 위해 아노트 산림 나무에 설치한 벌 유인통 중 하나. 지면에서 약 5미터(16피트) 위에 남향으로 고정한 이 장치는 전형적인 것으로, 입구 면적이 16제곱센티미터(2.5제곱인치)인 랑식 벌통이다.

표 2.2 아노트 산림의 벌통에 사는 야생 군락의 월별 꿀벌응애 측정. 모든 수치는 월초에 48시간 동안 끈적끈적한 판에 떨어진 진드기의 개수다.

날짜	군락 1	군락 2	군락 3
2003년 8월	30	14	21
2003년 9월	16	21	39
2003년 10월	36	3	22
2004년 5월	2	2	1
2004년 6월	3	11	2
2004년 7월	2	10	4
2004년 8월	3	5	7
2004년 9월	16	15	13
2004년 10월	42	40	22

이 계획은 제대로 먹혀들었다. 벌 유인통 5개 중 3개가 2003년 7월에 가득 찼고, 그해 8월에는 이 3개의 야생 군락에서 떨어진 진드기의 월별 집계가 나오기 시작했다. 표 2.2에 나타난 이 측정 결과는 명백했다. 세 군락 모두 꿀벌응애가 들끓고 있었다. 결국 세 군락 모두 진드기가 있음에도 아주 잘 살아남아 있다는 것도 명백해졌다. 왜냐하면 각 군락의 진드기 개체군은 2003년 늦여름과 가을에는 꽤 안정적이었는데, 2003년에서 2004년으로 넘어가는 겨울에는 눈에 띄게 줄었다가 2004년 여름에는 아주 천천히 점차 증가했을 뿐이기 때문이다. 그리고 2003년과 2004년 늦여름—2003년 9월 4일과 2004년 8월 29일—에 이 군락을 점검한 결과 세 군락 모두 상태가 아주 좋다는 것을 알았다. 각 군락의 벌 개체군은 튼튼했고, 유충 벌집 틀과 벌꿀 벌집 틀이 여러 장 있었다. 기형 날개가 있는 벌을 보유하고 있거나 그 밖의 질병 징후를 보이는 군락은 없었다.

2004년 10월 중순 나는 군락 2를 다음 해 봄에 여왕벌을 키울 수 있도록 숲에서 코넬 대학교의 내 실험실로 옮겼다. 군락 1과 군락 3은 꿀벌응애 수를 무기한 계속 추적하기 위해 숲에 남겨됐다. 군락 2는 2004년에서 2005년으로 넘어가는 겨울에 내 실험실에서 아주 건강하게 살아남았다. 하지만 슬프게도 숲에 남겨둔 두 군락은 2004년 10월 중순의 마지막 점검과 그다음 2005년 4월 중순의 점검 사이 어느 시점엔가 흑곰(*Ursus americanus*)에 의해 전멸했다. 나는 두 군락을 죽인 게 곰이라는 것을 알아챘다. 양쪽 장소에서 곰이 남기고 간 '명함'을 발견했기 때문이다. 그것은 바로 나무줄기 껍질에 있는 발톱 자국, 나무 밑에 나동그라진 벌통 상자, 그리고 곰이 벌 새끼들과 꿀을 먹어치운 지점 근처에 흩어져 있는 벌집 틀이었다.

우리는 나무 높은 곳에 있는 천연 구멍에서 눈에 띄지 않게 사는 야생 군락은 곰이 발견하기 힘들다는 사실을 10장에서 알게 될 것이다. 하지만 적어도 아노트 산림의 곰 한 마리는 나무 위에 올려놓은 작은 나무 상자가 이따금 꿀벌을 품고 있으며, 그럴 때는 진수성찬의 꿀과 벌 새끼를 제공한다는 것을 알았던 게 틀림없다. 이제는 학생들도 나도 아노트 산림에서 분봉군을 포획할 때, 흑곰의 사정권을 한참 벗어난 곳인지 반드시 확인한 다음 나뭇가지에 벌 유인통을 매단다(그림 2.15).

2004년 여름이 끝날 무렵, 아노트 산림에 야생 꿀벌 군락이 꽤 많이 살며 이 군락들에 꿀벌응애가 들끓고 있지만, **왜인지** 이들이 진드기 감염으로 죽어가고 있지 않다는 사실이 명확해졌다. 하지만 진드기 살충제 처리를 한 번도 안 했는데, 이 야생 군락이 어떻게 살아남았는지는 여전히 심오한 미스터리였다. 가장 영문 모를 일은 포름산이나 옥살산 또는 정유 혼합액 같은 강력한 진드기 살충제로 처리하지 않을 경우 나의 관리 군락에서 늦여름에 벌어지곤 했던 일과 달리, 이 군락들의 꿀벌응애 개체군은 8~9월에 치명적으로 높은 수준까지 증가하지 않았다는 사실이다. 이 야생 군락은 도대체 어떻게 진드기 개체군을 억제하고 있었을까? 그리고 좀더 폭넓게, 이 야생 군락의 일반적 생태—둥지 구조, 성장 및 번식의 계절적 리듬, 먹이 채집, 방어 메커니즘, 생활사 등—는 양봉가들이 관리하는 군락에서 볼 수 있는 것과 어떻게 다를까?

5~10장에서 우리는 이 질문에 대한 해답으로 나와 동료들, 그리고 그 밖에

그림 2.15 아노트 산림의 나뭇가지에 매달아놓은, 곰으로부터 안전한 벌 유인통. 벌의 항(抗)꿀벌응애 행동 메커니즘을 연구하는 박사과정 학생(사진 속 인물) 데이비드 펙(David T. Peck)이 설치했다.

수십 명의 생물학자가 지금까지 알아낸 지식을 훑어볼 것이다. 하지만 3~4장에서는 꿀벌과 인간 사이의 관계사에 대한 내용을 다룬다. 그것은 안개 속에 가려진 선사 시대까지―심지어 우리 조상이 인간이기 이전 시대까지―거슬러 올라가는 역사다. 우리는 지난 약 1만 년 동안 아피스 멜리페라의 대다수가 어떻게 현재의 농업 생태계와 교외 풍경 그리고 그 밖의 인공적 환경에서 관리 군락으로 살아가는 반(半)사육종이 되었는지 알게 될 것이다. 우리 인간이 가장 자주 그리고 가장 쉽게 상호 작용하는 군락이 이 관리 군락이다. 그러니 최근까지도 우리가 가장 중요한 꽃가루 매개자의 자연생활에 대해 거의 아는 게 없었다 해도 놀랄 일은 아니다.

야생을 떠나

꿀이 뚝뚝 흐르는 야생 꿀벌집을 정사각형으로 뚝 잘라 밀랍까지 몽땅 먹을 때마다
나는 그 완벽함에 놀란다. 어떤 식품 가공 처리도 이보다 낫게 만들지는 못한다.

—유얼 기번스(Euell Gibbons), 《야생 아스파라거스에 살금살금 다가가기(Stalking the Wild Asparagus)》(1962)

꿀벌 아피스 멜리페라는 농업과 우리의 동물행동학에 대한 이해에 기여한 공
로로 '곤충 중에서 인류의 가장 위대한 친구'라는 극찬을 받아왔다. 이 벌은
곤충 중에서 인류의 **가장 오래된** 친구로도 칭송받아 마땅하다. 우리가 벌꿀
을 먹을 때 경험하는 쾌락은 결국 우리의 최초 조상들, 어쩌면 인간이 아니었
을 그들까지 공유했을 게 틀림없으니 말이다. 이 친근한 벌과 우리 관계의 역
사를 대부분은 알 도리가 없지만, 꿀벌―아피스 속(屬)에 속하는 모든 벌―의
조상이 지금부터 약 3000만 년 전인 점신세(漸新世) 시대까지 거슬러 올라간다
는 것은 잘 알려져 있다. 꿀벌의 기원이 아주 오래되었다는 증거는 1800년대
에 독일 로트(Rott) 마을의 세립질(細粒質) 갈탄에서 발굴한 화석에 있는데, 고
생물학자에게는 모든 곤충 화석 중 가장 정교하고도 상세한 것 중 하나다. 측
면으로 홈 하나 없이 보존된 사랑스러운 꿀벌 화석도 여기에 포함된다(그림
3.1). 이 견본과 종잇장처럼 얇은 석탄 세일에서 발견한 또 하나의 견본은 아피
스 헨스하위(Apis henshawi) 종의 일부로 알려져 있다. 2개 중 한 견본의 뒷다

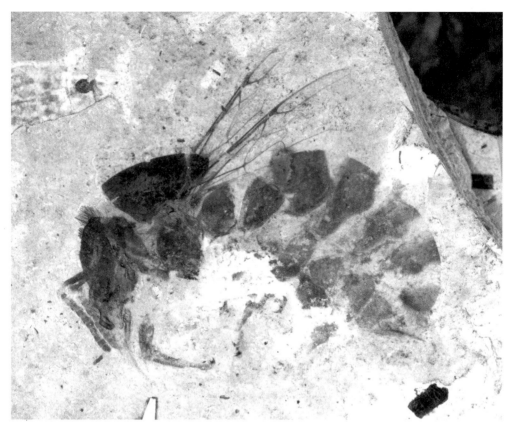

그림 3.1　화석 꿀벌 아피스 헨스하위 코커럴〔시어도어 코커럴(Theodore D. A. Cockerell): 미국의 동물학자—옮긴이〕의 견본.

리에 선명하게 보이는 꽃가루 압착기(꿀벌의 종아리마디와 발목마디가 만나는 곳에 있는 관절로, 꽃가루를 압착시키는 데 사용한다—옮긴이)에서 알 수 있듯 두 화석은 모두 일벌이다. 그들이 일벌이라는 것은 우리에게 그들이 사회성 벌(social bees)이며, 따라서 언젠가 여왕벌·일벌·수벌이 있는 군락의 일원이었다는 걸 말해 준다. 오늘날 살아 있는 모든 사회성 벌은 전략적인 에너지 저장고로서 자신의 둥지에 꿀을 모으므로, 이 화석 꿀벌의 둥지에도 벌집이 들어 있었을 가능성이 아주 높다. 만일 그렇다면 마치 우리와 우리의 유인원 친척—침팬지, 보노보, 고릴라, 오랑우탄―모두가 오늘날 그렇듯 벌꿀이 놀랄 만큼 맛있다고 생각했을 게 틀림없는 우리의 먼 영장류 조상에게는 그들의 둥지가 노다지 먹이원이었을 것이다.

꿀벌이 유럽에서, 그리고 어쩌면 인접한 아프리카와 아시아 대륙에서도 수천만 년을 살았다는 얘기는 그들이 **언제나** 우리 자연 세계의 일부였다는 뜻이다. 호모(Homo) 속(屬)의 화석 기록에 따르면 현대 인류(호모사피엔스)는 아프리카에서 약 30만 년 전에 발생한 다음 아시아와 유럽 전역으로 퍼졌는데, 이 장소들은 모두 이미 꿀벌이 수백만 년간 야생에서 살고 있던 곳이다. 실제로 최초의 현대 인류는 우리가 오늘날 아프리카, 서아시아, 유럽에서 발견하는 것과 똑같은 꿀벌 종, 즉 아피스 멜리페라와 조우했을 가능성이 높다. 가장 오래됐다고 알려진 이 종의 화석들은 아프리카의 코팔나무〔화석화한 수지(樹脂: 나무에서 분비되는 끈적끈적한 물질―옮긴이)〕에서 발견됐는데, 이 코팔나무 화석의 나이는 정확히 알려져 있지 않지만 그중 일부는 100만 년이 넘었을지도 모른다.

우리 조상들은 인류사 대부분을 수렵·채집 사회에서 살았다. 현존하는 수렵·채집인에 대한 인류학자들의 최신 연구를 보면 꿀벌 군락 사냥―그들의 영양가 많은 유충과 맛난 꿀을 마음껏 먹기 위한―은 오랫동안 우리 인간 종한테 중요한 채집 활동이었다. 벌꿀은 놀랍도록 맛난 식품일 뿐 아니라 에너지가 유난히 풍부한 식품―1킬로그램당 1만 3000킬로줄(kilojoule) 이상―이기도 하니 말이다. 탄자니아 북부의 유구한 벌꿀 사냥 전통을 가진 수렵·채집인 사회, 하드자(Hadza) 부족은 남녀노소 할 것 없이 자신들이 가장 좋아하는 음식으로 벌꿀을 꼽는다. 벌꿀은 칼로리 공급원인 수렵육의 계절적 보충 식품이 되어주기 때문에 이 부족에게는 대단히 중요한 음식이기도 하다. 11월부터 4월까지 비가 많이 내려 키 큰 풀과 꽃나무의 시기가 되면, 이 6개월간 하드자 부족의 고기 사냥은 최악이지만 벌꿀 사냥은 가장 풍성한 성공을 거둔다. 우기/꿀 시즌 동안 하드자 부족은 하루에 약 5시간을 벌꿀 채취에 쓰며, 평균 약 1.5킬로그램(3파운드)의 벌꿀을 집에 가져가곤 한다. 마찬가지로 아프리카의 또 다른 수렵·채집인, 곧 콩고민주공화국 이투리(Ituri) 산림의 에페(Efe) 부족 사회에서도 우기/꿀 시즌이 역시 11월부터 4월까지 계속되는데, 이 6개월 내내 이 부족은 대부분이 벌 새끼(알, 애벌레, 번데기)와 벌꿀로 연명한다. 에페 부족은 남녀가 함께 벌꿀 사냥을 하며, 벌 새끼와 벌꿀을 개인별로 평균 3킬로그램(6.6파운드) 넘게 채집한다. 우기 동안 에페 부족이 섭취하는 칼로리의 무려 80퍼센트는 오직 벌꿀에서 충당한다. 인류의 전통적 채집 형태의 하나로 위의 예와 그 밖의 많은 사례를 감안할 때, 벌꿀 사냥이 인류 그 자체만큼이나 오래되었다는 데는 의심의 여지가 거의 없다.

그러나 벌꿀이 우리의 먼 조상들에게 대단히 가치 있고 중요한 식품이었다는 가장 유력한 증거의 출처는 아마도 프랑스 남부, 에스파냐 동부, 아프리카 남부의 동굴 벽과 바위 은신처에서 발견한, 사람과 그 밖의 동물을 그린 암벽화일 것이다. 1917년 에스파냐 발렌시아주(州) 쿠에바 데 라 아라냐(Cueva de la Araña: 거미의 동굴)의 아름다운 그림(그림 3.2, 왼쪽)은 지금까지 발견한 고대 벌 사냥에 관한 최초의 직접적 기록이다. 거기에는 가파른 절벽에 늘어진 거대한 기근(氣根) 또는 덩굴을 타고 올라가 높은 절벽 전면의 틈새에 사는 꿀벌 군락 둥지에 자신의 오른팔을 집어넣은 한 남자가 그려져 있다. 왼팔에는 벌들한테서 훔칠 벌집을 담을 가방 하나를 들고 있다. 그러는 동안 엄청나게 큰 꿀벌 여러 마리가 그의 주위를 빙빙 돌고 있다. 다른 채집 가방을 들고 절벽을 오르는 인간의 형체가 또 하나 보이지만, 그는 한참 아래에 있어 벌들의 반격으로부터 안전할 듯하다. 1976년 에스파냐 카스테욘(Castellón)주의 깊이 침식된 강바닥인 싱글레 데 라 에르미타 델 바랑크 폰도(Cingle de la Ermita del Barranc Fondo: 협곡 바닥의 은둔 지대)에서는 이보다 복잡한 고대 벌꿀 사냥 그림이 발견되었다(그림 3.2, 오른쪽). 여기서는 꿀벌 둥지가 있는 낭떠러지에 세워진 높은 사다리가 보인다. 사다리 밑에는 12명이 서 있는데 아마도 자기 몫의 벌꿀을

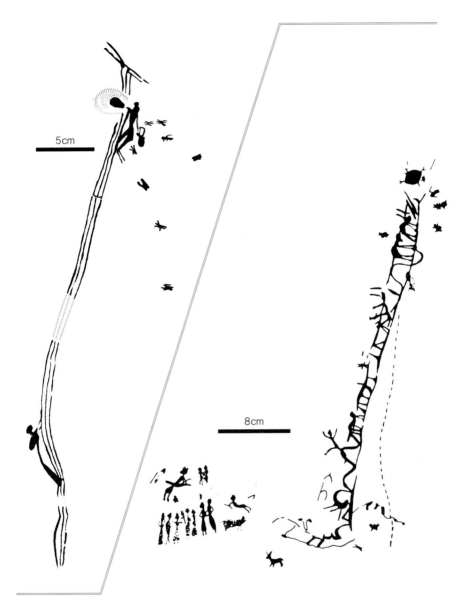

그림 3.2 **왼쪽**: 야생 꿀벌 군락에서 꿀을 채집하는 모습을 보여주는 에스파냐 발렌시아주 비코르프(Bicorp)시의 쿠에바 데 라 아라냐에서 발견된 중석기 시대 암벽화. **오른쪽**: 야생 군락에서 꿀을 채집하는 모습을 보여주는 에스파냐 카스테욘주 바랑크 폰도에 있는 또 다른 중석기 시대 암벽화.

기다리고 있는 듯하다. 2개의 밧줄을 견고한 가로대로 연결해 제작한 정교한 사다리를 다른 5명이 오르고 있다. 가장 높이 올라간 2명과 위에서부터 네 번째 사람은 양손과 양발로 안전하게 사다리 가로대를 확실하게 붙들고 웅크린 자세이지만, 위에서부터 세 번째 사람은 추락하기 직전인 듯 팔다리를 허공에 허우적대고 있다. 맨 아래의 다섯 번째 벌꿀 사냥꾼도 마찬가지로 사다리에서 떨어지거나 뛰어내리고 있다. 두 그림 모두 이 중석기 시대 사람들에게 존재 했던 벌꿀 **사냥**의 높은 위험과 벌꿀 **섭식**의 강한 매력을 (암묵적으로) 묘사하고 있다.

벌꿀 사냥에서 벌통 양봉으로

몇천 년 전까지만 해도 모든 꿀벌 군락은 야생에서 살았고, 아마 그중 극소수 군락만 벌꿀 사냥꾼들에게 약탈당한 적이 있을 것이다. 따라서 최초의 인류 는 꿀벌에게 아주 경미한 영향만 미쳤을 듯하다. 그들이 미친 주된 영향이라 면 비밀스러운 둥지를 선택하고 매섭게 스스로를 방어하는 군락을 선호하는 자연 선택을 강화시킨 점이었을 것이다. 인간이 꿀벌에게 미치는 영향이 전 세계 여기저기서 오늘날 존재하는 것처럼 하늘 높이 치솟는 수준까지 오르기 시작한 것은 벌꿀 사냥을 벌통 양봉으로 대체하기 시작했을 때—즉 사람들이 인공 구조물에서 군락을 키우기 시작했을 때—였을 듯싶다. 벌통 양봉의 시 작은 약 1만 년 전 중동의 비옥한 초승달 지대에서 농업이 발명된 직후 또는 그 발명과 더불어 일어났을 것 같다. 우리 조상 중 일부가 소규모 농민이 되 고, 인간의 목적에 맞춰 생산성을 더욱 높이려고 꿀벌을 포함한 동식물의 삶 을 조종하기 시작한 때다.

최초라고 알려진 벌통 양봉의 증거는 그림 3.3에 볼 수 있는 얕은 돋을새

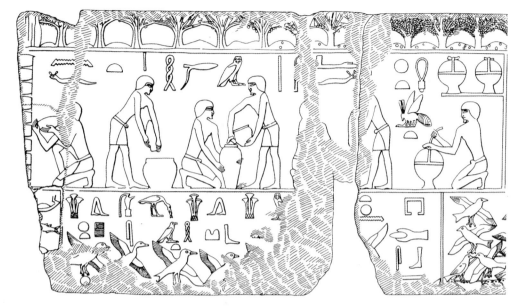

그림 3.3 거의 4500년 전에 건설된 니우세레 파라오의 태양 신전에서 나온 가장 오래된 양봉의 증거. 맨 왼쪽의 무릎 꿇은 남자는 9개의 수평식 벌집 더미를 향해 연기를 불어넣고 있다. 가운데에 서 있는 두 남자는 작은 항아리 안의 벌꿀을 큰 통에 붓고 있고, 무릎 꿇은 한 남자는 긴 통이 넘어지지 않게 붙잡고 있다. 오른쪽의 무릎 꿇은 남자는 꿀이 가득 든 용기를 끈으로 묶어 밀봉하고 있다. 남자 위쪽의 선반에는 역시 밀봉된 비슷한 용기가 2개 있다.

김 석각으로, 기원전 2400년 혹은 거의 4500년 전까지 거슬러 올라간다. 벌꿀과 대추가 조리법의 주된 감미료였고, 양봉이 이집트의 주요 산업이던 시기다. 이 조각품은 현재 베를린의 노이에스 박물관(Neues Museum)에 전시되어 있지만 원래는 카이로 남쪽으로 약 16킬로미터(10마일) 떨어진 아부구라브(Abu Gurab)에 있는, 니우세레(Nyuserre) 파라오가 태양의 신 레(Re)에게 바치는 신전의 일부였다. 조각판 왼쪽으로는 한 양봉가가 9개의 포개진 수평식 벌통 옆에 무릎을 꿇고 있는 모습이 보인다. 폭이 점점 줄어드는 벌통의 모양새로 보건대 옹기로 만들어졌음을 알 수 있다. 이 양봉가 위쪽에 있는 3개의 상형문자는 이집트 단어 'nft(바람을 일으키다)'를 가리키는 글자이며, 따라서 이 사람은 분명 벌들을 진정시키고 그들을 벌집에서 쫓아내기 위해 연기를 사용하는 전통적인 방법을 쓰고 있다는 얘기다—(조각에서는 없어졌지만) 연기를 피우는 사람은 그와 벌집 사이에 있다. 가운데와 오른쪽에는 생산 라인에서 꿀을 다루는 사람들이 보인다. 이 생산 라인은 관리로 보이는 한 사람에게서 끝나는데, 그는 소중한 내용물을 보호하기 위해 용기를 밀봉하고 있다.

더욱 직접적인 고대 벌통 양봉의 증거는 2007년 고고학자들이 이스라엘 북부 요르단 계곡에 위치한 텔레호브(Tel Rehov)의 철기 시대 도시 유적을 발굴하던 중 찾아낸 30개의 온전한 벌통과 또 다른 100~200개의 벌통 잔해다. 벌통들 근처에서 발견된 흩어진 곡식 낟알의 방사성탄소연대를 측정해보니 이 양봉장은 기원전 970~기원전 840년, 그러니까 거의 3000년 전의 것으로 나타났다. 각 벌통은 오늘날 중동에서 사용하는 전통적인 벌통과 비슷한 길이(약 80센티미터/32인치), 바깥지름(약 40센티미터/16인치), 입구 구멍(지름 3~4센티미터/1.3~1.6인치)의 비직화식(unfired) 원통형 토기다. 어쩌면 이 발견물의 가장 놀라운 점은 지금까지 찾아낸 것 중 가장 오래된 이런 고대 원통형 벌통이 수평으로 평행되게—장작더미의 통나무처럼—포개져 약 1미터(약 3피트) 간격으로 3열을 이루고 각 열은 3층 높이를 형성하고 있다는 사실일 것이다. 이는 거의 3000년 된 이 양봉장이 오늘날 중동의 전통적 양봉장과 똑같은 방식으로 체계화되어 있었음을 입증한다(그림 3.4).

에바 크레인(Eva Crane)은 그녀의 기념비적 저서 《양봉과 벌꿀 사냥의 세계사(The World History of Beekeeping and Honey Hunting)》(1999)에서 고대 중동의 양봉가들이 작업하던 방식이 오늘날 이집트의 전통적 양봉가와 비슷하다고 추정하며 그 방법을 기술한다.

1. 양봉가는 각 벌통의 입구에서 덤벼들 태세를 취하고 있는 경비벌들에게 쏘이지 않도록 보통 벌통 무더기 후면에서 작업했다.
2. 후면에서 벌통 중 하나를 연 다음 벌들을 진정시키고 여왕벌을 벌통 전면으로 내

그림 3.4 진흙으로 만든 원통형 벌통을 쌓아놓은 이집트 중부의 양봉장. 벌통 사이의 공간은 그 안으로 분봉군이 이주해 들어오지 못하도록 진흙으로 메워놓았다. 각 벌통마다 양봉가가 군락이 언제 만들어졌는지 알 수 있도록 1~4개의 흰색 표시를 하고, 전면 가장자리에는 작은 원형 입구가 있다.

몰기 위해 연기를 피웠다. 그런 다음 기다란 나무 손잡이에 커다란 주걱 모양의 날카롭고 편평한 칼을 고정한 도구를 가지고 꿀이 든 벌집을 원하는 만큼 잘라서 떼어냈다.

3. 잘라낸 부분 중 새끼들이 들어 있는 벌집은 모두 벌통에 남겨두고, 이 벌집이 벌통의 장축(長軸)과 수직이 되도록 관의 지름보다 약간 더 긴 막대기들로 받쳐서 벌통 바닥의 제자리에 고정시켰다.

4. 분봉기에는 군락의 새끼 벌집을 점검하기 위해 전면에서 벌통을 열었다. 그리고 분봉을 억제하기 위해 원치 않는 여왕벌방을 도려내 버리거나, 아니면 분할(여왕벌이 있는 새로운 군락)을 위해 여왕벌방과 일벌방을 떼어내 빈 벌통에 배치했다.

그러니까 이미 몇천 년 전에 이집트와 지중해 동쪽 지역의 양봉가들은 사람에게는 유익하지만 벌에게는 전적으로 호의적이지 않은 방식으로 빽빽한 양봉장에 군락을 가득 채워 그들의 꿀을 훔치고, 번식을 조종하면서 군락을 관리하고 있었음을 알 수 있다. 벌통 양봉이 중동에서 북쪽 및 서쪽의 지중해 인근 지역으로 퍼졌을 때에도 분명 양봉가와 벌의 관계는 성서 시대(biblical times)에 존재했던 것과 매우 유사했다. 로마 세계의 양봉에 관해 가장 상세히 기록한 저자는 1세기에 로마에 살았던 농장주 루시우스 유니우스 모데라투스 콜루멜라(Lucius Junius Moderatus Columella)였다. 그의 12권짜리 저작 《농업에 관하여(De re rustica)》 9권은 대부분 양봉에 할애되어 있다. 그는 초보 양봉가에게 유용한 조언을 해준다. 벌통이 "주인의 시야 안에 있도록" 양봉가의 거처 옆에 벽으로 막은 양봉장 안에다 벌통을 모아놓고, "벌통 위에 다른 벌통을 올려 세 줄"을 넘지 않게 배치하라는 식이다. 이런 배치는 로마의 양봉가가 보통 (텔레호브에서 발견된 벌통처럼) 수평식 벌통을 갖고 있었으며, 각 벌통의 한쪽 끝에서 벌집을 수확했음을 시사한다. 콜루멜라는 벌통의 특정 모양이나 크기는 명시하지 않았지만, 도기 벌통에 사는 군락은 "여름에는 열기에 데고 겨울에는 추위에 얼기" 때문에 도기가 아닌 코르크나무―즉 굴참나무(Quercus suber)―의 두꺼운 껍질로 만든 단열이 잘되는 벌통을 사용하라고 충고하기는 한다. 또한 겨울 동안 쌓인 모든 노폐물을 제거하기 위해 봄에는 벌통을 열고, 약한 군락은 합쳐주고, 분봉군을 포획해 벌통에 수용하고, 분봉을 통제하기 위해 여왕벌방을 도려내고, 새끼방을 옮기고, 수벌("나머지보다 더 크게 태어난 벌")은 죽이고, 〔타임(thyme), 마저럼(marjoram), 세이버리(savory) 같은 만기 개화성(late-flowering) 꽃이 제공하는 더 자유로운 식단을 벌들에게 제공"하기 위해〕 벌통을 봄 장소와 여름 장소로 이동시키는 것 등 군락 관리에 대해 상세한 지침을 준다. 그는 또한 늦여름의 벌꿀 수확에 대해서도 날카로운 칼을 사용해 각 벌통의 한쪽 끝에서 벌집을 잘라내되 적어도 꿀의 3분의 1은 남겨놓으라고 조언한다. 그런 다음 "겨울이 벌써부터 걱정된다면" 벌통의 구멍을 "진흙과 황소 똥의 혼합물"로 메우고, 마지막으로 추운 날씨에 벌통을 방어하기 위해 "그 위에 줄기 및 이파리들을 쌓으라'고 추천한다. 분명 콜루멜라 시대의 양봉가들은 자신의 벌들을 사랑하고 보살피려 했지만, 벌들이 수확용 꿀과 밀랍을 대량으로 생산해주길 바라기도 했다.

로마 시대 이후 지중해 북부 지방의 전통적 양봉은 확연히 다른 두 가지 경로로 발달했다. 하나는 나무 양봉[독일어로는 차이틀레라이(Zeidlerei)]의 풍습으로, (천연이든 인공이든) 나무 구멍에 딱 들어맞는 문을 달고 거기 사는 군락으로부터 벌꿀을 거둬들였다. 이런 양봉 방식은 발트해 연안에서부터 우랄산맥까지 당시 유럽 북동부의 약 3000킬로미터(약 1800마일)에 걸쳐 펼쳐진 광대한 낙엽수림 지대 전역에서 행해졌다. 산이나 바다에 가로막히지 않고 인구 밀도도 낮은 이 광활한 숲은 야생 꿀벌 군락의 정착에 대단히 유리했다. 거기에는 고대 버드나무·참피나무·개암나무·참나무가 있었고, 이들이 벌에게 꽃꿀과 꽃가루를 공급하는 숲 틈새의 산딸기와 검은딸기나무 같은 초본성 식물과 더불어 아늑한 보금자리를 마련해줬다. 나무 양봉 일은 소규모 팀의 인력에 의해 이뤄졌다. 각 팀원은 접근 가능한 둥지 구멍이 있는 나무가 100그루 넘게 있을 큰 삼림 지역―'벌 숲'―을 담당했는데, 그중에서 꿀벌이 언제나 거주하는 나무는 아마 10그루 정도밖에 되지 않았을 것이다. 확실히 이 벌 숲에 사는 군락의 낮은 밀도는 적합한 둥지 구멍이 부족해서가 아니라 벌의 먹이 공급이 한정적인 데서 기인했다.

이 나무 양봉가들이 감시하는 큰 나무 중 일부에는 문이 딱 들어맞는 천연 구멍도 있지만, 대부분은 그들이 신경 써서 마련한 인공 둥지 구멍이다. 구멍 하나를 만들기 위해 양봉가는 등산용 가죽 로프를 사용해 커다란 나무의 측면을 타고 5~20미터(15~60피트)를 올라가면서 큰 나무줄기를 쳐낸다(그림 3.5). 그런 다음 높은 곳에 자리를 잡고 일반적으로 나무의 남쪽 면을 마주 보며 나무

그림 3.5   야생 꿀벌 군락이 살 집을 마련한 나무에 높이 올라간 바시키르의 나무 양봉가. 그가 갖춘 도구에는 등산용 밧줄, 사개 문(양봉가의 머리 위쪽에 쌓여 있다)을 파내는 데 필요한 도끼, 복면포, 훈연기, 뚜껑 달린 나무 들통이 있다. 양봉가는 나무 구멍을 연 다음 벌집을 꺼내 나무 들통에 담고 있다. 둥지 입구는 그의 손 바로 오른쪽에 있다. 사진은 러시아연방 바시키르공화국의 우랄 남부 지역에서 촬영했다.

몸통에 너비 약 10센티미터(4인치), 길이 약 1미터(약 3피트)의 홈을 만든다. 이 것이 둥지에 접근하는 출입구다. 이어 긴 자루가 달린 끌을 사용해 출입구 안쪽에 40~60리터(약 10~16갤런)의 공간을 파낸다. 또 둥지 입구에 비해 작은 구멍도 하나 파낸다. 이 구멍은 보통 남향이고 출입구 중간쯤에 위치한다. 이 작은 구멍은 너비 약 5센티미터(2인치)에 길이 약 10센티미터(4인치)인데, 양봉가는 내부 통로를 줄이기 위해 너비 1센티미터(0.4인치)가량의 세로로 긴 틈이 2개 있는 나무 마개를 깎아 각 면마다 박아 넣는다. 마지막으로 곰, 말벌, 딱따구리 및 그 밖에 벌의 천적들로부터 보호하기 위해 사개(상자 따위의 모퉁이를 끼워 맞추기 위해 서로 맞물리는 끝을 들쭉날쭉하게 파낸 부분─옮긴이) 문을 출입구에 꽉 끼운다. 높은 나무 위에서 이 모든 작업을 진행하는 동안 다른 양봉가는 땅주인 표시─염소 뿔이나 매듭 리본 또는 그냥 다양한 배열의 홈─를 나무 밑동의 껍질에 새겨 넣는다.

초여름에 나무 양봉가들은 어느 곳에 벌이 있는지 보려고 자신이 마련해둔 둥지를 점검했다. 그런 다음 늦여름이나 가을에 벌들이 사용 중인 둥지를 다시 찾아가 벌집을 일부 수확했다. 나무 양봉가들이 빈 나무 구멍에 분봉군이 자리 잡도록 했다는 기록은 없고, 그들이 이런 일을 할 수 있었을 성싶지도 않다. 따라서 인공 둥지 구멍에 야생 분봉군을 끌어들이는 데만 거의 의존했을 게 틀림없다.

중세 시대에 나무 양봉은 동독, 폴란드, 발트해 지역, 러시아에서 중요한 사업이었다. 벌꿀과 밀랍 그리고 어떤 곳에서는 모피가 부의 유일한 천연 공급원이었기 때문에 사실 그것은 이 울창한 삼림 지대 경제에서 커다란 역할을 했다. 벌꿀은 항상 벌꿀술 제조 때문에 중요했고, 밀랍은 700년경 기독교 교회, 수도원, 수녀원이 양초를 만드는 데 많이 필요했다. 몇 세기가 지나 1000년경에는 러시아의 왕자, 귀족, 수도원이 많은 벌 숲을 소유했고, 특수 소작농 계급인 보르트니키가 나무 양봉가 역할을 했다. 〔러시아어로 '벌통'의 옛말은 빈 나무둥치를 뜻하는 '보르트(bort)'였다. 이런 이유로 나무 양봉가를 보르트니키라고 불렀다.〕 보르트니키는 야생 군락을 돌보고 그들의 벌꿀과 밀랍을 수확하기 위해 보통 두 사람 또는 그 이상의 큰 집단이 한 조를 이뤄 일했다. 러시아 소작농과 꿀벌의 친밀한 관계는 일벌에 대한 애정이 담긴 그들의 용어—보지야 파슈카(Bozhiya ptashka: 신의 작은 새)—와 벌을 죽이는 것은 죄라는 그들의 시각에서 드러난다. 그러므로 1854년 러시아 근대 양봉의 아버지 표트르 프로코포비치(Pyotr Procopovich)가 보르트니키는 각 벌 나무마다 나무 들통으로 하나가 넘지 않는 벌집(약 6킬로그램/13파운드)만 채집했을 거라고 보고한 것은 놀라운 일이 아니다. 러시아의 나무 양봉가들은 분명 자신의 벌 나무에 사는 군락으로부터 지속 가능한 꿀 수확을 얻으려 했던 것이다.

꿀벌 군락이 나무 양봉 관행으로 방해받는 일은 극히 적었다. 나무 양봉가들은 그저 야생 군락에 적합한 둥지를 공급했고, 여름이 끝날 때쯤 각 군락의 벌꿀 저장분 중 일부를 약간 채집했다. 그러나 유럽 북동부의 광활한 삼림이 농업용으로 개간되고, 큰 나무들이 목재와 판자의 공급원으로서 가치 있게 여겨지고, 값진 나무에 구멍을 파는 것에 대한 금지령이 출현하면서 결국 나무 양봉은 벌통 양봉—처음에는 나무둥치로 만든 가로로 긴 벌통이었다—에 자리를 내줬다. 하지만 러시아 남부의 우랄 지방, 특히 바시키르공화국의 바시키르국립공원을 포함하는 450제곱킬로미터(175제곱마일)의 울창한 산악 지방인 바시키르우랄 안에서는 아직도 나무 양봉이 바시키르 양봉가들에 의해 이뤄지고 있다. 이 자연보호 구역 내에는 벌을 위해 인공 둥지 구멍을 낸 나무가 1200그루 정도 있고, 그중 300그루가량을 매년 여름마다 벌들이 차지한다.

지중해 지방의 북쪽을 따라 발달한 전통적 양봉의 두 번째 경로는 현재 독일 서부, 네덜란드, 영국, 아일랜드, 프랑스를 포함하는 유럽 북서부 지역에서 등장했다. 이곳에서는 큰 나무가 항상 풍부하지 않았고, 가장 널리 사용한 전통적 벌통은 스켑(skep)이라 불리는 엎어놓은 형태의 커다란 바구니였다.

그림 3.6 　나무 받침대 위에 있는 고리버들 스켑 2개와 엮어 짠 가리개 복면을 뒤집어쓴 양봉가를 묘사한 목판화.

('skep'은 큰 바구니를 가리키는 고대 노르웨이어 'skeppa'에서 왔으므로, 틀림없이 800년경 바이킹들이 잉글랜드를 침략해 정착하기 시작한 후 영어에 편입됐을 것이다.) 스켑은 처음에는 단열과 방수를 위해 진흙과 소똥을 바른 식물 줄기(고리버들)를 엮어 만들었는데, 나중에는 짚을 꼬아 제작하기도 했다. 고리버들 스켑과 짚을 꼬아 만든 스켑 모두 뒤집어서 주둥아리가 편평한 돌이나 나무 받침대 위에 놓았다(그림 3.6). 스켑은 대부분 은밀하게 보관했는데, 흔히 일종의 보호책으로 머리 위 높이의 집 벽 선반 위에 둘 때가 많았지만 지붕과 후면 그리고 측면이 막히고

한쪽으로 기울어진 독립된 은신처에 놓을 때도 있었다. 가끔 스켑은 돌벽의 오목하게 들어간 곳, 특히 수도원이나 그 밖의 교회 자산과 연관된 장소에 놓을 곳을 마련하기도 했다.

스켑 양봉은 초여름의 분봉군 생산 및 수용에 의존했으므로 종종 분봉 양봉이라고 불렀다. 그리고 나면 양봉가들은 나머지 여름 동안 군락이 벌꿀을 지속적으로 생산하며 저장하게 놔뒀고, 최종적으로 자신의 벌꿀을 수확하기 위해 군락 전체 중 일부를 죽이긴 했지만 나머지는 겨울을 나도록 했다. 분봉군을 포획하려면 분봉기 동안 지속적인 감시가 필요했다. 여름이 끝날 무렵 처음의 몇 배가 되는 군락을 확보해야 했기 때문이다. 보통 벌이 정착한 나뭇가지 밑에 스켑을 엎어서 받친 다음 벌들이 새 집으로 떨어지도록 나뭇가지를 흔들면 분봉군을 잡을 수 있었다. 가끔 분봉군이 나오기 시작할 때 스켑 주둥이에 포봉기(捕蜂器)―여러 개의 고리로 형태를 만든 그물 모양의 관―를 놓아 잡기도 했다. 어떤 양봉가는 만일 첫 분봉군을 내보낸 스켑에서 뿔피리 소리 같은 게 들리면 곧 후분봉이 시작되리라는 걸 알았다. 스켑으로 양봉을 하려면 풍부한 분봉군이 필요했고, 양봉가는 자신의 군락이 늦봄과 초여름에 붐비도록 스켑을 작게 만들어 이를 유도했다. 1500~1800년대까지 잉글랜드 양봉 서적들이 추천하는 스켑의 크기는 9~36리터(2.4~9.5갤런)였고, 보통은 약 20리터(5.3갤런)였으므로 오늘날의 벌통보다 훨씬 작았다. 비교하자면, 벌집 틀 10장들이 1단 랑식 벌통의 본체 용량은 42리터(11.1갤런)다.

벌꿀과 밀랍을 수확할 수 있도록 스켑에 사는 군락을 죽이는 데는 다양한 방법을 썼다. 불타는 유황이 든 구덩이에 스켑을 세워놓거나 자루에 스켑을 넣고 물에 담그는 것도 여기에 속한다. 하지만 스켑 양봉가들은 가끔 꿀을 수확하기 위해 군락을 죽이는 대신 한 스켑에서 다른 스켑으로 벌들을 몰아내 벌집에서 그들을 치우기도 했다. 이 과정에는 연기를 내뿜어 벌들로 하여금 꿀을 배불리 먹도록 유도한 다음, 벌들로 꽉 찬 스켑을 뒤집어 빈 스켑 위에 붙이고, 마지막으로 아래쪽 (벌들로 꽉 찬) 스켑의 옆면을 몇 분간 툭툭 쳐서 벌들이 빈 스켑이 있는 위쪽으로 가도록 하는 일도 포함되었다. 안타깝게도 늦여름에 벌집 없는 벌통으로 쫓겨난 군락은 꿀이 가득한 벌집을 제공해주지 않으면 겨울을 넘기지 못하는 경우가 태반이었다. 스켑에 있는 군락으로부터 꿀을 수확하는 두 번째 치명적이지 않은 관습은 연기를 사용해 몇몇 벌집에서 벌들을 쫓아낸 뒤 그 밑바닥을 잘라내는 것이었다. 이는 나무 양봉에서 꿀을 수확할 때 사용하는 방법과 비슷하다.

스켑 양봉에는 진흙 통을 쓰는 이집트식과 빈 통나무를 쓰는 로마식을 비롯한 기존의 벌통 양봉 방식보다 나은 몇 가지 장점이 있었다. 원통이나 통나무가 아닌 스켑으로 하는 양봉은 군락을 8월과 9월에 헤더(*Calluna vulgaris*) 꽃이 흐드러지게 피는 독일 함부르크 남쪽의 뤼네부르크(Lüneburg) 황야처럼 원활한 꽃꿀 공급기(꽃꿀 채집이 원활한 시기)와 연관된 장소로 이동시킬 수 있음을 뜻했다. 스켑 양봉은 또한 양봉가가 군락의 둥지에 있는 벌집 일부를 쉽게 점검할 수 있게 해주므로 군락의 세력, 꿀 저장분, 분봉 준비(여왕벌방의 존재)를 대부분 가늠할 수 있었다. 그러나 스켑을 사용하는 양봉가들도 여전히 군락의 벌집을 철저히 점검할 수는 없었다. 따라서 군락이 산란 여왕벌을 보유하고 있는지, 벌집을 꿀로 채워놨는지, 분봉을 준비하고 있는지, 아니면 병에 걸렸는지를 항상 판별하지는 못했다. 또 하나. 스켑 양봉가들은 군락을 죽여서 꿀을 수확하는 방법을 전적으로 따랐기 때문에 분봉을 부추겨야 했고, 그러자면 작은 벌통에 군락을 수용할 수밖에 없었다. 이런 이유로 그들의 군락은 소규모로 유지되었고, 따라서 군락당 벌꿀 생산량도 적었다. 더욱이 1800년대 초에는 꿀을 취하려고 스켑에 거주하는 군락을 무자비하게 죽이는 데 대한 반감도 커지고 있었다. 양봉가들에게는 더 나은 벌통이 필요했다.

고정된 벌집에서 이동 가능한 벌집이 있는 벌통으로

1848년 38세의 회중교회(Congregational Church, 會衆敎會) 목사 로렌조 로레인 랑스트로스(Lorenzo Lorraine Langstroth)는 건강 악화로 매사추세츠주 그린필드에서의 목회자 일을 사임하고 펜실베이니아주 필라델피아로 이주한 후, 거기서 젊은 여성들을 위한 학교를 열고 상업 양봉가 사업을 시작했다. 후자를 위한 노력으로 그는 유리병 양봉에 집중했다. 유리컵과 작은 진공 유리종 안에서 벌집꿀(벌통에서 벌집과 함께 떼어낸 꿀. 소밀 또는 개꿀이라고도 함―옮긴이)을 생산하는 것이었다. 1800년대 중반은 구매자들이 순도를 확인하기 위해 벌집째로 벌꿀을 사고 싶어 하던 시대였으므로, 꿀벌이 봉인된 벌집에 가득 찬 유리종은 고가의 상품이었다. 랑스트로스는 벌통 상단에 설치한 판자(벌꿀판)에 구멍을 내고 그 위에 빈 유리종을 거꾸로 놓은 다음, 유리종이 캄캄해지도록 나무 상자로 덮어서 벌들이 그 안에 벌집을 짓도록 유도했다. 벌들은 자연에서처럼 행동했고, 새끼들이 가득 찬 짙은 벌집 위쪽의 어두운 빈 공간을 벌꿀이 가득한 사랑스러운 흰색 벌집들로 채웠다.

랑스트로스는 상업 양봉가로 일하면서 꿀벌의 행동 및 사회생활의 경이로움에 눈을 떴고, 이것이 그가 사용하던 것보다 개선된 벌통을 설계하는 동기로 작용하기도 했다. 기존의 벌통은 15센티미터(6인치) 깊이에 약 45센티미터(18인치)의 정사각형인 땅딸막한 나무 상자였다. 각 벌통에는 병렬식으로 배열하고, 중심에서 중심까지의 간격이 약 3.5센티미터(1.4인치)이며, 벌통 앞뒤 벽에 사개를 설치한 12개의 나무 막대가 들어 있었다. 각각의 막대는 개별 벌집을 위한 상판의 지지대였다. 랑스트로스는 벌통마다 벌집꿀로 채울 많은 유리종을 놓을 수 있는 넓은 상단 표면이 있어 이 벌통을 좋아했다. 그러나 벌들이 벌통 안쪽 벽에 새끼 벌집을 붙이는 방식을 싫어했는데, 이는 새끼 벌집을 떼어내 점검해야 할 때 벌통 벽이 없는 벌집을 잘라내는 성가신 작업에 직면한다는 뜻이었다.

랑스트로스는 양봉이 더 실용적이고 훨씬 인간적이 되려면 양봉가에게 개선된 벌통이 필요하다는 것을 알았다. 이상적으로 봤을 때 이는 벌이 자연스럽게 살며 일할 수 있고 양봉가는 손쉽게 벌한테 접근할 수 있는 벌통일 터였다. 이렇게 되면 양봉가는 벌집에 지나친 해를 끼치거나, 벌한테 손상을 입히거나, 꿀을 낭비하지 않으면서도 벌집을 점검하고 도와주고 떼어낼 수 있을 것이었다.

그는 단순히 벌통 덮개를 걷어내며 자신이 겪었던 애로 사항을 고민함으로써 더 나은 벌통을 설계하기 시작했다. 각 벌통의 덮개가 벌집 막대 바로 위에 놓여 있었으므로, 당연히 랑스트로스의 벌은 둥지 내부의 표면에 입히려고 모아뒀던 항균성 수지(프로폴리스)를 사용해 벌통 덮개를 벌집 막대에 붙였다. 1851년 그는 벌통에서 벌집 막대들이 얹혀 있는 앞뒤 벽의 사개를 더 깊게—겨우 9밀리미터(0.35인치)—잘라냄으로써 이 문제를 해결했다. 이것은 벌집 막대의 상단 높이를 낮춰주었고, 그리하여 막대가 벌통의 상판 모서리, 즉 덮개 밑면의 모서리에서 약 9밀리미터 아래에 놓였다. 랑스트로스는 이제 벌이 벌집 막대 위의 좁은 공간을 탁 트이게 둔 것을 알고 기뻤다. 아주 좋았다! 이것이 그가 벌이 따르는 구조상의 원칙인 '꿀벌 공간(bee space)'을 발견하게 된 경위다. 꿀벌 공간에서는 7~9밀리미터(0.28~0.35인치) 높이의 통로를 통행을 위해 빈 공간으로 놔둔다. 천연 둥지에서는 벌집 가장자리를 따라가며 이런 높이의 공간들을 볼 수 있으며, 그것이 각 벌집의 두 면 사이의 통로 역할을 한다(그림 3.7).

애초에 랑스트로스가 자신이 발견한 꿀벌 공간을 그냥 벌들이 벌통 덮개(또는 벌집꿀 수확용 유리종을 받치는 벌꿀판)를 벌통의 벌집 막대에 붙이는 문제에 대한 해결책으로만 여겼다니 이상한 일이다. 1851년 여름 내내 그는 벌통을 쉽사리 열게 된 편안함을 즐겼지만, 아직도 점검 때문에 벌집을 꺼내고 싶을 때마

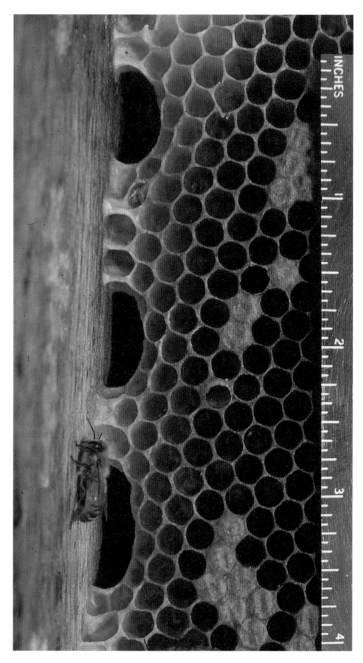

그림 3.7 나무 구멍 안에 지은 벌집의 수직 모서리에 있는 3개의 통로.

다 벌통 벽이 없는 벌집을 잘라내는 골치 아픈 일과 씨름했다. 그는 꿀벌 공간이 이 문제도 해결해주리라는 걸 그해 가을 10월 30일이 되어서야 깨달았다. 그는 자신의 통찰을 다음과 같이 적었다.

〔막대와〕 벌통의 앞뒤 벽 사이에 똑같은 꿀벌 공간을 주고 얇고 가느다란 목재판〔또는 막대〕을 가동소상으로 바꿀 수 있도록 막대에 수직 기둥을 고정할 수 있지 않을까. ……곧 서로 적당한 거리를 유지하며 걸려 있는 가동소상이 들어 있는 상자가 생각났다. 이른바 직관으로 처음과 끝을 알고 난 나는 길거리에서 "유레카!"라고 소리칠 뻔한 것을 간신히 참았다.

1851년 10월 30일에 쓴 랑스트로스의 일기에는 그의 새로운 가동소상 계획의 스케치가 있는데, 막대에 '깨끗한 일벌집'을 채우는 것이나 벌들이 벌집 틀 면에 벌집을 짓도록 유도하기 위해 "막대 중앙을 가로지르는 얇은 밀랍선"을 그린 것도 포함되어 있다. 그는 또한 꿀벌 공간의 통로가 벌집 틀과 덮개 사이, 벌집 틀과 벽 사이, **그리고** 벌집 틀과 밑판 사이에 존재하도록 그의 '복합 막대'에 밑판을 덧대는 것의 가치도 깨달았다. 이런 식으로 하면 각각의 가동소상은 매달린 두 지점을 제외하고는 꿀벌 공간으로 둘러싸일 터였다(그림 3.8).

움직일 수 있는 가동소상을 갖추고, 각각이 이웃한 가동소상 및 벌통의 천장과 벽과 바닥으로부터 꿀벌 공간과 분리되어 있는 그런 벌통을 만들 통찰이 생겼을 시점은 랑스트로스가 자신의 아이디어를 양봉장에서 시도해보기에는 1년 중 너무 늦은 때였다. 그럼에도 1851년 11월 일기에 쓰인 내용에 따르면, 그는 자신의 가동소상 개념이 "양봉가에게 자신의 벌을 완벽하게 통제할 힘을 줄 것"이므로 양봉의 미래에 가장 중요할 것이라고 확신했음을 알 수 있다.

1853년 랑스트로스는 《랑스트로스의 벌통과 꿀벌 이야기: 양봉가 안내서

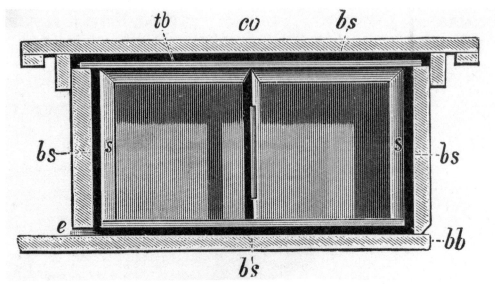

그림 3.8 Cheshire (1888)에서 가져온 로렌조 랑스트로스의 독창적인 가동소상 단면. co = 덮개. tb = 상판 막대. bs = 꿀벌 공간. s = 벌집 틀 측면. e = 입구. bb = 밑판. 이는 꿀벌 공간이 적혀 있는 최초의 랑식 벌통 도면이다.

(Langstroth on the Hive and the Honey-Bee: A Bee Keeper's Manual)》라는 책을 발간했다. 거기서 그는 자신의 '가동소상' 발명과 실용적이고 수익성 높은 양봉 프로그램을 적용하는 것에 대해 설명했다. 랑스트로스는 벌통을 연 다음 벌과 벌집을 점검하고 조정하는 일을 용이하게 만듦으로써 양봉가들이 인위적인 분봉을 위해 세력이 강한 군락을 분리하고, 세력이 약한 군락에 벌꿀이나 새끼를 공급하고, 여왕벌을 찾아 교체하고, 군락의 해충과 질병을 검사하고, 병원균과 기생충이 있는 군락을 소탕하고, 벌꿀을 빼내는 것 같은 활동을 수행할 수 있게 해줬다. 더욱이 이 모든 일을 양봉가들은 벌집에 최소한의 해를 끼치고 벌 자체에 어떤 손상도 주지 않으면서 자신이 원할 때마다 할 수 있었다.

랑스트로스는 양봉가들에게 자신의 벌통에 사는 벌들의 삶에 대한 사실상의 지휘권을 부여함으로써 그들이 이전보다 군락당 훨씬 더 많은 잉여 벌꿀을 생산할 수 있게 해줬다. 양봉에 유리한 기후와 꽃꿀 및 꽃가루 공급원이 있는 장소에서는 특히 그랬다. 양봉가들은 곧 랑스트로스의 벌통 디자인을 채택했다. 그의 가동소상이 널리 수용된 데에는 목공이 전동 기계류 덕분에 더욱 빠르고 저렴해진 시대와 그의 발명 타이밍이 겹쳤다는 사실도 한몫했다. 이것은 가동소상이 정밀한 구조물임에도 북아메리카와 유럽의 많은 지역에서 그것을 도입할 수 있었다는 뜻이다. 1800년대 말에는 육상 운송 또한 철도의 발달로 더욱 기계화했고, 그것이 벌꿀 시장을 확대하고 상업적 양봉의 수익성을 높였다. 이런 수익성 상승은 양봉가들이 관리하는 군락의 생산성을 한층 더 향상시킨 양봉 기술의 진일보를 촉진했다. 여기에는 벌집꿀 생산을 위한 목재 사각형틀 상자, 벌집에서 벌꿀을 떠내는 원심분리 채밀기(採蜜器), 새로운 목재 벌집 틀 안에 지은 벌집을 견고하게 하는 (철사로 보강한) 밀랍 벌집 기초, 벌통에서 새끼방과 꿀방을 분리시키는 여왕 가름판〔격왕판(擊王板)이라고도 부른다―옮긴이〕, 꿀을 수확하기 전에 벌들을 벌집에서 나가게 할 화학적 기피제와 물리적인 '탈봉기(bee escape, 脫蜂器)' 등등 많은 것이 속했다.

군락의 벌꿀 생산성을 향상시키기 위한 발명품의 급증에는 동일한 목적을 위한 군락 관리의 근본적 변화도 수반됐다. 북아메리카와 유럽에 거주하는 상업적 양봉가들의 주된 목표는 봄과 초여름에 군락의 규모를 키우면서도 분봉은 막고, 그렇게 해서 각 군락의 벌꿀 저장분을 벌들의 필요량보다 훨씬 더 많이 축적할 막대한 노동력의 에너지를 장착하는 것이 되었고, 이는 오늘날까지도 여전하다. 그런 다음 양봉가는 그 잉여분을 수확해 판매한다. 이런 방식의 양봉은 100킬로그램(220파운드) 이상의 꿀을 저장할 용량을 가진 200리터(약 53갤런) 이상의 둥지를 창출할 5개 넘는 벌집 상자로 구성된 널찍한 벌통에 군락을 수용하는 것을 바탕으로 한다. 이 정도의 생활 공간이라면 군락이 스스로 집터를 선택할 때 찾는 공간보다 3~5배 더 크다는 걸 우리는 알게 될 것이다(5장 참조). 군락의 규모를 키우고 그에 따라 벌꿀 생산력을 높이는 또 다른 방법은 벌통 하나에 여왕벌을 한 마리 이상 넣는 것이다. 한 벌통을 공유하는 여왕벌은 여왕 가름판—여왕벌은 안 되고 일벌만 비집고 들어갈 수 있는 틈이 있는 금속판이나 나무판—에 의해 분리되어 상호 살상을 예방한다. 이런 조작은 특대형 벌 새끼 구역과 거대한 채집벌 개체군이 있는 군락을 탄생시킨다. 꽃꿀 공급이 원활한 지역에서는 여왕벌을 다수 갖춘 군락의 활동이 양봉가들에게 엄청난 벌꿀 수확량을 안겨줬는데, 벌통 1개당 500킬로그램(1100파운드)이 넘을 때도 있었다.

꿀벌을 처음에는 진흙 통과 통나무 구멍에 수용했다가, 그다음에는 짚으로 된 스켑과 간단한 나무 상자에, 그리고 가장 최근에는 현대의 정교한 가동소상에 수용한 4500년의 양봉사를 거슬러 올라갈 때, 우리는 로렌조 랑스트로스와 그 밖에 근대 양봉의 발명가들이 양봉가에게 더 나은 벌통을 제공했다는 걸 명확하게 알 수 있다. 하지만 불행히도 근대 양봉은 다음 장들에서 살펴보겠지만, 벌들한테 더 나은 삶을 제공하지는 않았다.

꿀벌은 사육되었나

꿀벌은 가장 놀라운 수준으로 길들이거나 사육할 수 있다.
-로렌조 랑스트로스, 《랑스트로스의 벌통과 꿀벌 이야기》(1853)

사육이란 인공 환경에서 번창하고 식품, 옷감, 사냥 보조, 견인력, 반려처럼 인간에게 유용한 것을 생산하는 발전된 변종을 얻기 위해 인간이 야생 품종을 선택하고 개량하는 과정이다. 이것은 우리가 우리의 삶을 향상시키려고 다른 종들과 협력해온 방식이다. 인간 주도의 선택 풍습은 늑대를 사냥 파트너로 활용하기 위해 사육한 유라시아에서 적어도 1만 5000년 전에 시작됐다. 약 1만 년 전 중동에 살던 우리 조상들이 식량 수집(사냥과 채집)에서 생산(목축과 농업)으로 생계 수단을 전환하기 시작하면서 그 범위는 대폭 늘어났다. 농업으로의 이행에는 작물, 가축, 미생물(예를 들어 양조효모), 반려동물의 집중적인 사육이 포함됐다. 일반적으로 사육 과정은 인간이 관리하는 환경에서는 번성하게 해주지만 야생에서는 힘들게 만드는 특성을 가진 생물을 만들어낸다. 이런 익숙한 사례가 옥수수(corn) 〔또는 메이즈(maize, Zea mays)〕 식물로, 종자가 옥수숫대에 밀착해 있기 때문에 더 이상 효율적인 종자 분산 메커니즘이 없어진 경우다.

이번 장에서 우리는 이런 질문을 다룰 것이다. 꿀벌은 정말로 사육되었는 가? 여기에 대답하려면 꿀벌과 인간 사이에 존재하는 특별한 관계를 검토해 야 하므로 이것은 중요한 질문이다. 우선 아피스 멜리페라는 흔히 18종가량의 사육 동물 목록에 포함되는 것이 사실이며, 양봉가들이 자신의 벌을 (약간은) 소유하고 통제하는 것도 사실이지만, 꿀벌에게 있어 인간-동물 관계는 소·닭·말을 비롯한 그 밖에 다른 농장 동물의 경우와는 근본적으로 다르다는 것 을 염두에 두자. 이 모든 종의 경우, 선택은 인공 환경에서 인간의 도움과 더 불어 죽을 때까지 거의 전적으로 인간의 손에 의해 정해진다. 그러나 꿀벌에 게 선택은 여전히 자연환경에서 인간의 도움 없이 죽을 때까지 주로 자연 선 택에 의해 정해진다. 우리는 그 증거를 이 책 전체에 걸쳐 되풀이할 것이다. 꿀벌은 여전히 야생에서 자기 힘으로 사는 데 최상으로 적응해 있다.

사육을 향한 길

이집트 아부구라브에 있는 태양의 신 레에게 바치는 신전의 양봉을 묘사한 얕 은 돋을새김 조각(그림 3.3)은 꿀벌이 이미 약 4000년 전 인간의 관리하에 살 고 있었음을 보여주지만, 꿀벌 사육을 향한 첫걸음을 언제 내딛었는지는 드러 나 있지 않다. 하지만 한 가지 단서는 제공한다. 이 조각에 묘사된 양봉 활동 의 정교함―연기의 능숙한 사용과 저장 용기의 면밀한 봉인―은 양봉의 기 원이 이 조각보다 앞섰다는 것을 시사한다. 이 사안에 대한 가장 최근의 증 거는 중동 최초의 농경 공동체에서 아피스 멜리페라를 널리 이용했다는 설득 력 있는 증거를 보고한 고고학자들로부터 나온다. 구체적으로 말하면, 그들은 BP(before present: 방사성탄소연대 측정으로 결정된 연대―옮긴이) 9000년으로 거슬러 올라가는 아나톨리아(Anatolia: 터키 동부의 한 지방)의 선사 시대 농경 공동체 부지에서 수집한 다수의 도기 조각에서 밀랍의 화학적 지문을 발견했다. 꿀벌은 이 최초의 농부들에게 아마 꿀—그들에게는 드문 감미료—과 기술·미용·의료적으로 응용했을 밀랍, 두 가지 때문에 중요했을 것이다. 인간과 꿀벌 사이의 밀접한 관계가 농경의 발원까지 거슬러 올라간다는 점을 감안하면, 꿀벌은 양 및 염소와 더불어 약 1만 년 전 농업이 등장해 아나톨리아와 비옥한 초승달 지역 밖으로 퍼져나갈 때 사육의 길로 접어들기 시작한 최초의 동물에 포함됐을 가능성이 높다.

고대 농부들이 꿀벌 군락을 자신의 집 근처에서 관리하기 시작한 동기는 무엇일까? 아마도 최초의 양봉가는 그들이 알기로 이 신비스러운 작은 동물의 둥지에 숨겨져 있는 아주 맛있는 꿀을 특히 즐겨 먹은 개개인이었을 것이다. 우리의 신석기 조상 중 한 명은 벌집 한 덩어리를 덥석 물어 아찔한 단맛을 느끼고 벌꿀에서 배어 나오는 매력적인 향을 맡을 때마다 의심의 여지없이 아주 기분 좋은 경험을 했으리라. 황금빛 꿀은 그가 유일하게 아는 강한 단맛이었으니 이는 매우 기쁜 경험이기까지 했을 것이다. 우리가 현재 얼마나 많은 사탕수수 설탕, 액상 과당, 벌꿀, 메이플 시럽 및 기타 감미료를 소비하는지 생각하면, 나는 약 3500년 전 모세가 방황하는 이스라엘인들을 '젖과 꿀이 흐르는 땅'으로 데려가겠다는 하느님의 약속을 전했을 때 그의 말이 오늘날 우리로서는 완전히 이해하지 못할 어떤 의미를 갖지 않았을까 싶다.

그러나 양봉의 기원을 온전히 이해하기 위해서는 최초의 양봉가들이 가졌던 강한 **동기**뿐 아니라 벌들이 제공한 사육의 **가능성**—두 가지가 있다—도 고려해야 한다. 각각은 농경적 생활 방식으로 정착한 인간의 주변에 꿀벌이 살도록 만든 행동적 특성이다. 첫 번째는 물통이나 큰 바구니(20~40리터/5.3~10.6갤런) 크기의 구멍에 둥지 트는 것을 벌들이 매우 좋아한다는 점이다. 따라서 인간들의 집 근처에 위치한 꿀벌의 최초 거주 장소는 옥외에 나뒹굴다가 야생 벌 떼에게 점유된 빈 통이나 뒤집힌 바구니였을지도 모른다. 이런 시나리오는 특히 벌의 먹이는 분명 풍부했겠지만 천연 둥지 구멍은 부족했을 비옥한 초승달의 초원 지대에서 일어났을 법하다. 만일 이 가설이 옳다면, 인간의 거주지 인근 집락(양봉장)에 마련된 인공 구조물(벌통)에서 꿀벌 군락이 거주하는 데 첫발을 내디딘 쪽은 인간이 아니라 꿀벌들 자신이었을 것이다.

두 번째이자 어쩌면 더 중요해 보이는, 꿀벌의 사육을 유발한 행동적 특성을 로렌조 랑스트로스는 자신이 1853년에 쓴 양봉 안내서《랑스트로스의 벌통과 꿀벌 이야기》2장에서 서술했는데, 그 제목이 아주 흥미롭다. "가장 놀라운 수준으로 길들이거나 사육할 수 있는 꿀벌." 여기서 랑스트로스는 꿀벌이 말벌만큼이나 자신들의 둥지를 맹렬하게 방어하긴 하지만, **그들이 항상 대단히 방어적인 것은 아니**라는 점에서 말벌과 확연히 다르다고 미래의 양봉가들에게 설명한다. 꿀벌의 일벌은 일단 꿀로 자신들의 작은 주머니(꿀주머니)를 채우고 나면(그림 4.1) 놀라우리만치 침 쏘기를 꺼리는데, 그들의 행동에 나타나는 이 놀라운 특징이야말로 그렇지 않았다면 무시무시했을 이 침 쏘는 곤충을 길들일 수 있게 만드는 요인이라고 그는 덧붙인다.

일벌이 꿀을 잔뜩 먹고 침 쏘는 것을 싫어하는 적응적 상황은 확실히 두 가지다. 하나는 그들이 분봉 중일 때. 분봉 중인 벌은 새 거주지로의 비행과 그곳을 밀랍 벌집으로 정리하는 노동에 대비해 100퍼센트 충전을 위해서 옛집을 떠나기 전에 꿀을 진탕 먹어둔다―사실 그렇게 하면 체중은 거의 2배가 된다. 그렇다면 꿀을 잔뜩 먹은 이 벌들은 왜 침 쏘기를 그토록 꺼릴까? 대답은 단순하다. 침 쏘는 행위는 일벌들에게 죽음을 초래하며, 분봉군은 일단 새로운 집터로 이동하고 나면 가능한 한 많은 일벌을 필요로 하기 때문이다. 7장에서 살펴보겠지만, 분봉군에 벌의 수가 많으면 많을수록 군락이 새 집에서 험난한 첫 겨울을 날 가능성은 더 높아진다.

두 번째로 일벌이 꿀을 탐식한 다음 침 쏘기를 기피하는 고도로 적응적인 상황은 자신들의 집이 화재의 위협을 받을 때다. 벌은 연기 냄새를 맡

그림 4.1 꿀로 배를 채우고 있는 일벌들.

아 위험을 감지한다. 최근에 제프 트라이브(Geoff Tribe), 캐린 스턴버그(Karin Sternberg), 제니 컬리넌(Jenny Cullinan)이 수행한 현장 연구는 남아프리카공화국의 케이프꿀벌(*Apis mellifera capensis*) 군락이 연기 냄새를 맡았을 때 꿀을 빨아 먹고 수동적이 됨으로써 어떤 혜택을 얻는지 밝혀냈다. 들불이 988헥타르(2441에이커)의 케이프포인트(Cape Point) 자연보호구역을 불태우고 7일이 지난 뒤, 이 연구원들은 새까맣게 탄 풍경 속에서 그들이 알기로 화재 이전에 야생 군락이 점유했던 17개의 집터를 점검했다. 각 군락은 거력(巨礫: 기반암에서 떨어져 나와 가장자리가 마모된 암석 덩어리-옮긴이) 밑이나 돌투성이 노두(露頭: 지표면에 그대로 노출된 암반의 일부-옮긴이) 틈에 위치한 바위로 둘러싸인 구멍에 거주했다(그림 4.2). 연구팀은 여러 군락이 둥지 입구의 프로폴리스(propolis: 꿀벌이 여러 식물에서 뽑아낸 수지 같은 물질에 자신의 침과 효소 등을 섞어 만든 물질-옮긴이) '방화벽'과 (더 드물게는) 둥지 구멍 깊숙한 곳의 밀랍 벌집이 약간 녹는 부분적인 파괴를 겪기는 했지만, 17개 군락이 전부 아직 살아 있다는 사실을 알아냈다. 확실히 꿀벌은 연기 냄새를 맡자마자 꿀로 배를 채우고 내화성 있는 둥지 구멍 안으로 가능한 한 깊이 들어가 들불을 피하고, 자신의 몸속에 숨겨놓은 꿀을 먹으며 스스로를 지탱했다. 대략 일주일 뒤면 화재 단명 생물(fire-ephemeral)로

그림 4.2 들불이 바위 속의 집을 휩쓸고 지나간 직후, 무사히 살아남은 둥지에서 나와 날아가고 있는 남아프리카공화국의 야생 꿀벌들. 불의 열기 때문에 둥지 주변의 그을린 덤불식물(*Leucadendron xanthoconus*)의 주황빛 갈색 이삭들이 벌어져 있다.

알려진 식물들이 움터서 꽃을 피우기 시작할 테고, 그렇게 되면 이 벌들은 곧 먹이 채집을 재개할 수 있을 것이다.

들불에서 살아남은 야생 꿀벌 군락과 관련한 이 조사는 연기에 대한 벌들의 탐식 반응이 남아프리카공화국의 화재 취약 지역에 사는 벌들에게 어떻게 적응되었는지를 보여준다. 그러나 여기서 밝혀진 것은 왜 꿀벌이 연기 냄새를 맡으면 꿀을 잔뜩 먹고 조용해지는지에 대한 표준적인 설명, 즉 **불에서 탈출하기 위해 둥지를 버릴** 채비를 하는 것이라는 설명과는 약간 다르다. 나는 표준적인 설명이 틀렸을 거라고 생각한다. 왜냐하면 불의 위협을 받은 군락이 집터에서 대피해 화염과 연기를 통과해 날아가는 데 성공할 확률은, 특히 여왕벌이 임신해서 비행에 서투를 위험이 있을 때는 낮다고 보기 때문이다.

수천 마리의 성난 벌을 가라앉히는 데 연기 몇 모금이 마법 같은 효능을 갖고 있다는 사실을 인간이 언제 발견했는지 궁금하다. 그림 3.3의 벌통을 향해 연기를 내뿜는 양봉가는 4000년도 더 전에 이미 이집트 양봉가들이 벌꿀 군락을 진정시키는 이 수법을 알았음을 우리에게 보여준다. 그러나 꿀벌 군락을 무장 해제시키는 연기의 위력은 그보다 훨씬 이전, 사실은 이집트의 양봉 기원보다 한참 전인 인간이 아직 양봉가가 아니라 그냥 벌 사냥꾼이던 시절에 우연히 발견했을 가능성이 있다. 고고학적 증거는 약 12만 년 전에 인간들 사이에서 불을 통제하는 것이 보편적이었음을 시사한다.

꿀벌의 인공 선택은 100년도 채 되지 않았다

우리 인간은 가축, 경작 작물, 유용한 미생물의 생산성을 두 가지 일반적인 방식으로 향상시킨다. 즉 유전자 변형과 환경 조작이 그것이다. 진정으로 '젖과 꿀이 흐르는' 땅인 이타카 북쪽의 비옥한 농지를 자동차로 지날 때마다 나는 이 사실을 상기한다. 이곳에는 낙농장과 양봉장이 흔한데, 그것들을 볼 때면 내 생각은 낙농업자와 양봉가가 그들의 가축을 가능한 한 수익성 높게 만들기 위해 현재 무엇을 하고 있는지로 옮겨간다. 지난 50년간 낙농업자들은 소의 유전자를 변형—흑백 홀스타인(Holstein) 종이 한때 친숙했던 라켄벨더(Lakenvelder) 종과 갈색의 저지(Jersey) 종을 대체했다—하는 동시에 생활 환경을 변화시킴으로써 소 한 마리당 우유의 생산성을 신장시켰다. 예를 들어 젖소는 여름날을 더 이상 풀밭에서 풀을 뜯으며 보내지 않는다. 현재 그들 대부분은 연중 내내 어마어마하게 큰 측면 개방형 우사 안의 개별 칸이나 집단 공간(출입이 자유로운 프리스톨식)에 살면서 단백질 풍부한 옥수수와 알팔파, 그리고 흔히 항생제와 호르몬을 받아먹는다. 모두 우유 생산을 늘리기 위함이다. 이 소들에게는 교미 역시 과거의 일이다. 송아지는 태어나고 며칠 만에 어미와 분리되고, 어미는 우유 생산이 부진해지면 1등급 젖소인 암소의 종웅(種雄: 좋은 새끼를 얻기 위해 종자로 이용하는 수컷) 기록으로 선택된 황소의 정액을 사용해 인공 임신을 한다. 일단 '짝짓기'가 되면, 그 암소는 공장식 농장의 한 생산 단위로서 또 한바탕 노동에 들어간다.

꿀벌도 젖소와 마찬가지로 생산성 향상을 위해 철저하게 인간에 의해 조종되는, 경제적으로 중요한 동물의 운명을 갖고 있다. 하지만 제대로 살려면 사람들로부터 매일 관리를 받아야 하는 홀스타인 소와 달리 꿀벌은 여전히 자립적으로 살아갈 수 있다. 왜 그럴까? 구체적으로 말해서, 생존을 위해 젖소처럼 끊임없이 우리의 도움이 필요한 수준으로까지 우리 인간이 품종 개량을 통해 꿀벌의 유전자를 바꾸지 못한 이유는 도대체 무엇일까? 모든 품종 개량 프로그램의 결정적 요소, 즉 유전이 가능하고(유전적 기초가 있고) 경제적 가치가 높은 특성에 나타나는 개체 간의 차이가 꿀벌한테 없다는 것은 정답이 아니다. 벌의 품종 개량에서는 군락이 개체이고, 군락은 유전적 차이를 반영하며 경제적으로 중요한 여러 가지 측면에서 각기 다르다. 여기에는 꿀 생산, 꽃가루 채취, 온순함, 분봉 성향, 프로폴리스 채집, 겨울을 나는 능력, 질병 저항력이 속한다.

그렇다면 최근까지도 양봉가들이 자신의 군락이 높은 꿀 생산성, 낮은 방어 습성, 강한 질병 저항력 또는 그 밖의 바람직한 특성을 갖도록 사육시키지 못한 이유는 도대체 무엇일까? 대답은 주로 한 가지다. 양봉가에게는 군락의 번식에 대한 엄격한 통제권이 없다는 것이다. 동물 사육자는 번식을 통제하고 바람직한 특성을 가진 개체만 자손을 낳게 함으로써 가축의 미래 세대를 형성한다. 그러나 1800년대 말까지 양봉가들은 자신의 군락이 가장 성공적으로 번식하도록, 다시 말해서 미래 군락의 여왕벌과 이 여왕벌을 수정시킬 수벌들의 생산에 가장 성공적이도록 통제할 수 없었다. 양봉가들은 이 문제를 벌들에게, 그러니까 자연 선택에 맡겨야 했다. 양봉가들이 필요로 하는 것은 특정 여왕벌과 특정 수벌, 이른바 자신의 최고 군락 출신 여왕벌과 수벌의 번식을 선호하는 방식이었다. 그래야만 자신이 보유한 가장 훌륭한 벌들의 유전적 성공을 촉진시킬 수 있을 테니 말이다.

이런 상황은 랑스트로스의 가동소상 발명 이후 1800년대 중반에 바뀌기 시작했다(그림 3.8). 그가 설계한 벌통 덕분에 양봉가는 자신의 군락을 심하게 방해하지 않으면서도 검사할 수 있었고, 세력이 약한 군락의 여왕벌을 교체하고 양봉장 확장을 위해 새 군락을 시작할 고품질 여왕벌을 생산할 수 있도록 최상의 군락으로부터 분봉 여왕벌집—분봉을 준비하는 군락의 여왕벌집—을 빼낼 수 있었다. 그러나 양봉가들이 자신의 최상 군락으로 강력한 품종 개량을 시작할 수 있게 된 것은 길버트 두리틀(Gilbert M. Doolittle)이 1889년 그의 저서 《과학적인 여왕벌 키우기(Scientific Queen-Rearing)》에서 널리 알린, 효과적인 여왕벌 인공 양육법을 발명하고 나서였다. 보통 이런 최고 군락에서 키운 처녀 여왕벌은 자유롭게 짝짓기를 했고, 이런 경우 품종 개량은 수벌들의 인공 선택 없이 이뤄졌다. 그러나 가끔은 수벌을 생산하는 선택된 군락이 선

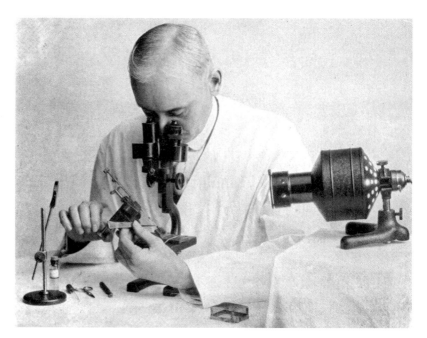

그림 4.3 1928년 최초의 장비 모델로 여왕벌의 기구 수정을 수행 중인 로이드 왓슨. 양쪽 팔꿈치는 책상 위에, 왼손은 현미경 검사대에 고정되어 있다.

별된 처녀 여왕벌을 한적한 다수의 장소(가령 섬이나 높은 산골짜기)로 데려갈 때가 있었고, 이런 경우에는 품종 개량에도 수벌들의 인공 선택이 일부 포함됐다. 여왕벌과 수벌의 강력한 인공 선택에 기초한 완벽하게 통제된 벌의 품종 개량은 로이드 왓슨(Lloyd R. Watson)의 (코넬 대학교 박사 학위 논문을 위한) 여왕벌 인공 수정 기구 및 기술 발명과 더불어 1920년대에 들어서야 가능해지기 시작했다(그림 4.3). 왓슨은 현미경조작기(micromanipulator)의 설계·제작·사용에 능숙했고, 이 때문에 그는 꿀벌 여왕벌의 인공 수정을 오늘날 벌 사육자들이 흔히 사용하는 용어인 '기구 수정(instrumental insemination)'이라고 지칭했다. 그러나 여왕벌의 인공 수정을 신뢰할 수 있게 된 것은 해리 레이드로(Harry H. Laidlaw)가 여왕벌의 정낭으로 정자가 쉽게 이동할 수 있도록 여왕벌의 난관

속 깊이 정액을 주입하는 방법 및 주사기를 개선한 1940년대 들어서였다. 마침내 양봉가는 선별한 여왕벌을 어떤 수벌이 수정시킬지 완벽한 통제권을 갖게 됐고, 그리하여 자신의 새 군락의 유전자를 온전하게 통제할 수 있었다.

제대로 통제된 꿀벌 품종 개량의 초기 사례는 파에니바실루스 애벌레 (paenibacillus larvae) 세균 때문에 생기는 꿀벌 유충 질병인 미국부저병(American foulbrood)에 대한 저항력을 배양하는 사육 프로그램이다. 미국부저병은 군락 간에 (주로 꿀 도둑질을 통해) 쉽게 퍼지기 때문에 꿀벌 유충의 질병 중 가장 치명적이다. 미국부저병 저항력을 위한 품종 개량 프로그램은 아이오와 주립대학의 곤충학자 월리스 파크(O. Wallace Park)와 패덕(F. B. Paddock) 그리고 〈미국꿀벌 저널(American Bee Journal)〉의 편집장 프랭크 펠레트(Frank C. Pellet)가 양봉가들이 미국부저병에 약간의 저항력이 있다고 판단한 군락을 수소문하기 시작한 1934년에 착수됐다. 그들은 1935년 미국 각지에서 가져온 25개의 이런 군락을 아이오와 대학교 실험장으로 모았다. 각 군락마다 벌방이 200개가량 들어 있는 직사각형 벌집의 애벌레판 하나에 포자를 삽입해 저항력을 검사했는데, 그중 75~100개에 미국부저병 비늘―미국부저병으로 죽은 애벌레의 건조된 시체―이 있었다. 군락은 내부의 감염된 벌방을 말끔히 없애 병이 든 벌집을 제거하든가, 아니면 아무것도 하지 않든가 둘 중 하나로 대응했다. 여름이 끝나갈 무렵 대부분의 군락에는 미국부저병으로 죽은 새끼들이 있었지만, 7개(28퍼센트) 군락은 아무런 질병의 징후도 보이지 않아 저항력이 있는 것으로 여겨졌다. 이 품종 개량 프로그램의 다음 단계는 1936년에 이뤄졌는데, 이때는 연구원들이 100제곱킬로미터(약 40제곱마일)의 텍사스 감귤 과수원 중앙에 반(半)고립된 양봉장을 설치하고, 거기서 저항력 있는 군락 출신의 여왕벌과 수벌들을 키워 짝짓기를 시켰다. 그런 다음 이 여왕벌들이 이끄는 27개의 군락에 전년도와 똑같은 벌집 접종 방법을 사용해 미국부저병 저항력 검사를 실시했다. 여름이 끝나갈 무렵 꼼꼼히 점검해보니 9개 군락(33퍼센트)은 미국

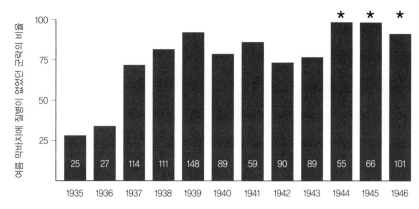

그림 4.4　미국부저병 저항력을 위한 품종 개량에서 나타난 눈에 띄는 진전. 미국부저병 포자를 접종한 이후에도 질병 없이 유지된 군락의 비율이 선별적 사육을 한 12년 동안 올라갔다. 막대 안의 수치는 매년 사용한 군락 수를 가리킨다. 별표는 여왕벌 짝짓기를 기구 수정으로 통제한 해다.

부저병의 징후를 전혀 보이지 않았다. 다음 10년간 가장 저항력 강한 군락 출신의 여왕벌과 수벌들을 (반고립 상태에서) 키우고 짝짓기시키는 이 과정을 반복했고, 저항력을 가진 군락의 비율을 높이는 데 상당한 진전이 있었다(그림 4.4). 짝짓기 장(mating yard)에서의 불완전한 격리로 인한 이종교배를 막기 위해 여왕벌을 기구 수정시켰던 1944년부터는 특히 그랬다. 미국부저병에 저항력이 있는 군락의 비율은 거의 100퍼센트까지 올라갔다.

　윌리스 파크와 아이오와 대학교 동료들의 미국부저병 저항력을 위한 이 인공 선택 프로그램의 현저한 성과는 나중에 오하이오 대학교의 월터 로텐벌러(Walter C. Rothenbuhler)가 수행한 이 저항력의 유전자 연구와 더불어 어떻게 꿀벌 사육을 해야 하는지를 보여주는 인상적인 사례다. 유충의 질병 저항력을 키우는 품종 개량과 관련한 이 초기 연구는 백묵병(chalk brood, 白墨病)을 유발하는 곰팡이 아스코스파에라 아피스(*Ascosphaera apis*), 기문응애, 꿀벌응애에 대한 저항력을 키우는 선별 프로그램 덕분에 더욱 발전했다. 이 모든 프로그램은 위생 행동—병에 걸린 유충(애벌레와 번데기)의 제거와 처분—을 위한 품종 개량에 초점을 맞춰왔다. 위생 행동이 좀더 잘 이뤄지면 군락한테 미국부저병의 경우처럼 백묵병과 진드기에 대해서도 더 큰 저항력이 생긴다는 것을 많은 연구가 입증했기 때문이다. 또한 위생 행동은 쉽게 측정할 수 있는 군락 차원의 특성이기 때문에 품종 개량의 매력적인 목표이기도 하다. 유충이 들어 있는 벌집을 벌통에서 빼내 이 작은 면적의 새끼 벌집을 액체 질소로 얼리고, 그 벌집을 벌통에 다시 넣은 다음 일정한 시간 간격을 두고 동사(凍死)한 유충이 얼마나 제거되었는지 측정한다. 24시간 내로 그것을 제거하는 군락은 위생적이라고 간주하며, 그보다 오래 걸리는 군락은 비위생적이라고 여긴다. 미국의 많은 상업용 여왕벌 생산업체는 이 동사 유충 검사를 이용해 종축(種畜: 품종의 개량 증식에 이용하는 우수한 조건을 가진 가축—옮긴이) 점수를 매긴다. 왜냐하면 위생 행동은 미국부저병과 백묵병에 대해 그러하듯 꿀벌응애 저항력에 있어서도 중요한 메커니즘이라는 증거가 있기 때문이다. 실제로 위생적인 일벌이 있는 군락은 그렇지 않은 곳보다 꿀벌응애에 감염된 번데기를 더 많이 정리한다.

아피스 멜리페라의 인공 선택 프로그램 중 또 하나의 성공 사례는 1960년대 미국 농무부에서 일하던 윌리엄 나이(William P. Nye)와 오토 매켄슨(Otto Mackensen)에 의해 이뤄졌다. 이 연구원들은 알팔파의 꽃가루 채집자로 상위 및 하위 등급을 차지한 꿀벌들의 근교계(inbred line, 近交系: 동계교배를 되풀이하면서 만들어진 유전적으로 균일한 계통—옮긴이)를 생산했다. 알팔파는 꿀벌이 주로 꽃꿀 때문에 찾는 식물인데, 정작 꿀벌은 이것의 꽃가루 매개자로서는 다소 쓸모가 없는 편이다. 연구자들은 다양한 꽃가루 공급원이 있는 유타주 북부의 한 장소에서 인공 선택한 5세대 벌을 활용해 실험을 수행했다. 그들은 이 실험에서 알팔파 꽃가루 뭉치를 가지고 돌아온 꽃가루 채집벌의 비율이 상위와 하위 등급에서 각각 54퍼센트와 2퍼센트임을 알아냈다. 이 연구를 미국의 몇몇 상업용 종묘 회사들이 확장했다. 이들의 연구에서는 여러 계통을 선택한

다음 (동계교배를 막기 위해) 이종교배를 했고, 더 많은 선택과 이종교배가 뒤를 이었다. 3년간의 품종 개량 후 선택된 계통의 군락을 알팔파, 잇꽃, 목화, 멜론, 사탕무를 심은 들판이 있는 시험장에 두었더니 꽃가루의 68퍼센트를 알팔파에서 채집한 반면, 같은 현장의 대조군 군락(대조 혈통)은 18퍼센트만을 알팔파에서 꽃가루를 채집했다. 알팔파와 벌 이야기는 꿀벌 사육을 어떻게 해야 하는지에 관한 또 다른 확실한 사례다. 그럼에도 결국 이 선택된 계통의 꿀벌은 알팔파 씨앗의 상업적 생산에 널리 이용되지 않았다. 알팔파를 비롯한 작은 채소의 규칙적이고 효과적인 방문객인 특정 단생벌(사회생활을 하지 않는 벌들의 총칭) 종보다 효과가 훨씬 덜했기 때문이 아닐까 싶다.

꿀벌에는 뚜렷이 구별되는 품종이 없다

미국부저병, 백묵병, 기문응애 및 꿀벌응애에 대한 저항력을 강화하는 위생 행동, 그리고 알팔파의 꽃가루 매개 행동을 위한 꿀벌의 품종 개량에 결정적 성공을 거뒀음에도 인공 선택이 꿀벌의 행동을 전반적으로 바꾸었다는 증거는 없다. 꿀벌의 품종 개량이 강력하고 지속적인 효과를 거의 미치지 못한 이유는 도대체 뭘까? 군락들 사이에 양봉과 관련한 특성의 편차가 결여되어 있어서는 분명 아니다. 양봉가들은 어떤 군락은 프로폴리스로 벌통의 모든 것을 붙여버리는 반면 어떤 군락은 그것을 거의 사용하지 않으며, 어떤 군락에서는 벌통을 열면 벌이 돌아다니는 반면 어떤 군락에서는 가만히 있으며(그림 4.5), 어떤 군락은 방해를 받으면 맹렬하게 쏘아대는 반면 어떤 군락은 훨씬 덜 방어적이라는 것을 알고 있다. 게다가 고향인 유럽에 사는 꿀벌을 훑어보면 지형과 연관된 색깔·형태·행동에서의 편차—이탈리안종, 카니올란종, 코카시안종, 아일랜드 흑색종 등 간의 차이—는 나타나지만, 확연히 다른 꿀벌 품종

그림 4.5　벌통에서 꺼낸 벌집 위에 고르게 분산되어 가만히 있는 꿀벌의 일벌들(그리고 몇몇 수벌).

은 보이지 않는다.

　이것은 인간에게 대단히 중요한 다른 동물들과는 상당히 다르다. 개를 생각해보자. 현대의 꿀벌들처럼 현대의 개들은 고대 유럽의 동물, 구체적으로 말하면 말승냥이(Canis lupus)의 후손이지만, 현대의 꿀벌들과 달리 현대의 개들(Canis familiaris)은 사육에 의해 완전히 형태를 갖추었다. 이런 점은 가령 그들의 품종 간 형태 및 행동의 다양성에서 명확히 드러난다. 예를 들면 셰퍼드, 비글, 닥스훈트, 래브라도레트리버, 치와와, 아이리시울프하운드, 스코치테리어를 비롯해 수십 종이 더 있다. 현대의 소 역시 마찬가지로 우리가 빙하 시대 동굴 벽화를 통해 알고 있는 위풍당당한 적갈색의 뿔이 긴 들소(Bos primigenius)로부터 사육한 후손이다. 지금은 멸종했지만 로마 시대에는 아직 살아 있어 율리우스 카이사르가 "코끼리보다 조금 작다"고 묘사한 이 고대 종들로부터 우리는 쟁기와 마차를 끌 근력과 체력은 물론 고기, 가죽, 우유도 제공해주는 현대의 소를 사육했다. 그리고 현대의 소(Bos taurus) 품종들 간 형태와 기능의 다양성을 놓고 보면, 개와 더불어 소에서도 인공 선택의 효과는 의심의 여지가 없다. 여기엔 홀스타인프리지아, 벨티드갤러웨이, 텍사스롱혼, 브라운스위스, 애버딘앵거스, 스코티시하이랜드 등 수백 종이 있다.

지난 1만여 년 동안 꿀벌 사육자들이 개 사육자 및 소 사육자와 달리 아피스 멜리페라를 거의 바꿔놓지 못한 이유는 도대체 뭘까? 우리가 꿀벌 품종 개량을 위한 완벽한 도구 세트—인공 여왕벌 양육과 기구 수정—를 갖춘 지 100년도 채 안 된다는 것이 부분적인 대답이기는 하다. 하지만 훨씬 더 큰 부분일 듯싶은 것은 현재 꿀벌의 인공 선택에 쓸 수 있는 도구를 널리 꾸준하게 사용한 적이 없다는 사실이다. 실제로 아피스 멜리페라가 서식하는 유럽과 북아메리카의 대부분 장소에서는 여왕벌이 대체로 인간의 통제권을 벗어나, 즉 높은 공중에서 마주치는 모든 수벌과 닥치는 대로 짝짓기를 하기 때문에 인공 선택의 효과가 지극히 미미하다는 게 나의 생각이다. 이 수벌들 다수, 어쩌면 대부분의 출처는 나무, 건물 그리고 자기 군락의 유전자를 조종하지 않는 양봉가의 벌통에 사는 군락일 것이다. 이런 상황은 꿀벌 사육자의 노고로 창출된 꿀벌 유전자의 모든 변화가 시간이 지나면 사라질 것임을 뜻한다. 그것은 또한 많은 (아마도 대부분의) 장소에서 꿀벌의 유전자가 양봉가 소유 군락의 수익을 높일 수 있는 특성에 대한 인공 선택보다는 자립적으로 살아가는 군락의 유전적 성공을 촉진하는 특성에 대한 자연 선택에 의해 훨씬 더 많이 형성된다는 뜻이기도 하다. 이것은 꿀벌이 우리가 만든 벌통을 필요로 하지 않고 오히려 속이 빈 나무에 아직도 완전히 익숙한 이유가 대체 무엇인지를 설명해준다. 실제로 대부분의 양봉가는 자신의 벌이 분봉기 동안 후자 때문에 전자를 얼마나 쉽게 내버리는지 좌절감을 안고 지켜본 적이 있을 것이다. 우리의 벌통에 거주하던 벌에게 야생의 삶으로 돌아가는 일은 겨우 한 발짝이면 되는 것이다.

아피스 멜리페라, 반(半)사육 품종

우리 인간은 옥수수, 개, 소의 유전자를 조작하는 데 성공한 반면, 꿀벌의 유전자에는 근본적인 변화를 일으키지 못했다. 그러나 우리는 식물 및 동물 협력자로부터 얻는 이익을 신장시킬 두 번째 근본적인 방법을 잘 활용했다. 바로 그들의 환경을 조작하는 것이다. 꿀벌의 환경 조작 제1단계는 군락으로 하여금 우리의 벌통에 집을 만들도록 유도한 수천 년 전에 일어났다. 이는 우리에게 꿀벌 군락의 거주지에 대한 통제권을 주었고, 그들의 집에 손을 집어넣어 우리가 원하는 것, 즉 벌집과 밀랍을 빼낼 수 있게 해줬다. 요즘 양봉업 기술은 상품(벌꿀, 꽃가루, 밀랍, 로열젤리, 가끔은 봉독) 생산량과 우리가 꿀벌로부터 얻는 서비스(수분)를 증대시키기 위해 양봉가들이 군락의 생활 환경을 통제할 많은 정교한 수단을 갖고 있는 수준으로까지 발전했다.

양봉가들이 자신의 군락에서 얻는 수익을 증대시키기 위해 수행하는 모든 환경적 조작 중 가장 기초적인 것은 벌이 값비싼 벌꿀을 만들 곳 또는 과일이나 채소 재배업자가 벌의 수분 서비스를 필요로 하는 곳으로 벌을 이동시키는 일이다. 가령 스코틀랜드의 많은 양봉가는 헤더의 꽃꿀에서 만들어지는 풍부한 향의 주홍빛 벌꿀을 얻기 위해 8월에 헤더가 있는 황무지로 군락을 이동시킨다. 이것은 벌꿀계의 롤스로이스(Rolls-Royce)로, 가을에 보랏빛 헤더로 뒤덮인 언덕 위로 벌통을 실어 나르면 수입이 짭짤하다(그림 4.6). 마찬가지로 뉴욕주의 어떤 양봉가들은 메밀을 심은 넓은 들판으로 군락을 이동시키곤 한다. 이 식물이 만들어내는 짙은 색에 특이한 풍미를 지닌 귀한 벌꿀을 얻기 위해

그림 4.6　스코틀랜드 산악 지대의 헤더 황무지로 옮긴 꿀벌 벌통 2개. 뒤쪽의 네언(Nairn) 근처 보랏빛 언덕은 활짝 핀 헤더로 뒤덮여 있다.

서다. 나는 자신의 벌이 채집하고 있는 메밀 꽃꿀 냄새인 줄 모르고 벌통 근처에 뭔가가 죽어 있다며 무서워했다는 한 초보 양봉가 얘기를 들은 적이 있다.

　양봉가가 수분 서비스를 위해 군락을 이동시킨 사례 중 가장 인상적이고 사실상 믿기 어려운 것은 캘리포니아주 센트럴밸리의 아몬드 과수원으로, 무려 150만 개의 군락―미국 전체 군락의 절반 이상―을 트럭으로 운송한 경우다. 여기에는 치열한 꿀벌 관리가 수반된다. 플로리다주와 메인주만큼 먼 곳에서 캘리포니아주까지의 국토 횡단 여행을 위해 견인 트레일러 함대에 싣기 이전부터 많은 군락한테 설탕 시럽과 꽃가루 떡을 잔뜩 먹여놓는다. 수분 계약의 군락 규모 요건을 충족할 수 있도록 유충 생산을 자극하기 위해서다. 1월 말과 2월 초에 일단 캘리포니아주에 도착하고 나면, 새크라멘토(Sacramento)에서 베이커스필드(Bakersfield)까지 뻗어 있는 32만 5000헥타르(80만 에이커)의 아몬드 과수원에 군락을 풀어놓는다. 3월 초에 아몬드 개화기가 끝나면 어떤 양봉가들은 더 많은 수분 계약을 이행하기 위해 북쪽인 워싱턴주의 사과 및 체리 과수원으로 군락을 트럭에 실어 나르고, 또 어떤 이들은 노스다코타주와 사우스다코타주의 광활한 알팔파·해바라기·클로버 들판에서 벌꿀을 만들기 위해 동쪽으로 향할 것이다.

양봉가는 자신의 군락이 **어디**에 사는지뿐 아니라 **어떻게** 사는지도 조종함으로써 그들로부터 얻는 소득을 증대시킬 수 있다. 가령 천연 둥지에서는 군락의 밀랍 벌집이 구멍의 천장과 벽에 꽉 붙어 있지만, 현대식 벌통에서는 벌통을 구성하는 직사각형 나무 상자 더미 안에 마치 문서 정리함의 폴더처럼 걸려 있는 나무나 플라스틱 재질의 직사각형 틀에 벌이 집을 짓도록 유도한다. 이런 배열은 문서 정리원이 폴더를 빼내듯 양봉가가 벌집을 품은 벌집 틀을 벌통 위로 곧장 당겨서 꿀이 가득한 벌집을 쉽사리 꺼낼 수 있도록 해준다(그림 4.7). 이는 또한 양봉가가 벌통 아래쪽 상자에 걸린 벌집 틀의 유충판ー여왕벌이 낳은 알과 어린 벌들이 자라는 벌집ー을 점검하는 것(또는 방해하지 않고 놔두는 것)도 용이하게끔 해준다. 양봉가가 자기 벌의 활동을 강력하게 조종하는 또 다른 방식은 벌집 틀마다 벌집 기초, 즉 벌집의 육각형 모양이 각 면마다 돋을새김된 밀랍(또는 플라스틱) 한 장을 삽입하는 것이다. 벌은 벌집 기초를 발견하면 그것이 벌집의 시작이라 여기고 완성하거나, 양봉가들의 표현대로 '그것을 연장한다'. 그렇게 하면서 벌은 벌집 기초 위의 육각형 벌방 모양을 따라

그림 4.7　벌통 위에 있는 계상(繼箱: 벌을 칠 때 포개어놓는 벌통—옮긴이)의 벌꿀이 가득한 벌집을 받치고 있는 나무틀.

새 벌집을 짓는다. 이것은 보통 수벌을 키우는 데 필요한 큰 벌방이 아니라 일
벌을 키우는 데 사용하는 작은 벌방이 있는 벌집을 짓도록 유도한다. 이런 방
식으로 벌의 수벌 양육이 금지되고, 이로써 군락의 벌꿀 생산량은 늘어난다.
그러나 이것이 번식 성공률을 줄이기도 한다.

　가동소상과 벌집 기초 같은 도구의 발명 외에도 현대 양봉 기술은 정교한
군락 관리 방식에 의존한다. 가장 중요한 것은 아마 분봉의 통제일 듯싶다. 양
봉가들은 주로 군락이 초만원이 되지 않도록 대형 벌통에 군락을 수용함으로
써 이를 달성한다. 어떤 양봉가들은 각 군락의 둥지 중앙에 있는 육아권 부분
의 혼잡을 막기 위해 새끼로 채워진 벌집이 있는 벌집 틀 사이에 빈 벌집으
로 된 벌집 틀을 삽입하기도 한다. 일부 양봉가들은 여왕벌방—새 여왕벌들

표 4.1 군락의 생산성을 높이기 위해 현대 양봉가들이 사용하는 핵심 도구 및 기술

도구	효과
가동소상	군락 및 그 둥지 내용물을 조종하는 데 용이
벌집 기초	벌통에서 벌집의 위치 및 유형의 강력한 통제
여왕 가름판	벌통에서 새끼와 벌꿀 저장고의 확실한 분리
벌집꿀의 사각형틀 상자	판매 준비를 완료한 용기에 꿀벌 집을 지음
여왕벌 우리	여왕벌의 운송과 출하에 용이
원심분리 채밀기	벌집으로부터 벌꿀의 효율적인 방사
덮개 제거용 칼 및 기계	벌꿀방 덮개의 효과적인 제거
훈연기	벌을 강력하게 진정시키는 장치
인공 여왕벌방	여왕벌의 대량 생산
탈봉기/탈봉판	벌꿀방으로부터 손쉬운 꿀벌 제거
화학적 기피제/연기판	벌꿀방으로부터 손쉬운 꿀벌 제거
광식 사양기 및 들통	유충 생산을 촉진하는 손쉬운 꿀벌 사양(飼養)
꽃가루 채집기	사양 활성화를 위한 손쉬운 꽃가루 채집
꽃가루 대체물	사양 활성화를 위한 꽃가루 대체
약물	질병 수준 감소
방충복 및 장갑	군락에 신속하게 일을 시킬 수 있음

기술	
분봉 통제	수분과 벌꿀 제조를 위한 강한 군락
대형 벌통에 군락 수용	군락의 벌꿀 생산 투자 증대
상업적인 여왕벌 양육	군락을 설립할 여왕벌의 대량 생산
사양 활성화	유충 생산 가속화와 군락의 성장
군락의 작업장 이동	수분 작업 증가와 꿀 생산 증대

이 자라고 있는 특별한 벌방—을 도려내기까지 한다. 군락의 분봉 준비에서 필수적인 이 단계를 방해하기 위해서다. 분봉을 사전에 방지함으로써 양봉가는 군락이 그냥 내버려뒀을 때보다 번식에는 덜 투자하고(분봉의 감소) 성장과 생존에는 더 많이 투자(더 많은 벌집, 더 많은 벌, 늘어난 벌꿀)하도록 강요한다. 표 4.1은 군락의 생산성을 높이기 위해 현대 양봉에서 사용하는 주요 도구 및 기술의 목록이다.

양봉가는 농부와 목부(牧夫)가 소, 양, 닭 및 다른 농장 동물에게 해왔던 식

으로 자기 가축의 유전자를 근본적으로 바꾸지 않았기 때문에, 진정으로 사육화한 동물 명단에 꿀벌을 포함시키는 것은 맞지 않다. 그러나 한편으로 양봉가들은 지역의 범위(군락을 트럭으로 운송한다)와 더불어 벌통의 규모(벌들이 사는 지역을 관리한다) 면에서 꿀벌 군락이 사는 환경을 철저히 관리하기 때문에, 꿀벌이 전적으로 야생종은 아니라는 말도 맞다. 그러므로 아피스 멜리페라를 우리가 유전자는 거의 변화시키지 못했으나 그것이 사는 환경만큼은 대폭 변화시킬 수 있고 실제로 변화시키는 일이 흔한 반(半)사육화한 종으로 생각했으면 좋겠다. 아울러 이 부지런한 수백만 군락의 벌을 우리의 보호 아래 두고 우리의 집 근처에 놓아 우리에게 봉사하도록 강요했음에도 여전히 우리가 돌보지 않아도 우리의 집으로부터 먼 곳에서 우리의 목적과는 무관하게 살아가는 이 경이로운 벌의 수많은 군락이 존재한다는 것을 우리가 인정했으면 좋겠다. 이 야생 군락은 꿀벌이 그들의 본성을 우리에게 양보하지 않았음을 입증한다. 왜냐하면 그들은 자립적으로 살 때는 늘 수백만 년 전에 정해진 생활 방식을 계속 따르기 때문이다.

둥지

목적에 이토록 아름답게 부합하는 벌집의 정교한 구조를 조사하면서
열광적으로 감탄하지 않는 자는 틀림없이 둔한 사람이다.

-찰스 다윈, 《종의 기원》(1859)

이 책의 목적은 꿀벌 군락이 야생에서 어떻게 살아가는지에 관한 우리의 지식을 검토하는 것이므로 초점은 자연스럽게 주로 벌 자체에 맞춰져 있다. 그러나 우리는 벌이 짓는 둥지에도 세심한 주의를 기울여야 한다. 군락이 얼마나 오래 살아남을지, 얼마나 많이 번식할지, 그리하여 얼마나 제대로 유전적인 성공을 거둘지 결정하는 것은 군락 벌들의 활동적인 능력만큼이나 비활동적인 둥지의 질이기 때문이다. 따라서 어떤 군락이 둥지를 지을 때 일벌은 좋은 집터를 찾아내고, 밀랍을 적시에 분비하고, 육각형 벌방으로 된 밀랍 벌집을 능숙하게 짓고, 살균 효과가 있는 수지로 둥지의 벽을 공들여 코팅하게끔이끄는 유전자에 기초한 행동 원칙을 따를 것으로 예상된다. 이 장에서 우리는 꿀벌 군락의 둥지가 그들의 생존과 번식에 크게 기여한다는 사실을 알게될 것이다.

우리는 야생 군락의 둥지를 꿀벌의 몸에서 확장된 생존 도구로 바라봄으로써 양봉가가 자신의 벌들을 양봉장의 부대끼는 가동소상에 수용해 그들의 적응적 생명 활동을 방해하는 위험을 초래하고 있다는 걸 알 수 있을 것이다. 군락이 속 빈 나무에서 독자적으로 살지 않고 나무 상자 안에서 양봉가의 감독 하에 살면 거대한 크기에 단열은 형편없고 다닥다닥 붙은 집을 감당할 수밖에 없음도 알게 될 것이다. 벌들의 천연 주거 환경의 이러한 변화, 그리고 그것이 군락의 건강과 생태 적응도에 미치는 영향에 대한 인식은 양봉에 있어 최적의 벌통 설계와 최고의 관리 방안에 대해 많은 의문을 제기한다. 이는 또한 벌과 그들의 관리자 사이에 어떤 근본적인 이해 충돌을 부각시킨다.

천연 나무 둥지

야생 꿀벌 군락의 둥지에 관한 대부분의 내 지식은 당시 코넬 대학교의 양봉 교수이자 나의 첫 과학 멘토였던 로저 모스 교수와 내가 1970년대에 수행한 연구에서 비롯됐다. 그때 나는 20대 초반이었고, 분봉군이 향후의 거주지를 선택할 때 무엇을 추구하는지 막 조사하기 시작한 참이었다. 내 첫 목표는 꿀벌의 천연 둥지를 기술하는 데 있었다. 그러면 꿀벌 군락에 이상적인 집터를 구성하는 요소가 무엇인지 실마리가 나올 거라고 생각했기 때문이다. 일단 천연 보금자리의 전형적인 특성—구멍 용적, 입구 크기, 입구 높이 등—을 알고 나면, 그 각각의 특성에 관해 내가 알아낸 것들(가령 입구의 전형적인 크기)이 벌들의 집터 선호도가 발현된 것인지, 아니면 그냥 벌들이 확보할 수 있는 게 드러났을 뿐인지 판별할 실험을 할 예정이었다.

모스 교수와 나는 적어도 20개의 천연 둥지를 기술하기로 했다. 나는 이타카 외곽에 있는 부모님 댁 인근의 숲을 돌아다닌 경험이 있어 벌 나무 세 그루의 소재는 이미 알고 있었다. 우리는 현지 신문 〈이타카 저널(Ithaca Journal)〉에 "벌 나무 수배 중. 살아 있는 꿀벌 군락을 품은 나무를 찾아낸 분에게는 한 그루당 15달러 또는 벌꿀 15파운드 지급"이라는 광고를 게재해 몇십 그루의 위치를 더 찾아냈다. 광고는 놀랄 만큼 효과가 좋아서 10일도 안 되어 36그루의 벌 나무 명단을 확보했는데, 전부 이타카에서 15마일 거리 안에 있었다. 홀륭했다! 다음 단계는 코넬 대학교 곤충학부의 실험실 기술자 허브 넬슨(Herb Nelson)과의 작업이었다. 그는 메인주 숲속에서 벌목꾼으로 일한 적이 있어 내가 이 벌 나무들을 안전하게 베어 넘어뜨리는 일을 도와줄 수 있었다. 대부분 엄청나게 큰 고목이었다. 우리는 둥지 입구의 높이 및 방향 같은 것을 측정하기 위해—하지만 로저 모스의 픽업트럭을 나무 가까이 가져갈 수 있는지 알아보는 게 주목적이었다—각각의 벌 나무를 정찰하는 것부터 시작했다. 벌나무가 있는 위치로 트럭이 접근하는 것은 필수였다. 둥지를 제대로 절개하려면 내가 천천히 신중하고 편안하게 그 작업을 할 수 있는 코넬 대학교 다이스 꿀벌연구소(Dyce Laboratory for Honey Bee Studies)까지 운반하도록 둥지가 있는 나무둥치 부분을 트럭에 실어야 했기 때문이다. 36그루의 벌 나무 중 21그루에는 트럭이 충분히 가까이 갈 수 있었으므로, 우리는 천연 둥지 21개를 용케 수집했다. 그러기 위해 허브와 나는 모든 나무를 베어 넘어뜨리고, 꿀벌 둥지가 포함된 둥치 부분을 톱으로 잘라내고, 트럭 바닥에 싣느라 씨름한 다음, 그것을 다시 간신히 실험실까지 끌고 갔다. 거기서 통나무를 조심스럽게 벌려서 둥지를 노출시키고(그림 5.1) 절개를 시작했다. 나머지 벌 나무 15그루는 둥지를 수집하기에는 너무 깊은 숲속에 있었지만, 그중 12그루에서 우리는 꿀벌 둥지 입구의 몇 가지 핵심적 특징—높이, 면적, 방위—을 측정했다.

우리가 조사한 33개의 벌 나무 둥지 입구는 몇 가지 눈에 띄는 특징을 보였다. 첫 번째, 대부분(79퍼센트) 단 하나의 입구로 이뤄져 있었다(예를 들어 그림 1.1, 2.9, 5.1 참조). 나머지는 2~5개를 갖고 있었다. 두 번째, 입구는 보통 옹이구멍(56퍼센트)이었지만, 나무둥치의 갈라진 홈(32퍼센트)이나 뿌리 사이의 틈새(12퍼센트)일 때도 있었다. 세 번째, 북향(10개의 둥지)보다는 남향(23개의 둥지)이

그림 5.1　1975년에 절개한 21개의 벌 나무 둥지 중 첫 번째 둥지. **왼쪽:** 좌측 갈래에 보이는, 군락의 둥지 입구 역할을 하는 옹이구멍이 있던 원래 상태의 나무. **오른쪽:** 나무에서 둥지가 있는 부분을 실험실로 가져와 조심스럽게 벌려서 그 안의 둥지를 노출시켰다. 꿀이 든 벌집(노란 덮개로 뒤덮인 벌방들)은 위쪽에, 새끼―알, 흰색 애벌레, 번데기(갈색 덮개가 있는 벌방들)―가 든 벌집은 아래쪽에 있다. 둥지 입구는 구멍 위 약 3분의 2 지점 왼쪽에 있다.

많았다. 네 번째, 대부분 둥지 구멍의 중간(18퍼센트)이나 상위 3분의 1(24퍼센트)보다는 하위 3분의 1(58퍼센트) 위치에 있었다. 그리고 다섯 번째, 둥지 입구의 평균 크기는 작은 편이어서 29제곱센티미터(4.5제곱인치)밖에 되지 않았고, 가장 흔한 크기는 겨우 10~20제곱센티미터(1.5~3.0제곱인치)였다(그림 5.2의 위쪽 사진 참조). 비교하자면, 표준 랑식 벌통의 입구는 몇 배 더 큰 75제곱센티미터(거의 12제곱인치) 정도다. 우리는 야생 군락이 입구를 지키기에 용이한 상당히 작은 입구를 선호하는 것 아닐까 생각하기 시작했다.

벌 나무 둥지에서 입구의 높이와 관련한 결과는 특히 설명이 필요한 것으로 드러났다. 우리가 1970년대 중반에 33그루의 벌 나무 표본 조사를 통해 알게 된 둥지의 이러한 특성이 몇몇 후발 연구에 의해 반박을 당했기―그리고 결과적으로는 정정되었기―때문이다. 그림 5.2의 맨 아래 그림은 우리가 1970년대 중반에 조사한 벌 나무 둥지 33개의 입구 49개가 대부분 나무 아래 쪽에 있었음을 보여준다. 지면에서 5미터(16.4피트) 이상 높이에 있는 것들도 있지만, 대략 절반은 지면에서 1미터(약 3피트)도 채 안 되는 높이였다. 이러한 결과를 감안해 나는 '좋았어. 나무 구멍에 사는 야생 꿀벌은 양봉가들의 인공 벌통에 살 때처럼 둥지 입구를 일반적으로 낮게 만드는구나'라고 생각했다. 당시에는 이것이 타당한 결론처럼 보였지만, 나중에는 완전히 잘못됐음을 깨달았다.

야생 군락의 입구 높이에 관한 내 생각을 정정해준 것은 아노트 산림에 사는 야생 군락을 세 차례―1978년부터 2011년 사이에―조사하면서 내가 조금씩 발견한 사실들이었다. 그중 한 조사에서 나는 벌 나무를 발견할 때마다 벌집 입구의 위치를 파악해 그 높이를 측정하려 최선을 다했고, 대부분 성공했다. 벌 나무에 올라가 줄자를 펼치거나 수목 관리원의 경사계를 써서 입구 높이를 측정했다. 벌 나무 꼭대기에 너무 잘 숨어 있어 고성능 쌍안경으로도 찾아낼 수 없는 입구를 가진 군락은 2개뿐이었다. 그림 5.2는 이 아노트 산림 조

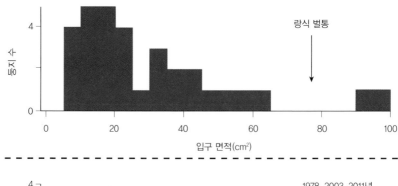

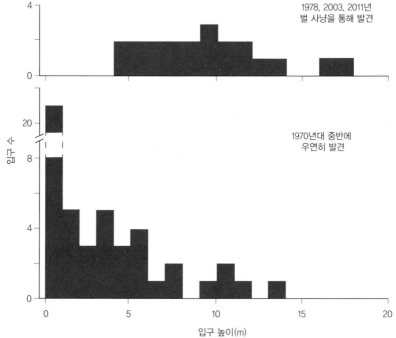

그림 5.2　**위:** 벌 나무 둥지 32개의 입구 면적 분포. 한 둥지의 204제곱센티미터(31.6제곱인치) 값은 표시되어 있지 않다. **아래:** 우연히 발견한 벌 나무 둥지 33개(1970년대 중반, n = 입구 49개)와 벌 사냥을 통해 발견한 벌 나무 둥지 20개(이후, n = 입구 21개)의 입구 높이 분포.

사에서 내가 찾아낸 둥지들의 입구 21개가 전부 지면보다 한참 높은 곳에 있음을 보여준다. 최저가 4미터(13피트) 위였고, 90퍼센트는 5미터(16.4피트)보다 높았다. 그리고 이 아노트 산림 둥지 중 하나만이 1개 이상의 입구를 갖고 있었으며, 그것도 딱 입구가 2개였다. 그런데 일반적으로 지표면으로부터 높은 곳에 둥지 입구를 두는 야생 군락의 이런 패턴은 최근 내 친구 로빈 래드클리프가 그의 농장에 인접한 신다긴할로 주유림의 5제곱킬로미터(약 2제곱마일) 지역에 사는 야생 군락을 조사하면서 확인되었다(2장 참조). 로빈은 최단 경로를 따라 계속 걸어서 5개의 군락을 찾아냈는데, 군락 1개는 숲 바로 바깥의 사냥꾼 오두막 벽에 있었고 군락 4개는 숲 안의 오래된 캐나다솔송나무 숲에 있었다. 로빈의 벌 나무 군락 4개의 평균 입구 높이는 9.5미터(31.2피트)다.

그림 5.2에 볼 수 있는 두 집단의 입구 높이 결과 사이에는 왜 이렇게 확연한 차이가 날까? 돌이켜보건대, 고의는 아니었으나 1970년대 중반의 내 벌 나무 둥지 표본이 낮은 입구가 있는 것들에 편향되어 있었음을 지금은 인정한다. 이런 둥지는 잎이 무성한 나무 꼭대기 높이에 입구가 있는 둥지에 비해 우연히 발견될 확률이 훨씬 높다. 아울러 이런 식으로 〈이타카 저널〉에 낸 우리 광고에 반응을 보인 농부와 마을 주민 그리고 숲 주인들도 우리가 1970년대 중반에 연구했던 둥지를 발견한 것이었다. 반면 1978년, 2002년, 2011년에 아노트 산림에서 벌 나무의 위치를 파악할 때는 이런 표본 편향을 피했다. 나는 우연히 처다본 게 아니라 벌 사냥꾼 방법을 써서 의도적으로 추적함으로써―즉 이 둥지들에서 온 채집벌이 어딘지는 몰라도 그들의 집으로 나를 안내하도록 놔둠으로써―이 둥지들을 발견했다. 벌 사냥을 통해 야생 군락 발견에 성공했을 때는 둥지 입구의 높이에 대한 편향이 거의 없다. 그림 5.2에 있는 두 가지 입구 높이 분포 사이의 확연한 차이는 내게 벌 연구와 관련해 중요한 일반적인 교훈을 가르쳐줬다. 바로 **의도치 않은 표본 편향을 항상 조심하라**는 것이다. 좀더 구체적으로 말하면, 그림 5.2에 나타난 데이터는 이타카 인근 숲속에 살고 있는 야생 군락이 일반적으로 입구가 높은 곳에 있어 땅에서 사는 동물들, 가장 중요하게는 (10장에서 살펴보겠지만) 흑곰의 눈에 잘 띄지 않는 나무 구

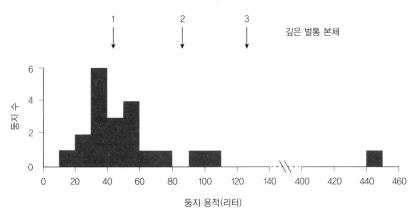

그림 5.3 벌 나무 둥지 21개의 구멍 용적 분포.

멍 집에 거주한다는 것을 보여준다.

벌 나무 둥지의 외관에서 내부로 관심을 돌려 벌들이 차지한 나무 구멍이 보통 기다란 원통형이라는 것을 알았을 때, 로저 모스와 나는 놀라지 않았다. 그것들은 평균적으로 높이가 156센티미터(62인치)에 지름이 23센티미터(9인치)였다. 이는 나무 둥치의 모양과 일치한다. 하지만 우리는 대부분의 야생 군락이 양봉가들의 벌통보다 훨씬 더 작은 나무 구멍에 살고 있다는 것을 알고는 놀랐다. 벌들의 둥지 구멍의 평균 용적은 (아주 큰 특이치 1개를 포함시키지 않는다면) 불과 47리터(12.4갤런)로, 깊은 랑식 벌통 상자(또는 벌통 본체)의 42리터(11.1갤런)보다 아주 약간 더 클 뿐이다(그림 5.3). 이는 평균적으로 야생 군락의 둥지 구멍이 일반적인 양봉가의 벌통이 갖는 거주 공간의 4분의 1에서 2분의 1밖에 되지 않는다는 뜻이다. 이 지점에서 우리는 궁금해졌다. 야생 군락은 다소 작고 포근한 둥지를 선호하는 걸까?

확실히 이 자그마한 나무 구멍에 사는 벌들은 자신의 거주 공간을 잘 활용하고 있었다. 군락마다 여러 장의 밀랍 벌집(평균적으로 딱 8개의 벌집)으로 둥지를 거의 채워놓았으니 말이다. 벌집에는 비교적 갸름한 구멍 전체에 걸쳐 벽에서 벽까지 막이 형성되어 있었지만, 벌은 구멍의 벽과 천장에 자기들이 붙인 벌집 사이로 작은 통로를 만들어놓았다(그림 3.7). 물론 이 통로는 벌이 한 벌집에서 다음 벌집으로 쉽게 기어 다니게 해주는 역할을 한다. 벌집의 밑면과 둥지 구멍의 바닥 사이에 빈 공간을 몇 센티미터(1인치 이상) 남겨두고 대부분의 벌집은 맨 아래 가장자리를 따라 아무렇게나 늘어져 있었다. 노란색이나 연갈색 벌집을 보유하고 있는 최근에 점유한 구멍들은 바닥이 보통 몇 센티미터 두께에 부드럽고 짙은 색깔의 썩은 나무층으로 덮여 있었다. 그러나 진한 색 벌집들로 가득 차 있고 수년간 점유한 듯한 구멍은 바닥이 몇 밀리미터(최대 약 0.10인치) 두께의 건조하고 딱딱한 수지(프로폴리스)층으로 코팅되어 있고, 이 때문에 광택이 나고 방수도 됐다. 장기간 점유한 이 둥지 구멍들의 천장과 벽도 마찬가지로 대략 0.5밀리미터(0.02인치) 두께의 딱딱한 수지로 코팅되어 있었다(그림 5.4). 분봉군이 이 구멍들로 이주했을 때 일벌이 벌집을 부착시킬 견고한 나무를 노출시키기 위해 신속하게 내부 표면에서 썩고 부드러운 나무를 물어뜯은 다음 벌집들 사이의 벽과 천장 표면을 조금씩 수지로 코팅했을 게 분명했다. 우리는 그러지 않았다면 곰팡이와 박테리아가 번성했을 수많은 틈을 봉인하기 위해 벌들이 이 모든 작업을 했을 거라고 추정했다. 벌은 보통 프로폴리스로 나무껍질의 균열을 메우면서 입구 바로 바깥의 표면까지 자신들의 수지 작업을 확장한다. 프로폴리스는 이 붐비는 지점 주변의 나무껍질 표면을 부드럽게 해준다. 이렇게 하면 혼잡이 불가피한 이 지점에서 벌들의 통행 흐름이 향상되지 않을까 싶다. 아마 벌들이 집에 들어가기 전에 자신의 부절(跗節, 발)을 살균하는 데도 도움을 줄 것이다.

벌들의 둥지 구멍 벽에서 한 가지 더 주목할 특징은 두께와 그에 따른 단열이었다. 평균적으로 벌들이 둥지를 출입할 때 걸어야 하는 나무둥치를 관통하는 통로의 길이는 15센티미터(6인치)가 좀 넘었고, 한 경우는 74센티미터(29인치)나 됐다!

그림 5.4 꿀벌 군락이 둥지 구멍의 내부 표면을 수지로 코팅해 만들어낸 프로폴리스층을 확대한 사진. 박테리아가 증식하기에 이상적인 환경인 틈새 많은 썩은 나무의 기질(基質)이 보이는 상단 우측 부위에는 프로폴리스가 떨어져나갔다.

우리가 둥지를 분석한 야생 군락 21개 중 8개는 둥지 구멍을 벌집으로 가득 채운 상태였다. 평균적으로 각 둥지에 있는 벌집의 총면적은 1.17제곱미터(12.6제곱피트)였다. 이는 랑식 벌통에 맞는 대형 치수의 (깊은) 벌집 틀 13장에 해당하는 수치다. 예상대로 각 군락의 벌집은 대부분 벌방 크기가 작은 일 벌집이었지만, 벌방 크기가 큰 수벌집도 평균 17퍼센트(17~24퍼센트)로 상당한 비중을 차지했다. 우리가 이 벌 나무 둥지의 일벌방 크기를 측정하지 않았다는 걸 전하게 되어 유감이다. 하지만 나는 이 야생 군락 둥지 중 3곳의 벌집 사진(가령 그림 3.7)을 토대로 그 유충 벌집에 있는 일벌방의 벽에서 벽까지의 평균 치수를 알아냈다. 각각 5.12밀리미터, 5.19밀리미터, 5.25밀리미터(0.201인치, 0.204인치, 0.206인치)였다. 요컨대 그들의 일벌방 크기는 평균 5.19밀리미터였다. 비교하자면, 여러 제조업체에서 구매한 표준 밀랍 벌집 기초 위에 벌집을 지은 나의 관리 군락은 일벌방의 벽에서 벽까지의 평균 치수가 약간 더 큰 5.38밀리미터(0.212인치)였다. 한때 나는 꿀벌응애 감염의 통제 수단으로 벌방 크기가 작은 벌집을 살펴보는 연구를 했고(여기에 대해서는 10장에서 논의한다), 이 연구의 견본 작업 단계에서 벌방 크기가 작은 벌집 기초 위에 벌집을 짓도록 군락을 유도했다. 이 군락들이 지은 일벌방은 벽에서 벽까지의 평균 치수가 겨우 4.82밀리미터(0.190인치)밖에 되지 않았다. 따라서 우리는 1970년대 중반에 연구했던 야생 군락 둥지의 일벌집은 벌방 크기가 표준인 일벌집과 양봉장 벌통에서 볼 수 있는 벌방 크기가 작은 일벌집 사이의 크기를 갖고 있으나 후자보다는 전자에 훨씬 더 가깝다고 결론내릴 수 있다.

군락의 육아권 내에 추가적인 꽃가루방이 흩어져 있을 때가 많기는 하지만, 이 야생 군락의 벌들은 둥지 위쪽에는 벌꿀을 저장하고, 아래쪽에서는 유충을 키우고, 중간에는 꽃가루를 담는 일련의 방을 만들어 모든 양봉가에게 익숙한 방식으로 자신들의 벌집 사용을 체계화했다. 대부분의 둥지는 늦여름—7월 말과 8월—에 채집해서 절개했는데, 여왕벌이 없는 한 군락을 제외하곤 전부 번성하고 있었다. 산란 여왕벌이 있는 군락의 일벌과 수벌 개체군의 평균 크기는 각각 1만 7800마리와 1004마리였다. 군락이 더 많은 일벌과 수벌을 생산하는 것은 벌집이 꿀로 채워져 곧 제한을 받곤 했다. 평균적으로 군락의 꿀 저장량은 15.1킬로그램(33.2파운드)이었고, 이미 둥지에서 벌방의 약 50퍼센트, 즉 일벌방의 56퍼센트와 수벌방의 48퍼센트는 꿀로 채워진 상태였다. 일벌집 벌방의 25퍼센트와 수벌집 벌방의 26퍼센트에는 유충이 있었고, 따라서 일벌방의 19퍼센트와 수벌방의 26퍼센트는 비어 있었다. 전반적으로 이 군락들은 겨울을 나려면 각 군락에 필요할 꿀을 25킬로그램(55파운드) 더 저장하고 어린 벌 개체군을 대폭 확보하는 쪽으로 원활한 진행을 하고 있었다. 우리는 유충 질병―미국부저병, 유럽부저병, 낭충봉아부패병, 백묵병―의 징후를 찾으려고 벌집 전체를 꼼꼼히 살펴봤지만 아무것도 발견하지 못했다. 우리 연구는 북아메리카에서 기문 진드기류(1984년 플로리다에서 발견한 기문응애)와 꿀벌응애(1987년 플로리다에 발견)를 처음 감지하기 10년 전쯤에 수행했으므로, 이 두 기생충 중 어느 것도 찾지 못한 것은 당연했다

집터 선택

야생 군락의 둥지를 품고 있는 나무 구멍이나 바위틈은 거주자에게는 우주의 중심이다. 그곳은 벌들이 생명을 걸고 방어할 장소인 자신의 둥지를 지은 곳이자 수 마일쯤 먼 곳에서 꽃꿀과 꽃가루를 잔뜩 싣고 돌아올 지구상의 유일한 장소다. 집터와 그 안의 밀랍 벌집은 둘 다 구성원의 몸을 넘어서 확장된 군락의 생존 도구 집합의 일부다. 야생 군락의 둥지 안을 들여다보고 그 벌집(그림 5.5)에 감탄해본 적이 있는 사람이라면 누구나 이 미로 같은 구조물이 거기 사는 꿀벌들의 작품이라는 사실을 분명히 알 수 있을 것이다. 결국 각각의 벌집을 짓는 데 사용한 밀랍은 벌들의 몸에서 나온 분비물이고, 모든 벌집의 경이로운 육각형 벌방 구조는 벌들의 행동 산물이니 말이다. 하지만 이 정교한 둥지를 품은 속 빈 나무나 바위 더미 역시 군락의 생존을 위해 확장된 도

그림 5.5 속 빈 나무에 사는 꿀벌 군락의 둥지 안에 있는 벌집들.

구 집합의 일부라는 사실은 그보다 덜 분명하다. 뒤에서 살펴보겠지만, 꿀벌은 자신들의 집터를 **짓지**는 않아도 정말로 **신중하게 선택**하며, 따라서 군락이 차지한 구멍 역시 구성원의 행동 산물이다.

꿀벌의 거주지 선택 과정은 이타카 지역에서는 주로 늦봄과 초여름(5~7월)에 일어나는 군락 번식기(분봉기) 동안 이뤄진다. 이 집 찾기 과정의 첫 번째 단계는 분봉군이 모체인 둥지를 떠나기 한참 전부터 시작된다. 군락에서 가장 나이 든 벌인 채집벌 수백 마리가 먹이 채집을 그만두고 새 거주 지역을 찾는 정찰벌로 역할을 바꾼다. 그러자면 급격한 행동 변화가 요구된다. 이 벌들은 더 이상 밝게 빛나며 달콤한 향이 나는 꽃꿀과 꽃가루의 공급원을 찾아가지 않는다. 그 대신 항상 꿀벌 군락을 수용하는 데 적합할 아늑한 구멍을 찾아서 어두운 장소―옹이구멍, 나뭇가지 틈새, 뿌리 사이의 구멍, 바위의 균열―를 샅샅이 뒤진다.

정찰대는 잠재적인 둥지를 발견하자마자 그곳을 자세히 조사하면서 거의 1시간을 보낸다. 점검은 구멍 안을 돌아보는 몇십 회의 여행으로 이뤄진다. 1회마다 1분 정도 지속되고, 둥지 밖 여행과 교대로 나타난다. 밖에 있는 동안 정찰대는 입구 주변의 둥지 구조물 위를 이리저리 움직이고, 집터 주변 전체를 천천히 맴돌며 비행한다. 누가 봐도 그 구조물과 주변 사물을 상세하게 시각적으로 점검하는 행동이다. 안에 있는 동안에는 내부 표면 위를 재빠르게 움직이는데, 처음에는 구멍 안쪽까지 차마 더 들어가지 못한다. 하지만 이런 일을 몇 차례 반복하면서 구멍의 안쪽 구석까지 점점 더 깊이 밀고 들어간다. 조사를 완료할 무렵이면 정찰대는 구멍 안에서 약 50미터(약 150피트) 이상을 걷고, 이는 내부 표면을 전부 돌아다녔다는 얘기다. 내가 환하게 트인 입구는 계속 정지 상태로 두고 벽을 마음껏 회전시킬 수 있는 원통 모양의 둥지 상자―그러니까 둥지 상자 안에 들어가면 정찰대는 사실상 러닝머신 위에 올라가는 셈이다―로 실험해보니, 정찰벌은 잠재적인 둥지 구멍을 일주하는 데 필요한 걸음량을 감지해 그곳의 용적을 미루어 짐작하는 것으로 밝혀졌다. 하지만 정찰벌이 구멍 안에서 걷는 (그리고 가끔씩 날아다니는) 활동을 통해 얻은 정보를 활용해 정확히 어떻게 구멍의 넓이를 판단하는지는 여전히 수수께끼다.

정찰벌이 장시간 집터를 점검한다는 것은 그들이 어떤 장소의 적합성을 판단하기 위해 여러 가지 특성을 잰다는 얘기였다. 게다가 로저 모스와 내가 찾아낸 특정한 보금자리 속성―입구 면적, 입구 높이, 구멍 용적 등―의 규칙성은 벌들에게 거주지에 대한 강한 선호도가 있다는 생각을 뒷받침해줬다. 그러나 우리가 찾아낸 일관성이 그냥 3개의 나무 구멍에 일반적으로 있던 것들을 반영했을 가능성도 있었다. 이 시점에서 나는 꿀벌의 보금자리 선호도에 관한 정보를 찾으려고 과학 및 양봉 문헌 조사에 매달렸지만, 야생 분봉군을 잡기 위해 매력적인 벌 유인통을 제작하는 방법에 관한 프랑스 양봉 잡지의 기사 한 편 말고는 거의 아무것도 건지지 못했다. 이런 상황이 놀라웠다. 양봉가들이 수세기 동안 완벽한 벌통을 설계하려 노력했다는 걸 나는 알고 있었고, 거기에 대한 지침으로 그들이 꿀벌 군락의 천연 거주 지역을 고려했을 거라고 생각했는데, 보아하니 그렇지 않았기 때문이다. 그러면서도 한편으로는 우리의 지식에서 이런 공백을 발견한 것이 기뻤다. 천연 둥지에 대한 벌들의 호기심이 아피스 멜리페라의 생태라는 전인미답의 영역으로 나를 이끌어왔음을 그때 깨달았기 때문이다.

벌들에게 보금자리 선호도에 관해 묻기 위해 내가 개발한 방법은 간단했다. 특정 속성이 각기 다른 둥지 상자들을 설치하고 야생 분봉군이 우선적으로 어느 쪽을 차지하는지 보는 것이었다. 좀더 구체적으로 말하면, 2개나 3개 또는 4개의 그룹으로 둥지 상자를 설치하고, 입구 면적이나 구멍 용적 같은 한 가지 속성을 제외하고는 각 집단의 상자를 똑같게 했다. 각 집단에 속한 상자는 가시성, 바람 노출, 위치가 일치하는 비슷한 크기의 나무 (또는 한 쌍의 송전선 기둥) 위에 대략 10미터(33피트) 간격으로 배치했다(그림 5.6). 각 상자 집단은 (잠

그림 5.6 송전선 기둥에 올려놓은 2개의 둥지 상자. 두 상자는 오른쪽 것의 입구(12.5제곱센티미터/2제곱인치)가 왼쪽 것(75제곱센티미터/12제곱인치)보다 더 작다는 점을 제외하면 동일한 보금자리(똑같은 구멍의 용적 및 모양, 똑같은 입구의 높이 및 방향 등)를 제공한다.

재적) 보금자리의 한 가지 선호도를 시험하는 역할을 했고, **전형적**인 천연 보금자리의 특성(가령 평균 입구 크기와 평균 구멍 용적 등)과 전부 일치하는 상자 1개와 **비전형적**인 한 가지 속성(가령 입구 크기)을 제외하면 첫 번째 상자와 값이 동일한 다른 상자 1개 (또는 상자들) 중에서 선택할 기회를 분봉군에게 줬다. 나는 이런 식으로 상자들을 다르게 만든 한 가지 변수에 대한 야생 분봉군의 선호도를 시험했다. 예를 들면 그림 5.2에 나타난 입구 면적의 분포가 작은 입구 선호도를 반영하는 것인지 검증하기 위해 한 상자는 입구가 전형적인 12.5제곱센티미터(약 2제곱인치)이고 다른 상자는 입구가 비전형적으로 큰 75제곱센티미터(약 12제곱인치, 랑식 벌통에서 볼 수 있는 크기)인 점을 제외하면 똑같은 정육면

표 5.1 꿀벌이 선호도를 보이거나 보이지 않은 보금자리 속성. 분봉군의 둥지 상자 점유를 토대로 했다. A>B는 A를 B보다 선호한다는 표시이고, A=B는 A와 B 사이에 선호도가 없다는 표시다.

속성	선호도	기능(들)
입구의 크기	$12.5cm^2 > 75cm^2$	군락의 방어 및 온도 조절
입구의 방향	남향 > 북향	군락의 온도 조절
입구의 높이	5m > 1m	군락의 방어
입구의 위치	구멍의 아래쪽 > 위쪽	군락의 온도 조절
입구의 모양	없음: 원형 = 좁고 긴 틈	(둘 다 효과 좋음)
구멍의 용적	10리터 < 40리터 > 100리터	벌꿀 저장 공간: 군락의 온도 조절
구멍의 모양	없음: 정사각형 = 직사각형	(둘 다 효과 좋음)
구멍의 건조성	없음: 습함 = 건조함	(벌들이 물 새는 구멍의 방수 처리 가능)
구멍의 통풍성	없음: 통풍 잘됨 = 방풍	(벌들이 틈새와 구멍 메우기 가능)
구멍의 벌집	유 > 무	벌집 짓기의 경제성

체의 둥지 상자 한 쌍을 설치했다.

이 조사는 설계하긴 쉬웠지만 실행하긴 힘들었다. 나는 1975년에서 1976년으로 넘어가는 겨울에 도합 252개의 둥지 상자를 만들었고, 1976년과 1977년 여름에 이타카 인근 시골에 그것들을 소집단으로 배치했다. 운 좋게도 야생 분봉군이 많아 이 실험 계획은 순조롭게 진행됐다. 내 둥지 상자는 벌들이 집터에서 추구하는 게 무엇인지에 관해 많은 비밀을 드러내기에 충분한 124개의 분봉군을 끌어들였다.

표 5.1은 이 연구의 결과를 요약한다. 우리는 이 야생 분봉군의 벌들이 둥지 구멍 입구의 네 가지 측면에서 선호도를 드러냈다는 걸 알 수 있다. 이 통로가 군락과 나머지 세계 사이의 접점임을 감안하면 이는 놀랍지 않다. 군락의 먹이, 물, 수지, 신선한 공기 모두 이 입구를 통해 유입된다. 그곳의 모든

폐기물과 잔해가 여기를 통해 빠져나간다. 그리고 약탈자의 모든 공격은 가장 취약한 이 지점에 집중될 것이다. 우리는 또한 야생 분봉군이 구멍 자체에 관해서는 단 두 가지 특성에 대한 선호도만 표명했음을 알 수 있다. 용적과 (이전 군락에서 가져온) 밀랍 벌집을 비치했는지 여부가 그것이다.

벌들의 주거 선호도 기능

입구의 크기

나는 분봉군이 입구 크기만 다른 2개의 둥지 상자 중에서 하나를 고를 시험장을 14군데 설치했고, 그중 6군데에서 한 야생 분봉군이 상자 중 하나씩을 차지했는데, 언제나 입구가 더 작은 12.5제곱센티미터(2제곱인치) 쪽이었다. 작은 입구는 군락이 벌꿀을 훔치고 싶어 하는 동물에 맞서 스스로를 방어할 수 있

그림 5.7 벌들이 대부분의 입구 주변에 프로폴리스 벽을 세우고 2개의 작은 통로만 보이게 놔둔, 늦여름에 축소시킨 벌통 입구(2×14센티미터/0.8×5.5인치)의 오른쪽 절반. 왼쪽 것은 벌 세 마리가 한꺼번에 간신히 기어 들어갈 정도밖에 되지 않는 너비다.

게 해주므로 이는 놀랍지 않다. 가령 이타카 인근의 대부분 양봉가들은 가을에, 특히 서리가 꽃을 지게 만들고 나면, 그리고 이제 굶주린 땅벌(*Vespula* 종)이 필사적으로 꿀벌들의 꿀 저장분에 손을 대려 할 때가 오면, 벌통 입구를 줄여야 한다는 것을 안다. 작은 입구는 둥지 구멍의 통풍성을 최소화함으로써 군락이 겨울에 따뜻하게 지내는 데에도 도움을 줄 것이다. 이것은 일부 군락이 늦가을에 벌 한두 마리의 통행만 허용할 정도의 크기를 가진 출구를 몇 개만 뚫어놓고 프로폴리스 벽으로 입구 대부분을 폐쇄시킴으로써 둥지 입구를 축소시키곤 하는 이유도 설명해준다(그림 5.7).

입구의 방향

한 쌍의 둥지 상자가 남동쪽이나 남쪽 또는 남서쪽을 향해 있는 시험장은 북서쪽이나 북쪽 또는 북동쪽을 향한 시험장보다 현저하게 더 높은 점유율을 보였다. 확실히 벌은 남향으로 노출된 둥지 입구를 선호한다. 캐나다 앨버타(Alberta) 대학교의 티보 자보(Tibor I. Szabo)가 수행한 연구에 따르면, 입구가 남향인 벌통이 북향인 벌통에 비해 겨울에 얼음과 눈으로 막힐 확률이 더 낮고, 벌통 입구를 겨울 내내 열어두면 둥지의 환기와 군락의 건강을 향상시키는 것으로 나타났다. 남향인 입구는 한겨울 따뜻한 날에 벌들이 세척 비행을 수행하기 위해—축적된 체내 노폐물을 제거하기 위해—날아오를, 태양이 내리쬐는 장소를 제공함으로써 벌들에게 도움을 주기도 한다.

입구의 높이

나는 입구가 하나는 낮고 하나는 높은 한 쌍의 둥지 상자가 있는 시험장을 8군데에 설치했고, 거기에서 6개의 분봉군을 목격했는데, 모두 둘 중 입구가 높은 상자 안에 있었다. 이는 지면에서 높은 곳에 있는 둥지 입구에 대한 명확한 선호도를 나타냈으며, 벌 사냥으로 위치를 파악한 야생 군락 둥지 입구 높이의 분포와도 일치한다(그림 5.2). 10장에서 나는 야생 군락이 둥지 입구를 높게 두었을 때 이득이 되는 한 가지 측면을 입증하는 아노트 산림의 자연 실험에 대해 기술하려 한다. 바로 곰들의 감지 위험을 낮춰준다는 것이다. 그것은 또한 겨울에 흰발생쥐(*Peromyscus maniculatus*) 같은 삼림 지대 설치류로 인한 둥지 손상의 가능성도 줄일 수 있다.

입구의 위치

이 변인은 둥지 상자 12쌍을 설치해 시험했다. 각 쌍의 상자는 2개 다 높이 100센티미터(약 40인치)에 너비와 깊이가 20센티미터(약 8인치)인 구멍을 제공했다. 그러나 한 상자는 입구가 바닥 높이인 반면, 다른 한 상자는 입구가 천장과 같은 높이였다. 이 12쌍의 둥지 상자 중 10쌍이 분봉군을 끌어들였다. 8개의 분봉군은 입구가 아래에 있는 상자로, 2개는 맨 위에 입구가 있는 상자로 이주했다. 9장에서 우리는 둥지 구멍의 입구가 맨 위쪽에 있지 **않은** 벌들에게 돌아가는 이득을 밝혀낸 공학자이자 물리학자인 데릭 미첼(Derek M. Mitchell)의 연구를 들여다볼 것이다.

구멍의 용적

이것은 내가 이타카 인근 야생 꿀벌의 보금자리 선택 연구에서 가장 열심히 탐구한 보금자리 변인이자, 다른 북아메리카 생물학자들의 추가적인 연구를 가장 강력하게 끌어낸 변인이다. 나는 각각 10리터, 40리터, 70리터, 100리터(약 2.6갤런, 10.6갤런, 18.5갤런, 26.4갤런)의 크기가 다른 정육면체 둥지 상자 4개로 이뤄진 14개의 시험조를 설치하는 것으로 출발했다. 다음 두 달 동안 10리터 상자에는 아무런 분봉군도 들어오지 않았지만, 그보다 더 큰 상자에는 11개의 분봉군이 이주했음을 알게 됐다. 10리터는 벌들에게 너무 작다는 얘기였다. 그들에게 너무 큰 크기도 있는 것인지 알기 위해 나는 40리터와 100리터,

단 두 가지 크기의 둥지 상자 쌍으로 이뤄진 10개의 시험조를 더 만들었다. 이번에는 두드러진 패턴을 발견했다. 7개의 분봉군이 40리터 상자를 차지했고, 100리터 상자에는 어떤 군락도 이주하지 않았다. 이 결과를 고려해 나는 내 연구 지역의 분봉군은 10리터 구멍(너무 작다)은 단호히 피하며, 100리터(너무 크다)보다는 40리터 구멍을 강하게 선호한다는 결론을 내렸다. 나는 이타카 지역의 야생 군락이 수용할 정도의 둥지 구멍 크기 상한선은 더 이상 탐구하지 않았지만 그 하한선은 더 조사했다. 야생 분봉군은 10리터와 25리터(2.6갤런과 6.6갤런), 또는 17.5리터와 25리터(4.6갤런과 6.6갤런) 둥지 상자 중 선택하는 실험에서 25리터 둥지 상자를 즉시 차지했지만 10리터 상자는 전혀, 17.5리터 상자는 거의 거들떠보지도 않았다. 이해할 만했다. 왜냐하면 10리터, 심지어 17.5리터 둥지 구멍—깊은 랑식 벌통 본체 용적의 40퍼센트 정도밖에 되지 않는다—도 이타카 지역에 사는 한 군락이 겨울 내내 소비할 약 20킬로그램(44파운드)의 꿀을 수용하기엔 너무 작기 때문이다.

나는 1977년 내 연구 결과를 발표했고, 곧이어 일리노이 대학교의 두 연구원 엘버트 제이콕스(Elbert R. Jaycox)와 스티븐 퍼라이즈(Stephen G. Parise)가 골든이탈리안종의 인공 분봉군은 5.2리터(1.4갤런) 구멍은 피하지만 13.3리터와 24.4리터(3.5갤런과 6.4갤런) 구멍은 받아들이며, 흑색 계통의 카니올란종 분봉군은 5.2리터와 13.3리터 구멍은 거부하지만 24.4리터, 43.5리터, 85.1리터(6.4갤런, 11.5갤런, 22.5갤런) 용적의 구멍은 수용한다는 걸 밝히는 연구를 발표했다. 그들의 결론은 지리적 품종이 다른 꿀벌에게는 수용 가능한 둥지 구멍 크기에도 각기 다른 하한선이 있으며, 추운 지방 출신 품종의 벌들(가령 오스트리아와 이탈리아 사이에 있는 카닉알프스 태생인 카니올란종)은 꿀을 더 많이 저장하려면 아마 더 큰 구멍이 필요할 것임을 시사한다.

벌의 보금자리 선호도가 그들의 원산지 기후에 적응하도록 맞춰졌다는 발상은 루이지애나주 배턴루지(Baton Rouge)에 있는 미국 농무부 산하의 꿀벌 번식·유전학·생리학연구소(Honey Bee Breeding, Genetics, and Physiology Research Laboratory)의 토머스 린더러(Thomas E. Rinderer)와 동료들이 1981년 수행한 대규모 연구로 보강되었다. 그들은 배턴루지 인근 유럽종 꿀벌의 야생 분봉군에 의한 보금자리 선택을 구멍 크기의 함수로 연구했다. 이를 위해 그들은 지표면에서 3미터 높이(약 10피트)의 나무대(臺) 10개를 세우고 각 나무대에 6개의 둥지 상자를 설치했다. 각각 5리터·100리터·20리터(1.3갤런·2.6갤런·5.3갤런)짜리 2개씩, 또는 20리터·40리터·80리터(5.3갤런·10.6갤런·21.2갤런)짜리 2개씩, 또는 40리터·80리터·120리터(10.6갤런·21.1갤런·31.7갤런)짜리 2개씩이었다. 연구팀은 분봉군이 주로 20리터나 40리터 상자에 거주하고 아주 작은 상자(5리터)와 아주 큰(80리터와 120리터) 상자는 거부했음을 알아냈다.

1980년대 말과 1990년대 초 저스틴 슈미트(Justin O. Schmidt)가 수행한 또 다른 연구는 유럽종 꿀벌과 아프리카종 꿀벌의 구멍 용적과 관련한 보금자리 선호도를 비교했다. 이 탐구는 수용 가능한 보금자리의 최소 크기를 밝히는 데 초점을 뒀다. 그리고 애리조나주에 사는 야생 유럽종 꿀벌의 분봉군과 코스타리카에 사는 야생 아프리카종 꿀벌의 분봉군에 13.5리터나 31.0리터(3.6갤런이나 8.2갤런) 용적의 인공 둥지 구멍(펄프재 단지) 중 선택하도록 하자 두 종류의 분봉군 모두 겨우 13.5리터의 보금자리 공간을 제공한 구멍을 차지하는 것을 발견했다. 하지만 유럽종 벌들(아프리카종 벌들은 그렇지 않다)은 31.0리터짜리 둥지 구멍을 제공한 펄프재 통(pulpwood pot)을 우선적으로 차지한다는 것도 알아냈다.

나는 애리조나주에 사는 유럽종 꿀벌의 분봉군 일부가 13.5리터짜리 구멍을 수용해서 처음에는 놀랐지만, 이내 이런 결과는 이 벌들이 혹독하게 추운 겨울이 없는 이 장소에서 사는 데 지역적으로 적응했다—즉 그들의 둥지 장소 선호도를 통제하는 유전자가 변형되었다—는 뜻임을 깨달았다. 뉴욕주 중부에 사는 야생 유럽종 꿀벌의 군락이 13.5리터짜리 둥지 구멍에 살면서 겨울을 날 수는 없겠지만, 애리조나주 남부에 있는 이 벌들의 야생 군락은 확실히 그럴 수 있고, 이것이 이 벌들한테 가해진 (너무 작은 거주지에 사는 것을 피하라는) 선택의 압력을 완화시켜줬을지도 모른다.

구멍의 벌집

이 변인은 40리터(10.6갤런)짜리 둥지 상자 12쌍을 설치해 시험했다. 각 쌍마다 한 상자에는 300제곱센티미터(46제곱인치)짜리 짙은 색깔의 오래된 밀랍 벌집 조각을 한쪽 벽에 받쳐놓은 반면, 다른 상자에는 아무 벌집도 없었다. 이 12쌍의 둥지 상자 중 4쌍이 분봉군을 끌어들였다. 3개의 분봉군은 벌집이 있는 상자로, 1개는 벌집이 없는 상자로 이주했다. 이는 벌들이 벌집을 약간 갖춘 구멍을 실제로 선호한다는 걸 시사한다. 그런데 분봉군이 벌집 없는 상자를 차지한 시험장에서 벌집 있는 상자를 점검하던 중 거기에 큰 땅벌(*Vespula germanica*) 군락이 있음을 발견했다. 나도 접근하지 못할 만큼 아주 강한 군락이었다! 이 시험장에서는 벌집 있는 상자가 꿀벌들에게 여의치 않았다는 얘기다. 전체적으로 내게는 빈 상자보다는 벌집을 갖춘 상자가 선택된다는 확실한 사례가 세 건 있었다. 최종적인 결과는 아니다. 그럼에도 나는 벌들이 이미 벌집을 갖춘 보금자리를 강력하게 선호할 확률이 높다고 생각한다.

캐나다 앨버타 대학교에서 연구하는 티보 자보는 완벽한 벌집 세트가 포함된 벌통에 정착한 분봉군이 빈 벌통에 자리 잡은 분봉군과 비교했을 때 여름철에 거의 2배 더 많은 꿀을 생산한다고 발표했다. 각각 81킬로그램과 43킬로그램(178파운드와 95파운드)이었다. 사실 중세 러시아의 나무 양봉가들은 벌이 차지하지 않은 나무 구멍보다 벌이 차지한 것의 가치를 훨씬 더 높게 쳤다.

벌들에게 중요하지 않은 보금자리 속성

나는 벌들이 똑같은 면적이라도 원형 둥지 입구보다는 길고 가느다란 것을 선호할 거라고 생각했다. 후자를 방어하기가 더 용이할 것이기 때문이다. 하지만 야생 분봉군은 이 보금자리 속성에는 아무런 선호도도 보이지 않았다. 또한 바닥이 **질척거리는** 톱밥으로 뒤덮인 상자보다 2리터(0.5갤런)의 **건조한** 톱밥으로 뒤덮인 상자를 선호하지도 않았다. 그뿐만 아니라 야생 분봉군은 앞 벽과 옆 벽에 각각 지름이 6.35밀리미터(0.25인치)인 구멍이 25개 뚫려 있는 상자보다 단단한 벽이 있는 상자에 대해 어떤 선호도도 보이지 않았다.

벌들이 차지한 상자를 내려서 그 안의 분봉군을 표준 벌통에 옮기기 위해 열 때까지만 해도 그들이 구멍의 건조도와 통풍성을 가리지 않는다는 게 이해되지 않았다. 나는 바닥이 톱밥으로 뒤덮인 상자에 사는 벌들이 건조하든 축축하든 마구 늘어놓은 이 물질을 깨끗이 치운 것을 보고 놀랐다. 통풍이 잘되는 상자를 차지한 벌들이 프로폴리스로 벽의 구멍을 전부 막아놓은 것도 놀라웠다. 갑자기 모든 것이 이해되었다. 꿀벌은 이주한 후 자신들이 고칠 수 있는 보금자리의 세부 사항에 대해서는 까다롭지 않다. 물론 입구의 높이나 구멍의 크기 같은 사항은 그들이 바꿀 수 없으므로 집터를 신중하게 고름으로써 이런 것들을 바로잡는다.

그러나 내가 가장 놀랍다고 생각한 대목은 똑같은 용적을 가진 정육면체 상자에 비해 길쭉한 상자(내부 치수는 높이 100센티미터에 너비와 깊이가 각각 20센티미터)에 대한 선호도가 없다는 것이었다. 나는 벌이 그들의 천연 서식지인 숲속에서 보통 길쭉하고 좁은 편인 나무 구멍에 사는 것으로 알고 있었다. 또한 그들이 둥지의 내용물을 벌꿀(위쪽에 저장)과 유충(아래쪽에서 양육)의 뚜렷한 수직적 분리로 정리한다고 알고 있었다. 이에 따라 그들이 세로 치수가 큰 벌집의 구멍을 선호할 것이라고 강력하게 예상했는데, 각 쌍마다 하나는 길쭉한 상자이고 하나는 정육면체 상자인 둥지 12쌍을 놓고 구멍 모양이라는 변인을 연구하는 동안 어떤 선호도의 조짐도 발견하지 못했다. 12쌍의 둥지 상자 중 9쌍이 분봉군을 끌어들였다. 3개의 분봉군은 길쭉한 상자로 이주했고, 6개는 정육면체 상자로 이주했다. 확실히 벌은 길쭉한 둥지 구멍에 대한 강한 선호도를 갖고 있지 않다.

벌집 짓기

아늑한 둥지 구멍을 찾는 것은 야생 꿀벌 군락이 첫해를 살아남으려면 통과해야 할 여러 장애물 중 첫 번째 관문에 지나지 않는다. 그다음 관문은 신생 군락에 유충을 위한 요람과 먹이 찬장(cupboards)이 있는 벌방을 제공해줄 밀랍 벌집을 짓는 것이다(그림 5.8). 이 건설 작업은 지체 없이 시작된다. 벌집 없이

그림 5.8 알, 번데기, 꽃가루가 들어 있는 벌방들이 보이는 육아권의 벌집.

는 새로운 군락이 힘을 키우는 데 필요한 일벌을 양육하는 일도, 다가올 겨울을 나는 데 필요한 벌꿀을 비축하는 일도 개시할 수 없기 때문이다. 따라서 분봉군의 많은 벌들 배 앞쪽에 이들이 벌집을 지을 준비가 됐다는 틀림없는 신호인 신선한 밀랍 비늘이 돌출되어 있는 것은 놀랍지 않다(그림 5.9). 신생 군락에 다량의 밀랍이 급히 필요하다는 또 다른 지표는 정상적으로 가동되는 밀랍선(wax gland, 蜜蠟腺)을 가진 분봉군 벌들의 눈에 띄게 넓은 연령대다. 중년의 일벌—일반적으로 군락의 주요 밀랍 생산자—뿐 아니라 늙은 일벌도 있다. 보통 이 늙은 벌들은 채집에 관여해 밀랍 제조와는 무관하므로 퇴화한 밀랍선을 갖고 있지만, 분봉군의 구성원일 때는 그 밀랍선을 회복해 군락의 중요한 밀랍 수요를 채우는 데 일조한다. 사실 분봉군에서 밀랍선의 상피 조직 두께—벌의 밀랍 생산율 척도—는 중년 벌이나 늙은 벌이나 똑같다.

둥지를 완전히 짓는 데 필요한 밀랍 합성의 에너지 비용은 어마어마하다. 우리는 이미 전형적인 야생 군락 둥지가 총면적 약 1.2제곱미터(약 12.9제곱피트)인 여러 겹의 밀랍 벌집으로 구성되어 있음을 살펴봤다. 이 벌집들 각각이 양면이므로 총표면적은 약 2.4제곱미터(약 25.8제곱피트)일 터이다. 이 벌집들의 표면적에서 약 80퍼센트는 크기가 작은 일벌방(총 8만 2000개 내외), 나머지 20퍼센트는 그보다 큰 수벌방(총 1만 3000개 내외)이다. 이런 엄청난 구조물을

그림 5.9 일벌의 배 아래쪽에 있는 밀랍선 4쌍에서 돌출된 흰색 밀랍 비늘.

짓자면 군락의 일벌은 약 1.2킬로그램(2.6파운드)의 밀랍을 생산해야 하고, 이는 대략 일벌 6만 마리가 평생 생산하는 밀랍의 양, 혹은 한 군락을 창설하는 분봉군 개체군의 약 5배에 해당한다. 평균적으로 한 분봉군의 일벌 한 마리가 보유하는 65퍼센트 당액이 35밀리그램(0.001온스)가량이므로, 다 합치면 전형적인 분봉군의 벌 1만 2000마리는 무려 설탕 275그램(0.6파운드)의 에너지 사용량을 운반하는 셈이다. 설탕에서 밀랍을 합성하는 중량 대 중량 효율이 기껏해야 약 0.20이고 밀랍 1그램이 약 20제곱센티미터(약 3제곱인치)의 벌집 표면을 만든다는 걸 감안하면, 평균 분봉군의 설탕 공급분은 벌집으로 완전히 전환될 경우 벌집 표면의 약 1100제곱센티미터(1.2제곱피트)—완성된 둥지의 5퍼센트 미만 벌집—를 만들어낼 것이다. 둥지 건축의 나머지 95퍼센트는 향후 수개월 및 수년 동안 군락에 있는 꽃꿀 채집벌의 소득으로 충당해야 한다.

둥지를 짓는 비용은 겨울철에 한 군락이 소비하는 에너지와 비교해 생각해볼 수도 있다. 벌꿀이 대략 80퍼센트의 당액이라는 점과 벌들이 에너지를 밀랍으로 전환하는 효율이 대략 20퍼센트라는 점을 알고 있으므로, 우리는 전형적인 둥지에서 1.2킬로그램(2.6파운드)의 밀랍을 생산하는 데 약 7.5킬로그램(16.5파운드)의 벌꿀에 함유된 에너지 소비가 필요하다고 계산할 수 있다. 이런 많은 벌꿀(다음 장에서 살펴볼 것이다)은 겨울철에 한 개의 군락이 자신들의 발열 연료로 소모하는 벌꿀의 약 3분의 1에 해당한다. 분명 둥지를 짓는 비용은 첫해에 군락 에너지 수지의 주요 항목이고, 이는 군락이 둥지를 짓는 동안 에너지를 절약하면 많은 이득을 볼 수 있다는 뜻이다. 사실 군락의 생존 자체가 이러한 절약에 달려 있을지도 모른다. 7장에서 우리는 이타카 인근 숲속에 사는 초기(신생) 군락 중 불과 20퍼센트만이 다음 해 봄까지 살아남는다는 것을 알게 될 것이다. 대부분은 벌꿀 저장분이 소진되는 겨울에 죽는다.

둥지 건설은 분봉군의 벌들이 자신이 고른 나무 구멍으로 이주하자마자 이뤄진다. 작업은 몇몇 벌이 구멍의 천장과 위쪽 벽에서 느슨하고 푸석푸석한 썩은 나무를 물어 뜯어내는 데서 시작된다. 곧이어 다른 벌들은 깨끗해진 표면을 수지(프로폴리스)로 코팅한다. 이런 준비 작업은 어떤 면에서는 둥지의 위생에 대한 장기적 투자(뒷내용 참조)이지만, 초기에는 주로 조만간 지어질 벌집을 부착할 부드럽고 견고하고 광택 나는 표면을 만들어내는 기능을 한다. 그러는 사이 분봉군의 대부분 벌은 한데 모여 구멍의 천장과 벽에 매달린 어마어마한 벌들의 연결 고리를 만든다. 다음 며칠간은 군락의 거의 모든 벌─일부 채집벌과 물 담당 벌을 제외하고─이 배 아래쪽 샘에서 조그만 밀랍 비늘을 계속 분비하며 캄캄한 새 집의 내부에 사실상 꼼짝도 않고 매달려 있다(그림 5.9).

벌집 짓기는 다 자란 밀랍 비늘을 갖춘 벌 개체들이 동료와의 연결 고리에서 떨어져 나와 매달려 있는 벌들의 떠를 타고 올라가 구멍의 천장이나 벽에 자신의 밀랍을 내려놓는 것으로 시작된다. 벌은 배 아래쪽의 밀랍선 주머니 중 하나로부터 밀랍 비늘을 빼내기 위해 복부 앞면에 뒷다리를 대고 꽉 누른 다음, 다리의 꽃가루빗에 있는 큰 가시털 한두 개가 밀랍 비늘을 콕 찍어서 밀랍선 주머니로부터 빼낼 때까지 뒤쪽으로 미끄러지듯 움직인다. 그런 다음 비늘을 받은 뒷다리를 머리 쪽으로 당기고 거기서 앞다리로 밀랍 비늘을 집어 큰턱으로 씹는다. 가소성을 향상시키는 턱샘 분비물과 혼합되도록 비늘을 씹은 후에는 벌집 건축을 시작할 예정이거나 이미 진행 중인 표면에 놓는다. 처음에 이렇게 놓인 밀랍은 작은 무더기에 지나지 않을 뿐이지만, 결국 그 무더기들이 합쳐지면서 몇 밀리미터(약 0.25인치) 길이의 돌출된 밀랍 융선(隆線)을 이룬다. 이 시점에서 벌방 모양을 만드는 작업이 시작된다. 우선 일벌방 너비의 구멍을 밀랍 융선의 한 면에 파내고, 남는 밀랍은 구멍 옆쪽에 둔다. 이 작업을 밀랍 융선의 다른 면에서도 반복하지만, 여기서는 한쪽 면의 첫 번째 벌방 중심이 다른 면의 2개 벌방 사이에 오도록 벌방 2개를 판다. 그런 다음 이 벌방들의 맨 위 모서리가 각 벌방의 벽 6개의 밑면이 되고 거기에 접한 벽

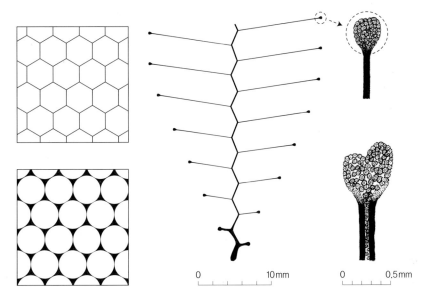

그림 5.10　**왼쪽:** 밀랍 벌방을 원형이 아닌 육각형으로 지음으로써 거둘 수 있는 경제성을 보여주는 삽화. **가운데:** 벌들이 벌집 짓는 비용을 최소화하기 위해 건축 기간 중 벌방 벽을 정확하게 깎아내리는 방식을 보여주는 벌집 단면. **오른쪽:** 정상적인 벌들(위)과 더듬이의 말초 부분 6개가 절단된 벌들(아래)에 의해 지어진 벌방 벽의 바깥 가장자리 단면. 벌방 벽의 끝은 일반적으로 느슨한 밀랍 조각으로 가득 차 있는 반면, 나머지 벽은 밀랍 막이 단일하고 얇다. 더듬이 수술을 마친 벌은 비용이 많이 드는 3중 막(triple-layered cell)의 벌방 벽을 지었다.

이 120도 각도로 배치되도록 가는 선의 형태를 만든다. 이렇게 해서 각 벌방에는 처음부터 육각형 단면이 생긴다. 밀랍 조각이 더 생기면 추가적인 벌방의 밑면은 기존 벌방들로부터 적절한 거리를 두면서 모양이 잡히기 시작하고, 각 벽의 맨 위쪽에 거친 밀랍 입자를 덧붙인 다음 벽 중간의 밀랍을 얇고 부드럽고 편평하게 만들기 위해 양쪽 면에서 각각 아래로 깎아내림으로써 첫 번째 벌방들의 벽을 세운다(그림 5.10, 가운데). 그리고 나면 잘라낸 밀랍이 벽의 맨 위에 있는 신선한 밀랍과 함께 쌓이고, 그 과정이 반복된다. 그렇게 해서 놀랄 만큼 얇은 밀랍 벽이 언제나 넓은 갓돌(coping)로 둘러싸인 채 조금씩 꾸준히 바깥쪽으로 늘어나는 것이다.

이상의 벌집 건축 과정 내내 에너지 비용이 많이 드는 밀랍 사용에서 경제성이라는 주제가 이어진다. 이런 절약을 가장 극명하게 표현하는 것이 꿀벌 벌집의 벌방 모양, 즉 안쪽 끝이 삼각 피라미드로 덮인 정육각형 프리즘이다. 꿀벌 둥지의 벌방은 원래 단면이 다른 모든 벌의 둥지가 아직도 그렇듯 원형이기 때문에 꿀벌 둥지의 벌집을 육각형 프리즘으로 압착된 동일한 원기둥들의 집합으로 생각하는 사람도 있을 수 있다. 일정한 면적의 육각형 둘레는 동일한 면적을 가진 원의 둘레보다 5퍼센트 더 길지만 벌집의 육각형 벌방은 모두 다른 벌방과 그 벽을 공유하는 데 반해 원형 벌방은 그렇지 않기 때문에, 벌집에 육각형 벌방으로 벽을 지으려면 원형 벌방이 있는 벌집에 필요한 밀랍 양의 약 52퍼센트만 있으면 된다. 가령 내가 절개했던 야생 군락 둥지에서 일벌방의 벽에서 벽까지의 평균 거리는 5.20밀리미터(0.20인치)였다. 이 크기의 육각형은 면적이 23.40제곱밀리미터(0.04제곱인치), 둘레는 18.01밀리미터(0.71인치)다. 동일한 면적을 가진 원의 둘레는 겨우 17.15밀리미터(0.67인치)다. 그러나 육각형 벌방의 벌집에서 각 벌방의 벽은 2개의 벌방이 공유하므로 육각형 벌방 1개당 실질적인 둘레는 18.01밀리미터를 2로 나눈 값, 즉 9밀리미터(0.35인치)다. 그리고 9밀리미터를 17.15밀리미터로 나누면 0.52, 즉 앞에서 언급한 52퍼센트라는 수치가 나온다. 원형 벌방으로 된 벌집은 벌방의 벽들 사이 공간을 밀랍으로 막아줘야 하므로(그림 5.10, 왼쪽), 모든 요소를 고려했을 때 일정한 수의 벌방이 있는 육각형 벌방의 벌집을 짓는 데 필요한 밀랍의 양은 벌방 수가 같은 원형 벌방의 벌집을 짓는 데 드는 양의 절반도 안 된다.

육각형의 벌방 디자인 외에 벌집을 짓는 과정의 여러 가지 다른 특징도 꿀벌 군락의 밀랍 사용을 절약하는 데 기여한다. 그중 하나가 벌방 사이의 밀랍 칸막이를 깎아내리는 일벌의 기술로, 벌방의 벽 두께를 단 0.073밀리미터(0.003인치)로 만든다. 꿀벌 일벌의 감각 능력에 대한 한 실험 조사는 일벌의 더듬이가 벌방-벽 두께를 감지하는 과정에서 결정적 역할을 한다는 것을 밝혀냈다. 벌 수백 마리의 양쪽 더듬이 말초 부위를 절단하고 그들이 벌집 짓는 것을 연구해보니 건축 습성이 극도로 지장을 받는 것으로 판명되었다. 어떤 벌방의 벽은 갉아먹은 구멍이 난 채로 지어졌는가 하면, 어떤 벌방의 벽은 보통 벽보다 2배나 두꺼웠다(그림 5.10, 오른쪽). 벌들의 건축 재료(밀랍)의 온도와 구성이 일정하고 벌집의 벌방 모양도 동일했으므로, 일벌이 큰턱으로 벌방 벽을 눌러보고 더듬이로 기질의 탄성 복원력을 알아차리면서 그 두께를 미루어 판단했을 가능성이 높다.

벌들은 오래된 밀랍을 계속 재활용함으로써 밀랍 생산물을 더욱더 절약한다. 벌이 성충으로 모습을 드러낼 때면 항상 거기서 나온 벌이나 인근의 육아벌이 새끼방의 덮개 조각을 조심스럽게 물어 뜯어낸 다음 훗날 재활용을 위해 벌방 가장자리에 붙여놓는다. 마찬가지로 여왕벌방―여왕벌을 키우는 특별한 땅콩 모양의 큰 벌방―은 인접한 일벌방에서 잘라낸 밀랍 조각으로 만들어지며, 일단 비워지면 해체되어 다른 용도를 위한 여분의 밀랍으로 쓰인다.

아마 꿀벌 군락이 밀랍 사용에서 절약을 달성하는 가장 중요한 방식은 벌집 짓는 시기를 신중하게 선택하고 벌집 건축의 이득이 밀랍 생산 비용보다 더 큰 시기로 제한하는 것일 터이다. 우선 빈 나무 구멍으로 이제 막 이사 온 분봉군의 상황을 생각해보자. 여기서 벌집 건축의 이득은 어마어마하다. 왜냐하면 벌집은 군락의 미래에 필수적이기 때문이다. 신생 군락은 어느 정도 벌집을 짓기 전까지는 유충을 키우거나 먹이를 저장하는 일에 착수할 수 없으므로, 군락이 갑작스레 벌집 짓기에 투자하는 것은 이해할 만하다. 이 현상을 내 박사과정 학생 중 한 명인 마이클 스미스(Michael L. Smith)가 최근에 기술했는데, 그는 둥지 구멍을 차지하는 순간부터 죽을 때까지 여러 꿀벌 군락의 삶을 추적했다. 각 군락은 평균 규모의 인공 분봉군―약 1만 2000마리의 일벌과 1마리의 여왕벌―으로 시작해 38리터(10갤런)의 둥지 구멍을 제공하는 커다란 유리벽이 있는 관찰용 벌통에 설치되었다. 벌통에 집어넣기 전에 각 분봉군에 설탕 시럽을 **무제한** 먹여뒀으므로 구성원들은 천연 분봉군이 흔히 그렇듯 새 보금자리로 이동할 때 에너지 풍부한 먹이로 배가 잔뜩 찬 상태였다. 그는 다음 20개월간 일주일에 한 차례씩 야간에 군락의 일벌 및 수벌 개체군을 조사하고 일벌집과 수벌집의 면적을 추적했다. 그리고 유충과 꽃가루와 꿀을 보유한 벌방 혹은 아무것도 없는 벌방은 어디인지 기록하기 위해 각 벌통의 유리벽을 덮은 단열판을 뺄 때를 제외하면 세 군락을 방해하지 않고 내버려뒀다.

그림 5.11은 각 군락이 처음 3주 동안 2000~4000제곱센티미터(300~600제곱인치)의 벌집 표면을 어떻게 신속히 지었는지를 보여준다. 이 많은 벌집은 8500~1만 7000개의 일벌방─완성된 둥지에서 발견한 수의 20퍼센트 미만─으로만 구성되어 있지만, 각 군락이 새 집으로 이사한 지 며칠 내로 일벌들을 키우기 시작하기에는 충분했다. 그렇게 하는 것은 대단히 중요했다. 왜냐하면 꿀벌 일벌의 발육기는 21일인데, 이는 새 집으로 이사하고 처음 3주 동안 늙은 일벌이 하나씩 죽어가고 노동력을 채울 어린 일벌은 아직 등장하지 않았으므로 군락의 개체군이 꾸준히 줄어든다는 뜻이기 때문이다. 그림 5.11은 처음 3주가 끝날 무렵 각 군락의 일벌 개체군이 원래 수준의 20~50퍼센트까지 떨어졌고, 여름이 끝날 때 가서는 심지어 어떤 군락도 애초 규모의 노동력을 되찾지 못했음을 보여준다.

유충 양육과 먹이 저장에 착수하기 위한 벌집 짓기의 폭풍이 한차례 지나가고 나면 군락은 추가적인 벌집 건축과 관련한 딜레마에 직면한다. 한편으로는 더 많은 벌집을 짓는 것이 군락에 여분의 저장 공간을 제공함으로써 예측 불가능한 꽃꿀 공급을 효율적으로 이용하는 데 도움을 줄 수 있다. 이것은 꽃꿀 수령벌이 신선한 꽃꿀을 저장할 빈 벌방을 오랫동안 찾아다니는 곤경에 처하지 않도록 해준다. 그런가 하면 더 많은 벌집을 짓는 것은 고비용의 밀랍 생산 때문에 군락의 벌꿀 저장분을 위축시킬 수 있다. 지난 1990년대에 나의 박

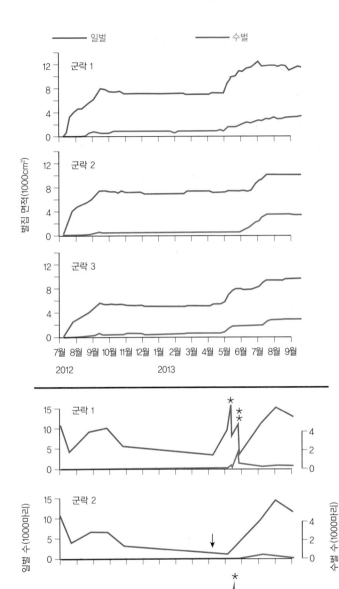

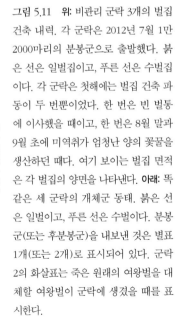

그림 5.11 **위:** 비관리 군락 3개의 벌집 건축 내력. 각 군락은 2012년 7월 1만 2000마리의 분봉군으로 출발했다. 붉은 선은 일벌집이고, 푸른 선은 수벌집이다. 각 군락은 첫해에는 벌집 건축 파동이 두 번뿐이었다. 한 번은 빈 벌통에 이사했을 때이고, 한 번은 8월 말과 9월 초에 미역취가 엄청난 양의 꽃꿀을 생산하던 때다. 여기 보이는 벌집 면적은 각 벌집의 양면을 나타낸다. **아래:** 똑같은 세 군락의 개체군 동태. 붉은 선은 일벌이고, 푸른 선은 수벌이다. 분봉군(또는 후분봉군)을 내보낸 것은 별표 1개(또는 2개)로 표시되어 있다. 군락 2의 화살표는 죽은 원래의 여왕벌을 대체할 여왕벌이 군락에 생겼을 때를 표시한다.

사과정 학생 중 또 한 명인 스티븐 프랫(Stephen C. Pratt)은 이 딜레마를 벌들이 어떻게 다루는지 조사하기로 했다. 그는 확률적 동적계획법(stochastic dynamic programming)이라 부르는 기법을 이용해 군락이 벌집 건축에 언제 얼마나 많이 투자할 것인지를 결정할 때 직면하는 상황을 모델링하며 연구에 들어갔다. 그의 목표는 들판에서 채집할 꽃꿀의 입수 가능성, 벌집에 벌써 (벌꿀로) 저장된 꽃꿀의 양, 그리고 둥지에 이미 존재하는 벌집의 양을 토대로 군락의 첫 여름 동안 추가적인 벌집을 지을 최적기를 정하는 것이었다. 스티븐의 모델링 작업은 안정적 군락은 추가적인 벌집 건축을 두 가지 요건이 맞아떨어질 때로 한정시킴으로써 벌집을 지을 거의 최적의 시기를 선택한다는 것을 밝혀냈다. 바로 1) 군락이 벌집을 임계값 이상으로 채워놓았을 때, 그리고 2) 군락이 더 많은 꽃꿀을 모으느라 바쁠 때다.

스티븐은 벌집 틀 하나는 유충으로 채워져 있고, 또 하나는 일부만 꿀로 채워져 있고, 또 하나는 (벌집 건축을 위한 공간을 제공하기 위해) 비워진 벌집 틀 3장들이 관찰용 벌통에 사는 군락의 벌집 건축을 추적하는 실험을 수행해 이 예측을 검증했다. 그는 먹이 그릇의 '꽃꿀'(설탕물) 입수 가능성을 조절함으로써 꽃꿀 유입 속도를 통제할 수 있도록 각 연구 군락을 천연 꽃꿀 공급원이 없는 장소로 옮겼다. 그림 5.12는 꽃꿀을 채집 중인 군락은 벌집의 충만도가 임계 수준에 도달한 뒤에야 추가로 벌집을 짓기 시작한다는 예측을 검증하는 한 실험 결과를 보여준다. 1단계에서는 군락의 꽃꿀 유입 속도가 높지만 벌집의 충만도는 낮은 수준에 머물러 있다. 2단계에서는 고속의 꽃꿀 유입이 지속됐고, 이제 군락은 벌꿀방을 꿀로 채울 수 있었다. 끝으로 3단계에서 군락은 1단계 상황으로 되돌아왔다. 예측한 대로 1단계에서 군락은 어떤 벌집도 짓지 않았으나 이후 벌집 충만도가 임계 수준에 도달하고 나자(약 80퍼센트) 2단계에서는 그러기 시작했다. 그러나 3단계에서 군락은 (스티븐에 따르면) 벌꿀방의 충만도가 낮은 수준으로 떨어졌음에도 건설을 멈추지 않았다. 이 실험은 군락이 둥

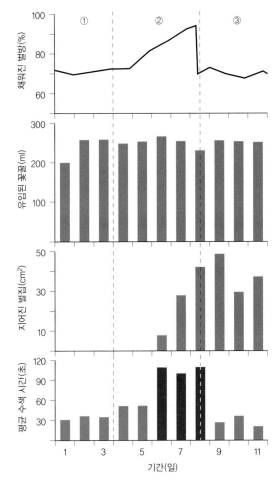

그림 5.12 군락이 추가로 벌집을 짓기 시작하기 위한 결정에서 벌집 충만도가 차지하는 역할을 검증한 실험 결과. **1단계**: 군락의 '꽃꿀' 유입(먹이 그릇에서 65퍼센트 자당 용액 채집) 속도는 높았지만, 벌꿀방의 충만도는 낮은 수준으로 유지됐다. **2단계**: '꽃꿀' 유입은 지속됐지만, 이제는 벌들이 벌꿀방을 꿀로 채우는 게 허용됐다. **3단계**: 군락은 1단계 상황으로 되돌아갔다. 맨 밑에 표시된 수색 시간 변인은 꽃꿀 채집벌이 싣고 온 꽃꿀을 기꺼이 수령하려는 먹이 저장벌을 찾기까지 걸린 시간이다. 진한 색 막대로 표시한 3개의 평균 수색 시간이 다른 것들보다 상당히 높다.

지에 있는 기존의 모든 벌꿀방을 채우기 전에 벌집을 건설하기 시작하는 습성이 있음을 입증한다. 나는 벌들이 대량의 벌꿀 공급이 있을 시 충분한 저장 공간을 확보하기 위해 이 전략—벌집의 조기 건설이라는 상당한 위험을 수반한다—을 따르는 게 아닐까 싶다. 이 실험은 또한 군락이 일단 벌집을 짓기 시작하면 꽃꿀의 유입량이 강하고, 그에 따라 벌집을 지을 연료의 공급도 양호한 동안에는 이 상태를 지속할 것임을 밝혀내기도 했다. 스티븐은 아울러 군락의 꽃꿀 유입 속도는 확 낮췄지만 벌꿀방의 충만도 수준은 높이는(85퍼센트 이상) 실험도 수행했다. 그는 이 군락이 벌집을 짓지 **않았다**는 것을 알았다. 이러한 것을 종합할 때, 이 두 실험은 스티븐의 모델링 분석이 옳았음을 입증한다. 즉 군락은 벌집 충만도가 임계 수준에 도달하고, **아울러** 꽃꿀의 유입이 강할 때에만 추가적인 벌집 건축에 투자한다.

일벌은 적절한 시기에 벌집을 짓기 시작할지 알 수 있도록 자기 군락의 벌집 충만도와 꽃꿀 유입 속도를 모두 어떻게 추적할까? 한 가지 가능성은 군락의 벌꿀방이 거의 다 차게 되면 꽃꿀 수령벌ー귀가한 채집벌이 싣고 온 꽃꿀을 내리는 벌ー은 신선한 꽃꿀을 저장할 벌방을 찾느라 점점 애를 먹고, 그들이 밀랍을 분비해 벌집을 짓기 시작함으로써 높은 꽃꿀 유입과 상승하는 벌집 충만도의 이 동시적 발생에 대응한다는 것이다. 이 가설을 뒷받침하는 것이 우리가 알고 있는 꽃꿀 수령벌과 벌집 건축벌이 둘 다 10~20일 된 중년벌이라는 사실인데, 이는 꽃꿀 수령벌은 벌집 건축벌이 되기에 적당한 나이라는 뜻이다. 이 가설을 더욱 뒷받침하는 결과가 그림 5.12의 실험에서 나온다. 스티븐은 이 실험을 수행하면서 꽃꿀 **채집벌**의 평균 수색 시간ー자신이 싣고 온 꽃꿀을 받아줄 벌을 찾아 벌통을 수색하는 데 쓰인 시간ー이 군락의 벌집 건축이 시작되자 눈에 띄게 증가한다는 데 주목했다. 꽃꿀 채집벌의 이런 현저한 수색 시간 증가는 군락의 중년벌 다수가 꽃꿀 수령에서 벌집 건축으로 전환한 데 기인했을 수도 있다. 그러나 스티븐은 군락의 꽃꿀 수령벌 중 30~40퍼센트에 페인트 표시를 한 다음 이 군락이 벌집 건축을 시작하도록 유도해 표시된 벌들이 벌집 건축벌의 5퍼센트도 차지하지 않는다는 사실을 알아냈다. 이 놀라운 결과는 군락의 벌집 충만도와 꽃꿀 유입에 관한 정보를 이 벌들이 어떻게 얻는지 알기 위해서는 벌집 건축의 통제에 관한 향후 연구가 **일하고 있지 않은 벌집 건축벌**의 행동에 초점을 맞춰야 한다는 것을 보여준다.

벌집 종류의 통제

군락은 벌집을 **언제** 지을지 결정하는 것 말고도 일벌집이나 수벌집 중 **어떤 종류**를 지을지도 결정해야 한다. 두 종류의 벌집 모두 벌꿀 저장에 사용되지만, 몸집이 크고 육중한 수벌을 키우는 데는 수벌집의 큰 벌방만 쓸 수 있다. 야생 군락은 둥지의 벌집 총면적 중 놀랍도록 높은 비율인 평균 17퍼센트를 수벌집에 할애한다(그림 5.13). 수벌집이 많으면 성공적인 번식(유전)에 필수인 수벌 생산에 군락이 많은 투자를 하도록 하기 때문이다. 하지만 마이클 스미스의 연구에서 가져온 그림 5.11은 새 보금자리로 이사한 후 처음 몇 주 동안 세 군락 전부가 일벌방만 짓고 일벌만 키웠음을 보여준다. 벌집을 짓고 신생 군락의 생존에 필수인 꽃꿀과 꽃가루를 채집할 벌은 바로 일벌이기 때문에 이는 이해할 만하다.

그러나 건강한 군락은 결국 수벌집과 일벌집을 둘 다 짓는 데 투자할 만큼 충분히 강하게 성장할 것이다. 둥지에서 벌집 종류의 비율은 어떻게 조절할까? 이론상으로는 모든 벌집 건축벌―또는 어쩌면 여왕벌―이 현재 둥지에 있는 모든 종류의 벌집의 상대적인 양에 대한 정보를 갖고 있어야 하는데, 일벌 규모 대비 전체 둥지의 큰 크기를 고려했을 때 이게 어떻게 가능할까? 여왕벌은 대부분의 시간―쉬지 않거나 손질을 받지 않을 때―을 일벌방의 수정란과 수벌방의 미수정란 중 어떤 종류의 알을 낳을지 정하기 위해 벌집 안을 돌아다니고 빈방의 규모를 측정하면서 보내기 때문에 이런 특성을 평가하는 데는 유일하게 잘 들어맞는다. 만일 여왕벌이 계속해서 두 종류의 벌방 수를 집계한다면 둘 간의 불균형을 인식할 수 있을 테고, 새로 지을 벌집 종류를 조정해 불균형을 수정할 수 있도록 이를 일벌들에게 알려줄 것이다.

스티븐 프랫은 벌들이 어떤 종류의 벌집을 지을지에 대한 결정을 끌어내는 데 사용하는 정보 경로를 조사했다. 그는 벌집 틀 10장들이 벌통 2개의 본

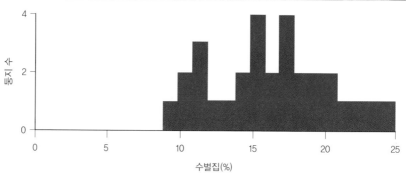

그림 5.13 **위:** 천연 벌집의 벌방 지름은 이봉 분포(bimodal distribution, 二峰分布: 최빈값이 2개 존재하는 분포―옮긴이)를 갖는다. 왼쪽의 작은 크기(벽에서 벽까지 대략 5.2밀리미터/0.20인치)는 일벌 유충을 키우는 데, 오른쪽의 더 큰 크기(벽에서 벽까지 대략 6.5밀리미터/0.26인치)는 수벌 유충을 키우는 데 쓰인다. **아래:** 뉴욕주에서 수집한 야생 군락 8개와 모의 야생 군락 22개의 둥지 면적에 따른 수벌집 비율. 수치가 중간값인 17퍼센트 주위에 집중되어 있다.

체 안에 산란 여왕벌을 소유한 대형 군락이 거주하도록 설치한 다음, 상이한 실험 처리를 유도하고자 각 벌통의 벌집 수 및 종류, 벌통에서 일벌의 벌집에 대한 접근성을 조정했다(그림 5.14). 스티븐의 실험은 세 가지를 밝혀냈다. 첫 번째, 수벌집의 존재가 추가적인 수벌집 건축을 억제하므로 군락의 벌들한테는 수벌집과의 접촉이 필요하다. 두 번째, 여왕벌이 수벌집과 접촉한다고 해도 이런 억제에는 아무런 역할도 하지 않는다. 세 번째, 추가적인 수벌집 건축의 억제는 수벌집이 유충으로 가득 차 있을 경우 훨씬 더 강해지기는 해도 수벌집 자체에서 나올 수 있다. 이런 결과는 일벌이 수벌집에 내재된 변덕스러운 화학적 신호에 반응하지 않고 있음을 드러낸다. 그것의 존재에 반응하려면 직접적 접촉이 있어야 하기 때문이다. 또한 여왕벌이 수벌집의 수요에 관한 정보를 모으기 좋은 위치에 있으면서도 수벌집 건축의 중심적 조정자 역할을 하지 않고 있음을 보여주기도 한다. 그러면 일벌은 어떤 종류의 벌집을 지을지 어떻게 결정할까? 아마 각각의 벌집 건축벌이 기존의 벌집으로 기어가 직접 벌방 수를 측정함으로써 벌방 크기 구성에 대한 정보를 천천히 축적하

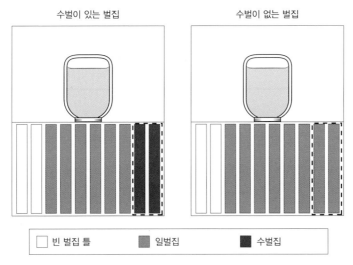

그림 5.14 수벌집 건축의 적절한 통제를 위해 벌들이 수벌집과 직접적인 접촉을 할 필요성을 검증하는 실험 설계. '수벌이 있는 벌집' 처리에서는 철망 칸막이로 수벌집 2개를 벌들(일벌들과 여왕벌)과 분리시켰다. '수벌이 없는 벌집' 처리에서는 통제 집단인 일벌집 2개도 마찬가지로 칸막이를 했다. 양쪽 처리에서 벌통에는 벌들이 벌집을 지은 빈 벌집 틀이 2개 있었다. 각 벌통 위에는 (벌집 건축을 촉진하기 위해) 설탕 시럽을 가득 채운 먹이 그릇을 놓았다.

는 듯하다. 그리고 일벌은 여왕벌이 사용하는 것과 똑같은 벌방 크기 측정 메커니즘을 활용하는 듯싶다. 즉 머리와 앞다리를 벌방으로 집어넣어 이 벌방의 벽에 닿는 느낌을 감지한다.

요약하자면, 벌들이 자신이 짓는 벌방의 종류를 어떻게 조절하는지에 관해 우리가 현재 알고 있는 것은 벌집 건축벌이 자신이 조우했던 **완성된** 일벌방과 수벌방의 상대적 비율에 주목함으로써 종류별로 벌방의 수요에 관한 정보를 얻을 수 있을 거라는 점이다. 우리는 아울러 벌집 건축벌은 자신이 **건설 중인** 벌방과 조우했던 상대적 비율에 주목함으로써 같은 둥지의 동료들이 하는 일과 자신의 일―즉 일벌집을 지을지 수벌집을 지을지―을 조정할 수 있을 거라는 점도 안다. 그러나 이런 가설은 모두 철저한 실험적 검증이 필요하다.

프로폴리스 막

야생 군락의 속 빈 나무에 있는 보금자리 내부와 관리 군락의 목재 벌통 내부 사이에 가장 눈에 띄는 차이는 아마 벽의 모양일 것이다. 벌 나무의 내벽은 광택이 나고 방수가 되게 만들어주는 수지로 코팅되어 있는 반면(그림 5.4), 벌통의 내벽은―수년간 사용한 것들조차―그런 코팅이 없어서 보통은 갓 대패질한 판자처럼 윤기 없고 구멍이 많아 보인다. 간단히 말해, 야생 군락만 프로폴리스 막에 둘러싸여 산다. 이 막의 대부분은 둥지 구멍의 벽에 씌워진 얇은(1밀리미터/0.004인치 미만) 수지 코팅이지만, 벽에 균열이 생길 경우 벌은 짙은 수지의 이음매로 그것을 채우곤 한다. 또한 만일 입구가 지나치게 크면―그래서 외풍이 너무 심하거나 침략자가 너무 많이 꼬이면―벌은 말린 수지로 견고한 벽을 지어 그것을 줄이곤 한다(그림 5.7). 입구 축소는 벌이 수지를 활용하는 가장 현저한 사례이고, 벌이 벌통에 바르는 수지를 가리킬 때 양봉가들이 사용하는 단어 프로폴리스의 기원이기도 하다. (pro는 ~의 앞에, polis는 도시 또는 공동체라는 뜻이다.)

벌의 수지 공급원은 무엇이며, 벌은 이 끈적끈적한 물질을 어떻게 채취할까? 내가 유일하게 벌이 (끈적끈적한 잎눈에서) 수지를 채취하는 걸 관찰한 적 있는 나무는 내 실험실 근처에서 키우는 이스턴사시나무(*Populus deltoides*)다. 하지만 벌은 북아메리카와 유럽의 다른 많은 나무 품종, 특히 마로니에(*Aesculus hippocastanum*), 은백양(*Populus alba*), 사시나무(*Populus tremula*와 *P. tremuloides*) 그리고 다양한 자작나무(*Betula* 종)의 싹과 상처에서 수지를 채취하는 것으로 관찰되었다. 이들 품종의 잎눈은 수지 보호막으로 인해 윤기가 난다. 벌은 그뿐만 아니라 나무를 보호하는 수지가 줄줄 흐르는 상처 입은 침엽수—가문비나무(*Picea* 종), 소나무(*Pinus* 종), 낙엽송(*Larix* 종)이 여기에 포함된다—에서도 수지를 채취한다. 수지 채집벌은 약간의 수지를 큰턱으로 물어뜯어 이 끈적끈적한 물질을 채취한 다음, 앞다리로 그것을 붙잡아 중간다리 중 하나로 넘긴 뒤 최종적으로 중간다리에서 같은 쪽 꽃가루 바구니로 옮긴다. 이런 행동은 윤기 나는 수지가 각 꽃가루 바구니를 다 채울 때까지 반복된다(그림 5.15). 수지 채집벌은 둥지로 돌아오면 벌집을 가로질러 수지를 사용하고 있는 장소 중 한 곳으로 기어간다. 그리고 수지 사용벌이 자신의 꽃가루 바구니에 있는 2개의 짐 꾸러미에서 수지를 조금씩 물어뜯는 동안 5~20분을 거기서 기다린다.

꿀벌 군락의 수지 채집벌과 수지 사용벌은 아주 흥미로운 벌이다. 그런데 그들의 정체는 뭘까? 그들은 둥지 안에서 어떻게 수지를 처리할까? 그리고 이 건축 재료 뭉치를 어떻게 조절할까? 최근까지 우리에게는 이런 질문에 대한 확실한 답이 없었다. 그러므로 2002년 일본 다마가와(玉川) 대학교 꿀벌과학연구소의 나카무라 준(中村純) 교수가 내 연구실에 와서 이 미스터리를 풀려는 것이 나는 반가웠다. 그는 난방된 실내의 유리벽 있는 관찰용 벌통에 사는 약 3000마리의 꿀벌 군락을 이용해 조사를 수행했다. 개별 **수지 사용벌**과 **수**

그림 5.15 왼쪽 뒷다리의 꽃가루 바구니에 윤기 나는 수지 뭉치를 갖고 있는 꿀벌.

지 채집벌을 연구하기 위해 그는 5월 중 군락에서 태어난 지 하루도 안 된 벌의 **코호트**(cohort: 특별한 기간 내에 출생한 집단—옮긴이) 8개와 3~4일령 코호트 1개를 추가했다. 그는 수지 사용벌이 얼마나 드문지를 재빨리 깨달았다. 왜냐하면 그가 표시해둔 800마리 중에서 틈새 메우기(수지를 틈새에 끼워 넣기)와 수지 입고(수지 채집벌의 꽃가루 바구니에서 수지를 물어 빼내기) 같은 수지 사용 행위에 참여하는 것을 목격한 벌은 겨우 10마리였기 때문이다. 그는 또한 수지 사용벌 10마리가 모두 중년벌이라는 점도 알았다. 그들은 14~24일령 됐을 때 수지 작업을 했는데, 이는 그들이 간호벌 일(예를 들면 애벌레한테 먹이를 주고 꽃가루를 먹는 일)을 그만두고 난 **이후**이자 채집벌 일을 시작하기 **이전**이었다. 나카무라의 군락에 있던 수지 채집벌은 이 군락의 꽃꿀과 물 그리고 꽃가루 채집벌이 그렇듯 하나같이 늙은 벌(25~38일령의 연령대)이었다.

　나카무라는 또한 수지의 경우는―꽃가루나 꽃꿀 또는 물과 달리―벌통 밖에서 일하는 채집벌과 벌통 안에서 일하는 사용벌 사이에 엄격한 분업이 없다는 사실도 알았다. 이는 그가 35마리의 수지 채집벌이 관찰용 벌통에 들어온 순간부터 각각 비디오 촬영을 하면서 명확해졌다. 그는 수지 채집벌이 들어오자마자 벌통의 맨 위나 옆의 어떤 장소로 신속하게 곧장 걸어가고, 여기서 수지 사용벌이 그들로부터 수지를 받아 벌통의 유리벽과 나무틀 사이의 틈새를 메우는 데 사용한다는 것을 알았다(그림 5.16). 이 수지 채집벌 중 5마리는 자신의 주둥이에―꽃가루 바구니를 잔뜩 실은 것 말고도―상당량의 수지를 넣어 집까지 가져왔으며, 곧바로 작업 현장으로 걸어가 자신들이 큰턱에 싣고 온 수지를 사용해 직접 틈을 메우기 시작했다. 반면 꽃가루 바구니에만 수지를 싣고 온 채집벌은 틈을 메우는 일에 관여하지 않았다. 그들은 단지 다른 벌(수지 사용벌)이 자신이 실어온 꽃가루를 물어서 틈새를 메우는 현장으로 가져가길 기다리며 5~18분 동안 앉아 있을 뿐이었다.

　수지 채집벌이 군락의 수지 수요를 어떻게 감지하는지는 아직 알려져 있지 않다. 직접적으로 감지했을 수도 있고(만일 그렇다면 수지를 사용해 작업하는 동안), 간접적으로 감지했을 수도 있고(수지를 내리는 일이 지연되는 걸 주시하면서), 아니면 두 방식을 다 썼을 수도 있다. 확실히 연구 군락의 수지 채집벌은 지속적인 수지 수요를 감지했던 듯하다. 왜냐하면 나카무라가 페인트 표시를 하고 관찰용 벌통에 출입하는 걸 지켜본 102마리의 수지 채집벌 중 68마리(67퍼센트)가 여생 동안 계속해서 수지를 채집했기 때문이다. (나머지 34마리는 결국 꽃꿀이나 꽃가루 채집 쪽으로 전환했다.) 이 수지 채집벌은 나카무라가 관찰용 벌통에 있는 더러워진 유리벽을 거의 매주 깨끗한 것으로 교체했고, 그럼으로써 유리벽이 벌통의 나무틀과 닿는 틈새가 다시 생겨 수지 사용벌을 필시 자극했을 것이므로 지속적으로 수지 수요를 감지했을지도 모른다. 우리는 수지 채집벌이 둥

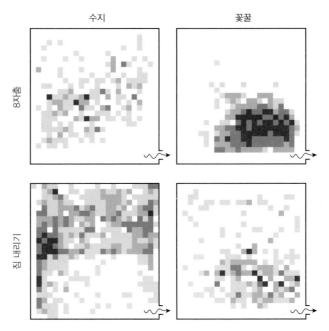

그림 5.16 벌집 틀 2장들이 관찰용 벌통에 사는 군락의 수지 채집벌과 꽃꿀 채집벌의 8자춤 및 짐 내리기의 공간 분포. 각 네모 칸의 아래쪽 화살표는 벌통 입구를 나타낸다.

지 구멍에서 공백, 틈새, 거친 표면—하나같이 청결하게 유지하기 어려운 장소—을 발견하면 자극받는다는 것을 알고 있다. (실제로 현재 미국의 많은 꿀벌 공급 회사에서 '프로폴리스 덫'을 판매하고 있다. 프로폴리스 덫은 연필심 너비 정도 되는 수백 개의 좁은 구멍이 뚫린 플라스틱 판이다. 벌이 프로폴리스를 채취해 저장하도록 유도하기 위해 이 판을 벌통 맨 꼭대기 본체에서 벌집에 걸쳐놓는데, 이 프로폴리스는 항생제 팅크제와 로션 제조에 사용하기 위해 수확한다.) 최근 미네소타 대학교의 마이클 시몬핀스트롬(Michael Simone-Finstrom)과 동료들은 1밀리미터(0.04인치) 너비의 구멍이 있는 표면을 접촉할 때 자신의 더듬이 자극과 설탕 시럽 한 방울의 보상을 연결하는 학습을 통해 수지 채집벌이 꽃가루 채집벌보다 우세하다는 것을 발견했다. 수지 채집벌과 꽃가루 채집벌을 가지고 거친 표면(작은 사포 조각) 접촉과 설탕 시럽

보상을 연결하는 학습 능력 시험도 마찬가지였다. 수지 채집벌과 꽃가루 채집벌 사이의 이런 촉감 자극 학습의 차이가 최근의 경험에 기초한 것인지, 아니면 유전에 바탕을 둔 것인지는 알려져 있지 않다. 하지만 어느 쪽이든 이러한 능력이 수지 채집벌이 군락 둥지에 있는 공백, 틈새, 거친 표면의 존재를 알아내는 데 도움을 주는 것 같다.

대부분의 양봉가는 프로폴리스를 작업장의 지저분한 걸림돌이라고 생각한다. 벌통을 갈라서 열고 그 안의 벌집 틀을 정돈하는 일을 어렵게 만들 수 있기 때문이다. 그러나 벌들한테 프로폴리스란 지극히 소중한 물질임에 틀림없다. 그렇지 않다면 그들이 끈적끈적한 식물 수지를 씹어서 그것을 뒷다리에 챙기고, 쩍쩍 달라붙는 방울을 벌통까지 힘들여 끌고 간 다음, 이 물질로 둥지 구멍의 틈새를 메우고 내부 벽에 코팅을 입히느라 굳이 수고를 들이지 않을 것이기 때문이다. 최근의 한 연구는 프로폴리스 막이 주로 군락의 질병 방어 비용을 낮춰주는 항균성 표면으로 작용한다는 사실을 밝혀냈다. 우리는 10장에서 군락 방어라는 다각적 사안을 탐구할 때 이 주제를 자세히 검토할 것이다. 그러나 이와 더불어 그 밖의 세 가지 군락 기능의 주요 주제―번식, 먹이 채집, 온도 조절―를 깊이 파고들기에 앞서 야생 군락의 놀라운 연간 주기를 살펴봄으로써 그들의 삶을 좀더 넓은 관점에서 들여다보려 한다.

연간 주기

오, 하얗게 흐드러진 과수원에서 우리가 기뻐하게 하소서.
낮에는 그 외에는 아무것도 없는 듯한, 밤에는 떠도는 영혼들과 같은.
그리하여 행복한 벌들 속에서 우리가 기뻐하게 하소서.
완벽한 나무들 주변을 날아다니며 자라나는 그 벌 떼 속에서.

-로버트 프로스트(Robert Frost), 〈봄의 기도(A Prayer in Spring)〉(1915)

한랭 지역에 사는 꿀벌 군락의 자연생활을 이해하는 하나의 열쇠는 그들의 독특한 연간 주기다. 다른 모든 사회성 벌―호박벌과 사회적인 꼬마꽃벌―의 군락이 깊은 겨울잠에 빠져 혼자 사는 잔류 교미 여왕벌만 남기고 점점 줄어서 사라지는 겨울에도 꿀벌 군락은 무려 1만 5000마리의 일벌과 1마리의 여왕벌로 각 군락을 구성하고 완전체 사회 집단으로서 지속적인 기능을 수행한다. 게다가 꿀벌 군락은 추운 기후에 사는 곤충이 으레 그렇듯 휴면기에 들기보다는 여전히 활동적이며 추위와 싸운다. 각 군락은 주위 온도가 섭씨 영하 30도 이하일 때조차도 월동 봉군의 둘레 온도를 약 섭씨 10도 이상으로 유지한다. 꿀벌은 이토록 강력한 온도 조절을 이뤄내기 위해 자신들을 보호해줄 구멍 안에 둥지를 틀고, 단열이 잘되는 봉군을 형성하기 위해 바짝 밀착하고, 자신들의 강력한 비행근(flight muscles)의 정적 수축(isometric contraction)으로 발생하는 대사열을 모은다. 겨울 내내 계속되는 이런 인상적인 발열 연료는 각 군락이 지난해 여름 둥지에 모아놓은 20킬로그램(약 45파운드)가량의 벌꿀이다.

그림 6.1 이른 봄에 꽃을 피우는 이스턴앉은부채의 꽃가루를 채취하는 꿀벌 일벌. 진흙땅 위로는 꽃들만 보인다. 줄기는 지표면 아래 묻혀 있고 잎은 나중에 나온다.

꿀벌의 연간 주기는 따뜻하고 활동적인 군락으로 겨울을 나는 과정 외에도 다른 측면에서 독특하다. 낮은 길어지기 시작하지만 아직 눈이 이타카의 전원을 덮고 있는 동지점 직후, 각 군락은 월동 봉군의 중심 온도를 약 섭씨 35도로 올리고 유충을 키우기 시작한다. 처음에는 군락 둥지에 불과 100개 정도의 새끼벌방밖에 없지만, 아메리카꽃단풍과 갯버들 덤불과 앉은부채(Symplocarpus foetidus) 초목이 꽃을 피워 벌들에게 풍부한 꽃꿀과 꽃가루를 공급하는 이른 봄이 되면(그림 6.1) 1000개 이상의 벌방이 유충을 품고 군락의 성장 속도는 나날이 빨라진다. 호박벌 여왕벌과 꼬마꽃벌이 자신들의 첫 번째 딸-일벌을 막 성충으로 키우는 늦은 봄이 오면, 이들은 이미 대형 군락─3만 마리 정도의 개체─으로 커져서 번식을 시작한다. 꿀벌 군락의 번식에는 둥지에서 날아가 이웃 군락의 처녀 여왕벌을 찾아 짝짓기하는 수컷을 양육하는 단순한 과정뿐 아니라, 무려 1만~1만 5000마리의 일벌 노동력이 군락의 어미 여왕벌과 함께 갑자기 새로운 군락을 세우기 위해 한 덩어리로 뒤엉켜 떠나는 분봉(군락 분열)이라는 복잡한 과정이 포함된다.

이번 장의 가장 큰 목적은 이타카 인근 숲속에 사는 야생 꿀벌 군락의 삶을 개괄하는 것이다. 그러기 위해 1년에 걸쳐 이 군락들에 펼쳐지는 사건의 패턴을 기술하려 한다. 이런 관점으로 보면 꿀벌 군락이 야생에서 사는 방식에 관한 여러 가지 근본적인 주제, 뒤에 이어질 장들을 통합할 주제가 드러난다. 이번 장의 두 번째 목적은 유럽 및 북아메리카의 한랭 지역에 사는 꿀벌 군락에 동면 기간이 없는 이유와 그에 따라 이런 지역에 사는 모든 곤충 중 독특한 연간 주기를 지니는 이유를 설명하는 것이다. 뒤에서 살펴보겠지만, 아피스 멜리페라가 온대 지역에 살게 되면서 독특해진 연간 주기는 현재의 생태와 과거 역사의 혼합이다. 계절에 따라 추운 기후에 살기 위한 독창적 적응성이 이 벌이 아열대 조상으로부터 물려받은 생리학적·사회적 특성에 추가된 것이다.

에너지 유입 및 소모의 연간 주기

추위와 싸우며 겨울을 나는 것은 에너지적으로 비용이 많이 든다. 한겨울에 꿀벌 군락의 무게는 대략 2킬로그램(4.4파운드)이며 20~40와트의 속도로─대부분은 발열에─에너지를 소모하는데, 이는 대충 작은 백열등과 같은 속도다. 자연히 군락이 장기적으로 살아남으려면 겨울 동안의 에너지 소모와 벌꿀 저장분을 재건하도록 에너지가 풍부한 꽃꿀을 채취하는 여름 동안의 에너지 저장이 균형을 이뤄야 한다. 따라서 군락과 환경 사이를 오가는 강한 에너지 흐름은 꿀벌 자연사의 핵심적 특징이자, 생물학자와 양봉가 모두에게 이 벌들의 삶을 들여다보는 귀중한 창을 제공하는 특징이다. 이 에너지 흐름을 1년에 걸쳐 추적함으로써 우리는 군락의 연간 주기에 대한 개괄적 시각은 물론 그들이 매년 직면하는 큰 시험대 중 하나, 즉 짧은 여름철 안에 겨울 난방용 연료의 공급분을 넉넉하게 축적해야 할 필요성에 관한 상세한 그림을 얻을 수 있을 것이다.

꿀벌 군락을 드나드는 에너지의 순 흐름을 추적하는 간단하면서도 효과적인 방법은 총무게, 즉 벌과 둥지 그리고 거기에 저장된 먹이의 무게 변화를 기록하는 것이다. 무게는 먹이를 군락에 들여올 때 늘어나지만, 저장된 먹이를 소비하고 번식을 위해 군락이 분열하고 군락의 구성원이 죽을 때 줄어든다. 여름 내내 혹은 1년 내내 꿀벌 군락의 상세한 무게 변화에 대한 기록이 미국, 캐나다, 독일, 영국을 비롯해 전 세계의 많은 온대 지역에서 발표되었다. 그러나 이런 기록은 거의 예외 없이 양봉 목적을 위해 수집했으므로 벌꿀 생산을 위해 관리하고 농촌 풍경에서 살고 있는 양봉장 군락의 순 무게 증가 및 손실의 패턴을 나타낸다. 따라서 뒤에 이어질 논의는 주로 야생 군락의 에너지 수지를 조명하기 위한 목적으로 내가 수행한 연구의 결과물을 바탕으로 할 것이다.

내 연구의 핵심은 비관리 군락 2개의 주간 무게 변화를 추적하는 것이었다. 군락은 각각 깊은 랑식 벌통 본체(총용적 84리터/22.2갤런) 2개로 구성된 벌통 하나에 거주했고, 따라서 내 연구 군락 2개의 둥지 구멍은 야생 군락의 전형적 둥지 구멍보다 컸다(그림 5.3). 나는 1980년 11월 초부터 1983년 6월 말까지 매주 일요일 저녁에 각 군락의 벌통을 플랫폼저울 위에 올려놓고 무게를 쟀다.

늦은 봄과 여름 그리고 초가을에 하는 월 2회의 유충 양육 측정을 제외하면, 일단 연구를 시작하고 나서는 어떤 쪽 군락도 방해하거나 조작하지 않았다. 이 군락의 생태에서 가장 부자연스러운 측면은 그것들의 위치, 즉 코네티컷주의 뉴헤이븐(New Haven)이라는 작은 도시의 녹음 우거진 주거 지역에 있는 오스니얼 마시 식물원(Othniel C. Marsh Botanical Garden)이라는 점이었다. (당시 아내와 나는 이 식물원의 관리인 숙소에서 살았고, 근처에 벌통이 있어 매주 일요일 밤 그것들의 무게 눈금 재는 일을 용이하게 해줬다.) 이 도시에 사는 꿀벌 군락이 입수할 수 있는 먹이는 깊은 숲속에 서식하는 군락들한테 가능한 것보다 풍부했을 터이므로, 이 연구 결과는 아마 야생 꿀벌의 먹이 채집 난이도를 실제보다 **적게** 표시했을 것이다.

그림 6.2에 나타난 무게 기록을 보면 겨울은 이 군락들에 극적인 무게 감소의 시기였다. 두 연구 군락의 무게는 해마다 9월과 4월 사이에 평균 23.6킬로그램(52파운드) 줄었다. 죽은 일벌을 둥지에서 치운 데 따른 약 1킬로그램(2.2파운드)을 제외하면, 이러한 무게 감소는 저장된 먹이―벌꿀과 꽃가루―의 소모를 나타낸다. 20킬로그램(44파운드) 넘는 월동 경비 대부분은 고비용의 동절기 유충 양육에서 발생하지 않았을까 싶다. 두 군락의 무게가 군락에 유충이 없었던 12월(1주당 0.42킬로그램/0.93파운드)보다 유충 양육이 활발했던 3월(1주당 0.84킬로그램/1.85파운드)에 2배 더 빨리 줄어든 것을 보면 알 수 있다.

한겨울의 유충 양육에 고비용의 에너지가 든다는 추가적 증거는 위스콘신 대학교의 곤충학자 클레이튼 파라(Clayton L. Farrar)가 1930년대에 수행한 실험에서 나오는데, 그는 저장된 꽃가루가 있는 군락과 없는 군락의 동절기 무게 감소분 기록을 비교했다. 꽃가루가 있는 군락의 무게는 10월과 5월 사이에 평균 22.7킬로그램(50파운드) 줄어든 반면, 꽃가루가 없는 군락의 무게는 같은 기간에 11.8킬로그램(26파운드)만 줄었다. 짐작하건대 10.9킬로그램(24파운드)의 이러한 평균 무게 감소분 차이는 주로 군락이 한겨울에 유충을 키우기 시작하

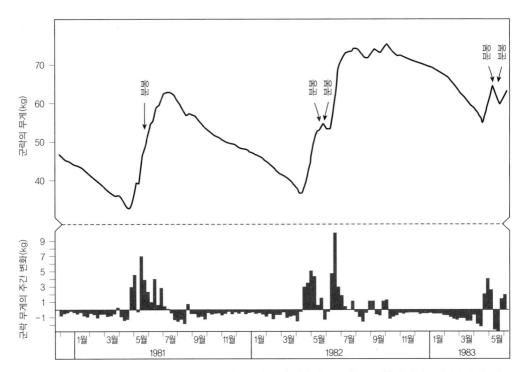

그림 6.2　코네티컷주 뉴헤이븐에 사는 두 꿀벌 군락의 주간 무게 변화(벌통＋벌들＋저장된 먹이). 여기서 볼 수 있는 데이터는 두 연구 군락 모두한테서 기록한 무게의 변화 패턴을 나타낸다.

면서 비롯된 체온 조절의 에너지 비용이 더 높아서 발생했을 것이다(9장 참조). 유충이 없는 군락은 동절기 봉군의 표면 온도를 약 섭씨 10도로 유지하기만 하면 되는 반면, 유충이 있는 군락은 중심 온도를 꿀벌 군락의 최적 유충-둥지 온도인 약 섭씨 35도로 유지해야 한다.

　그림 6.2는 또한 꿀벌 군락의 연간 주기에 관해 두 번째로 중요한 사실을 생생하게 보여준다. 바로 군락이 매년 순 에너지 증가를 경험하는 시기가 짧다는 점이다. 내가 연구한 두 군락의 무게는 매년 14주 동안만 늘었다. 이보다 훨씬 더 놀라운 것은 이 군락들의 연간 무게 증가의 86퍼센트가 4월 16일과 6월 30일 사이―고작 75일 동안―에 일어났다는 사실이다.

한랭 기후에서 사는 군락의 에너지학(energetics)을 이런 관점으로 봤을 때 나타나는 다소 암울한 그림은 언제든 닥쳐올 에너지 위기 중 하나다. 군락은 매년 겨울마다 20킬로그램(44파운드) 이상의 벌꿀을 소모하지만 매년 여름 그 먹이 저장분을 재건할 시간은 거의 없다. 다음 단락에서 살펴보겠지만, 이 에너지 문제는 이미 자리를 잡은 군락과 달리 전년도의 식량 비축분에 의존할 수 없는 신생 군락한테는 특히 심각하다. 게다가 신생 군락은 밀랍 벌집으로 둥지를 짓는 고비용도 감당해야 한다. 모든 꿀벌 군락이 이런 극심한 에너지 문제를 겪는 것은 아닐지도 모른다. 온대 기후나 방금 거론한 군락보다 먹이가 더 풍부한 서식지에 사는 군락은 훨씬 더 힘든 다른 문제점—약탈자나 보금자리의 부족 같은—이 틀림없이 있을 것이다. 그렇더라도 유럽과 북아메리카에 있는 이 품종의 영역 북부에서 독자적으로 살아가는 아피스 멜리페라 군락한테 생존의 주요 걸림돌은 연간 에너지 수지에서 동절기 감소분과 하절기 증가분의 균형을 유지하는 것이라는 게 내 생각이다.

군락의 성장 및 번식의 연간 주기

군락의 성장 및 번식의 적절한 타이밍은 한랭 기후에서 꿀벌이 생존하는 데 필수다. 앞서 살펴봤듯 꿀벌 군락은 전년도 여름에 애써 축적한 무려 20킬로그램(44파운드)의 전략적인 꿀 저장분을 연료로 삼은 강력한 온도 조절을 통해 춥고 꽃 없는 겨울철을 버텨낸다. 이제 우리는 식량 저장분을 비축하는 이 인상적인 위업에는 군락의 정확한 성장 및 번식 타이밍이 필요하다는 점을 알게 될 것이다. 그러지 않으면 연중 적절한 시기에 이 죽느냐 사느냐 하는 시험에 대처할 충분히 강력한 노동력을 확보하지 못할 것이기 때문이다.

1년에 걸친 군락의 성장 및 번식 패턴 연구는 어렵지 않다. 군락의 성장 패턴은 두 가지 방식으로 설명되어왔다. 군락 둥지에서 유충으로 채워진 벌방의 수를 정기적으로 집계하거나, 군락 성충 벌의 개체군을 반복해서 조사하는 것이다. 군락 번식의 연간 주기를 기술하는 것은 조금 더 어렵다. 왜냐하면 암컷(여왕벌)과 수컷(수벌)이 별도의 과정을 거치기 때문이다. 수컷에 의한 군락 번식의 계절적 패턴은 성장 중인 수벌이 들어 있는 벌방의 수를 세면 쉽게 그려낼 수 있다. 암컷을 통한 군락 번식의 계절적 패턴 또한 마찬가지로 자라나는 여왕벌을 품고 있는 크고 눈에 띄는 여왕벌방의 모습을 관찰하면 알아낼 수 있다(그림 6.3). 하지만 군락은 여왕벌 양육에서 잘못된 출발을 할 때가 빈번하기 때문에—여왕벌방을 지은 다음 여왕벌들이 성충으로 자라기 전에 파괴한다—더 믿을 만한 방법은 결국 꿀벌에게 암컷 번식의 진정한 단위인 분봉군의 출현을 기록하는 것이다.

그림 6.4는 두 달마다 한 번씩 실시한 꿀벌 군락 2개의 유충 조사를 바탕으로 내가 1980년부터 1983년까지 코네티컷주 뉴헤이븐에서 추적한 그들의 성장 패턴을 보여준다. 늦가을과 초겨울의 유충 없는 몇 달이 지나자 군락은 확실히 낮 길이의 증가에 반응하며 1월이나 2월에 벌을 키우기 시작한다. 처음에는 벌통이나 벌 나무에서 찾을 수 있는 유충 든 벌방이 1000개도 안 되지만, 이 수는 3월 말이나 4월에 급증해 5월이나 6월에는 군락 1개당 자라나는 벌이 최대 약 3만 마리 이상으로 늘어난다. 바로 그 직후에 분봉과 관련한 여왕벌 교체 때문에 군락에 10~20일간 산란 여왕벌이 없을 때 육아 공백기가 등장한다. 일단 새 여왕벌이 경쟁자를 제거하고 짝짓기를 완료하고 나면 육아는 몇 주 동안 거의 전속력으로 재개된다. 하지만 그러고 나면 나머지 여름 동안 점차 쇠퇴하기 시작해 마침내 10월에는 완전히 멈춘다. 비록 급속한 봄철

그림 6.3 여왕벌들을 키우는 땅콩 모양의 큰 벌방 중 하나.

팽창의 정확한 타이밍이 위도에 따라 현저하게 다르기는 하지만, 온대 기후의 꿀벌 군락한테는 이런 연간 패턴이 지속된다. 가령 윌리스 놀런(Willis J. Nolan)

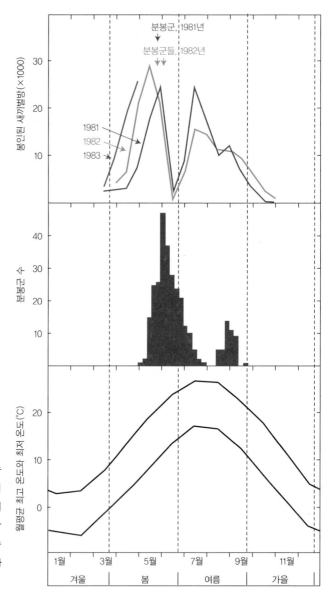

그림 6.4 유충 양육 및 기온(코네티컷주 뉴헤이븐), 그리고 분봉(뉴욕주 이타카)의 연간 주기. 위: 2년 내내 그리고 3년차 초에 군락의 봉인된 유충(번데기) 벌방의 평균 수. 가운데: 1971부터 1981년까지 10년간 수집한 301개 분봉군의 계절별 발생 빈도. 아래: 코네티컷주 뉴헤이븐의 연간 기온 패턴.

이 연구한 메릴랜드주 서머싯(Somerset)에 위치한 군락은 북쪽으로 250킬로미터(150마일) 떨어진 코네티컷주 뉴헤이븐에서 내가 연구한 군락보다 3주 앞서 집중적인 성장기에 들어갔다. 이런 연간 육아 주기의 지리적 차이는 한편으로는 지역별 기후 및 식물군에 대한 적응을 반영하는 유전자의 통제 아래 있을 수 있다. 이것은 프랑스 북부에 있는 파리와 남서부에 있는 랑드(Landes) 지방 사이의 군락을 교환해 수행한 실험으로 입증되었다. 두 장소의 양봉가들은 자신의 군락에서 육아의 최절정기가 다른 시점에 찾아온다는 것을 알았다. 바로 파리는 초여름이고, 랑드는 늦여름이었다. 이 군락 이식 연구의 놀랄 만한 결과는 각기 다른 곳에서 온 군락은 새로운 장소에서도 처음(원산지)의 연간 육아 리듬을 유지한다는 것이었다.

꿀벌 군락의 번식은 일벌 유충의 생산이 급증한 직후인 늦봄에 시작해 초여름이면 대부분 완료된다. 예를 들어 잉글랜드 남부의 로담스테드 실험소(Rothamsted Experimental Station)에서 수행한 연구에 따르면, 수벌은 5월과 6월에는 군락의 유충에서 9퍼센트를 차지했지만, 7월과 8월에는 겨우 1퍼센트인 것으로 나타났다. 어느 현장이든 수벌 생산의 정점은 분봉군 생산이 정점을 찍기 몇 주 전에 찾아오는데, 이렇게 해야 분봉할 군락에서 생산된 처녀 여왕벌들이 혼인 비행을 수행할 때 군락에 짝짓기할 준비가 된 성충 수벌들이 확실히 보장되기 때문이다. 가령 그림 6.5는 어떻게 내 이타카 연구소의 대형 관찰용 벌통에 사는 강한 군락이 4월 말부터, 그러니까 이 군락이 5월 말과 6월 초에 첫 분봉군과 두 차례의 후분봉군을 배출하기 한참 전에 폭발적으로 수벌들을 키웠는지 보여준다. 그림 6.4는 이 세 분봉군의 타이밍이 이타카에서는 전형적임을 입증한다. 1971~1981년—코넬 대학교의 다이스 꿀벌연구소에 걸려온 벌 떼 신고 전화에 응답해—이타카와 그 주변에서 수집한 301개의 분봉군 중 84퍼센트는 5월 15일과 7월 15일 사이에 출현했다. 유충 양육처럼 분봉의 정점에도 지리적 다양성이 존재하기는 하지만, 북아메리카와 유럽 전역

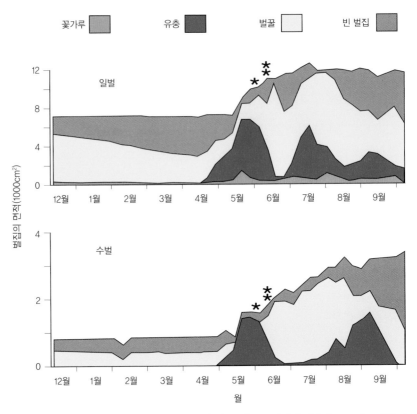

그림 6.5 뉴욕주 이타카의 대형 관찰용 벌통에 사는 대규모 비관리 군락의 2012년 12월부터 2013년 10월까지의 벌집 내용물. 벌집의 면적은 군락 벌집 낱장의 양면을 나타낸다. 별표는 첫 분봉군과 2개의 후분봉군이 떠난 날짜를 표시한다.

의 보고서는 늦은 봄부터 초여름 분봉이라는 이 패턴을 확인시켜준다.

꿀벌 군락의 가장 놀라운 특징 중 하나는 겨울에 유충을 키우기 시작하는 능력이며, 그로 인해 늦봄이나 초여름에 분봉의 역량을 가질 정도로까지 성장한다. 한 해에 이렇게 일찍 분봉을 하면 적응력이 매우 높아진다. 그러면 새 군락(신생 군락)에 둥지를 짓고, 더 많은 벌을 키우고, 겨울이 찾아와 먹이 채집이 멈추기 전에 대량의 꿀 저장분을 비축할 시간을 최대한 확보하기 때문이다. 그렇다 하더라도 이 신생 군락 중 첫 번째 겨울에 무사히 살아남는 것은 극소수뿐이다. 이타카 인근 숲에 사는 야생 꿀벌의 경우, 기존 군락―적어도 한 번의 겨울을 이미 난 군락―은 11월부터 4월까지 춥고 눈이 많이 내리는 시절을 헤쳐 나가겠지만, 그에 반해 매년 여름에 창출된 신생 군락 중에서는 평균 23~24퍼센트만이 다음 해 봄에도 살아 있을 것이다.

1970년대 말에 동료인 커크 비셔와 나는 춥고 눈이 많이 내리는 이곳의 한 겨울에 유충을 키우기 시작하는 꿀벌 군락의 능력이 너무나 흥미로워서 실험을 통해 그 적응의 유의미성을 검증해보기로 했다. 우리는 두 가지 실험을 수행했다. 우선 육아 시작의 타이밍을 정상적으로 맞춘 군락과 실험상 육아 시작 시기가 겨울 중반부터 봄 중반까지―즉 풍부한 먹이 채집이 일반적으로 가능한 4월 15일까지―로 지연된 군락을 비교했다. 우리는 5월 1일에 두 종류의 군락 개체군에서 현격한 차이를 발견했다. 대조 군락에는 평균 1만 800마리의 벌이 있었지만, 실험 군락에는 고작 2600마리뿐이었다. 더욱이 대조 군락은 실험 군락보다 훨씬 더 일찍 분봉했다. 즉 5월 중순에서 5월 말과 6월 말에서 7월 초였다. 이 연구는 한겨울에 육아를 시작하는 꿀벌 군락의 놀라운 능력이 다가오는 여름을 위한 힘을 키우는 데 크게 도움이 된다는 것을 입증했다.

우리는 두 번째 실험에서 이른 분봉과 늦은 분봉의 영향을 조사했다. 그러기 위해 우리가 5월 20일과 6월 30일에―인공 분봉군(패키지)을 이용해―시작한 군락의 겨울 생존 가능성을 비교했다. 이 날짜는 이타카와 그 인근에 사는 군락의 평균 분봉 날짜보다 20일 전과 20일 후라서 선택한 것이다(그림 6.4 참조). 우리는 밀랍 벌집 기초만 있는 벌집 틀 10장이 포함된 1단짜리 랑식 벌통에 각각 인공 분봉군을 설치했고, 이에 따라 각 군락은 자연에서처럼 처음부터 벌집을 지어야 했다. 우리가 이 실험을 수행한 4년 중 3년간은 먹이가 극도로 드물거나 지극히 풍부했고, 이 3년 동안 군락은 다음 해 겨울에 전멸하거나(먹이가 빈약한 해) 거의 모두가 살아남거나(먹이가 풍부한 2년간) 했다. 그러나 먹이가 딱 적당한 해에 이른 분봉군은 거의 전부 살아남았지만 늦은 분봉군은 몽땅 굶어 죽었다.

종합해보면, 이 두 가지 실험은 전 세계 한랭 지역에 사는 꿀벌 군락의 성공에 한겨울의 육아와 초봄의 분봉이 얼마나 중요한지를 입증했다. 이곳에서는 군락이 잉여분의 꿀을 모을 수 있는 시간대는 작지만, 각 군락이 겨울에 살아남는 데 필요한 꿀의 수요는 크다. 이런 고충을 전제로 했을 때, 자연 선택은 이른 봄에 이들이 강해질 수 있도록 겨울에 육아를 시작하는 꿀벌 군락을 선호한다. 이렇게 군락이 일찍 힘을 길러두면 군락의 조기 번식을 위한 기초가 마련되며, 이는 몇 년 뒤 분봉군으로 시작할 새로운 군락의 생존에 중요하다.

꿀벌 군락의 독특한 연간 주기

이번 장은 꿀벌 군락과 호박벌 군락의 연간 주기가 확연히 다르다는 점을 지적하며 시작했다. 꿀벌 군락은 1년 내내 활동적이고, 겨울 내내 둥지에 따뜻한 미기후(微氣候: 지표면으로부터 지상 1.5미터 정도 높이까지 기층의 기후—옮긴이)를 유지하며, 초여름에 정점에 달하도록 성장 및 번식 시기를 맞추고, 수컷을 키우고 분봉군을 내보냄으로써 번식한다. 그러나 호박벌 군락은 봄에 단 한 마리의 여왕벌로 활성화한 다음, 일벌을 키우며 성장하고, 결국 여름에 수컷과 여왕벌 키우기로 전환하다가 마지막으로 가을에 붕괴한다. 겨울이 오면 호박벌 군락에서 여전히 살아 있는 구성원은 운이 좋다면 겨울을 나고 봄에 자신만의 군락을 시작할, 새로 짝짓기한 어린 여왕벌뿐이다.

첫눈에 봤을 때는 꿀벌이 획기적인 겨울 생존 방안을 달성했기 때문에 꿀벌과 호박벌의 연간 주기가 그렇게 확연히 다른 것처럼 보일 수 있다. 한편으로 꿀벌 군락은 일벌이 만들어낸 대사열을 모음으로써 둥지 내부에 따뜻한 미기후를 생성하고, 이는 군락 둥지에 저장된 벌꿀을 연료로 한다. 그런가 하면 호박벌은 겨울 생존이라는 문제를 좀더 단순하게 해결한다. 즉 여왕 호박벌이 자신들의 피에 부동액 물질을 추가한 다음 지하 땅굴에서 겨울잠에 들어간다. 호박벌의 겨울 생존 메커니즘이 꿀벌의 그것보다 훨씬 더 단순하기는 하지만 훨씬 더 효과적이라는 점을 알아야 한다. 예를 들면 북극권(북위 66°34′) 위의 툰드라 서식지에서 번성하는 북극호박벌(*Bombus polaris*)이라는 호박벌 종이 있다. 양봉가들의 도움을 받지 않는다면 아피스 멜리페라의 북방 한계선을 한참 넘는 곳이다(그림 1.2 참조). 꿀벌과 호박벌은 연간 주기와 겨울 생존 메커니즘에서 왜 그렇게 판이하게 다른 걸까? 해답은 그들 조상의 환경(꿀벌은 따뜻한 아열대 지방, 호박벌은 냉온대 지방) 차이에 뿌리를 두고 있다는 게 내 생각이다.

아열대 지방은 대단히 사회적인 두 벌 집단의 조상이 살던 곳이다. 바로 꿀벌과 부봉침벌(stingless bee: 쓸모없는 침을 가지고 있는 꿀벌의 총칭—옮긴이)이다. 꿀벌 군락과 부봉침벌 군락은 여러 측면에서 다르지만, 아열대 사회성 벌로서 그들의 공통된 유산을 반영하는 두 가지 근본적 특성에서는 같다. 1) 여러 해에 걸친 군락의 수명, 그리고 2) 분봉에 의한 군락의 번식이 그것이다. 아마도 꿀벌 및 부봉침벌 군락이 둘 다 다년생인 이유는 그들의 조상이 1년(연간) 주기의 단독상(solitary phase, 單獨相: 예를 들면 겨울잠을 자는 여왕벌)이 필요 없는 아열대에 살았기 때문일 터이다. 꿀벌 및 부봉침벌 군락이 모두 분봉으로 번식하는 이유도 양쪽 집단이 각각 여왕벌이 태어난 둥지를 떠나 새 군락을 시작할 때 그 여왕벌을 보호할 일벌 무리를 동반하지 않을 경우 초기 군락이 개미의 포식에 대단히 취약했을 아열대에 원래 살았기 때문이라는 점 역시 명백해 보인다. 사회성 말벌의 생태에 대한 세계적 권위자 로버트 진(Robert L. Jeanne)은 개미가 무방비 상태의 사회성 말벌 둥지를 포식하는 것이 온대 삼림 지대보다는 아열대숲에서 훨씬 더 강하다고 밝힌 바 있다. 그는 개미만 접근할 수 있는 유리병에 둔 말벌 유충이 사라지는 것을 관찰함으로써 이를 증명했는데, 코스타리카(북위 10˚)에서는 유충의 86퍼센트 이상이 48시간 내에 없어졌지만 미국(뉴햄프셔주, 북위 43˚)에서는 같은 기간 동안 50퍼센트 미만이 사라진 것을 발견했다.

아피스 멜리페라는 아열대를 벗어나 북쪽으로, 즉 온대 지방으로 확장하면서 한랭 기후 지역에 사는 데 적응하는 방식에 있어 군락의 복잡한 사회 조직―딸 일벌 수천 마리의 부양을 받으며 엄청나게 다산하는 어미 여왕벌 한 마리―때문에 제약을 받았을 거라는 생각이 든다. 분명 이 종은 겨울을 나기 위해 단 한 마리의 겨울잠 자는 잔류 여왕벌이라는 호박벌의 방식으로 사회 조직을 정비하지 않았다. 더욱이 전체 군락이 동면에 들어갈 수 있게 하는 방식으로 군락의 생리를 변경하지도 않았다. 그 대신 꿀벌은 추정하건대 온대 지방에서 가장 쉽게 동절기 생존을 이뤄내는 경로로―기존의 생태를 약간 수정함으로써―진화했다. 이러한 수정에 집터 선호도 조정, 군락의 온도 조절 메커니즘 개선, 꿀 저장량 증대, 군락의 성장 및 번식의 연간 리듬 미세 조정이 포함된 게 아닐까 싶다. 요약하면 아피스 멜리페라가 전 세계 온대 지방에 살면서 갖는 독특한 연간 주기는 아열대 사회성 곤충이던 이 벌의 원래 생태 '위에 구축된' 것으로 이해하는 편이 가장 좋을 거라고 생각한다.

군락 번식

개체의 적응이 미래 세대에 평균 유전자 수 이상을 기여할 수 있게 할 정도라면 그 개체는 적합하다.

-조지 윌리엄스(George C. Williams), 《적응과 자연 선택(Adaptation and Natural Selection)》(1966)

꿀벌에게 번식이 어떻게 작동하는지 이해하기 위해서는 그들이 유전자를 미래 세대에 어떻게 넘겨주느냐는 측면에서 벌 군락과 사과나무 사이의 유사성에 주목하면 도움이 된다. 첫째, 둘 다 동시적 자웅동체로 기능한다. 다시 말해, 둘 다 매년 여름 암컷과 수컷의 생식 단위, 즉 한쪽에는 여왕벌이나 씨앗, 다른 한쪽에는 수벌이나 화분립(花粉粒)을 모두 생산함으로써 유전자를 전파한다. 둘째, 둘 다 크고 복잡한 구조 안에 들어 있는 암컷 생식 단위—약 1만 마리의 일벌 떼(그림 7.1)나 수천 개의 식물 세포로 이뤄진 사과—를 내보낸다. 그렇게 하면 벌 무리 내부에서 보호받는 여왕벌과 사과 안에 묻힌 씨앗의 안전한 분산을 확실히 보장받을 수 있다. 셋째, 둘 다 수컷 생식 단위를 '거침없이', 그러니까 저비용으로 내보낸다. 수벌은 순전히 자기 힘으로 군락의 둥지를 떠나 혼인 비행길에 오르고, 미세한 화분립은 벌의 털에 달라붙어 나무의 꽃으로부터 떠난다. 그리고 넷째, 두 생체 조직에서는 암컷 생식 단위 각각이 수컷 단위 각각보다 몇천 배 더 크고 고비용이기 때문에 엄청나게 다른 개수

그림 7.1　약 1만 2000마리의 일벌과 무리 안에서 안전하게 쉬고 있는 여왕벌 1마리가 있는 꿀벌 분봉군.

로 두 종류를 생산한다. 여름철에 활발한 벌 군락은 여왕벌이 있는 분봉군은 극소수만 내보내겠지만 수벌은 수천 마리를 내보낼 것이며, 건강한 사과나무는 씨앗이 포함된 사과를 몇백 개만 생산하겠지만 화분립은 수백만 개를 생산할 것이다.

이번 장의 목표는 꿀벌 군락이 야생에서 살 때의 번식 생태에 관한 확실한 그림을 제시하는 것이다. 그러기 위해 군락이 양봉가에 의해 번식 습성을 조종당하지 않을 때 자신의 유전자를 전달하기 위해 무엇을 하는지 살펴보려 한다. 대부분의 양봉가는—벌꿀 생산량을 증대시키기 위해—군락의 분봉군 및 수벌의 생산을 방해하는 방식으로 군락을 관리하므로 최근까지도 우리는 주로 양봉가의 관점에서 아피스 멜리페라의 번식 생태를 봐왔다. 그러나 이는 이 주제를 왜곡되게 기술한다. 다행히 최근의 여러 연구는 꿀벌 군락의 자연적인 번식 습성에 관해 상세한 정보를 제공하며, 우리는 이러한 연구가 밝혀낸 사실에 초점을 맞출 것이다. 아울러 군락이 적절하게 분봉군 및 수벌의 생산을 조절하는 군락 내부의 작용도 검토할 것이다. 우리의 목적은 야생 꿀벌 군락이 '미래 세대에 평균 유전자 수 이상을 기여'할 수 있게 해주는 방식으로 어떻게 번식 문제를 운영하는지 이해하는 것이다.

수벌 생산은 여왕벌 생산 이전에 정점에 이른다

꿀벌 군락의 번식 성공에는 생식력 있는 수벌과 큰 분봉군의 생산을 다 포함하기는 하지만, 양쪽의 생산 과정이 완벽하게 동시에 전개되지는 않는다. 오히려 군락의 수벌 생산이 정점에 이르는 때는 일반적으로 이웃 군락이 분봉군을 내보내기 시작한 다음, 즉 처녀 여왕벌들을 짝짓기하도록 방출하기 약 30일 전이다. 이유는 단순하다. 수벌의 발육기는 24시간이고, 성적 성숙도에

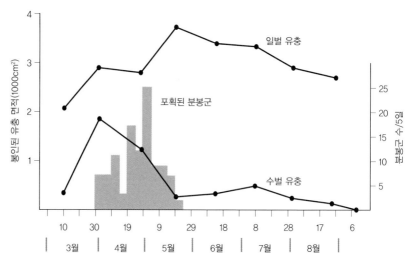

그림 7.2 1978년 실험 군락 16개의 봉인된 유충(번데기) 수준과 1979년 캘리포니아주 데이비스와 그 인근에 사는 군락들의 분봉 발생 빈도.

도달하려면 새끼벌방에서 나온 뒤 12일 정도가 더 필요하다. (여왕벌은 발육과 성적 성숙에 훨씬 더 짧은 시간이 걸린다. 각각 약 16일과 6일이다.) 그러므로 만일 1년 중 처녀 여왕벌들이 가장 풍부한 시기—분봉기—에 군락이 적극적인 서비스를 할 준비가 된 성적으로 성숙한 수벌을 최대한 많이 확보하려면, 계절적으로 분봉이 정점에 도달하기 한참 전에 수벌들을 키우기 시작해야 한다. 이는 정확히 캘리포니아 주립대학 데이비스 캠퍼스의 로버트 페이지 주니어가 수행한 연구에서 밝혀진 것이다. 그림 7.2에서 볼 수 있듯 페이지의 연구 군락 13개에서 수벌 유충의 생산은 이른 봄인 4월 초 정점에 이른 반면, 분봉군 생산은 약 30일 후인 5월 초 정점에 이르렀다. 똑같은 현상이 그림 6.5에도 나타나는데, 이는 이타카의 대형 관찰용 벌통에 사는 군락은 4월 말, 그러니까 5월 말에 분봉군을 내보내기 시작하기 한 달 전에 수벌 양육을 시작했음을 보여준다.

어떤 군락이 자립적으로 살고 있어서 원하는 대로 얼마든지 많은 수벌집을 짓고 많은 수벌을 키울 수 있다면 그들은 얼마만큼의 수벌을 생산할까? 이 질문에는 양봉가의 관리를 받지 않고 벌통에 보통 비율(약 20퍼센트)의 수벌집을 보유한 군락에서 여름 내내 수벌 유충의 면적을 측정해 발표한 두 논문 자료를 이용해 대답할 수 있다. 첫 번째는 방금 언급한 캘리포니아 주립대학 데이비스 캠퍼스의 로버트 페이지 주니어가 1978년에 수행한 연구이고, 두 번째는 6장에서 언급한 이타카의 마이클 스미스와 동료들이 2013년에 수행한 연구다(그림 6.5 참조). 페이지는 벌집 틀 10장들이 벌통의 본체 1개당 2개의 수벌 생산용 벌집 틀이 있는 표준 가동소상에 사는 13개 군락에서 봉개(蜂蓋)된 수벌집(번데기 무리)의 면적을 측정했다. 스미스와 동료들은 군락이 전년도 여름에 지어놓은 천연 벌집으로 가득한 대형 관찰용 벌통에 사는 4개 군락의 유충(알, 애벌레, 번데기)이 들어 있는 수벌집의 면적을 측정했다. 나는 각 연구마다 저자들이 발표한 내용—여름 내내 여러 날 동안 차 있던 수벌집의 **면적** 측정값—을 각 표본 날짜에 차 있던 수벌방의 **개수** 추정치로 전환했다. 그리고 나서 여름 내내 군락당 유충으로 채워진 벌방이 있는 날의 총일수를 계산하고, 이것을 수벌 관련 발육 시간으로 나눔으로써 여름 내내 군락당 생산한 수벌의 총수를 계산했다. 페이지의 연구는 14일의 봉개 유충 기간, 스미스와 동료들의 연구는 24일의 전체 유충 기간이 나왔다. 두 연구는 수벌집의 양이 정상적인 벌통에 사는 비관리 군락이 여름 동안 생산하는 수벌의 평균과 비슷한 값을 산출했다. 요컨대 수벌 7812마리(페이지)와 6949마리(스미스와 동료들)였다. 이두 수치의 의미는 이번 장 뒷부분에서 군락이 수컷 번식 수단(수벌)과 암컷 번식 수단(여왕벌)에 들이는 투자와 비교할 때 더욱 명확해질 것이다.

꿀벌 군락은 이른 봄에 수벌을 키우기 시작하면 이득을 보기 때문에, 그리고 전년도 여름과 가을에 꿀로 수벌집을 채워놓았기 때문에 흔히 이른 봄 수벌집의 많은 벌방이 꿀로 막혀 있는 문제에 부딪친다. 따라서 군락이 수벌을 키우는 데 이 벌집이 필요해지는 봄에는 우선적으로 수벌집에서 꿀을 **제거**하고, 이 벌집을 꿀 저장에 사용하는 게 최상인 늦여름과 가을에는 우선적으로

그림 7.3 군락이 대량으로 수벌을 키울 준비를 하던 4월의 14일 동안 군락에 설치하기 이전(위)과 이후(아래)의 수벌집. 두 사진에서 하얗게 보이는 벌방에는 설탕 시럽이 들어 있다. 아래의 벌집 틀은 벌이 수벌을 키울 공간을 마련하기 위해 수벌집 중앙부에서 '꿀'을 제거했음을 보여준다. 연구 군락은 뉴욕주 이타카에 살고 있었다.

수벌집에 꿀을 **저장**한다는 것은 놀랍지 않다. 꿀 저장용으로 수벌집을 사용하는 이러한 계절적 전환은 최근 이타카에서 마이클 스미스와 동료들이 수행한 연구로 입증되었다. 그들은 4월부터 9월까지 한 달에 한 번씩 여러 군락의 벌통에 걸쭉한 설탕 시럽으로 채워놓은 벌방이 있는 두 벌집 틀―하나는 수벌집이고 다른 하나는 일벌집―을 설치했다. 각 군락의 벌통에 설치한 2개의 실험 벌집 틀은 유충이 들어 있는 두 벌집 틀 맞은편에 자리를 잡았다. 이로써 두 실험 벌집 틀 근처에 간호벌의 존재가 확실히 보장됐다. 14일 후 연구원들은 각 벌통에서 2개의 실험 벌집 틀을 빼내 각각 설탕 시럽이 사라진 벌집 면적을 측정했다(그림 7.3 참조). 그들은 4월과 5월에 사라진 벌집의 평균 면적이 일벌집보다 수벌집에서 현저하게 **더 컸고** 8월과 9월에는 그 패턴이 반대임을 발견했다. 사라진 벌집의 평균 면적은 일벌집보다 수벌집에서 눈에 띄게 **더 작았다.** 추정하건대 이 군락의 일벌은 수벌 생산이 더 이상 큰 벌방으로 이뤄진 이 특별한 벌집을 사용하는 가장 중요한 용도가 아님을 알았기 때문에 늦여름과 가을에는 수벌집에서 설탕 시럽을 많이 빼내지 않았을 것이다.

여왕벌 생산과 분봉

꿀벌 군락의 생활 주기는 자리를 잡은 군락이 일벌 개체군을 증강하고 분봉을 준비하며 한 무리의 여왕벌을 키우기 시작하는 봄에 비롯된다고 할 수 있다. 이러한 준비의 첫 단계는 군락의 육아권 벌집들 아래쪽의 가장자리를 따라 여왕벌집을 짓는 것이다. 밀랍으로 만든 뒤집힌 모양의 아주 작은 그릇인 이 여왕벌집은 여왕벌들이 자랄 큰 타원체 벌방의 기초를 형성한다(그림 6.3). 그런 다음 여왕벌은 10개 이상의 여왕벌집에 알을 낳고, 일벌은 부화한 유충들에게 여왕벌로의 발육을 확실히 보장해주는 로열젤리를 먹인다. 이 새로운 여왕벌 형성은 눈에 띄게 신속하다. 산란부터 성충 여왕벌이 벌방에서 올라오는 순간까지 고작 16일이 걸릴 뿐이다. 딸 여왕벌들이 자라남에 따라 군락의 어미 여왕벌 생리에도 동시에 변화가 일어난다. 하루하루 지날 때마다 일벌은 여왕벌에게 먹이를 조금씩 덜 준다. 산란이 감소하니 여왕벌의 배는 더 이상 다 자란 알로 부풀어 오를 일이 없어 극적으로 줄어든다. 게다가 일벌들이 한 번에 한 마리씩 앞다리로 여왕벌을 잡아서 대여섯 차례 연신 털어대며 흔들기 시작한다. 최종적으로 시간당 40~80회에 이르는 이 흔들기 동작은 결국 여왕 벌로 하여금 둥지 주위를 계속 걷지 않을 수 없게 만드는 듯하다. 이러한 운동 이 줄어든 식사량과 더불어 여왕벌의 체중을 25퍼센트 감량시키기에 이른다. 첫 번째 여왕벌방이 봉개된 직후 어미 여왕벌은 모체 둥지 군락에서 약 25퍼 센트의 일벌 개체군만 남겨두고 무려 1만~2만 마리의 일벌 무리를 몰아 둥지 밖으로 날아간다. 분봉군은 약간 날아가서는 나뭇가지 위에 수염 같은 모양 의 덩어리로 뭉친다(그림 7.1). 여기서부터 분봉군의 정찰벌은 둥지 구멍을 찾 아 탐사에 나서고, 적합한 곳을 선택하고, 마침내 분봉군에 덩어리를 풀고 선 택된 보금자리로 날아가라는 신호를 보낸다. 새 거주지는 벌들의 원래 주거지 로부터 거의 300미터(약 1000피트) 이상 떨어져 있으며, 3000미터(약 2마일) 넘게 떨어져 있을 때도 있다.

어미 여왕벌이 떠난 뒤 약 8일 동안 모체 둥지의 일벌한테는 여왕벌이 없지 만, 이런 상황은 첫 번째 딸 여왕벌의 등장으로 종료된다. 만일 그 군락이 맨 처음 분봉군(the first swarm)—양봉가들은 첫 분봉군(the prime swarm)이라 부른 다—이 떠나고 여전히 크게 약화해 있다면, 남은 일벌들은 처음 나온 딸 여왕 벌이 둥지를 뒤져 적수인 자매 여왕벌들을 찾고 아직 그들이 벌방에 있을 때 침을 쏘아 죽일 수 있도록 내버려둔다. 하지만 일반적으로 첫 번째 딸이 등장 할 무렵이면 충분히 많은 젊은 일벌이 새끼벌집의 벌방에서 나와 모체 군락의 힘을 회복한다. 이 상황에서 일벌은 첫 번째 딸 여왕벌이 나머지 여왕벌방을 파괴하지 못하도록 지키며, 비행을 준비하면서 이 여왕벌을 흔들기 시작해 결 국 후분봉군과 함께 둥지에서 내보낸다. 그림 7.4에 나타나듯 이 후분봉 과정 은 또 다른 딸 여왕벌이 반복할 수 있으며, 이런 일이 벌어지면 군락은 보통 더 이상의 분리를 지원할 수 없는 시점까지 약화한다. 이 시점에서 모체 둥지 를 돌아다니는 한 마리 이상의 딸 여왕벌이 아직 있다면 일벌은 한 마리만 살 아남을 때까지 이들을 싸우게 내버려둔다. 바로 그 한 마리가 일부는 행운, 일

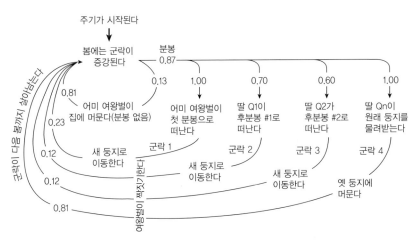

그림 7.4 군락이 분봉의 기초를 마련하는 일벌 개체군을 증강시키는 봄부터 꿀벌 군락의 생활 주기에서 일어나는 주요 사건. Q = 여왕벌. 선을 따라 있는 숫자는 다양한 사건이 일어날 확률을 나타낸다. (예를 들어 봄에 노동력 증강 이후 군락이 분봉할 확률은 0.87이다.)

부는 기술 덕분에 풍요로운 밀랍 벌집과 꿀 저장분의 유산을 가진 모체 둥지를 물려받는다. 두 유산 모두 모체 둥지에 사는 군락에는 다가올 겨울에 생존할 가능성을 높여줄 엄청나게 중요한 자산이다.

후분봉군 생성은 전적으로 첫 분봉군이 떠난 후 군락의 여력―일벌, 특히 유충들로 측정할 수 있다―에 달려 있고, 그러므로 군락 번식의 사건당 생성되는 후분봉군의 수는 그야말로 제각각이다. 다행히 비관리 군락의 분봉과 후분봉에 관한 상세한 여러 연구 결과 덕분에 그림 7.4에 나타나는 사건들에 확률을 표시할 수 있다. 첫 번째, 우리는 평균적으로 이타카 지역에 사는 비관리 군락 내부의 연간 여왕 교체 확률이 0.87임을 장기적 연구(이번 장의 다음 단락에서 설명한다)를 통해 알고 있다. 그러니까 0.87은 어떤 해에 군락의 어미 여왕벌이 첫 분봉으로 둥지를 떠나 몇백 혹은 몇천 미터 떨어진 곳에 위치한 새로운 둥지 구멍에서 살게 될 확률의 괜찮은 추정치다. 두 번째, 우리는 캔자스주 로렌스(Lawrence)에서 작업하는 마크 윈스턴(Mark L. Winston), 그리고 이타카에서 작업하는 데이비드 길리(David C. Gilley)와 데이비드 타피(David R. Tarpy)가 공들여 수행한 연구를 통해 어미 여왕벌이 첫 분봉으로 떠나고 난 뒤 비관리 군락에서 생산된 딸 여왕벌들의 운명에 대해 많이 알고 있다. 가령 길리와 타피는 대형 관찰용 벌통에 사는 군락을 대상으로 작업했는데, 덕분에 각기 첫 분봉군을 내보내고 난 뒤였던 다섯 군락의 딸 여왕벌들의 활동을—여러 조력자들의 도움을 받아—지속적으로 추적할 수 있었다. 그들은 모체 둥지를 물려받은 여왕벌을 제외한 모든 딸 여왕벌이 제각각 떠나든지 죽임을 당할 때까지 관찰용 벌통 군락의 딸 여왕벌들을 계속해서 불철주야 감시했다. 모든 것을 종합할 때, 윈스턴 및 길리와 타피의 연구는 첫 분봉군을 배출해낸 비관리 군락에서 딸 여왕벌 중 한 마리가 첫 번째 후분봉군으로 떠날 확률은 0.70, 또 다른 딸 여왕벌이 두 번째 후분봉군으로 떠날 확률은 0.60, 그리고 세 번째 딸 여왕벌이 (모든 적수를 죽이고 난 뒤) 원래 둥지를 물려받을 확률은 1.00임을 보여준다.

여왕벌의 생산 과정과 군락의 토대는 살아남은 모든 딸 여왕벌이 둥지에서 날아가 이웃 군락의 수벌들과 짝짓기를 하고 나면 완료된다. (여기에 대해서는 이번 장 후반부에서 논의한다.) 이 시점이 되면 새 보금자리로 이주한 군락은 자신들의 둥지를 짓기 시작한 상태이고, (옛 둥지를 차지한 군락을 포함해) 모든 군락은 개체군을 증강시킬 유충을 키우고 겨울에 대비한 꿀 저장고를 비축하기 위해 집중적으로 먹이를 채취한다. 다가오는 겨울에 옛 둥지와 그곳의 꿀 저장분을 물려받은 운 좋은 딸 여왕벌은 살아남을 확률이 대략 0.81로 꽤 높다. 안타깝게도 새로운 군락의 둥지를 처음부터 짓기 시작해야 하는 그녀의 어미 여왕벌과 자매 여왕벌들에게 겨울 생존 확률은 훨씬 더 낮아서 보통은 0.20 미만인데, 그 이유에 대해서는 곧 논의할 것이다.

자연 선택은 왜 옛 둥지를 떠나 첫 분봉군으로 이동함으로써 새 둥지의 낮은 겨울 생존 확률에 처하게 되는 어미 여왕벌을 선호했는지 의문을 던질 만

하다. 대답은 단순하다고 생각한다. 어미 여왕벌은 옛 둥지에 계속 남아 있기보다는 첫 분봉군으로 떠남으로써 딸 여왕벌들이 벌방에서 나올 때 그중 하나에 의해 죽을 고위험을 회피하는 것이다. 집에 남은 어미 여왕벌한테 닥치는 위험은 길리와 타피, 그리고 1950년대에 스코틀랜드의 애버딘(Aberdeen)에서 작업했던 델리아 앨런(M. Delia Allen)이 발표했듯 처녀 여왕벌이 저지르는 시해에 관한 자료로 입증할 수 있다. 이 세 연구자는 관찰용 벌통에 살다가 분봉한 6개의 연구 군락에서 성장한 처녀 여왕벌 44마리의 운명을 보고한다. 연구자들은 평균적으로 한 군락 내에서 1마리의 처녀 여왕벌이 후분봉으로 떠났고, 또 1마리는 원래 둥지를 물려받았으며, 5.3마리는 동료 처녀 여왕벌의 침에 쏘여 죽은 것을 관찰했다. 어미 여왕벌이 자신을 죽일 것 같은 딸 여왕벌들이 벌방에서 나오기 전에 옛 둥지의 도살장을 벗어나 도망치는 것은 확실히 현명하다.

야생 군락 개체군은 어떻게 존속할까

유리한 환경이라면 여름이 끝날 무렵에 살아 있는 군락은 다음 겨울에도 살아남을 테고 그다음 여름에도 계속해서 번식할 것이다. 그러나 자립해서 살아가는 군락이 언제나 유리한 환경을 경험하는 것은 아니며, 많은 군락은 굶주림이나 질병 또는 노화한 여왕벌의 교체 실패로 겨울철에 전멸한다. 만일 군락의 사망률이 (분봉을 통해) 출생률을 앞지른다면, 한 지역 군락의 개체군은 줄어서 심지어 종료될 수도 있다. 2장에서 우리는 아노트 산림과 인근에 사는 야생 꿀벌 군락의 개체군이 1990년대에 꿀벌응애에 대한 저항력을 키운 이후 안정되었다는 증거를 살펴봤다. 이제 이 야생 군락 개체군이 어떻게 존속할 수 있는지 조사해보자. 그러기 위해 내가 이타카 외곽의 야생 공간에서 자립해 살아가는 꿀벌 군락의 발생 및 손실 패턴에 대해 알게 된 것들을 검토하려 한다. 이 문제에 대한 우리의 지식은 내가 야생 군락의 개체군 변동에 관해―1974~ 1977년과 2010~2016년에―수행한 두 건의 장기적 연구를 바탕으로 한다.

두 연구는 모두 두 가지 조사 방향으로 이루어졌다. 가동소상에 사는 시뮬레이션 야생 군락(simulated wild colonies, 이하 SWC)의 **번식**(분봉)과 천연 보금자리에 사는 야생 군락의 **생존**이다. 벌통에 기초한 군락의 번식 연구에는 고립된 개별 장소에 대략 20개의 SWC를 설치하는 것이 포함됐다. 각 SWC는―야영지에서 채집하거나 벌 유인통을 갖고 포획하는 식으로―천연 분봉군을 잡아서 벌집 틀 10장들이 랑식 벌통에 자리 잡게 해 마련했다(그림 7.5). 벌통에는 벌집 틀 2장의 수벌집과 벌집 틀 8장의 일벌집이 들어 있었고, 입구는 작은 천연 둥지 크기의 구멍으로 축소했다. 간단히 말해, 각 SWC는 목재 벽이 더 얇고 입구를 더 낮춘 점을 제외하면 천연 구멍을 시뮬레이션한 벌통에 거주했다. 나는―추정하건대 주로 분봉에 의한―여왕벌 교체를 감지할 수 있도록 각 군락의 여왕벌마다 페인트칠을 해뒀다. 군락 점검 중에도 표시 없는 여왕벌들을 발견할 때마다 무조건 페인트칠을 해서 군락의 여왕벌이 수년간 계속 이 표시를 달고 다니게끔 했다. 나는 각각의 SWC를 매년 여름 5월 초, 7월 말, 9월 말에 세 차례 점검했다. 이는 각 군락을 이타카 인근 지역의 주요 분봉기(5월 중순에서 7월 중순까지) 전후와 후분봉기(8월 중순에서 9월 중순까지) 전후에 점검한다는 뜻이었다. 이러한 점검은 두 가지 목적에 기여했다. 바로 각 군락의 (아마도 분봉에 의한) 여왕벌 교체와 유충 질병을 확인하는 것이었다.

군락의 생존에 대해 연구하려면 수십 개의 야생 군락을 찾아야 했다. 이를 위해 나는 아노트 산림에서 벌 나무 군락을 사냥하고, 벌 떼 신고 전화(벌 떼 근처의 나무나 건물에서 그 출처를 발견하는 일로 종종 이어졌다)에 응답하고, 나무에 사는 벌 군락을 찾고 있다고 사람들에게 알렸다. 일단 군락을 발견하기만 하면 나머지는 간단했다. 나는 매년 여름 세 차례―5월 초, 7월 말, 9월 말―야

그림 7.5 시뮬레이션 야생 군락을 수용하는 데 사용한 벌통 중 하나. 파란색 구조물은 24시간 동안 끈적끈적한 판자 위에 얼마나 많은 꿀벌응애가 떨어졌는지 집계하는 데 쓰이는 그물망 판자다. 각 군락의 벌통에는 군락의 진드기 양을 무침습 계측〔noninvasive measurement, 無侵襲計測: 생체 신호를 계측할 때, 생체에 과도한 요란(擾亂)을 주지 않고 정보를 얻는 방법—옮긴이〕하기 위해 그물망 판이 고정적으로 갖춰져 있다.

생 꿀벌 군락이 거주한다고 (혹은 최근에 거주했다고) 알려진 모든 장소를 방문했다. 이러한 방문으로 군락이 아직도 각 장소마다 살아 있는지 밝혀졌다. 아울러 과거 군락이 죽어서 빈 장소에 분봉군이 다시 군락을 형성했는지도 밝혀졌다. 나는 1974~1977년에 42개의 보금자리를 추적했다. 26개는 나무에, 16개는 시골 건물(사냥꾼 오두막, 헛간, 농가)에 있었다. 2010~2016년에는 33개의 보금자리를 추적했다. 20개는 나무에, 13개는 시골 건물에 있었다.

표 7.1 군락의 분봉 확률, 그리고 그럴 경우 이후의 다양한 사건이 일어날 확률. 덧붙여 어미 여왕벌과 여러 딸 여왕벌의 군락이 다음 여름까지 생존할 확률과 다양한 종류의 '자손' 군락이 다음 여름까지 살아남을 전체 확률. 'Q' = 여왕벌.

군락의 분봉 확률 (SW)	분봉 이후의 사건	사건(E) 확률	생존(S) 확률	전체 확률 (SW×E×S)
0.87	어미 Q가 새 둥지에 거주한다	1.00	0.23	0.20
	딸 Q가 옛 둥지를 물려받는다	1.00	0.81	0.70
	딸 Q가 후분봉군 #1로 떠난다	0.70	0.12	0.07
	딸 Q가 후분봉군 #2로 떠난다	0.60	0.12	0.06
				1.03군락

군락이 분봉하지 않을 확률(nSW)	분봉하지 않은 이후의 사건			전체 확률 (nSW×E×S)
0.13	어미 Q가 옛 둥지에 머문다	1.00	0.81	0.11군락

꿀벌 군락이 자립해 살 때 어떻게 생존하고 번식하는지에 관한 1970년대와 2010년대의 연구는 놀랍도록 유사한 결과물을 내놓았다. 그 내용은 표 7.1에 요약되어 있다. 이 표의 1열에는 자리 잡은 군락이 여름 동안 분봉을 하거나(p=0.87), 하지 않을(p=0.13) 확률이 보인다. 전부는 아니어도 대부분이 분봉한다는 것을 알 수 있다. 이 표의 다음 열들에는 첫 분봉군이 기존 군락의 둥지를 떠난 뒤 일어날 수 있는 다양한 사건의 확률이 보인다. 어미 여왕벌이 새로운 둥지에 살 확률은 1.00, 딸 여왕벌이 옛 둥지를 물려받을 확률은 1.00, 딸 여왕벌이 첫 번째 후분봉군으로 떠날 확률은 0.70, 또 다른 딸 여왕벌이 두 번째 후분봉군으로 떠날 확률은 0.60이다. 표 7.1은 또한 어미 여왕벌이 이끄는 군락(p=0.23)과 여러 딸 여왕벌, 즉 옛 둥지를 물려받은 딸(p=0.81), 첫 번째 후분봉군으로 날아가는 딸(p=0.12), 그리고 두 번째 후분봉군으로 떠나는 딸(p=0.12)이 이끄는 군락이 다음 해에 살아남을 확률도 보여준다. 어미 여왕벌이 세운 신생 군락의 생존 확률 p=0.23의 값은 첫 분봉군이 다음 여름까지

살아남을 확률이다. 나는 후분봉으로 세워진 군락이 다음 여름까지 살아남을 확률에 좀더 우울한 값을 제시했다. 후분봉군은 첫 분봉군에 비해 다음 봄까지 살아남기 위한 경로에서 더 많은 장애물과 부딪치기 때문이다. 그들은 여름의 후반부에 둥지를 짓기 시작하고, 여왕벌이 짝짓기를 하고 산란을 개시하려면 약 2주가 필요하기 때문에 육아의 시작이 지연되고, 혼인 비행을 하는 동안 여왕벌을 잃을 위험이 있다.

표 7.1에 나타난 결과로부터 두 가지 실질적인 메시지를 끌어낼 수 있다. 첫 번째는 이타카 인근에 사는 대부분(약 87퍼센트)의 야생 군락이 매년 여름에 분봉하며, 분봉하는 군락이 종종 여러 분봉군(평균적으로 1개의 첫 분봉군과 1.3개의 후분봉군)을 배출하기는 하지만 이러한 군락 개체군의 순 증가율은 낮다는 것이다. 매년 겨우 0.14개의 새 군락이 기존의 군락당 개체군에 추가될 뿐이다. (평균적으로 첫해 봄에 살아 있는 모든 군락 중 2년차 봄에 살아 있는 군락의 예상 수치는 1.03 + 0.11 = 1.14이다.) 이 개체군 증가율이 낮기는 하지만, 사양(飼養)이 빈약한 여름이나 특히 힘에 부치는 겨울로 인해 초래되는 한 차례의 심각한 사망률로부터 이 야생 군락의 개체군이 회복하게끔 하기에는 충분해 보인다. 두 번째 실질적 메시지는 이 개체군이 이타카 인근의 들판과 숲의 수용력—지속 가능한 개체군의 최대치—에 근접한 듯하다는 것이다. 새 보금자리로 이주한 군락의 낮은 생존 확률은 신생 군락이 기존 군락의 개체군에 끼어드는 게 확실히 어렵다는 뜻이다.

벌 나무에는 벌이 얼마나 오래 살까

분봉군이 일단 속 빈 나무나 그 밖의 천연 보금자리로 이동하고 나면 꿀벌 군락은 지속적으로 그 장소에 얼마나 오래 거주할까? 바꿔 말하면, 그 장소는 벌과 함께 얼마나 오래 살아 있을까? 이 질문에 대답하고자 나는 표 7.1에 나타난 확률을 이용해 벌이 거주하는 보금자리의 평균 '수명'을 계산했다. 그러기 위해 가능한 한 모든 장소의 '연령'(예를 들면 0, 1, 2, 3, …… 20)에다 그 연령에 장소가 '사망'할 확률을 곱한 다음, 이 곱셈으로 산출된 21개의 수를 합산했다. 그리고 이 합계에 0.5년을 더했다. (사망 시 개체의 수명은 평균적으로 사망 시의 연도로 표시된 연령보다 반년을 더 살기 때문에 0.5년을 추가할 필요가 있다. 예를 들어 80세에 죽은 사람은 실제로는 80년하고도 6개월을 살았을 수 있다.) 나는 각 연령대의 장소 생존 확률과 그 연령의 장소 사망 확률을 곱해 특정 연령층에 한정된 장소의 사망 확률을 계산했다. 이런 계산을 하면서 한 살일 때 그 장소의 생존 확률이 0.23이 되도록 그 장소에 어미 여왕벌을 포함한 분봉군(따라서 첫 분봉군)이 군락을 세웠다고 가정했다. 그 이후 연령에서는 그해에 분봉을 했건(그래서 딸 여왕벌이 그 장소를 물려받았건) 아니면 하지 않았건(그래서 어미 여왕벌이 그 장소에 여전히 있건) 장소의 생존 확률로 0.81을 사용했다. 기존 군락의 생존 가능성이 0.81이기 때문이다. 이렇게 계산하니 이타카 지역에서 군락이 거주하는 벌 나무의 평균 수명으로 1.7년이라는 추정치가 나왔다. 이 수치는 나무나 건물에서 자립해 사는 군락이 첫해 겨울에 살아남을 확률이 안타깝게도 낮기 때문에(p=0.23) 상당히 짧다. 하지만 신생 군락이 첫 번째 겨울에 살아남을 경우 이후에는 매년 이 장소의 군락 생존 확률이 훨씬 더 높아지는데(p=0.81), 이는 그 장소가 벌과 더불어 여러 해 동안 살아 있을 가능성이 있다는 뜻이다. 계산에 따르면, 신생 군락이 위태로운 첫해 겨울에 살아남은 장소에서는 군락이 평균적으로 5.2년을 더 계속 거주하는 것—이론상으로만 그런 것은 아니다—으로 나타난다. 야생 군락이 거주하는 22개의 보금자리를 추적한 6개년(2010~2016) 프로그램에서 내가 6년간 계속 관찰한 것은 8곳이었는데, 2곳에서는 이 기간 내내 벌이 살았던 반면, 다른 2곳에는 4년간 살았다. 게다가 한 장소는 2017년 5월부로 7년이라는 지속적인 점유 기록을 달성했다. 그림 7.6은

그림 7.6　아노트 산림의 높은(9.4미터/31피트) 은 백양에 있는 군락 둥지 입구 주위에 모인 일벌들. 1년에 3회 점검한 결과, 처음 발견한 2011년 8월 27일부터 2017년 9월 20일까지, 그러니까 6년 동안 군락이 이 벌 나무를 지속적으로 점유한 것으로 나타났다. 가장 최근인 2018년 5월 8일의 점검에서는 여기에 살던 군락이 2017년에서 2018년으로 넘어가는 가혹하게 길고 추웠던 겨울 동안 죽은 것으로 밝혀졌다.

2017년 9월부로 6년간의 지속적인 점유 기록을 달성한 현장을 보여준다. 입구는 거대한 은백양의 높은 곳에 자리한 작은 구멍이며 남향이다.

수벌과 여왕벌 사이의 투자 비율

꿀벌의 번식 생태에서 가장 주목할 만한 특징은 놀랍도록 편향된 성비다. 이 장에서 조금 전에 살펴봤듯 전형적인 야생 군락은 매년 약 7500마리의 수벌을 성충으로 키우지만, 1개의 첫 분봉군과 (평균) 1.3개의 후분봉군을 합쳐 겨우 2.3개의 분봉군을 배출할 뿐이다. 그러나 진화론은 자연 선택이 가장 단순한 시나리오—대규모 교배 개체군, 균질한 개체, 임의의 짝짓기, 강력한 이종교배 등—로 수컷 자손과 암컷 자손 생산에 동등한 자원 배당을 선호할 것이라고 예측한다. 이는 개체군의 모든 개체 안에 들어 있는 (가령 모든 꿀벌 군락 내의) 유전자 중 절반은 수컷의 번식 성공을 통해 (즉 정자를 통해), 또 절반은 암컷의 번식 성공을 통해 (즉 알을 통해) 오고, 그에 따라 유전적인 성공을 거두는 데 있어 수컷과 암컷의 기능이 동등하게 효과적인 수단이기 때문이다. 그러니 꿀벌 군락이 매년 여름 수천 마리의 수벌을 생산하는 데 반해 여왕벌은 극소수만 생산하는 것은 적어도 얼핏 보면 당혹스러운 일이다.

　이론과 실제의 엄청난 간극처럼 보이는 이 문제를 해결할 첫 번째 단계로, 수컷과 암컷을 통한 번식에서 꿀벌 군락의 총투자를 구성하는 요소가 무엇인지 생각해보자. 수컷 자손에게 이것은 간단하다. 그냥 군락이 수벌을 생산하고 평생 동안 그들을 지원하는 데 쓰는 모든 자원이다. 암컷 자손에게 상황은 더 복잡하다. 나는 암컷을 통한 번식에서는 분봉군을 배출하기 위해 쓰는 모든 자원을 포함시켜 군락의 총투자를 계산하는 게 맞다고 생각한다. 이런 결론은 꿀벌 군락과 사과나무의 (암컷을 통한 번식 방법의) 유사성에서 나온다. 즉

표 7.2　꿀벌 군락이 여름 동안 내보내는 분봉군에 평균적으로 투자하는 일벌 수 계산

분봉 확률 (P_{sw})	분봉 종류	분봉 종류의 확률 (P_{type})	일벌의 평균 수 (W)	투자된 일벌의 예상 수 ($P_{sw} \times P_{type} \times W$)
0.87	첫 분봉군	1.00	16,033	13,949
	후분봉군 #1	0.70	11,538	7,026
	후분봉군 #2	0.60	3,926	2,049
				총 23,024

꿀벌 군락은 분봉군 안에서 보호받는 여왕벌을 생산하고, 사과나무는 사과 안에 묻힌 씨앗을 생산한다.

이런 관점에서 문제를 보면 꿀벌 군락이 수컷을 통해 번식할 때와 암컷을 통해 번식할 때 얼마나 많이 투자하는지를 비교하는 방법이 나온다. 군락이 수컷을 통한 번식을 위해 생산하는 벌의 전체 건조 중량(dry weight: 생물의 체적을 측정하는 방법으로, 건조한 상태에서의 무게─옮긴이)을 알아내고, 그것을 분봉군을 통한 번식을 위해 생산하는 벌의 전체 건조 중량과 비교하는 것이다. 우선 수컷을 위한 투자인 이 건조 중량 측정값을 계산해보자. 우리는 이미 로버트 페이지와 마이클 스미스 및 동료들이 측정한 비관리 군락의 수컷 유충 면적 수치를 통해 그 군락들이 여름 동안 평균 7812마리와 6949마리의 수컷을 생산했고, 따라서 여름마다 1개 군락당 평균 7380마리의 수컷을 생산했음을 알고 있다. 수컷 한 마리의 건조 중량은 45밀리그램(0.0016온스)이므로, 여름 동안 군락의 수컷에 대한 (건조 중량의 관점에서 측정한) 평균 총투자는 7380×45밀리그램 = 332그램(약 11.7온스)의 건조된(dried) 수벌이다.

군락이 분봉군의 벌에 투자한 전체 건조 중량은 어떻게 될까? 표 7.2에 나온 계산에 따르면, 군락은 여름철에 분봉을 뒷받침하는 평균 2만 3024마리의 일벌을 생산한다. 일벌 한 마리의 건조 중량은 17밀리그램(0.0006온스)이므로 여름 동안 군락의 분봉군에 대한 (건조 중량의 관점에서 측정한) 평균 총투자는

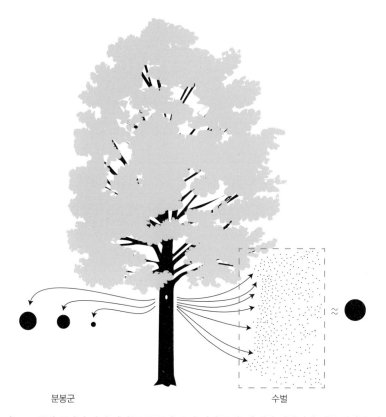

분봉군   수벌

그림 7.7　꿀벌 군락의 암컷 번식(분봉군)과 수컷 번식(수벌)에 대한 상대적인 평균 투자를 시각화한 그림. 분봉군을 나타내는 원 3개의 면적은 군락이 첫 분봉군, 첫 번째 후분봉군, 그리고 두 번째 후분봉군을 배출할 때의 평균 투자─벌의 건조 중량으로 측정한다─에 비례한다. 수벌을 나타내는 원의 면적은 수벌을 생산할 때 군락이 쏟아붓는 평균 투자에 비례한다. 분봉군과 수벌의 수 및 크기는 대단히 다르지만, 그들의 전체 건조 중량은 거의 똑같다.

2만 3024×17밀리그램 = 391그램(약 13.8온스의 건조된 일벌)이다. 332그램(수컷)과 391그램(일벌)이라는 이 두 값은 군락이 사실은 수컷과 암컷의 번식 단위를 구축하는 데 대략 똑같은 자원을 투자하고 있음을 말해준다(그림 7.7). 만일 거기에 군락의 번식에 대한 일벌과 수벌의 기여도 대비 그들의 연료비를 포함한다면, 군락이 암컷과 수컷 번식에 얼마나 투자하는지에 대한 이 두 추정치는 훨씬 더 가깝게 일치하지 않을까 싶다. 일벌의 번식 활동에 연료를 공급하는 일

그림 7.8　벌방에서 올라오기도 전에 일벌이 배고픈 어린 수벌에게 먹이를 주고 있다.

은 딱 한 번 분봉군으로 떠나기 직전에 일어나지만, 수벌의 연료 공급은 벌방에서 나올 때 바로 시작되어(그림 7.8) 보통은 몇 주 뒤 죽을 때까지 계속되면서 평생에 걸쳐 이어지니 말이다.

최적의 분봉군 분할분

여러분이 양봉가라면 가장 경악할 경험 중 하나가 꽃꿀 공급이 지속되는 동안 벌통 뚜껑을 열었는데, 부지런히 저장 벌집을 꿀로 채우고 있어야 할 벌들이 더 이상 바글대지 않는 걸 발견하는 일일 것이다. 벌통은 그 대신 완전히 버림받은 것처럼 보인다. 젠장, 군락이 분봉을 했군! 이 군락의 벌이 대부분 사라지면, 그들과 함께 이 군락에서 최근까지도 1등급이었던 풍부한 꿀을 얻을 거라 기대했던 당신의 전망도 사라져버린다. 일벌 개체군에서 그렇게 대다수가 첫 분봉으로 떠나는 이유는 도대체 무엇인지 의문이 들 것이다. 최근에 나는 두 동료 줄리아나 랭걸(Juliana Rangel) 및 컨 리브(H. Kern Reeve)와 함께 자연선택이 어떻게 '분봉군 분할', 다시 말해 군락에서 첫 분봉군(어미 여왕벌이 있는 군락)을 배출할 때 떠나보내는 노동력의 비율을 조정해왔는지 조사했다. 우리는 꿀벌 군락의 기능 설계에서 이 부분을 조사하는 데 매력을 느꼈다. 이것은 양봉가들이 조작할 수 없는 부분이고, 따라서 고스란히 벌의 통제하에 있는 그들 생태의 일부이기 때문이다.

벌들이 풀어야 하는 문제는 바로 이것이다. 성충 일벌을 새 군락과 옛 군락 사이에 어떻게 분배해야 하는가? 새 군락―옛 여왕벌(일벌들의 어미)이 이끈다―이 거주지로 이동하자마자 그 일벌들은 일단의 벌집을 짓는 엄청난 과업과 씨름하기 시작한다는 것을 우리는 알고 있다. 그러는 사이 옛 군락―새 여왕벌(일벌들의 자매)이 이끈다―은 완벽한 벌집 전부, 많은 유충, 흔히 상당량의 꿀 저장분을 포함하는 모체 둥지의 풍부한 자원을 물려받는다. 어미 여왕벌 군락과 자매 여왕벌 군락이 소유한 자원의 이러한 현격한 비대칭을 감안할 때, 분봉을 내보낼 군락은 노동력 대부분을 분봉군에 할애해야 할 것으로 예상된다. 그렇지만 얼마만큼 많이 할애하는 게 최적일까?

우리는 이 문제를 두 부분의 조사를 통해 연구했다. 먼저, 일벌이 어미 여왕벌 군락과 자매 여왕벌 군락 사이에 그들의 유전적 성공을 극대화할 방식으로 분할되어야 한다는 진화생물학적 통찰을 토대로 두 군락 간 최적의 일벌 할당을 위한 포괄적 적응도 모델(inclusive fitness model)을 구축했다. 이 모델에는 다음의 세 가지 요소가 있다. 1) 각 여왕벌이 생산한 자손과 일벌의 유전적 관련도(r). 2) 원래 군락의 일벌 중 분할된 x가 어미 여왕벌과 함께 떠날 경우 각 군락의 겨울 생존 확률 $S_{mother}(x)$와 $S_{sister}(x)$, 그리고 3) 원래 군락의 성충 일벌 중 분할된 x가 어미 여왕벌과 함께 떠날 경우 겨울에 살아남은 각 군락의 예상되는 번식 성공도 $W_{mother}(x)$와 $W_{sister}(x)$. 변인 x는 '분봉군 분할분'이라 부르며, 원래 군락의 **성충** 일벌만을 지칭한다. 왜냐하면 어미 여왕벌 군락과 자매 여왕벌 군락 사이에 자신들을 어떻게 분배할지 결정할 수 있는 것은 바로 이 일벌뿐이기 때문이다.

최적의 분봉군 분할분을 예측할 수 있는 이 모델을 사용하기 위해서는 분봉군 분할분의 함수로서 어미 여왕벌 군락과 자매 여왕벌 군락의 겨울 생존 확률을 결정해야 했다. 그러기 위해 우리는 2008년 6월 15개의 군락 각각에서 인공 분봉군을 만들었다. 여기에는 인공 분봉군에 넣을 어미 여왕벌과 각 군락에서 일정 비율의 일벌(0.90, 0.60, 또는 0.30)을 차출하는 작업이 수반되었다. 각 처리 집단(분봉군 분할분)에는 5개의 군락이 있었다. 벌집 틀 10장들이 벌통(밀랍 벌집 기초를 보유한 벌집 틀을 갖췄다)에 우리의 인공 분봉군을 각각 설치한 후 그들이 벌집을 짓고 먹이를 채집하고 유충을 키우게 놔뒀다. 하지만 2008년 7월부터 2009년 4월까지 한 달에 한 번은 그들이 아직 살아 있는지 확인하려고 각 군락을 점검했다. 이 작업은 분봉군 분할분(sf)의 함수로서 어미 여왕벌 군락의 겨울 생존 확률(p)의 값을 다음과 같이 산출했다. sf=0.90이면 p=0.80. sf=0.60이면 p=0.20. sf=0.30이면 p=0.00. 자매 여왕벌 군락의 경우 여기에 상응하는 겨울 생존 확률은 0.20, 0.40, 0.40이었다.

이러한 결과를 사용하는 한편 분봉군 분할분[w(x)] 대비 군락의 번식 성공 함수가 어미 여왕벌 군락과 자매 여왕벌 군락 양쪽에 같다고 가정하면서 우리는 분봉할 군락 일벌 한 마리의 포괄적 적응도를 분봉군 분할분의 함수로 계산했다. 그 결과가 그림 7.9에 나와 있다. 이 모델은 분봉군 분할분이 0.76~

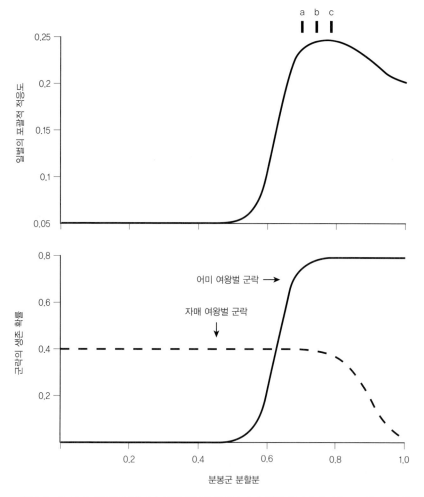

그림 7.9 **위:** 어미 여왕벌 군락에서 일벌 분할분의 함수로서 일벌의 포괄적 적응도. 이는 분봉군 분할분이 0.77일 때 극대화됐다. 맨 위의 막대들은 보고된 값을 나타낸다. **아래:** 분봉군 분할분의 함수로서 어미 여왕벌 군락과 자매 여왕벌 군락의 생존 곡선. 각각의 선은 현장 실험에서 나온 데이터와 맞아떨어진다.

0.77일 때 일벌의 포괄적 적응도가 가장 높다고 예측한다. 또한 분봉군 분할 분이 0.65~0.80이라는 꽤 넓은 범위에 걸쳐 있으며, 이 범위에 있을 때 분봉 하는 군락 일벌의 포괄적 적응도가 높다고 예측하기도 한다. 사람들이 발견

한 실제 분봉군 분할분은 어떻게 될까? 세 연구는 분봉군 분할분의 평균값이 0.68, 0.72, 0.75이며 전체 평균은 0.72라고 보고했다.

이 모델에서 **예측한** 분봉군 분할분의 최적값(0.76~0.77)이 **관찰한** 분봉군 분할분의 평균값(약 0.72)에 아주 가깝다는 사실은 일벌이 자매 여왕벌과 머무르기보다는 어미 여왕벌과 떠나기를 강하게 선호함으로써 자신들의 유전적 성공도(포괄적 적응도)를 사실상 극대화하고 있다는 뜻이다. 각각의 일벌이 자매(아마 아비가 다른 자매일 것이다)의 자손에 비해 어미의 번식 자손(여왕벌과 수벌)과 더 많이 관련되어 있다는 게 부분적인 이유다. 또한 일벌이 어미 여왕벌과 떠나기를 강하게 선호하는 것은 어쩌면 자연 선택에 의해 선호되어왔을 수도 있다. 왜냐하면 어미 여왕벌 군락은 새 군락을 세우는 어마어마한 도전에 직면해 있고, 따라서 다음 여름까지 생존할 기회를 갖기 위해서는 많은 노동력이 필요하기 때문이다.

야생의 짝짓기

1950년대 이후로 우리는 여왕벌들과 수벌들이 혼인 비행으로 날아오를 때 이성(異性)을 찾기 위해 둥지 근처를 무작위로 돌아다니는 것은 아님을 안다. 오히려 처녀 여왕벌들과 젊은 수벌들은 공중—약 10~20미터(약 30~60피트) 높이—에서 짝짓기를 하기 위해 모이는 (수벌 집합소라 부르는) 특정 장소에 도달하기 위해 장거리 비행을 한다. 수벌들은 공중의 만남 장소로 대략 오후 1시에 날아가기 시작하는데, 이는 여왕벌들이 도착하기 약 1시간 전이므로, 보통 첫 번째 여왕벌이 올 무렵에는 각 현장을 빙빙 도는 수벌 무리가 있다. 어린 여왕벌이 수정을 위해 힘차게 떠나갈 때 그녀를 보호해줄 일벌 수행단 없이 여행한다는 것은 놀라운 사실이다. 처녀 여왕벌은 혼자 날아가기 때문에 잠자리를 비롯한 공중의 다른 식충 동물에게 손쉬운 먹잇감이 되는데, 이는 혼인 비행이 그녀의 삶에서 가장 개인적일 시간일 뿐 아니라 가장 위험한 시간이기도 하다는 뜻이다. 그러므로 처녀 여왕벌이 혼인 비행을 보통 단 한 차례 감행하고, 그마저도 불과 10~20마리와의 교미로 짧게 끝낸다는 것은 놀랄 일이 아니다.

처녀 여왕벌과 교미할 준비가 된 수벌들이 짝짓기를 위해 만나는 장소는 해가 바뀌어도 안정적인 듯하다. 가령 오스트리아령 알프스에 있는 룬츠암제(Lunz am See) 인근의 (많은 연구가 이루어진) 일단의 수벌 집합소는 1960년대 이후로, 그러니까 적어도 50년간 지속되어왔다. 다른 수벌 집합소도 역시 수십 년간 지속된 것으로 밝혀졌다. 그중 한 곳은 코넬 대학교 캠퍼스에 있다. 1960년대에 노먼 게리(Norman E. Gary)가 여왕 물질 페로몬인 E-9-옥소-2-데센산(E-9-oxo-2-decenoic acid)의 주요 성분이 꿀벌의 성 유인(性誘引) 물질 페로몬으로 작용한다는 것을 밝히는 실험을 수행하던 중 발견한 장소다. 이 수벌 집합소는 이런 일이 아니었으면 수의학과 단과대 정북 쪽의 나무로 우거진 가파른 언덕의 작은 잔디밭—약 100×100미터(330×330피트)—에 지나지 않았을 이곳의 공중을 수벌들로 가득 채운다. 나는 6월의 화창한 오후에 툭하면 이곳 잔디 위에 누워서 여왕벌을 따라다니는 혜성 같은 수벌들(또는 내가 새총으로 쏘아올린 조약돌)이 눈부시게 푸른 하늘을 가로지르는 광경을 지켜보곤 했다. 한 번은 짝짓기를 끝낸 여왕벌이 땅에 추락해 있는 것을 목격했다. 언뜻 그녀를 이용해 새 군락을 시작해볼까 생각했지만, 만일 그렇게 하면 군락을 고아 신세로 만들 것임을 깨달았다. 그래서 그 여왕벌이 집으로 날아가게 내버려뒀다.

우리가 수벌 집합소에 대해 아는 대부분의 지식은 1960년대와 1970년대에 오스트리아에서 작업한 프리드리히 루트너(Friederich Ruttner)와 한스 루트너(Hans Ruttner) 교수, 그리고 그들의 계승자로 현재까지도 (오스트리아와 독일 양쪽에서) 조사를 지속하고 있는 구드룬 쾨니허(Gudrun Koeniger)와 니콜라우스 쾨니허(Nikolaus Koeniger) 교수, 두 형제들의 연구로부터 나왔다. 이들은 여왕벌들과 수벌들의 '즉석 만남' 장소에 눈에 띄게 구분되는 경계가 있을 수 있다는 점을 발견했다. 가령 루트너 형제는 한 장소에서 비행 중이던 여왕벌—수소 풍선에 매달려 높이 올라간 우리(cage)에 갇혀 있었다—을 수벌 집합소에서 30미터(약 100피트)만큼만 옮겨도 우리에 갇힌 여왕벌 주위를 빙빙 돌던 수벌의 수가 10분의 1로 줄어들기 십상이라는 점을 알아냈다. 또한 그들이 연구를 수행한 산악 지대에서는 여왕벌과 수벌이 수평선의 최저점을 향해 비행함으로써 그들의 집합소 방향을 파악하는 것처럼 보인다는 것도 알아냈다. 수벌은 그곳을 광도가 최대치인 방향으로 인식할지도 모른다. 수벌은 수평선에서 광도가 동일한 장소에 도달할 때까지 이런 식으로 날면서 계속 자기 위치를 파악하고, 그 지점에 도달하면 빙빙 도는 것일 수도 있다. 수벌 집합소가 어떻게 평평한 전원 지대에 형성되는지는 여전히 수수께끼다. 평지에서는 수벌이 좀더 균등하게 분포되어 있고, 여왕벌의 유혹적인 향기를 감지할 때에만 집합하며 그 냄새의 출처를 향해 바람을 거슬러 날아가는 것인지도 모른다.

꿀벌의 짝짓기 습성에 관한 다른 두 가지 연구는 짝짓기 장소의 밀도와 여왕벌들과 수벌들이 그곳에 닿기 위해 날아가는 거리를 조사했다. 독일 남부의 에를랑겐(Erlangen)에서 이뤄진 한 집중적인 조사는 약 3제곱킬로미터(1.16제곱마일)에 달하는 원형의 지역 내에서 1제곱킬로미터당 약 1.6개(1제곱마일당 약 2.6개)의 밀도로 5개의 수벌 집합소가 있는 것을 발견했다. 오스트리아의 룬츠 암제 인근에서 수행한 유사한 조사 결과는 그림 7.10에 나와 있다. 여기서 발견한 밀도는 에를랑겐 근처에서 발견한 것보다 훨씬 더 낮은 1제곱킬로미터당 약 0.1개(1제곱마일당 약 0.3개)의 수벌 집합소였다.

비행 거리를 고려하면, 여왕벌과 수벌 모두 수벌 집합소에 도달하기 위해서는 틀림없이 상당한 거리를 날아갈 것이다. 여왕벌은 집으로부터 평균 2~

3킬로미터(1.2~1.9마일) 떨어진 곳에서 짝짓기를 하고, 수벌들은 성적으로 자유분방한 여왕벌을 만나기 위해 5~7킬로미터(3.0~4.2마일) 이상을 여행한다. 아마 장거리 혼인 비행을 하는 수벌에 대한 가장 인상적인 증거는 1960년대 중반 프리드리히 루트너와 한스 루트너가 오스트리아령 알프스에서 수행한 방대한 표식-재포획법(mark-and-recapture) 연구에서 나온 것일 터이다. 그들의 연구 현장은 과거 몇 년간 그들이 수벌 집합소를 발견한 적이 있고 연구 현장 주변에 흩어져 있는 19개의 양봉장에 사는 군락한테도 접근할 수 있는 룬츠암제 마을 근처였다(그림 7.10 참조). 그들은 이 양봉장들에서 수천 마리의 수벌한테 각각 특정 군락을 나타내는 페인트 표시를 하는 것으로 작업을 시작했다. 그런 다음 그 지역에서 자신들이 알고 있는 6곳의 수벌 집합소 중 2곳의 수벌들을 포획했다. 그들의 포획 방법은 다음과 같았다. 즉 수소를 가득 채운 풍선에 작은 플라스틱 우리를 매달고 그 안에 여왕벌 한 마리를 넣어 높이 띄웠다. 그러곤 수벌 무리가 여왕벌 주변을 빙빙 돌 때까지 기다렸다. 그리고 손잡이가 긴 포충망을 사용해 여왕벌을 미끼로 수벌들을 채집할 수 있는 위치까지 풍선을 천천히 내렸다. 놀랍게도 두 사람은 자신들의 연구 현장 중앙부 높은 언덕에 위치한 수벌 집합소 C에서 그 지역의 양봉장 19곳 중 18곳의 수벌을 포획했다. 집합소 C에서 포획한 수벌 중 유일하게 양봉장 9의 수벌이 없었다. 양봉장 9는 이 집합소에서 불과 1.6킬로미터(1마일)밖에 떨어져 있지 않았지만 300미터(약 1000피트) 넘게 솟은 제코프산으로 인해 그곳과 분리되어 있었다. 루트너 형제는 또한 자신들이 포획한 수벌 중 각 양봉장 출신의 수벌이 얼마나 있는지를 보고했다. 나는 그 데이터를 가지고 집합소 B와 C에서 그들이 포획한 수벌이 날아온 평균 거리를 계산했다. 각각 3.0킬로미터(1.9마일)와 2.3킬로미터(1.4마일)였다. 그들이 발견한 최장거리 혼인 비행은 수벌 한 마리가 양봉장 17에서 집합소 C까지 한 여행이었다. 이 벌은 산 위로 3.9킬로미터(2.4마일)의 최단 경로를 날아가거나 (이쪽이 더 그럴 법한데) 호수로 이어지는 긴

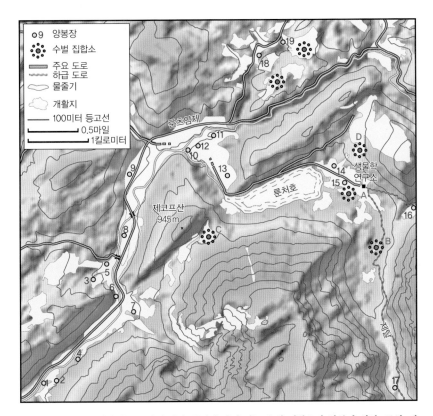

그림 7.10 오스트리아의 룬츠암제 마을 주변의 산에 있는 수벌 집합소와 양봉장 위치. 표식-재포획법 연구에 따르면 모든 양봉장(9번 제외)의 수벌은 지도 중앙에 있는 수벌 집합소 C를 방문하고 있는 것으로 드러났다.

계곡(제탈) 아래로 난 약 6킬로미터(3.7마일)의 곡선 경로를 이용해 산을 빙 돌아갔다.

오스트리아령 알프스 수벌들의 인상적인 혼인 비행 거리에 관한 이 결과물은 도널드 피어(Donald F. Peer)가 1950년대에 캐나다 온타리오주에서 연구하며 발견한 내용으로 뒷받침된다. 그는 자신의 실험 군락 말고는 아무것도 없는 방대한 침엽수림에 둘러싸인 지역에 군락들을 데리고 들어가 꿀벌의 짝짓기 범위를 연구했다. 그는 열성(recessive, 劣性) 색깔 돌연변이인 코르도반

(Cordovan) 대립형질 유전자를 가진 수벌만 생산하는 20개의 군락으로 채운 양봉장 하나를 세웠다. 아울러 각각 수벌은 없고 코르도반 돌연변이 동형 유전자를 가진 처녀 여왕벌 한 마리를 보유한 소군락(짝짓기 핵)들도 마련했다. 혼인 비행 범위에 관한 데이터를 얻기 위해 그는 처녀 여왕벌이 있는 짝짓기 핵들을 수벌이 있는 자신의 대군락들로부터 다양한 거리로 떨어뜨려놓았다. 그 결과 수벌 공급원인 군락들부터 19.3킬로미터 또는 22.6킬로미터(12마일 또는 14마일)만큼 떨어져 있는 22마리의 여왕벌 중에서는 하나도 짝짓기에 성공하지 못했지만, 수벌 공급원인 군락들로부터 16.0킬로미터(10마일) 이하로 떨어져 있는 여왕벌들은 대부분 실제로 짝짓기에 성공했으며, 오직 코르도반 대립형질 유전자를 가진 (그러니까 자신의 양봉장에서 온) 수컷들하고만 짝짓기했다는 것을 알아냈다. 피어의 인상적인 결과물이 전형적인 범위가 아니라 최대치의 짝짓기 범위를 드러내기는 하지만, 꿀벌의 짝짓기 범위가 이렇게 엄청나게 넓다는 사실은 아피스 멜리페라에게는 거의 확실하게 강력한 이종교배가 원칙임을 시사한다.

일처다부제는 야생에서 더 약할까

일처다부제—암컷 한 마리가 여러 수컷과 짝짓기하는 습성—는 곤충들 사이에서 흔하지 않지만, 모든 꿀벌 종에게서는 놀랄 만큼 높은 수준으로 일어난다. 아피스 멜리페라 여왕벌의 일처다부제 수준은 그 일벌들의 유전적 다양성을 설명하는 데 얼마나 많은 정자 기증자가 필요한지 알아보기 위해 군락 일벌들의 유전자형을 들여다보는 것으로 측정해왔다. 이런 조사에 따르면, 여왕벌 1마리는 평균 12마리가량의 수벌과 짝짓기하는 것으로 나타났다. 꿀벌 여왕벌은 왜 그렇게 문란한 걸까? 여왕벌 1마리가 일생 동안 지속될 충분한 정자 공급분을 틀림없이 획득하도록 보장받는 데는 이런 행동이 굳이 필요하지 않다는 것을 우리는 안다. 수벌 1마리의 사정액에는 평균 약 1100마리의 정자가 들어 있고, 따라서 여왕벌 1마리가 혼인 비행에서 얻는 정자는 총 1억 개가 넘을 수 있다. 그러나 여왕벌은 보통 약 500만 개의 정자—여왕벌이 획득한 정자 중 무작위 부표본(subsample)—만을 자신의 정자 저장 기관(수정낭)에 저장한다. 지금은 여왕벌이 10여 마리 정도의 수벌과 짝짓기한 다음 그들로부터 얻은 정자를 저장하는 이유가 자신이 낳는 수정란이 유전적으로 다양한 노동력을 생산할 수 있도록 하기 위함이라는 게 알려져 있다. 수많은 연구가 일벌의 유전적 다양성이 높으면 군락에 현저한 이익을 대거 제공한다는 점을 밝혀왔다. 여기에는 질병에 대한 저항력 개선, 육아권의 온도 안정성 증가, 그리고 더욱 확장되고 발 빠르게 반응하는 먹이 채집 활동을 통한 먹이원 획득의 향상이 포함된다. 한 군락에서 노동력의 유전적 다양성이 높아지면 정확히 어떻게 그 군락을 좀더 효과적으로 만드는지에 대한 수수께끼는 헤더 마틸라(Heather R. Mattila)가 코넬 대학교 박사후과정 학생일 때부터 신중하게 탐구해온 주제다. 헤더가 수행한 탐구의 한 줄기는 군락의 먹이 채집 능력에 중점을 뒀고, 이를 연구하기 위해 그녀는 복수 부계 군락과 단일 부계 군락, 즉 여왕벌이 10마리의 수벌로부터 모은 혼합 정액 또는 단 한 마리의 수벌로부터 모은 같은 양의 정액으로 기구(器具) 수정을 한 군락에서 개별 채집벌들의 활동을 비교했다. 헤더는 복수 부계 군락이 사회적으로 먹이 채집을 촉진하는 벌—다시 말해, 아침 일찍 채집벌(그리고 8자춤 추는 벌)로 일함으로써 군락의 먹이 채집 활동에 활기를 불어넣는 일벌—이 더 많아 이득을 본다는 걸 발견했다. 참여도가 높은 이 벌들은 복수 부계 군락에서도 극소수의 부계에만 속했고 단일 부계 군락에는 없을 때가 많았다.

최근까지—유럽이나 북아메리카에 사는—아피스 멜리페라 유럽 아종의 여왕벌에 대한 모든 짝짓기 빈도 추정치는 양봉장에 사는 관리 군락, 다시 말해 수벌이 넘쳐나는 곳에서 혼인 비행을 수행했을 여왕벌이 이끄는 군락으로부터 수집한 일벌 표본에 바탕을 두었다. 나는 이 여왕벌의 짝짓기 빈도 추정치가 군락이 서로 멀찍이 떨어져 있는 야생에 사는 여왕벌에게도 해당하는지 궁금했다. 군락의 밀도가 더 낮고 잠재적 짝짓기 상대가 더 적으면 여왕벌은 더 낮은 짝짓기 빈도를 보일까? 이 질문에 답하기 위해 나는 동료 둘―노스캐롤라이나 주립대학교의 데이비드 타피와 델라웨어 대학교의 데버라 딜레이니(Deborah A. Delaney)―과 함께 아노트 산림에 사는 군락의 여왕벌 짝짓기 빈도를 알아보는 작업을 수행했다.

이 연구의 첫 번째 단계를 밟은 시기는 나와 코넬 대학교 학부생 숀 그리핀(Sean R. Griffin)이 2장에서 기술한 최단 경로 찾기 기법을 활용해 아노트 산림 안과 바로 바깥에 사는 벌 나무 군락 10개의 위치를 알아낸 2011년 8월이었다(그림 7.11). 우리는 각각의 벌 나무 군락마다 적어도 100마리의 일벌 표본을 수집하기 위해 먹이 기지에서 벌을 포획했다. 그리고 이 벌들이 군락이 거주하는 나무의 100미터(330피트) 이내에 도달하기만 하면 잡아들였다. 그 지점에 둔 우리의 먹이 기지는 (나중에 유전자 분석으로 확인한 바에 의하면) 인근 군락에서 온 채집벌들이 완전히 장악하고 있었다.

우리의 **야생** 군락과 가장 가까이 있는 **관리** 군락의 여왕벌 짝짓기 빈도를 비교하고 싶었기 때문에 2011년 8월 아노트 산림과 가장 가까운 두 양봉장에서 각각 10개씩 총 20개의 관리 군락으로부터 약 100마리씩의 일벌을 또다시 수집했다. 양봉장 1은 아노트 산림의 남서쪽 경계(그림 7.11 참조)에서 불과 1.0킬로미터(0.6마일) 떨어진 곳에 있었고, 2011년 5월에 상업 양봉가가 신설한 것이었다. 이 양봉장 군락들은 캘리포니아의 여왕벌 사육업체로부터 그해 봄에 구입한 어린 여왕벌들을 보유하고 있었으므로, 우리는 그곳의 10개 군락에서 채취한 일벌 표본이 상업용으로 생산한 여왕벌의 짝짓기 빈도에 관한 정보를 제공할 거라고 확신했다. 또 다른 양봉장(양봉장 2)은 아노트 산림의

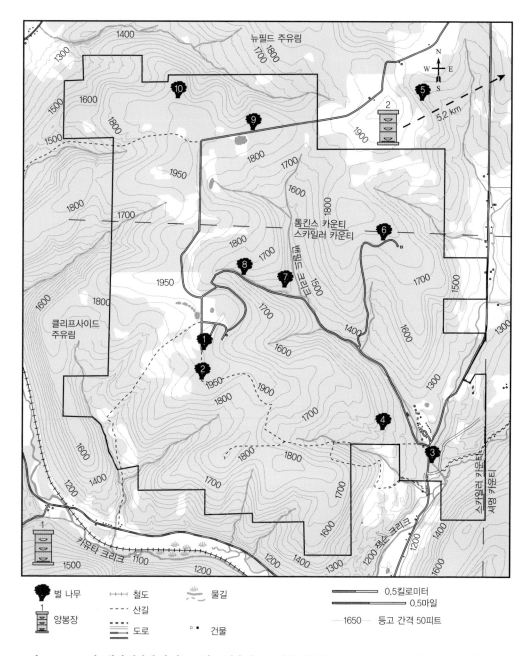

그림 7.11 2011년 8월에 알아낸 벌 나무 군락 10개와 아노트 산림 외곽에 있는 가장 가까운 양봉장 2개의 위치를 보여주는 아노트 산림 및 인접 지역의 지도.

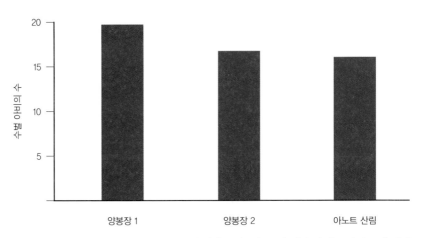

그림 7.12　세 집단, 즉 아노트 산림에서 가장 가까운 양봉장 2곳과 이 숲에 사는 야생 군락 개체군에서 표본을 추출한 꿀벌 여왕벌 10마리의 평균 짝짓기 빈도. 양봉장 1에 있는 군락의 여왕벌들은 대규모 상업적 여왕벌 생산업체의 활동 범위 안에 있는 캘리포니아에서 키워져 짝짓기를 한 상태였다.

북서쪽 모퉁이에서 5.2킬로미터(3.2마일) 떨어진 곳에 있었다. 2011년 5월에 양봉장 1을 세운 동일한 상업 양봉가가 2000년대 초 양봉장 2를 세웠는데, 그는 양봉장 1의 여왕벌들을 생산한 똑같은 캘리포니아 여왕벌 사육업체로부터 사들인 새 여왕벌들을 이따금 양봉장 2의 군락에 넣어줬다. 이 두 양봉장이 아노트 산림 근처에 있어 편리했다. 그 덕택에 우리는 같은 위치에 사는 일반적인 야생 군락 여왕벌과 관리 군락 여왕벌의 짝짓기 빈도를 비교할 수 있었기 때문이다. 하지만 양봉장 1의 위치가 아노트 산림의 남서쪽 경계로부터 겨우 1킬로미터 떨어져 있다는 것을 알고 당황하기도 했다. 그 존재가 이 숲속 벌들의 유전자를 변화시킬 잠재력이 있었기 때문이다. 하지만 흑곰이 2011년 11월 양봉장 1을 부숴버린 후로는 이 현장이 버려졌으므로 그런 당혹감은 오래가지 않았다.

데이비드 타피와 데버라 딜레이니는 내가 30개의 군락에서 수집해둔 1089마리의 일벌—한 군락당 평균 36.3마리의 개체—에 대해 부계 분석을 실시했는데, 세 부류의 여왕벌들 사이에서는 여왕벌 1마리당 평균 수벌 아비(정자 기증자) 수의 유의미한 차이를 찾지 못했다(그림 7.12). 양봉장 1의 여왕벌들(19.8마리의 수벌)과 양봉장 2의 여왕벌들(16.6마리의 수벌)의 평균 짝짓기 빈도는 아노트 산림 여왕벌들(15.9마리의 수벌)과 통계상으로 구분되지 않았다. 이 결과는 널리 흩어진 야생 군락에 사는 여왕벌들이 오밀조밀하게 붙은 관리 군락에 사는 여왕벌들보다 반드시 더 적은 수의 수벌과 짝짓기하는 것은 아님을 보여준다. 이는 군락이 시골 지역에 드문드문 흩어져 있는 곳에서도 짝짓기 때가 되면 여왕벌들과 수벌들이 소수의 특정 장소—수벌 집합소—에 모이기 때문이다. 간단히 말해, 야생 개체군의 군락 밀도가 낮다고 해서 여왕벌들이 수정되는 장소의 수벌 밀도까지 낮아지지는 않는다는 것이다. 인간이 꿀벌의 삶에 대한 관리를 시작하기 전에는 군락이 널리 흩어져 살았고, 그러므로 틀림없이 자연 선택은 교미 문제를 처리하려고 급히 길을 떠나 다른 군락의 개체를 찾아내는 신비한 능력을 가진 여왕벌과 수벌을 강하게 선호해왔을 것이라고 생각하면 이는 별로 놀랍지 않다.

먹이 채집

많이 경탄했지, 너의 그 완벽한 솜씨에.
네가 사는 동굴을 너는 그렇게 추적했지.
아무런 신경 쓰지 않고 날아가는 것처럼 보였는데
산에서 들판으로, 호수 위로, 또 굽이치는 파도로.

-토머스 스미버트(Thomas Smibert), 〈야생 땅벌(The Wild Earth-Bee)〉(1851)

우리는 일반적으로 꿀벌 군락을 벌통이나 속 빈 나무 안에 사는 꿀벌 가족이라고 생각한다. 그러나 조금만 숙고해봐도 낮에는 군락의 벌 다수가 인근 전원의 먼 곳으로 널리 흩어져 힘들게 먹이를 채취한다는 중요한 사실이 드러날 것이다. 이를 이루기 위해 모든 채집벌은 꽃밭으로 14킬로미터(8.7마일)까지 날아가 꽃꿀이나 꽃가루(또는 둘 다)를 채취하고(그림 8.1), 그런 다음 집으로 날아가 신속하게 먹이를 내리고 나서 또 채집 여행에 나선다. 보통 한 군락은 몇천 마리의 일벌 또는 구성원의 약 3분의 1을 채집벌로 내보낸다. 그러니까 먹이를 획득할 때 꿀벌 군락은 방대한 먹이원을 이용하기 위해서라면 원거리까지 한꺼번에 여러 방향으로 스스로를 확장시킬 수 있는 하나의 크고 분산된 아메바 같은 독립체로 작용한다. 필요한 꽃가루와 꽃꿀 채취에 성공하려면 군락은 자신들의 환경 안에 있는 먹이원을 면밀히 관찰해야 하고, 먹이를 효율적으로 충분한 양만큼 올바른 영양적 배합으로 모을 수 있도록 이 공급원 사이에 채집벌을 지혜롭게 배치해야 한다. 군락은 또한 수집한 먹이를 현재의 소비와

그림 8.1 뒷다리에는 황록색 꽃가루 뭉치를, 작은 주머니(꿀주머니)에는 꽃꿀 뭉치를 싣고 집으로 날아가는 일벌. 일벌이 꽃꿀 뭉치를 운반하고 있다는 사실은 팽창된 반투명한 복부를 보고 알 수 있다.

미래의 수요를 위한 저장 사이에서 적절히 분배해야 한다. 게다가 채집 기회가 이랬다저랬다 하는 둥지 밖이든 계절에 따라 군락의 영양적 수요가 바뀌는 둥지 안이든 늘 변동이 심한 환경에 맞서 이 모든 것을 이뤄내야 한다. 이번 장에서 우리는 야생 군락이 어떻게 이런 도전 과제에 대처하는지 알게 될 것이다.

야생 군락의 경제성

신선한 공기 외에 꿀벌 군락이 존속하는 데는 네 가지 자원만 있으면 된다. 바로 꽃가루, 꽃꿀, 물 그리고 수지다(그림 8.2). 꽃가루는 벌의 짧은 쇼핑 목록에서 영양분이 가장 풍부한 항목이다. 그것은 미성숙한 벌이 제대로 발육하는데, 그리고 성충 벌이 제대로 몸을 작동시키는 데 필요한 아미노산·지방·무기질·비타민을 공급한다. 가령 군락의 간호벌은 그들의 식사에 꽃가루가 부족하면 〔하인두(hypopharynx, 下咽頭)의〕 유충 먹이 호르몬이 위축되어 군락의 새끼들에게 영양분을 공급할 수 없기 때문에 육아권 근처에 꽃가루로 채운 벌방을 마련해두는 데 매달린다. 여러분이 유리벽을 설치한 관찰용 벌통 안을

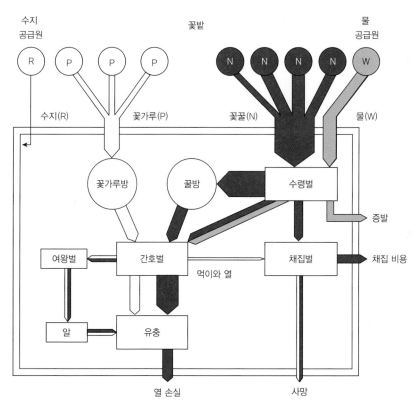

그림 8.2 여름철 꿀벌 군락의 물질 흐름. 각 화살표의 너비는 그 경로를 따라 흐르는 물질의 양에 비례한다. 물질은 군락의 개체군 증대를 위해 성장하는 유충 속에, 그리고 비 오는 날과 겨울에 대비한 꽃가루 및 꿀 저장분의 공급 강화를 위해 꽃가루방과 꿀방에 축적된다.

들여다볼 때, 뒷다리에 밝은색 꽃가루 덩이 2개를 싣고 집에 막 도착한 꽃가루 채집벌이 꽃가루를 내려놓을 벌방을 찾으려고 육아권 가장자리를 따라가며 쳐다보는 걸 발견하는 이유도 간호벌이 꽃가루가 유충 근처에 저장되길 바라기 때문이다. 채집벌이 일단 저장하기에 적당한 벌방을 찾고 나면 벌방에 복부 끝을 밀어 넣고 꽃가루를 떨어뜨리느라 뒷다리를 황급히 비비면서 약 10초간 앉아 있는 것도 볼 수 있을 것이다. 꽃가루 채취에 종사하는 모든 채집벌이 이렇게 꽃가루를 내리는 데 신경을 쓰는 덕분에 육아권 주변에는 꽃가루로 채워진 일단의 깔끔한 벌방이 탄생한다.

집에 도착한 다른 채집벌들은 뒷다리로 꽃가루 뭉치를 운반하지 않고 대신 복부가 눈에 띄게 부푼 채로 둥지 입구에 착륙한다. 그중 한 마리를 둥지 안으로 사라지기 전에 낚아채 침착하게 날개를 잡은 다음 겸자로 배를 살살 누르면 투명하거나 연한 노란색의 액체 한 방울을 토해내는 걸 볼 수 있다. 그 성분을 분석해보면 보통은 농축된 당액(주로 포도당, 과당, 자당), 그러니까 벌의 주요 탄수화물 공급원인 꽃꿀로 밝혀질 것이다. 하지만 불룩한 배로 집에 돌아오는 벌이 전부 꽃꿀 채집벌은 아니다. 일부는 불순물이 거의 함유되지 않은 물을 가지고 들어온다. 이들이 바로 물웅덩이, 시내 또는 가까운 곳에 있는 수원(水源)이면 어디든 다녀오는 물 채집벌이다. 꽃꿀 채집벌과 물 채집벌은 둘 다 둥지 안에서 일하는 벌들에게 작은 주머니(꿀주머니)의 내용물을 역류시킨다(그림 8.3) 이 작업을 위해 채집벌은 큰턱을 크게 벌려 접힌 주둥이(혀) 밑에 있는 액체 한 방울을 토해낸다. 수령벌은 주둥이를 최대한 늘려 그 액체를 재빨리 들이마신다. 꽃꿀과 물을 수령하는 것은 보통 중년 벌이다. 꽃꿀을 수령하는 벌(꽃꿀 수령벌)은 이 신선한 먹이의 일부는 즉각 소모하기 위해 다른 벌들에게 분배하지만, 대부분은 미래의 소비를 위해 꿀로 가공 처리한다. 물을 수령하는 벌(물 수령벌)은 둥지를 식히기 위해 물을 벌집 전체에 뿌리든지, 아니면 간호벌들에게 나눠준다. 간호벌의 물 수거가 가장 자주 일어나는 때는 군

그림 8.3　둥지로 돌아온, 배가 불룩한 꽃꿀 채집벌(오른쪽)은 싣고 온 꽃꿀을 자기 주둥이 사이에 혀를 집어넣은 먹이
저장벌(왼쪽)에게 역류시킨다.

락이 벌꿀과 저장된 꽃가루로 근근이 살아가는 이른 봄인데, 애벌레들을 위해
적당히 희석한 먹이를 준비하면서 수분 균형을 유지하려면 간호벌에게 물이
필요하다.

　꽃가루, 꽃꿀, 물은 군락의 채집벌이 가장 흔히 채집하는 물질이다. 그러나
늦여름과 초가을에 벌통 입구를 유심히 들여다보면 자신들의 꽃가루통에 반
짝이는 갈색 수지를 잔뜩 넣고 집으로 돌아오는 몇몇 벌도 볼 수 있을 것이다
(그림 5.15). 5장에서 살펴봤듯 벌은 이 끈적끈적한 물질을 둥지 벽에 난 틈새와
작은 구멍에 채워 넣어 집이 방풍도 더 잘되고 방어도 더 쉽도록 만든다. 우리
는 또한 수지가 군락의 건강을 증진시키는 항균 특성을 갖고 있기 때문에 둥
지 구멍의 벽을 코팅하는 데도 사용된다는 것을 살펴봤다.

다음으로 군락의 꽃꿀 및 꽃가루 채집을 군락이 1년간 소비하는 이 두 물질의 총량에 중점을 두면서 양적으로 검토해보고자 한다. 이런 개괄은 군락의 채집 활동이 비교적 작은 야생 군락한테도 거대한 사업임을 보여준다. 우리는 여기서 군락의 경제 중 꽃꿀과 꽃가루 부문에 초점을 맞출 것이다. 수지 부문은 이미 5장에서 검토했고, 물 부문은 둥지의 온도 조절을 살펴볼 9장에서 탐구할 것이기 때문이다.

꿀벌 군락의 꽃꿀과 꽃가루 소비에 관한 대부분의 연구는 꿀 생산을 위해 관리하는 군락을 바탕으로 이뤄지지만, 이 책은 야생 군락의 생활을 알아보는 것이기 때문에 내가 비관리 군락이나 시뮬레이션 야생 군락을 연구하면서 이 문제에 대해 알아낸 사실을 중심으로 설명하려고 한다. 이들은 내가 천연 둥지만 한 크기의 벌통에 수용한 후 3년간—주로 일주일에 한 번 무게를 재면서—관찰했던 군락이다. 6장에서 설명했듯 내가 이 연구를 한 시기는 이타카에서 동쪽으로 약 400킬로미터(250마일) 떨어진 코네티컷주 뉴헤이븐에 살던 1980년대 초였다. 나의 시뮬레이션 야생 군락 개체군은 늦겨울(3월)의 성충 벌 최소 약 8000마리와 분봉군을 내놓기 직전인 봄(5~6월)의 최대 약 3만 마리 사이였다. 이 개체군 수는 각각 대략 1킬로그램과 4킬로그램(2.2파운드와 8.8파운드)의 생물량(biomasses)을 나타낸다. 꿀벌 군락의 규모는 상당히 크고 먹이도 대량으로 소비하기 때문에, 나는 1년의 대부분을 군락, 먹이 저장분, 둥지의 총무게 변화를 관찰함으로써 연구 군락의 먹이 소비를 추적할 수 있었다. (지금부터는 이 세 무게의 총합을 '벌통 무게'라고 지칭할 것이다.) 9월 말과 4월 말 사이에는 이들 군락이 먹이를 거의 혹은 전혀 채취하지 못했으므로 벌통 무게는 벌꿀 및 꽃가루 저장분을 소비함에 따라 꾸준히 줄었다. 6장에서 얘기한 대로, 겨울철에 이 군락 각각이 먹어치운 먹이의 총량은 평균 약 25킬로그램(55파운드)이었는데, 그중 약 1킬로그램(약 2파운드)이 꽃가루이고 나머지가 꿀이었다.

여름철—뉴욕주와 뉴잉글랜드주에서는 4월 말에서 9월 말까지—에 군락의 벌꿀 및 꽃가루 총소비량을 밝히는 것은 겨울철보다 더 복잡하다. 이제는 군락으로 자원이 계속 유입되어 먹이 소비로 인해 생긴 군락의 무게 감소를 상쇄하기 때문이다. 다행히 여름에 시원한 우기가 길어지는 바람에 그 기간 동안 벌은 먹이를 채집하지 못했다. 이 시점에서 발생한 벌통 무게 감소는 여름철 자원 사용률을 나타냈다. (주의: 이 무게 감소분은 틀림없이 먹이 소비율을 너무 적게 잡을 것이다. 소비는 했지만 그러고 나서 유충으로 전환하는 벌꿀 및 꽃가루 자원이 벌통 무게 감소분에 반영되지 않았기 때문이다.) 우기 동안의 벌통 무게 하락분은 1주당 1.0~4.0킬로그램(2.2~8.8파운드)이었고, 평균적으로는 1주당 약 2.5킬로그램(5.5파운드)이었다. 나는 하절기가 22주(4월 말부터 9월 말까지)임을 감안했을 때, 여름 동안 뉴욕주나 뉴잉글랜드주의 야생 군락이 소비한 자원의 총량을 약 2.5킬로그램×22주＝55킬로그램(120파운드)으로 추정한다. 이 총량 중 꽃가루의 비율은 벌을 한 마리를 생산하는 데 약 130밀리그램(0.004온스)의 꽃가루가 필요하고 여름 내내 군락 개체군이 평균 약 3만 마리라는 점에 착안해 측정할 수 있다. 일벌이 여름에 약 한 달을 산다고 했을 때, 우리는 뉴욕주나 뉴잉글랜드주의 야생 군락이 매년 여름 5개월 동안 약 15만 마리의 벌을 키운다고 추정할 수 있다. 키우는 벌 한 마리당 약 130밀리그램의 꽃가루를 소비한다면, 매년 여름에 군락이 육아를 뒷받침하기 위해서는 약 15만×130밀리그램＝20킬로그램(44파운드)의 꽃가루가 필요하다.

요약하면, 나는 내가 사는 곳의 야생 군락의 연간 식량 소비량을 약 20킬로그램(44파운드)의 꽃가루와 60킬로그램〔132파운드: 겨울 25킬로그램(55파운드) + 여름 35킬로그램(77파운드)〕의 벌꿀로 추정한다. 물론 이는 대략적인 추정치일 뿐이다. 정확한 값은 군락의 크기, 현지 기후, 먹이의 풍부함 정도에 따라 제각각일 것이다. 유럽과 북아메리카에서 벌꿀 생산용으로 관리된 군락의 이에 상응하는 수치는 하나같이 훨씬 더 높다. 이들 군락은 연간 15만~25만 마리의 벌을 키우고, 매년 20~35킬로그램(44~77파운드)의 꽃가루와 68~80킬로그램(132~

그림 8.4   뉴잉글랜드주의 과꽃(*Symphyotrichum novae-angliae*)에서 꽃가루를 채취하고 있는 채집벌.

176파운드)의 벌꿀을 소비하는 것으로 추정된다.

야생 군락이 소비하는 물질을 조달하는 데 필요한 먹이 채집 여행의 횟수와 이 먹이 채집 일의 효율은 양쪽 모두 한결 쉽게 계산할 수 있다. 꽃가루에 관해서는, 보통 한 번 실을 때 무게가 약 15밀리그램(0.0005온스)이므로, 꽃가루를 20킬로그램(44파운드) 모으려면 대략 130만 번의 먹이 채집 여행이 필요하다. 4.5킬로미터(2.8마일)의 평균 총 비행 거리―왕복―1킬로미터당 6.5줄(joule: 에너지와 일의 단위―옮긴이)의 비행 비용, 꽃가루 1그램당 14~250줄의 에너지값을 감안했을 때, 이 꽃가루를 모으기 위한 비행의 총비용은 대략 3.8×10^7줄(1.3$\times$10^{6}번의 여행$\times$여행당 4.5킬로미터$\times$1킬로미터당 6.5줄)이고, 꽃가루의 에너지값은 거의 2.9×10^8줄이다. 이러한 수치는 꿀벌의 일벌이 꽃가루를 채집할 때 약 8 대 1의 에너지 수익률을 달성한다는 것을 보여준다(그림 8.4). 군락이 1년에 소비하는 60킬로그램(132파운드)의 꿀을 생산하는 데 필요한 채집 여행의 횟수에 대해서도 유사한 계산을 해볼 수 있다. 꽃꿀이 평균 40퍼센트의 당액인 데 비해 벌꿀은 80퍼센트 이상의 당액이고 꽃꿀을 한 번 실을 때 무게가 보통 약 40밀리그램임을 알고 있으므로, 우리는 60킬로그램의 벌꿀을 생산하려면 약 300만 회의 채집 여행이 필요하다고 계산할 수 있다. 컴퓨터를 이용해 수치 처리를 좀더 해보면, 꿀벌의 일벌이 꽃꿀을 모을 때 대략 10 대 1의 에너지 수익률을 달성하는 것으로 나타난다.

이런 수치는 한랭 지역에 사는 야생 꿀벌 군락의 먹이 채집이 해마다 얼마나 어마어마한 프로젝트인지를 명확히 보여준다. 이 군락 각각은 1~5킬로그램(약 2~10파운드)의 무게에, 15만 마리의 벌을 키우며, 해마다 20킬로그램(44파운드)가량의 꽃가루와 60킬로그램(132파운드)의 벌꿀을 소비하는 하나의 유기체로 간주할 수 있다. 꽃 안에 넓게 흩어져 있는 아주 작은 뭉치인 이 먹이를 채취하기 위해 군락은 채집 일벌을 무려 400만 회나 파견해야 하고, 이 채집벌은 다 합쳐 무려 2000만 킬로미터(120만 마일)를 날아야 한다. 이런 사실을 감안할 때, 우리는 꿀벌이 먹이를 획득하고 사용하는 뛰어난 기술을 선호하는 강한 자연 선택의 영향 아래 놓여왔음을 예상할 수 있다.

방대한 활동 범위

꿀벌 군락이 가진 특성 중 더욱 경탄할 만한 것은 둥지 인근의 100제곱킬로미터(40제곱마일) 이상을 포괄하는 광대한 지역에서 먹이 채집 활동을 수행하는 능력이다. 군락은 각각의 채집벌이 집에서 6킬로미터(3.6마일) 넘게 떨어진 곳에 위치한 꽃밭까지도 날아서 다녀올 수 있기 때문에 이렇게 넓은 지역의 먹이원을 이용할 수 있다. 비행 중인 벌은 시간당 약 20킬로미터(시간당 18마일)의 속도로 여행하므로 6킬로미터를 날아가는 데 약 12분밖에 걸리지 않는다. 이렇게 말하면 그다지 특별하게 들리지 않지만, 벌이 얼마나 작은지를 감안한다면 이 정도 규모의 먹이 채집 범위가 얼마나 대단한지 깨달을 것이다. 15밀리미터(0.6인치) 길이의 벌이 수행하는 6킬로미터의 비행은 40만 체장(體長: 곤충의 머리부터 배 끝까지의 길이-옮긴이)의 여행이다. 신장 1.5미터(5피트)의 인간이 그에 상응하는 실적을 내려면 보스턴에서 워싱턴 D.C.까지, 또는 취리히에서 베를린까지, 또는 로스앤젤레스에서 샌프란시스코까지처럼 무려 600킬로미터(360마일)를 비행해야 한다.

내가 초보 양봉가이던 시절―무려 50년 전―에 가장 좋았던 기억 중 하나는 늦여름에 내 벌통들 사이 풀밭에 누워 푸른 하늘을 유성처럼 종횡하며 날아가는 채집벌을 쳐다봤던 일이다. 자연히 나는 내 군락의 채집벌이 그들의 작업 현장에 도달하기 위해 얼마나 멀리 날아가는지 의문을 가졌다. 몇 년 뒤 학부생일 때 군락의 채집 활동 범위에 관한 연구를 보고하는 과학 논문을 읽었다. 그중 일부에서는 연구원들이 익숙한 표식-재포획법을 사용했다. 벌통에서 채집벌한테 특정한 표시―페인트, 형광성 가루, 방사성 동위원소를 포함한 설탕 시럽 또는 유전자 색깔 표자―를 한 다음 주변 풀밭을 뒤져 그 표시가 된 벌을 수색하는 것이다. 방금 언급한 것보다 개인적으로 훨씬 더 흥미진진하다고 생각했던 다른 연구에서는 과학자들이 와이오밍주 북서부의 반(半)사막 불모지로 군락을 이동시켰는데, 그곳은 알팔파와 노란전동싸리(*Melilotus officinalis*)를 재배하고 있는, 28킬로미터(17.4마일) 떨어진 두 관개 지역을 제외하면 꽃꿀 공급원이 전혀 없었다. 존 에커트(John E. Eckert) 연구원은 두 관개 지역을 연결하는 '오래되고 구불구불한 역마차 도로'를 따라 군락을 놓은 다음, 그중 어느 군락이 농업용 오아시스 2곳을 발견하고 활용하는지 살

퍼봤다. 또 다른 연구에서 노먼 게리와 동료들은 일반적인 표식-재포획법을 기발하게 발전시킨 방법을 고안했다. 연구 군락의 벌통 입구에 자석을 일렬로 설치하고, 주변 논밭의 꽃에서 벌을 포획한 다음, 포획한 모든 벌의 복부에 식별용 강철 디스크를 살짝 붙여 각각의 디스크가 어디에 배치되었는지를 신중하게 기록한 것이다. 연구 군락 출신의 채집벌이 벌통으로 돌아오면 입구의 자석이 자동적으로 식별용 디스크를 재포획했다. 연구자들은 어느 식별용 디스크가 어떤 들판에 배치되었는지에 대한 기록을 참조함으로써 표시된 벌이 군락으로 귀가했을 때 어디서 먹이를 채취했는지 꽤 정확히 판별할 수 있었다.

이 세 가지 중 한두 가지 접근법을 사용한 연구들이 보고한 바에 따르면, 연구 군락 출신의 채집벌은 대부분 벌통에서 2킬로미터(1.2마일) 내에 있는 꽃으로 여행했지만, 더 가까운 쪽이 없을 경우에는 꽃에 다다르기 위해 무려 14킬로미터(8.7마일)를 날아가곤 했다. (와이오밍주에 있는 몇몇 군락의 상황은 그러했다.) 하지만 그중 어떤 연구도 자연에 사는 군락의 채집 활동의 공간적 분포에 대한 그림을 제시하지 않았다. 이는 한편으로는 이러한 연구를 인위적인 설정으로 수행했기 때문이며—연구 군락은 논밭을 따라 놓이거나 척박한 반사막 서식지에 배치됐다—또 한편으로는 그들의 결과물이 군락의 채집벌이 꽃을 찾아 어디로 갔는지뿐 아니라 연구원들이 벌을 찾아 어디로 갔는지를 반영했기 때문이다. 불가피하기는 했지만, 벌이 간 모든 곳에 연구자들이 간 것은 아니었다. 게다가 표식-재포획법으로 이뤄진 연구 대부분은 꽃이 만발한 알팔파 들판과 아몬드 과수원처럼 먹이가 이례적으로 풍부한 환경에서 이뤄졌다.

1979년 봄 나는 친구인 커크 비셔와 함께 자연 조건하에서 사는 군락의 먹이 채집 활동에 대한 정확한 조감도를 얻는 연구를 시작했다. 접근법은 우리가 아노트 산림 중앙부 근처에 세운 대규모 군락의 채집벌이 매일같이 방문하는 장소의 지도를 만드는 것이었다. 그러기 위해 우리는 1948~1950년 카를 폰 프리슈의 제자 중 한 명—헤르타 크나플(Herta Knaffl) 박사—이 개척한 기법을 사용했다. 바로 관찰용 벌통에 사는 군락의 채집벌이 추는 8자춤을 감시하는 것이었다. 이 접근법의 매력은 군락의 채집벌이 여러 꽃밭을 이용하며, 그 각각의 꽃밭이 수 킬로미터(또는 수 마일) 떨어져 있더라도 그들이 가는 곳이 어딘지를 드러낸다는 점이다. 하지만 이 기법은 군락의 채집벌이 매일 일하는 장소를 **전부** 드러내지는 않는다. 왜냐하면 지정한 날에 동료 벌을 모집하는 춤으로 자신들의 작업 현장을 홍보하는 것은 바로 수익성이 가장 높은 현장에서 귀가한 벌뿐이기 때문이다. 추가적인 채집벌 말고, 계속 이용할 가치가 있는 꽃밭에서 일하는 벌은 8자춤으로 이런 현장을 홍보하지 않으므로, 군락 내에서 춤추는 벌을 관찰하는 사람한테는 그런 장소가 보일 리 없다. 그럼에도 이 춤-감시 방법은 군락 채집 활동의 공간적 규모에 대해 정확한 그림을 창출한다. 군락이 개척하는 중요한 꽃밭은 전부 군락이 그것을 이용하기 시작한 초기 강화 단계에 8자춤을 통해 알려지기 때문이다.

우리 탐구의 첫 번째 단계는 대규모 꿀벌 군락을 수용할 만큼 충분히 널찍한 관찰용 벌통을 짓는 것이었다(그림 8.5). 벌통의 용적은 그 지역 야생 군락 둥지 구멍의 평균 용적인 40리터(10.6갤런)였다(그림 5.3). 이 벌통에는 총면적(1.35제곱미터/14.5제곱피트)이 이타카 인근의 속 빈 나무들에 사는 군락의 둥지에서 볼 수 있는 크기에 필적하는 커다란 벌집이 4개 있었다. 우리 벌통에서 추는 모든 8자춤을 볼 수 있길 바랐으므로 우리는 연구 군락의 모든 채집벌이 벌집의 커다란 벽 정면에서 벌통으로 들어가도록 유도했다. 또한 벌통 입구 근처에 있는 벌집의 두 면 사이 모든 통로를 밀랍으로 막아서 막 집에 돌아온 채집벌이 이 벌집의 뒷면으로 기어들어가지 못하도록 했다. 대부분의 채집벌은 둥지(또는 벌통)에 들어간 직후 8자춤을 추므로, 우리는 진입하는 채집벌의 통행을 벌집의 한쪽 면으로 유도함으로써 벌통의 벌집 벽 정면 입구 근처에 확실한 '댄스 플로어'를 만들어냈다. 우리는 데이터 수집을 시작할 때 춤추는 벌의 표본을 임의로 추출할 수 있도록 이 댄스 플로어 영역에 깔린 유리 위에 표본 눈금을 그렸다. 이 시점에서 일벌 약 2만 마리와 여왕벌 1마리(그리고 약간의 수벌)가 있는 군락을 벌통에 넣고 며칠 뒤 아노트 산림으로 옮겨 숲 중심부에 자리 잡은 특수 오두막에 가져다놓았다. 이 오두막의 중요한 특징은 투명한 유리 섬유 패널로 제작한 지붕이었는데, 이것이 우리가 벌의 춤을 관찰할 수 있도록 확산광(擴散光)을 공급해줬다.

며칠 뒤 우리는 대형 관찰용 벌통에서 8자춤을 추고 있는 벌들의 데이터를 수집하기 시작했다. 이 작업에는 오전 8시부터 오후 5시까지 벌통 옆에 앉아서 수기로 한 번에 (임의로 선택한) 춤추는 벌 한 마리의 데이터를 기록하는 일이 수반됐다. 우리는 벌 한 마리마다 다음의 네 가지 항목을 기록했다. 1) 연속되는 8자춤의 (수직에 대한) 각도. 2) 연속되는 8자춤의 지속 시간. 3) 꽃가루 뭉치의 색깔(색깔이 있을 경우). 4) 하루 중 춤추는 시간대. 이 네 가지 정보를 사

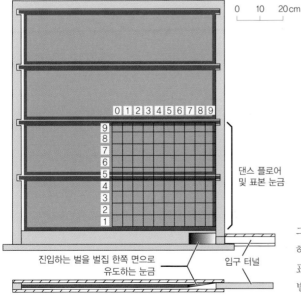

그림 8.5 군락의 채집벌이 어디서 먹이를 수집하는지 알아내기 위해 대형 군락 채집벌의 춤을 표본 추출하고 판독하는 데 사용한 대형 관찰용 벌통.

용해 우리는 그 벌이 어디서 일했는지 추정하고, 그 작업 현장에서 구할 수 있는 게 꽃가루인지 아니면 꽃꿀뿐인지 알아낼 수 있었다. 마지막으로 우리는 각 춤벌의 모집 목표물을 지도상에 표시했다. 이는 우리에게 그날 하루 중 군락의 가장 풍부한 채집 기회—8자춤을 추는 채집벌이 광고하는 곳—에 대한 개괄적 그림을 제공해줬다.

그림 8.6은 우리 연구 군락이 아노트 산림에서 이용한 먹이원까지의 거리 분포를 보여준다. 이는 1980년 여름 9일씩 네 차례에 걸쳐 1871마리의 춤벌을 관찰한 것에 바탕을 둔 것이다. 우리는 이 군락의 채집벌이 작업의 일부는 벌통으로부터 몇백 미터 안에서 수행했지만, 집에서 몇 킬로미터 떨어진 여러 꽃밭으로 날아가기도 했음을 알 수 있다. 집에서 꽃밭까지의 최다(가장 흔한) 거리는 0.7킬로미터(약 0.4마일)였으며, 중간값 거리는 1.7킬로미터(1.1마일), 평균 거리는 2.3킬로미터(1.4마일), 그리고 최대 거리는 10.9킬로미터(6.8마일)였다. 먹이원까지 도달하기 위해 벌이 비행한 평균 거리가 여름 내내 제각각이었음을 알게 된 것도 흥미로웠다. 가령 제2차 데이터 수집 때인 1980년 7월 9일부터 17일까지의 평균 비행 거리는 약 2킬로미터(1.2마일)였는데, 제3차 시기인 7월 28일부터 8월 5일까지의 평균 비행 거리는 약 5킬로미터(3마일)였다. 우리 연구 군락의 채집벌은 7월 말과 8월 초에는 아노트 산림 안에서 좋은 먹이를 찾는 데 애를 먹는 게 틀림없었다. 벌의 춤을 보면, 그들은 이 기간 내내 북쪽의 포니할로 골짜기까지 5~6킬로미터(3.0~3.6마일)를 날아가 대부분의 먹이를 모았다. 우리는 이 골짜기에 농장이 여럿 있다는 사실을 알았고, 그 들판을 확인한 결과 꿀벌이 만개한 알팔파 풀에서 꽃꿀과 꽃가루를 부지런히 채취하고 있는 것으로 밝혀졌다.

그림 8.6에 나타난 분포에서 가장 주목할 만한 특징은 95번째 백분위의 위치로, 6킬로미터(3.7마일)에서 하락하고 있다. 이는 만일 우리가 벌통 주위로 이 군락의 먹이원 95퍼센트를 둘러쌀 만큼 충분히 큰 원을 그린다면, 113제

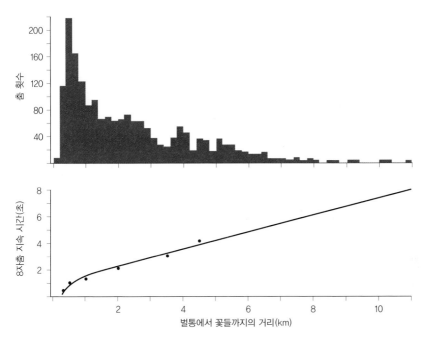

그림 8.6 **위:** 벌 1871마리의 8자춤 분석을 바탕으로 만든, 군락에서 채집 현장까지의 거리 분포. **아래:** 8자춤의 거리 정보 코딩. 각각의 연속적인 8자춤 지속 시간은 외출 비행 거리에 비례한다.

곱킬로미터(43제곱마일)보다 더 큰 면적이 나올 것이라는 얘기다! 하지만 우리의 연구 군락이 이렇게 광범위한 채집을 수행하는 것은 극히 예외적인 게 아니냐고 반문할 사람도 있을 것이다. 나는 여러 이유로 그렇지 않다고 생각한다. 첫 번째 이유는 성공한 채집벌이 같은 벌통의 동료를 집에서 10킬로미터 이상(6마일 이상) 떨어진 풍부한 먹이원으로 안내할 수 있도록 벌의 모집 의사소통 체계―8자춤―가 자연 선택에 의해 조정되어왔다는 생물학적 사실이다(그림 8.6 참조). 이는 그들의 의사소통 체계가 원거리 채집에 맞도록 진화해왔음을 보여준다. 두 번째로는 풍부한 먹이원을 써먹으려고 벌통으로부터 10킬로미터 넘게 비행하는 꿀벌에 관해 발표한 그 밖의 여러 연구도 있다. 그중 최초의 것은 채집벌의 여행 거리를 조사하기 위해 군락 둥지에서 그들이 추는 8자춤을 감시하는 방법을 처음 개발한 카를 폰 프리슈의 박사후과정 학생 헤르타 크나플의 1953년 연구다. 그녀는 소형 관찰용 벌통―모두 오스트리아의 그라츠(Graz)시 안에 있었다―에 사는 군락에서 자신이 판독한 2456개의 춤 중 95퍼센트가 2킬로미터 미만 떨어진 마로니에나무와 그 밖의 먹이원을 홍보했다고 보고했다. 그러나 그녀는 또한 5~6킬로미터(3.0~3.6마일) 그리고 심지어 9~10킬로미터(5.4~6.0마일) 떨어져 있는 풍부한 먹이원의 발견을 알리는 춤도 관찰했다고 보고했다

꿀벌 군락의 장거리 채집 능력에 관한 가장 인상적인 설명은 매들린 비크먼(Madeleine Beekman)과 프랜시스 래트닉스(Francis L. W. Ratnieks)가 잉글랜드의 세필드(Sheffield)시 안에 위치한 관찰용 벌통에 사는 군락을 갖고 수행한 연구에서 나왔다. 그들은 세필드 서쪽의 피크 지구(Peak District)에 있는 황무지에서 주요 꽃꿀 공급원인 광활한 들판에 헤더 꽃이 만발했던 1996년 8월 중순에 사흘간 군락의 채집벌이 춘 444개의 8자춤을 판독했다. 데이터를 분석한 결과, 그들의 연구 군락은 두 지역에서 먹이를 수집했는데 한 곳은 비교적 벌통에서 가까운 2킬로미터 미만(1.2마일) 떨어졌고, 한 곳은 훨씬 더 먼 5~10킬로미터(3.1~6.2마일) 떨어졌음이 드러났다. 종합하면, 그들의 관찰용 벌통에서 벌이 춘 춤의 50퍼센트는 벌통에서 6킬로미터(약 3.6마일) 넘게 떨어진 현장을, 10퍼센트는 9.5킬로미터(5.9마일) 떨어진 현장을 나타냈다! 확실히 원거리 비행 범위가 최대인 일벌이 있으면 꿀벌 군락이 큰 이득을 볼 때가 있다. 먹이 채집 활동에 방대한 영역을 부여해주기 때문이다.

벌들의 보물 사냥

꿀벌 군락이 6킬로미터(3.7마일) 이상이라는 어마어마한 먹이 채집 범위에서

충분히 이득을 보려면 둥지 주변의 약 100제곱킬로미터(약 40제곱마일) 지역 내에서 가장 풍부한 꽃밭을 발견할 수 있어야 한다. 더욱이 이 1등급 먹이원을 꽃이 만개한 직후에, 경쟁 군락이 차지하기 전에 발견할 수 있어야 한다. 이런 것을 고려하다 보면 중요한 질문이 제기된다. 야생 군락은 자신의 집 주변 풍경을 형성하는 습지대, 삼림 지대, 들판에서 불쑥불쑥 나타나는 풍부한 꽃밭에 대한 환경 감시를 얼마만큼 제대로 하고 있을까? 나는 1980년대 중반에 4개의 꿀벌 군락과 두 번의 보물 사냥을 수행하는 실험을 통해 이 질문을 다루었다. 두 차례 시도한 이 실험에서 나는 넓은 숲속 여기저기에 꽃이 무성한 메밀밭을 조성하고, 군락마다 이 모범적인 먹이원을 찾아내는 성과를 측정했다.

이 숲은 코네티컷주 북동부의 3213헥타르(7,840에이커)에 달하는 예일마이어스 산림(Yale Myers Forest)으로, 뉴욕의 아노트 산림과 공통점이 많은 아름다운 연구 현장이었다. 둘 다 주유림과 민간 임지로 둘러싸인 대규모 삼림 지역이다. 또한 둘 다 1870년대에 농경지였다가 버려진 다음 캐나다솔송나무와 스트로부스소나무 식분(植分)이 일부 있는 약간 관리받은 혼합종의 활엽수림으로 재생되는 등 인간이 이용한 역사가 있기도 하다. 하지만 예일마이어스 산림은 아노트 산림에서는 볼 수 없는 한 가지 서식지 특성을 갖고 있다. 바로 비버의 활동으로 형성된 넓게 펼쳐진 습지다. 이 양지 바른 벌판─부들과 털부처손으로 넘쳐난다─은 벌에게 많은 먹이를 공급한다. 이 실험을 수행하기 전 나는 예일마이어스 산림 남동부 모퉁이를 수색하다가 속 빈 나무에 사는 4개의 야생 꿀벌 군락을 발견했는데, 이는 곧 예일마이어스 산림이 아노트 산림처럼 야생 아피스 멜리페라 군락의 주요 서식지라는 뜻이었다. 실제로 이곳은 1980년대처럼 지금도 그렇다. 2017년 8월 이곳에서 벌 사냥을 하며 하루를 보냈을 때, 나는 전혀 힘들이지 않고 이 숲의 꽃들에서 꿀벌을 발견했다.

내 실험 설계는 4개들이 묶음 벌통과 6곳에 흩어진 메밀밭(그림 8.7)으로 이

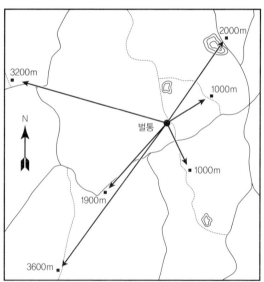

그림 8.7 **위**: 꿀벌 군락의 풍부한 먹이원 정찰 범위를 가늠하기 위해 예일마이어스 산림에 심은 메밀밭 6곳 중 하나. **아래**: 숲속의 실험용 메밀밭 배치도.

뤄졌다. 메밀밭은 크기는 같았지만―100제곱미터(1078제곱피트)―벌통과의 거리가 1.0~3.6킬로미터(0.6~2.2마일)로 제각각 달랐다. 나는 군락이 다른 작은 먹이를 구할 수 없을 때[산딸기(Rubus 종)와 옻나무(Rhus 종)의 꽃꿀이 나온 후인 6월 말이나 미역취의 꽃꿀이 나오기 전인 8월 중순], 그러니까 군락이 내 메밀꽃을 이용하고 싶어 안달이 났을 때 꽃이 만개하도록 이 밭에 메밀 심는 시기를 맞췄다. 일단 메밀밭에 꽃이 활짝 피고 나서는 한 군데씩 찾아가 각각의 꽃밭에서 바삐 먹이를 채취하고 있는 약 200마리의 벌 중 150마리에 꽃밭별로 특정 색깔의 페인트를 칠한 다음, 4개의 벌통으로 서둘러 돌아가 각각의 입구에서 페인트 표시가 있는 채집벌을 지켜봤다. 특정 색깔의 페인트 표시를 한 벌이 벌통에 드나들면 이 벌통에 사는 군락이 그에 상응하는 꽃밭을 발견한 것이라는 얘기였다. 나는 이 실험을 통해 4개의 군락이 1000미터/0.6마일(p=0.70)와 2000미터/1.2마일(p=0.50)에 있는 꽃밭을 발견할 확률은 높지만―놀랍게도―3200미터/2.0마일과 3600미터/3.7마일에 있는 꽃밭을 찾은 군락은 하나도 없다는 것을 알았다(p=0.00).

이러한 확률은 꿀벌 군락의 실제 감시 능력을 과소평가하는 게 아닐까 싶다. 어떤 군락이 각각의 꽃밭을 발견했는지 판별하는 나의 방법으로는 4개의 군락이 발견한 것을 전부 감지하지 못했을 것이기 때문이라면 말이다. 만일 어떤 한 군락에 꽃밭 한 곳을 방문하는 채집벌이 소수뿐이라면, 아마 나는 그 군락이 이 꽃밭을 발견했다는 걸 알아내지 못했을 것이다. 그럼에도 내 보물 사냥 실험은 풍부한 먹이원을 찾기 위해 환경을 감시하는 군락의 인상적인 능력을 드러냈다. 100제곱미터(1100제곱피트)의 꽃밭―테니스 코트의 절반 크기 정도―은 2킬로미터(1.2마일) 반경의 원으로 둘러싸인 면적의 12만 5000분의 1도 채 안 되지만, 내 4개의 군락이 벌통에서 2킬로미터 내에 위치한 이 크기의 꽃밭을 발견할 확률은 0.5 이상이었다.

먹이원 선택

군락이 둥지 근처의 숲, 습지, 들판, 정원의 무수히 많은 꽃으로부터 먹이를 추출하는 데 능숙하려면 생산성 높은 꽃밭을 발견하는 인상적인 능력과 가장 풍부한 꽃밭으로 채집벌을 선별해 파견하는 능력이 결합해야 한다. 바꿔 말해서, 옵션을 탐색하는 것뿐 아니라 그것을 선택하는 데도 능숙해야 한다는 얘기다. 실제로 야생 군락이 널리 흩어져 있는 먹이원 중 어떤 것을 선택하는데 있어 굉장한 집단 지성을 보유하고 있다는 첫 번째 징후는 커크 비서와 내가 아노트 산림 한가운데의 관찰용 벌통에 사는 대규모 군락의 8자춤을 관찰했던, 이번 장 초반부에 언급한 연구에서 나타났다. 앞서 설명했듯 우리는 벌통에서 8자춤을 추는 벌들의 무작위 표본에서 매일매일 데이터를 얻었고, 이벌들이 춤으로 홍보한 먹이원의 위치를 가지고 지도를 만들었다. 우리는 이제 오직 품질이 최상급인 채집 현장에 다녀온 벌들만이 오랫동안 8자춤을 춘다─커크와 내 눈에 띌 확률이 가장 높았다─는 사실을 알기 때문에, 그날 군락의 모집 목표물 지도가 군락한테는 그날의 가장 매력적인 먹이원 소재를 드러낸다는 확신이 있었다.

그림 8.8에 나와 있는 그중 4개의 지도는 군락에 가장 풍부하고 가장 매력적인 먹이원의 공간적 분포가 날마다 극적으로 달라질 수 있음을 보여준다. 실제로 우리는 군락의 8자춤 의사소통을 감시한 36일 동안 군락의 춤이 날마다 새로운 주요 모집 목표물의 공간적 분포를 드러낸다는 것을 알게 됐다. 다음의 일일 보고가 그림 8.8에 나타난 나흘간의 이런 역학을 요약한다.

1980년 6월 13일. 날씨 좋음. 주요 모집 초점이 명확히 나타남. 벌통에서 남남동쪽과 남남서쪽으로 0.5킬로미터(0.3마일) 떨어진 현장. 황색과 황회색 꽃가루를 생산함. 벌통에서 남남서쪽으로 2~4킬로미터(1.2~2.4마일) 떨어진 대규모 현장. 주로 꽃꿀을

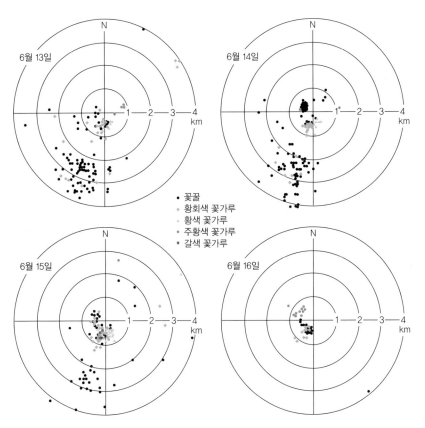

6월 13일

6월 14일

6월 15일

6월 16일

- 꽃꿀
- 황회색 꽃가루
- 황색 꽃가루
- 주황색 꽃가루
- 갈색 꽃가루

그림 8.8 군락의 채집벌이 춘 8자춤을 판독해 유추한 군락의 먹이 채집 현장 일일 지도. 각각의 점은 벌 한 마리의 춤이 가리키는 위치를 나타낸다. 검정색 점은 꽃꿀을 생산하는 현장, 그 밖의 모든 점은 지도상에 보이는 색깔의 꽃가루를 생산하는 현장이다. 여기서 제시한 나흘 동안 4킬로미터(2.4마일) 넘게 떨어진 먹이 채집 현장을 가리키는 춤은 소수에 불과했고(2퍼센트), 이러한 현장은 대부분 보이지 않는다.

생산함. 지속 시간이 긴 춤을 이끌어낼 만큼 충분히 수익성 높은 2개의 다른 현장은 북동쪽으로 1킬로미터(0.6마일)의 주황색 꽃가루 생산지와 북동쪽으로 4킬로미터(2.4마일)의 황회색 꽃가루 생산지.

1980년 6월 14일. 날씨 좋음. 북동쪽으로 4킬로미터(2.4마일)에 황회색 꽃가루 공급원이 있기는 하나 현재 춤을 거의 유발하지 않음. 우리의 춤 표본에 '적중한' 게 하나도 없음. 북서쪽으로 0.5킬로미터(0.3마일)의 꽃꿀 공급원은 수익성이 대단히 좋아짐. 많은 벌이 반복적으로 춤을 추며 그곳을 홍보하도록 유발함. 벌통의 남남동쪽과 남남서쪽으로 0.5킬로미터(0.3마일)에 있는 꽃가루 공급원과 남남서쪽으로 2~4킬로미터(1.2~2.4마일)에 있는 꽃꿀 공급원은 여전히 아주 매력적임.

1980년 6월 15일. 날씨 좋음. 북서쪽으로 0.5킬로미터(0.3마일)에 있는 꽃꿀 공급원처럼 남남서쪽으로 2~4킬로미터(1.2~2.4마일)에 있는 대규모 꽃꿀 공급원도 홍미가 떨어짐. 남남동쪽과 남남서쪽으로 0.5킬로미터(0.3마일)에 있는 황색 및 황회색 꽃가루를 주로 생산하는 두 현장은 여전히 매력이 강함. 남서쪽으로 약 0.5킬로미터(0.3마일)에 있는 갈색 꽃가루 공급원을 처음 홍보함.

1980년 6월 16일. 시원하고 가끔 비. 벌은 비교적 채집을 덜 했고, 벌통 근처에만 있는 편이었음. 남남서쪽으로 0.5킬로미터(0.3마일)에 있는 황회색 꽃가루 공급원은 여전히 매력적이지만, 인근 남남동쪽의 황색 꽃가루 공급원은 어떤 춤도 유발하지 않음. 북서쪽 0.5킬로미터(0.3마일)의 주황색 꽃가루 공급원은 홍미로웠음. 이 눅눅한 날의 가장 풍부한 꽃꿀 공급원은 벌통에서 남쪽으로 0.5킬로미터(0.3마일)에 있는 새로운 현장이었음.

군락이 먹이 채집 기회의 역동적인 배열 속에서 선택하는 능력에 대한 더 상세한 그림은 몇 년 뒤 수행한 실험에서 나오는데, 이때 나는 단지 다양한 채집 현장을 홍보하는 8자춤의 변화를 관찰하는 대신 다양한 채집 현장을 이용하는 데 참가하는 채집벌 수의 변화를 측정하는, 기술적으로 훨씬 더 힘든 도전에 착수했다. 이를 달성하기 위해 일벌 4000마리 전체에 공들여서 개체 식별용 표시를 한 군락을 갖고 작업했다. 이타카에 있는 나의 꿀벌 실험실에서 이틀간 벌에게 표시를 한 뒤 이 특별한 군락을 북쪽으로 240킬로미터(150마일) 떨어진, 내가 가장 좋아하는 연구 현장 중 하나인 크랜베리 레이크 생물학연구소(Cranberry Lake Biological Station, CLBS)로 옮겼다. 이 외딴 현장 연구소는 뉴욕주 북부의 2만 4400제곱킬로미터(9,375제곱마일)에 달하는 애디론댁 공원(Adirondack Park) 북서쪽 모퉁이에 있다. 크랜베리 레이크 생물학연구소 주변 풍경은 사방으로 적어도 10킬로미터(6마일)가 숲·연못·습지·호수 중 하나이며, 따라서 벌한테는 풍부한 먹이원이 없다. 실제로 이곳에는 꿀벌 먹이가 너무 부족해서 호박벌 군락이 조금 있기는 하나 여기에 서식하는 야생 꿀벌 군락은 없다. 이는 곧 야생 꿀벌 군락 출신의 채집벌이 내 실험을 방해할 위험이 없을뿐더러, 천연 먹이원이 내 실험의 핵심인 설탕물 먹이 그릇 2개로부터 내가 꼼꼼하게 표시한 벌들을 꾀어낼 위험도 없다는 뜻이었다.

이 실험은 보조 연구원들과 내가 훈련시킨 벌 10마리에게 연구 군락 벌통의 남쪽과 북쪽에 위치한 2개의 먹이 그릇 각각으로부터 설탕물을 채집하도록 하면서 시작됐다. 2곳 모두 벌통에서 400미터(0.25마일) 떨어져 있었다. 이 훈련 기간 중 두 먹이 그릇은 찾아오는 벌이 거기서 먹이를 계속 채집하게 할 만큼은 충분히 매력적이지만, 같은 벌통의 동료들을 모집하도록 유도할 정도까지는 진하지 않은 희석된 당액(30퍼센트)으로 채워져 있었다. 시원하고 비 오는 날씨로 벌이 벌통을 떠나지 못했던 열흘이 지나고 6월 19일 아침 7시 30분에 중요한 관찰이 시작됐다. 우리는 각각 30퍼센트와 65퍼센트의 자당 용액으로 북쪽과 남쪽의 먹이 그릇을 가득 채우고 각 먹이 그릇마다 찾아오는 다양한 벌 개체의 수를 기록했다. 정오가 되자 군락은 두 채집 현장에서 확실하게 차별화된 이용 패턴을 생성했다. 91마리의 벌은 남쪽에 있는 더 진한 먹이 그릇의 먹이를 집으로 가져왔지만, 12마리의 벌은 북쪽의 질이 더 낮은 먹이 그릇에서 먹이를 가져오고 있었다(그림 8.9). 그러고 나서 오후에 진한 먹이 그릇과 빈약한 먹이 그릇의 위치를 바꿨더니, 4시가 되자 군락은 먹이 채집의

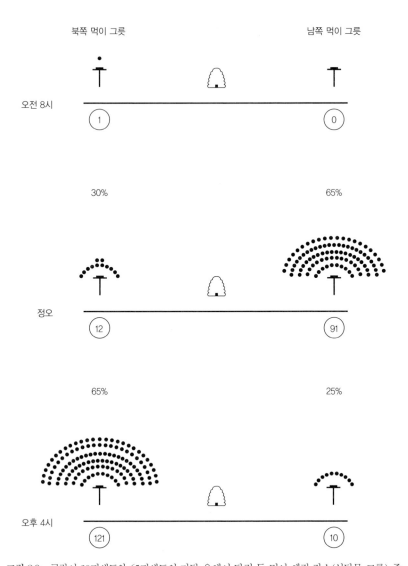

북쪽 먹이 그릇   남쪽 먹이 그릇

오전 8시   ①   ⓪

30%   65%

정오   ⑫   ⑨①

65%   25%

오후 4시   ⑫①   ⑩

그림 8.9 군락이 30퍼센트와 65퍼센트의 자당 용액이 담긴 두 먹이 채집 장소(설탕물 그릇) 중에서 선택하는 능력을 보여주는 그림. 각각의 먹이 그릇 위에 있는 점의 개수는 6월 19일 왼쪽에 보이는 시각(오전 8시, 정오, 오후 4시)보다 30분 앞서 먹이 그릇을 방문한 다른 벌의 수를 나타낸다. 실험을 시작하기 며칠 전 소수의 벌은 각각의 먹이 그릇으로 가는 훈련을 받았다(북쪽 먹이 그릇으로 12마리, 남쪽 먹이 그릇으로 15마리). 따라서 6월 19일 아침에 두 먹이 그릇은 연구 군락의 낮은 이용 수준이라는 면에서 기본적으로 똑같은 전력을 갖고 있었다. 두 먹이 그릇은 벌통으로부터 400미터(0.25마일) 떨어진 곳에 있었고, 당액 농도를 제외하면 똑같았다.

주요 초점을 남쪽에서 북쪽으로 이동했다. 군락이 먹이 채집 현장을 선택하는 능력은 다음 날 두 번째 시도한 실험에서 다시 한 번 입증됐다. 이렇게 해서 우리는 우리의 연구 군락이 각기 다른 수익성을 가진 2개의 먹이원 중 선택하도록 했을 때 일관되게 수익성이 더 높은 현장에서 채집 활동에 집중한다는 것을 알게 됐다. 배치가 바뀌어도 군락은 가장 풍부한 먹이 채집 현장을 계속 추적한다는 것이 최종 결과였다. 아마도 이 실험 결과 중 가장 인상적인 특징은 군락의 추적 반응과 관련한 높은 속도일 것이다. 정오에 풍부한 현장과 빈약한 현장의 위치를 바꾸자 군락은 4시간 안에 채집벌을 완전히 정반대로 분배했다. 이런 결과는 커크 비서와 내가 아노트 산림에 사는 군락이 추는 8자춤을 관찰하면서 감지했던 것처럼 야생 군락은 숲속에서 그들이 경험하는 먹이 채집 기회의 역동성에 고도로 능숙하게 대처한다는 걸 입증한다.

야생의 꿀 도둑질, 도봉

양봉장 군락 사이에서 도봉(盜蜂)이 심각할 수 있다는 걸 양봉가들이 안 지는 오래되었으나, 그것이 야생 군락 사이에서 갖는 중요성에 대해서는 최근까지도 알려진 바가 없었다. 우리는 두 가지 환경 모두에 벌이 꿀을 훔칠 강력한 동기가 있다고 확신할 수 있다. 1파운드의 꿀은 약 80퍼센트가 설탕인 반면, 1파운드의 꽃꿀은 (평균적으로) 겨우 40퍼센트가량이 설탕이다. 이 수치는 일벌이 작은 주머니를 훔친 꿀로 가득 채워 집으로 날아오는 편이 꽃꿀로 채워 돌아오는 것보다 군락에 2배 더 많은 에너지를 가져다준다는 뜻이다. 게다가 벌꿀로 가득 찬 작은 주머니가 꽃꿀로 가득 찬 경우보다 획득하는 비용도 훨씬 덜 들 수 있다. 도둑벌은 벌꿀을 잔뜩 얻으려고 단 한 곳만 찾아가는 반면(뒤의 내용 참조), 꽃꿀 채집벌은 잔뜩 가져갈 분량을 모으려고 보통 수백까지는 아니어도 수십여 개의 꽃을 찾아간다. 다만 도둑벌은 꿀 방어자들로 인해 목숨을 잃을 위험이 있다. 그러나 만일 도봉을 당하는 군락이 약하거나 심지어 죽었을 때처럼 이런 위험도가 낮다면, 꽃꿀 채취에 비해 도봉이 갖는 에너지적 장점이 있으므로 도봉 쪽이 강력하게 선호된다.

동종 내 절취 기생, 즉 도둑질(보통은 먹이)에 의한 기생의 한 형태로서 그 중요성을 놓고 본다면, 도봉은 꿀벌의 생태에서 아주 흥미로운 부분이다. 그렇지만 나는 도봉의 일차적 의미가 군락 간에 기생충 및 병원균의 전파를 조장함으로써 **이종 간** 기생을 촉진할 가능성에 있다고 본다. 가령 어떤 군락이 꿀벌응애 및 관련 바이러스의 침입으로 죽어가는 동안 꿀을 훔친다면, 도둑벌은 이 진드기에 감염되어 그것들을 집으로 옮기기 쉽다. 또한 죽은 군락으로부터 대단히 치명적인 미국부저병 포자와 그보다는 덜 위험하지만 백묵병 포자를 비롯한 특정 병원균도 집으로 옮길 수 있다. 군락 간에 기생충과 병원균을 퍼뜨리는 도봉의 중요성을 이해하려면 이 질병 매개체가 죽어가고 있는 군락 및 죽은 군락 안에서 얼마나 오래 살 수 있는지, 그리고 이런 군락을 도둑벌이 얼마나 빠르게 찾아내는지 알아야 한다. 이전의 도봉 연구는 군락이 양봉장에서 부대끼며 사는 인공적 상황의 도봉에 초점을 맞춰왔으므로, 야생에 흩어져 사는 군락 사이에서 도봉의 중요성은 최근까지도 알려지지 않은 상태였다.

아피스 멜리페라의 자연사에 대해 우리가 갖고 있는 이런 지식의 공백을 메우기 위해 나는 내 박사과정 학생 중 한 명인 데이비드 펙과 함께 두 가지 환경에서 벌꿀이 무방비일 때 도둑벌이 얼마나 빨리 그것을 찾아내는지 조사했다. 그 대상은 아노트 산림의 야생 군락과 코넬 대학교에 있는 나의 양봉장 관리 군락 5개였다. 2장에서 설명했듯 아노트 산림 군락은 밀도가 1제곱킬로미터당 군락 1개이므로, 이 환경에서 한 군락으로부터 가장 가까운 이웃 군락까지의 평균 거리는 약 1킬로미터(0.6마일)다. 내 양봉장 군락은 벌통 받침대 위에 한 쌍씩 진열되어 있으므로, 한 군락에서 가장 가까운 이웃 군락이 1미터(약 3피트)도 떨어져 있지 않았다. 우리는 오래된 랑식 벌통 본체를 반으로 자르고 벽과 바닥 그리고 뚜껑을 추가해 제작한 '도봉 시험 상자'를 내놓은 다음 이 두 시나리오(숲과 양봉장)에 무방비 상태로 꿀을 공급했다. 도봉 시험 상자의 출입구는 한쪽 끝에 뚫은 지름 2.5센티미터(1인치)의 구멍이었다. 우리는 각 시험 상자마다 밀개꿀(벌집 덮개로 봉해 숙성한 꿀—옮긴이)이 있는 벌집 틀 1장과 진한 향기가 나는 벌집 틀 3장을 장착했다. 이 실험의 가장 흥미로운 시도는 2015년 10월에 이뤄졌다. 서리로 꽃이 대부분 사라져 벌이 도둑질할 군락을 찾느라 혈안이 되었을 때였다. 우리는 아노트 산림에 10개의 도봉 시험 상자를, 거기서 약 25킬로미터(15마일) 떨어진 이타카 인근의 내 양봉장에 10개를 동시에 설치했다. 숲에 할당한 상자 10개는 흑곰들로부터 안전하도록 나뭇가지에 매달아 배치했다(그림 2.15 참조). 또한 이 상자들은 야생 군락의 둥지 간격을 흉내 내 1킬로미터(0.6마일) 정도씩 떨어뜨려놓았다. 5군데의 양봉장에 할당한 상자 10개는 양봉장 근처의 나뭇가지에 (아노트 산림에서처럼) 매달든가, 아니면 양봉장 안의 시멘트 블록 위에 올려놓는 두 가지 방식으로 배치했다.

우리의 실험 결과는 그림 8.10에 나와 있다. 양봉장 근처에 매달거나 양봉장 안에 둔 도봉 시험 상자는 날씨가 화창했던 첫 번째 날이 끝나갈 무렵 모조리 발각되었다. 아노트 산림에 매단 도봉 시험 상자도 몽땅 벌꿀을 도둑맞기는 했지만, 한참 뒤에 발각되었다. 도둑벌이 그것들을 모조리 찾아내는 데는 기상 상태가 좋은 날로 쳐서 열흘이 걸렸다. 이렇게 해서 꽃꿀이 부족한 시기에 양봉장 환경에서는 벌꿀이 들어 있는 무방비의 상자 전부가 도둑벌에게 빨리 발각된다는 사실이 밝혀졌다. 이는 예상한 결과였다. 그러나 상대적으로 느리긴 해도 아노트 산림에 흩어져 있는 상자들도 전부 발각됐다는 실험 결과는 예상치 못한 것이었다. 우리의 시험 상자가 천연 둥지 구멍보다 눈에 더 잘 띄고, 그로 인해 도둑벌에게 더 쉽게 발각된 것이었을지도 모른다. 그런데도

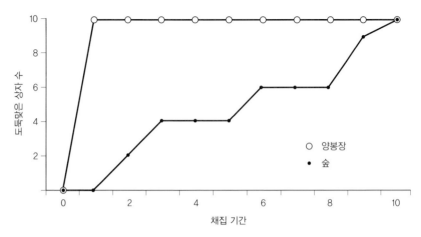

그림 8.10　2015년 10월 8일부터 11월 12일까지 아노트 산림 및 양봉장의 도봉 시험 상자 발각 기록. 시간 척도는 채집 기간, 즉 채집벌이 비행할 만큼 기상 상태가 좋았던 기간이다.

양쪽 시나리오에서 도둑벌이 우리의 시험 상자를 찾아내는 데 완벽하게 성공했다는 것은 죽어가는 (혹은 죽은) 군락을 발견하는 게 상대적으로 어려울 야생에서조차 도둑벌이 질병으로 약해진 (혹은 소멸된) 군락의 꿀 저장분을 집으로 가져가 기생충과 병원균을 전파시킬 가능성이 있음을 시사한다.

　우연이지만, 데이비드 펙과 나는 주인 없는 벌통 안에서 꿀을 싣고 있는 도둑벌의 행동을 용케도 자세히 관찰했다. 내가 집의 헛간에 붙어 있는 창고의 경사진 지붕 위에 둔 벌 유인통에서 꿀을 훔치고 있는 벌을 목격한 이후인 2017년 7월 초의 일이다. 한 분봉군이 2016년 6월 이 벌통으로 이사를 왔다가 2016년에서 2017년으로 넘어가는 겨울 동안 죽어버린 적이 있다. 2017년 5월 초 죽은 벌들을 치우려고 벌통을 열었더니 꿀로 거의 가득 찬 2장의 벌집 틀이 아직 벌통에 들어 있었다. 나는 그것들이 다른 분봉군을 끌어들이도록 해줄지도 모른다는 생각에 가만히 놔뒀다. 2017년 6월 30일 일을 마치고 집에 돌아왔을 때, 나는 이 벌통 안팎으로 쌩쌩 날아다니는 벌들을 보고 흥분했다. 분봉군에서 파견되어 이곳을 점검 중인 벌일까? 사다리로 벌통이 있는 데까지 올라가 안을 보려고 조심스레 덮개를 걷었다. 내 눈에 들어온 것은 벌꿀을 싣고 있는 도둑벌들이었다. 좋았어! 다른 군락의 둥지를 터는 도둑벌을 관찰할 이런 좋은 기회를 놓칠 수는 없었다. 도둑벌을 좀더 자세히 관찰할 수 있도록 조치를 취해야 했다. 나는 곧바로 벌집 틀 2장들이 관찰용 벌통을 가져와 창고 안에 진열된 톱질대 위에 올려놨다. 그리고 꿀로 가득 찬 그 두 벌집 틀을 벌 유인통에서 관찰용 벌통으로 옮긴 다음 벌 유인통을 숨겼다. 도둑벌들은 거의 즉시 관찰용 벌통을 살피기 시작했다.

　　다음 이틀간 데이비드 펙과 나는 관찰용 벌통 안에서 작업 중인 도둑벌을 관찰했다. 가만히 보니 도둑벌은 보통 개별적인 벌꿀 공급원을 확보하려고 벌꿀방 덮개를 벗기지는 않았다. 오히려 입구가 봉개된 수십 혹은 수백 개의 벌꿀방을 질러가서는 이미 열려 있는 소수의 벌방 중 하나로부터 벌꿀을 빼내고 있는 동료 도둑벌 무리에 가세했다. 도둑벌이 봉개된 벌꿀방을 **정말로** 여는 경우는 큰턱으로 벌방 덮개에 아주 작은 구멍을 낸다는 것도 알았다. 구멍 크기는 벌의 혀가 겨우 들어갈 수 있을 정도였다. 그 구멍은 때가 되면 벌이 '자신의' 벌방으로부터 꿀을 들이켜고 있을 때 가세할 다른 벌들로 인해 넓어질 것이다. 도둑벌이 벌꿀방 덮개를 제거할 때의 이런 경제성은 앞뒤로 약간씩 서로 밀 때도 있기는 해도 자신들이 터는 둥지 안에서 대부분의 시간을 보통은 놀랍도록 꼼짝하지 않고 머리를 맞댄 채 보낸다는 뜻이다. 우리는 여러 도둑벌이 들어왔다 나가는 시간을 측정했다. 도둑벌은 벌통에서 평균 12분을 보냈다. 도둑벌은 거의 꼼짝하지 않고 덮개가 일부 열려 있는 소수의 벌방 주변에 밀착해 있었다. 이는 도둑벌이 죽어가는 군락에 침입하면 꿀벌응애가 그들을 타고 올라갈 절호의 기회가 생긴다는 얘기였다. 이전의 한 연구는 꿀벌응애가 엄청나게 민첩한 생물임을 밝힌 바 있다. 즉 꿀벌응애는 눈 깜짝할 사이에 다리나 혀를 통해 먹이를 주고 있는 일벌의 몸 위로 올라탈 수 있다. 또 다른 연구는 실험을 통해 꿀벌응애가 감염이 심한 군락에 있을 경우 일벌들한테 기어

오를 때 채집벌도 더 이상 마다하지 않는다는 걸 밝혀냈다.

　도둑벌이 죽은 혹은 죽어가는 군락을 찾아내는 능력에 관한 연구, 그리고 그런 군락의 둥지 안에서 도둑벌이 하는 행동에 관한 우리의 작은 연구를 통해 꿀벌의 도봉은 대지 전역에 군락이 넓은 간격을 두고 떨어져 있는 곳에서조차 꿀벌응애한테 죽어가는 군락에서 건강한 군락으로 옮겨갈 절호의 기회를 제공한다는 사실이 확연해졌다. 15년 전 꿀벌응애가 아노트 산림의 전체 야생 군락 개체군을 감염시킨 적이 있다는 사실을 알고 나는 매우 놀랐었다. 하지만 도둑벌이 죽은 군락 혹은 죽어가는 군락의 둥지를 찾아내는 데 얼마나 능숙한지, 그리고 도둑벌이 이 군락의 둥지 안에서 벌꿀을 실을 때 어떤 식으로 몇 분간 거의 꼼짝도 하지 않는지 안 이상 이제는 꿀벌응애 없는 야생 군락을 발견하면 놀랄 것 같다.

온도 조절

온기도 없다. 쾌활함도 없다. 건강한 편안함도 없다.
어떤 일원한테도 편안한 느낌이 없다—
그림자도 없고, 햇볕도 없고, 나비도 없고, 벌도 없고,
열매도 없고, 꽃도 없고, 이파리도 없고, 새들도 없다.
11월이다!

—토머스 후드(Thomas Hood), 〈11월(November)〉(1844)

1844년 런던에서 토머스 후드가 쓴 시는 겨울이 시작되고 자연이 잠잠해질 때 우리가 느낄 수 있는 고립감을 잘 표현하고 있다. 나비도 없고, 벌도 없다. 하지만 요즘은 벌이 단지 눈에 보이지 않을 뿐 사라지지 않았음을 알기에 용기를 얻을 수 있다. 벌통이나 벌 나무 안에는 아직 옹기종기 모여 벌벌 떨면서 난방 연료—꿀 저장분—가 풍부하게 구비된 따스한 피신처를 만들고 있는 수천 마리의 활발한 벌들이 있다. 이런 측면에서 꿀벌은 독보적이다. 왜냐하면 계속 활동할 수 있는 안락한 미기후를 1년 내내 창출하면서 추운 계절이 있는 기후에서도 살아가는 유일한 곤충이기 때문이다. 군락에 유충이 없는 시기인 늦가을부터 한겨울까지 속 빈 나무나 인공 벌통 안 봉군의 온도는 어는 점보다 한참 높다. 유충 없는 월동(越冬) 봉군의 핵심 온도는 섭씨 18도 아래로 좀처럼 내려가지 않으며, 표면 온도—가장 바깥층—는 보통 주변 온도가 섭씨 영하 20도 이하일 때도 섭씨 7도를 상회한다. 그 후 군락의 유충 양육기인 늦겨울에서 초가을까지 꿀벌 군락의 둥지에서 육아권의 온도는 섭씨 34.5~

35.5도를 유지하며, 바깥 온도가 늦겨울에 섭씨 0도 아래로 내려가거나 가장 더운 여름철에 섭씨 40도 위로 치솟는다 할지라도 하루 중 변화의 폭은 섭씨 0.5도 미만이다.

꿀벌 군락 둥지 중 육아권의 놀라운 온도 안정성의 또 다른 척도는 꿀벌 유충이 그곳의 정상적인 온도 범위인 섭씨 34.5~35.5도에서 조금만 벗어나도 고도로 민감해진다는 것이다. 위르겐 타우츠(Jürgen Tautz)와 동료들은 봉개 유충―번데기와 말기의 애벌레―을 섭씨 32도, 34.5도, 36도로 설정한 인큐베이터에서 키워 어린 벌들이 등장하자마자 페인트 표시를 한 다음 관찰용 벌통에 사는 위탁 군락에 도입했는데, 벌통으로부터 300미터(980피트) 떨어진 설탕물 그릇에서 먹이를 채집할 때 온도 처리한 벌들과 이들 사이에 명확한 행동 차이가 나타났다. 평균적으로 섭씨 32도에서 키운 벌은 벌통으로 돌아왔을 때 8자춤을 10바퀴만 춘 데 반해 섭씨 34.5도나 36도에서 키운 벌은 50바퀴를 쳤다. 또한 섭씨 32도에서 키운 벌이 추는 8자춤은 더 높은 두 온도에서 키운 그 자매들보다 300미터 떨어진 먹이 그릇의 거리를 덜 정확하게 표시했다. 후속 연구는 일벌의 뇌에 미치는 온도로 인한 영향을 탐구했고, 버섯체―일벌의 뇌에서 정보 통합의 중심―뉴런 사이의 연결 확률이 정상적인 육아권 온도(섭씨 34.5도)에서 성장한 벌에서 가장 높았으며, 정상보다 불과 섭씨 1도 높거나 낮은 온도에서 자란 벌만 해도 훨씬 더 낮은 것으로 밝혀졌다.

모든 생체 조직의 온도는 그것이 열을 얻고 잃는 상대적 속도를 반영한다. 따라서 꿀벌 군락이 육아권에서 안정적이고 높은 온도를 어떻게 유지하는지 알려면 그들이 신진대사를 통한 열 **생산**, 그리고 둥지의 환기와 증발 냉각을 비롯해 다양한 방법을 통한 열 **손실** 양쪽을 어떻게 조절하는지 검토해야 한다. 이 과정은 벌통에 사는 관리 군락이나 나무에 사는 야생 군락이나 다 똑같지만, 둥지를 덥히고 식히기 위해 벌이 얼마나 열심히 일해야 하는지는 두 종류의 군락에 큰 차이가 있을 때가 많다. 나중에 살펴보겠지만, 군락의 온도 조

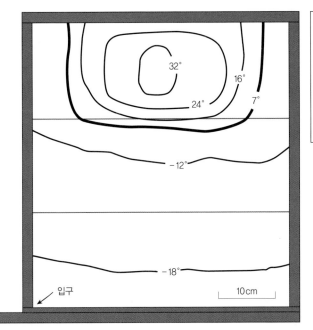

온도 변환

32°C = 90°F
24°C = 75°F
16°C = 61°F
7°C = 45°F
−12°C = 10°F
−18°C = 0° F

그림 9.1 위스콘신주 매디슨(Madison)에 사는 꿀벌 월동 봉군의 등온선. 데이터는 중간 깊이의 벌통 본체 3개로 이뤄진 랑식 가동소상에 거주하는 한 군락에서 1951년 2월 25일 오후 5시에 수집했다. 섭씨 7도 등온선은 벌 무리의 외부 표면을 나타낸다. 벌통의 상부 절반에서 공기가 비교적 따뜻한 지역에 주목하라. 벌통의 직접적인 온열 환경은 바로 이 무리 주변의 미세 환경이다.

절―여름과 겨울 모두―은 일반적으로 야생 군락이 더 쉽다. 왜냐하면 그들의 나무 구멍 집의 두꺼운 나무 벽이 대부분의 벌통에 있는 얇은 목재 벽보다 단열이 더 잘되고, 야생 군락의 집 벽에 있는 틈새가 프로폴리스로 채워져 있어 외풍을 줄여주기 때문이다. 이 단열과 외풍의 차이는 군락 둥지 구멍 내부의 미세 환경에 강한 영향을 주기 때문에 중요하며, 꿀벌 군락의 직접적인 온열 환경은 바로 둥지 구멍 바깥이 아닌 내부의 온도다(그림 9.1). 둥지 경계의 단열이 증대되고 외풍이 감소하면 둥지의 미세 환경과 외부 세계의 거시 환경 간 열 흐름을 둔화시킨다. 이는 단열이 잘되고 프로폴리스가 잘 발라진 나무 구멍에 사는 야생 군락은 공기가 차가운 날에 육아권을 약 섭씨 35도의 설정값으로 따뜻하게 유지하기 위해 비교적 적은 열을 생산해도 된다는 뜻이다. 주변의 미세 환경이 외부의 추운 거시 환경으로부터 단열이 아주 잘되어 있기 때문이다. 이는 열기가 군락의 둥지 구멍 안까지 흘러 들어오기 쉬운 극도로 더운 날에도 벽이 두꺼운 나무 구멍에 사는 야생 군락은 육아권의 과열을 막기 위해 냉각을 비교적 조금 해도 된다는 뜻이기도 하다. 둥지 구멍 내부의 미세 환경이 외부의 고온으로부터 단열이 잘되어 있기 때문이다.

군락 온도 조절의 진화적 기원

둥지 안의 따뜻한 미세 기후를 유지하는 꿀벌 군락의 능력은 궁극적으로 꿀벌의 비행을 위한 적응에서 파생했다. 곤충인 꿀벌은 날개를 퍼덕거림으로써—동물의 운동 중 가장 에너지 부담이 큰 방식—날아가며, 곤충의 비행근은 신진대사적으로 가장 활동적인 조직에 속한다. 비행 중인 일벌은 1킬로그램당 약 500와트(1파운드당 230와트)의 속도로 에너지를 소모한다. 비교하자면, 올림픽 조정 선수의 최대 출력은 1킬로그램당 겨우 20와트(1파운드당 9와트) 정도다. 따라서 벌은 비행할 때마다 엄청난 속도로 연료에서 에너지를 소비할 뿐 아니라 엄청난 열을 발생시키기도 한다. 대사 연료(metabolic fuel: 생체의 구성 물질 중 활동에 필요한 에너지원이 되는 연료—옮긴이)를 기계력으로 전환하는 데 있어 벌의 비행 장치 효율은 10~20퍼센트이므로, 비행에 소모하는 에너지의 80퍼센트 이상은 근육의 열로 나타난다. 일벌의 털 많은 흉부의 열 손실률은 매우 낮아서 비행을 지속하는 중에도 흉부 온도는 통상 주변 온도보다 섭씨 10~15도가 더 높다.

따라서 꿀벌한테 높은 흉부 온도란 비행의 필연적 결과지만 꿀벌 군락의 온도 조절 능력의 기원을 이해하는 데 중요한 것은 높은 흉부 온도가 그들의 비행에 **필수적**이 되어버렸다는 사실임을 우리는 알 수 있다. 일벌은 날 수 있으려면 약 섭씨 27도 이상의 흉부 온도를 유지해야 한다. 비행근이 이보다 차가우면 그냥 이륙과 비행에 필요한 높은 날갯짓 빈도수와 한 번 펄럭일 때의 출력을 발생시키지 못한다. 비행을 위한 이 높은 최저 흉부 온도는 벌의 비행근 효소 '설계'의 두 가지 제약을 반영한다. 1) 비행근은 비행으로 생긴 높은 흉부 온도를 견뎌내야 한다. 그러나 2) 고온에서의 질적 저하에 저항할 만큼 분자 내 결합이 충분히 강하면 비행근이 너무 뻣뻣해져 저온에서 효과적으로 작동하지 못한다. 따라서 꿀벌은 고온에 적응하도록 비행근을 진화시키면서 이 근육의 비행 전 워밍업 수행 능력도 발전시켰다. 만일 그러지 못했다면, 섭씨 27도 밑의 온도에서는 이륙하지 못한 채 있을 것이다. 벌은 흉부에 있는 날개 거근(擧筋)과 날개 억제근을 동시에 활성화함으로써 비행근을 워밍업시킨다. 이것이 이 근육의 등척성 수축(等尺性收縮: 근육이 전혀 수축되지 않고 강하게 당겨지기만 하는 것—옮긴이)을 유발하며, 이로 인해 날개의 진동이 거의 또는 전혀 없으면서도 많은 열이 발생한다.

이 비행 전 워밍업 행동은 확실히 꿀벌의 둥지 온도 조절이 진화하는 데 기초를 마련했다. 꿀벌은 자신의 비행근을 덥히는 데나 유충 벌집을 데우는 데나 등척성 근육 수축 메커니즘을 사용하기 때문이다. 채집 비행을 떠날 준비를 하는 채집벌과 봉개된 새끼벌방을 덥히는 간호벌의 흉부 온도를 기록해보면 1분당 섭씨 2~3도 상승하는 동일한 패턴이 나타난다. 그리고 두 상황에서 벌을 덥혀주는 날개는 복부 위에 접힌 채 움직이지 않는다. 유충을 따뜻하게 해주는 벌은 어떤 때는 번데기가 들어 있는 벌방의 덮개에 자신의 흉부를 대고 누르면서 완전히 꼼짝 않고 있기도 하고, 어떤 때는 봉인된 새끼벌방 사이사이의 빈 벌방에 들어간 다음 그 안에서 인접한 벌방의 번데기를 데우기 위해 섭씨 41도까지 자신의 흉부를 가열시킨 채 최대 30분을 머물기도 한다(그림 9.2).

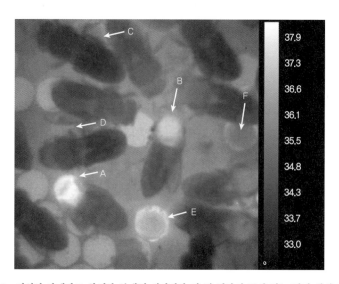

그림 9.2 적외선 카메라로 촬영한 봉개된 새끼벌방 및 빈 벌방이 들어 있는 벌집 위의 일벌 온도 기록도. 봉개된 새끼벌방은 윤곽 없는 회색으로 보인다. 빈 벌방은 테두리의 육각형 모양으로 알아볼 수 있다. A: 3개의 봉인된 새끼벌방에 인접한 빈방으로 막 들어가려는 흉부가 뜨거운(약 섭씨 38도) 일벌. B: 사진 중앙의 따뜻하고(약 섭씨 37도) 열린 벌방에서 방금 나온 일벌. C와 D: 열이 나지 않는 일벌들. 모두 흉부가 차갑다. E와 F: 열을 발생시키는 일벌들이 들어 있는 벌방. 각각의 벌방 내부는 발열하는 벌의 차가운 복부의 진한 실루엣 주변에서 빛나고 있다.

아피스 멜리페라의 군락 차원에서 온도 조절 능력은 이 벌의 사회생활의 진화와 더불어 나란히 발전했다. 꿀벌 군락은 어떤 면에서는 큰 집단으로 진화하면서 둥지 온도의 정교한 통제권을 장악했다. 간단히 말해, 집단이 개체보다 열 생산 역량이 더 크기 때문이다. 결국 1만 5000마리의 꿀벌 군락은 단 1마리의 벌보다 약 1만 5000배 더 강한 열을 발생시킬 수 있으니 말이다. 개체에 비해 집단이 누리는 온도 조절의 두 번째 장점은 개체당 열 손실 감소다. 집단 구성원이 빽빽한 봉군으로 밀집되어 있을 때는 특히 그렇다. 일벌 1마리—길이 14밀리미터(0.55인치)에 지름 4밀리미터(0.16인치)인 원통—가 혼자 떨어져 있을 때 표면적은 약 3.8제곱센티미터(0.6제곱인치)이지만, 꿀벌 1만 5000마리의 표면적은 지름이 18센티미터(7인치)인 빽빽한 봉군으로 수축하면 겨우 1000제곱센티미터(155제곱인치) 정도다. 그러므로 벌이 옹기종기 모여들 때 1마리의 실질적인 표면적은 혼자 있을 때보다 무려 60배가 더 작은 겨우 0.067제곱센티미터(0.01제곱인치)로 줄어든다.

온도 통제의 이득

꿀벌 군락은 스스로 냉각과 가열을 둘 다 할 수 있으므로 큰 이득을 얻는다. 아주 작은 입구 하나밖에 없는 둥지 구멍 안에서 벌 수천 마리가 북적대는 강한 군락은 바깥 온도가 약 섭씨 30도 이상으로 상승해 하루 종일 유지될 경우 치명적인 과열의 위험에 직면한다. 둥지 내부의 지속적인 온도가 섭씨 37도 이상이면 유충의 변태에 지장을 줄 것이다. 또한 만일 둥지 내부 온도가 섭씨 40도 이상으로 올라간다면, 밀랍 벌집은 위험천만하게 물러져 벌꿀로 채워진 벌집들이 무너져버릴 수도 있다. 게다가 성충 벌은 완전한 활동을 위한 최적 온도(섭씨 35도)보다 섭씨 10~15도 더 높은 섭씨 45~50도만 되도 몇 시간밖에 살지 못한다. 반면 섭씨 15도에서는 무한정 생존할 수 있다. 이는 대부분의 생물처럼 일벌도 최적 온도 이하보다는 그 이상에서 내성의 범위가 더 좁다는 것을 보여준다. 꿀벌의 고온에 대한 낮은 내성은 그들이 정상적으로 필요한 수준보다 더욱 안정적인 효소를 진화시키지 못했다는 사실을 반영한다. 이것은 이해가 된다. 벌의 정상 범위를 한참 웃도는 이런 온도에서 안정적일 수 있는 효소라면 일반적인 온도에서는 너무나 뻣뻣한 나머지 실제로 작용할 수 없을 것이기 때문이다.

둥지의 과열을 피하는 적응적 의의는 명백하지만, 어떤 선택적인 힘이 둥지 보온의 진화를 선호한 것일까? 따뜻한 달들(months)이 주는 주된 이득은 아마도 유충 성장의 가속화일 것이다. 유충의 빠른 성장은 군락의 신속한 성장을 가능케 하고, 이는 겨울의 말미, 분봉 이후, 약탈로 인해 사망률이 상승한 이후처럼 군락의 개체군이 급격히 감소할 때마다 가치가 크다. 유충은 조금만 시원해져도 상당한 성장 감속이 일어난다. 가령 번 밀럼(Vern G. Milum)은 군락에서 평균 온도가 약 섭씨 31.5도인 육아권 외곽에 위치한 유충은 산란에서 성충의 등장까지 22~24일이 필요한 반면, 약 섭씨 3도가 더 따뜻한 둥지 중앙부의 유충은 완전한 성장까지 단 20~22일이 필요하다는 것을 알아냈다.

군락에서 육아권의 높은 온도는 군락의 신속한 성장을 도모하는 것 외에 질병 대처에도 일조한다. 1930년대에 아나 마우리치오(Anna Maurizio)가 수행한 연구는 군락이 유충의 온도를 (섭씨 35도로) 따뜻하게 유지할 경우 벌집곰팡이로 인해 유발되는 꿀벌 유충 질병인 백묵병을 방지할 수 있지만, 유충을 단 몇 시간 동안 섭씨 30도까지 시원하게 놔두기만 해도 유충이 이 곰팡이에 감염될 거라고 밝혔다. 최근에는 필립 스탁스(Philip Starks)와 동료들이 백묵병 포자에 노출된 꿀벌 군락은 유충 벌집 발열 반응을 보인다고 밝힌 바 있다. 구체적으로 말하면, 군락에 가루 상태로 포자를 형성하는 백묵병으로 죽은 시체—곰팡이의 자실체로 둘러싸인 죽은 유충—를 함유한 50퍼센트 당액을 먹이자 유충 벌집 온도가 거의 섭씨 0.6도 올라갔다(그림 9.3). 유충 벌집의 정상 온도 범위가 섭씨 34~36도의 단 2도라는 점을 감안하면, 섭씨 0.6도 증가는 꽤 큰 상승폭이며 감염을 막는 데 효과적이었을 것 같다. 포자를 먹인 군락 중 어느 곳도 병에 걸리지 않았다. 또한 꿀벌 군락은 적어도 15가지 바이러스성 질환과 2가지 박테리아성 질병도 앓는데, 유충 벌집의 높은 온도가 군락의 바이러스성 및 박테리아성 감염의 취약성에 어떤 영향을 미치는지는 아직 알려지지 않았다. 다만 다른 곤충 바이러스 연구들이 꿀벌 군락의 육아권에서 숙주가 발견된 것 같은 온도에서 자랄 경우 감염을 초래하지 않는다는 점을 밝혀냈고, 따라서 꿀벌 군락에서 발견된 높은 온도 역시 바이러스성 질병에 대한 저항력을 제공할 것으로 보인다.

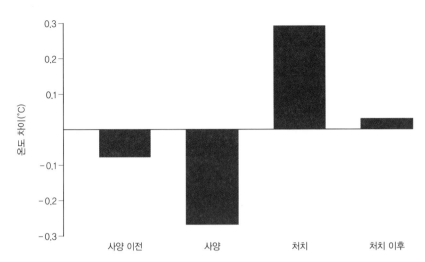

그림 9.3 순수한 설탕 시럽(사양 기간)이나 백묵병 포자가 포함된 설탕 시럽(처치 기간)을 먹인 기간과 먹이기 이전(사양 이전) 및 먹인 이후(처치 이후) 기간에 벌집 틀 2장들이 관찰용 벌통에 사는 소규모 군락 3개의 유충 벌집 중심부에서 관찰한 온도와 예상 온도의 차이. 사양 기간 동안에는 일부 벌이 설탕 시럽을 채취하기 위해 유충 벌집을 떠났으므로 온도가 떨어졌다. 사양의 냉각 효과에도 불구하고 설탕 시럽에 백묵병 포자를 주입했을 때 군락의 유충 벌집 온도는 비교적 높았다.

물론 둥지 안에 따뜻한 미세 온도를 창출하는 꿀벌 군락의 능력이 가져다 준 또 하나의 중요한 이득은 일반 환경에서 저온에 대한 저항력 증가다. 아피스 멜리페라는 진보한 사회적 온도 조절 기술을 통해 온열의 지위(niche, 地位)를 대폭 확장해왔고, 그렇지 않다면 겨울 동안 군락이 전멸했을 지리적 위치에서도 오늘날까지 살고 있다. 6장에서 거론한 대로, 꿀벌은 기본적으로 다양한 적응을 통해, 특히 길고 추운 겨울 내내 따뜻한 봉군을 유지하는 능력을 통해 자신들의 범위를 한랭 기후 지역으로까지 확장시킨 아열대 곤충이다.

군락의 보온

겨울이 길고 추운 곳에 사는 꿀벌 군락이 직면하는 온도 조절의 근본적 문제는 주변 환경보다 더 따뜻하게 유지하는 것이다. 이미 언급했듯 군락이 유지하려고 애쓰는 내부 온도는 유충 양육 여부에 따라 각기 다르다. 양육 중이라면, 육아권은 섭씨 34~36도에서 유지된다. 그렇지 않다면, 온도 조절 장치의 눈금이 낮아져 핵심 온도는 약 섭씨 18도 위로, 표면 온도는 약 섭씨 8도 위로 유지한다. 이 두 온도가 결정적인 하한선이다. 약 섭씨 18도보다 낮은 온도에서 벌들이 떨게 되면 더 많은 열을 생산하기 위해 비행근을 활성화하는 데 필요한 뉴런의 활동을 창출하지 못하고, 약 섭씨 8도 아래로 차가워진 벌들은 몸이 굳어버려 일종의 저온 혼수상태에 돌입한다. 벌이 이런 저체온증에서 살아남을지 여부는 지속 시간에 달려 있다. 섭씨 10도 이하로 추우면 대부분의 벌은 48시간 내에 죽는다.

군락은 벌들이 거주하는 둥지 내부의 열 생산 및 열 손실의 속도를 조절함으로써 일부 지역—자신들이 담당하는 벌집—안에서 적당히 따뜻한 미세 기후를 유지한다. 그림 9.4는 월동 봉군의 군락이 둥지 구멍 내부의 환경에 열을 잃는 방식을 설명한다. 바로 전도, 대류, 증발 및 열복사다. 군락은 구멍의 천장 및 벌집을 통한 전도로 열을 빼앗기며, 봉군의 많은 틈새와 둥지 구멍 내부에서 이동하는 공기의 흐름을 통한 대류로 열을 잃는다. 군락은 또한 성충 벌의 호흡에 의한 증발, 유충 벌의 촉촉한 몸들로부터의 표면 증발, 그리고 봉군 내부의 축축한 벌집으로부터의 표면 증발로 인해 열을 잃는다. 마지막으로 군락은 주변의 모든 물체, 이를테면 빈 벌집과 둥지 구멍의 벽을 향해 열복사를 한다. 이 그림의 등온선은 봉군으로부터의 열 손실이 둥지 구멍의 위쪽 봉군 바깥에 상대적으로 공기가 따뜻한 지역을 창출했음을 보여준다. 둥지 구멍의 아래쪽 온도는 외부와 동일한 섭씨 영하 21도이지만, 구멍의 위쪽 온도와 봉

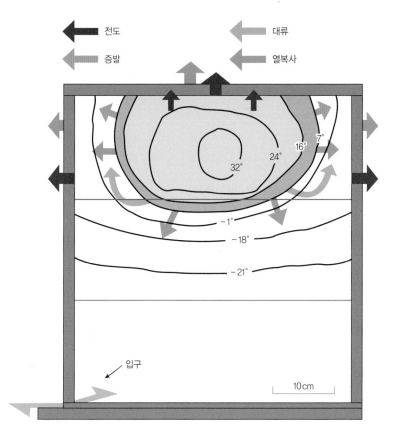

전도

대류

증발

열복사

32°
24°
16°
7°

-1°

-18°

-21°

입구

10cm

그림 9.4 1951년 2월 25일 오전 7시에 주변 온도가 섭씨 영하 21도일 때 랑식 벌통 안에 있는 꿀벌 군락의 월동 봉군 분석. 그림은 봉군이 둥지 구멍의 공기와 벽에 열을 빼앗기는 경위를 보여준다. 즉 전도, 대류, 증발, 열복사를 통해서다. 이는 둥지 구멍의 공기와 벽이 바깥 환경에 어떻게 열을 빼앗기는지도 보여준다. 바로 전도, 대류, 열복사를 통해서다. 진한 색은 봉군의 조밀한 단열 표면을 나타낸다. 군락의 작은 육아권은 32도 등온선 안에 있다.

군 주변 전체의 온도는 그보다 훨씬 더 따뜻한 섭씨 영하 1도임에 주목하라.

봉군으로부터 손실된 열은 그 주변의 공기뿐 아니라 둥지 구멍의 천장과 벽을 데우고, 그것은 다시 전도와 열복사에 의해 외부 환경으로 열을 빼앗긴다. 만일 외부의 바람 때문에 기류가 입구를 통해 둥지 구멍의 안팎을 드나들게 되면, 대류를 통한 외부로의 열 손실도 있을 수 있다. 야생 군락은 5장에서 얘기했듯 프로폴리스 이음새로 틈새와 작은 구멍을 메움으로써 대류를 통한 둥지 구멍의 열 손실을 줄인다. 늦여름에 일부 군락은 그림 5.7에 나타난 것처럼 구멍의 대부분에 프로폴리스 막을 만듦으로써 둥지 입구의 크기를 줄이기도 한다.

그림 9.4에서 얻을 수 있는 메시지는 꿀벌 군락에는 환경에 빼앗기는 열을 최소화하는 두 가지 방법이 있다는 것이다. 바로 1) 군락으로부터 둥지 구멍으로의 열 손실 줄이기, 2) 둥지 구멍으로부터 무엇이 됐든 군락의 거처가 되는 외부 환경(이제부터는 '둥지 경계 구역'이라 부르겠다)으로의 열 손실 줄이기다. (봉군 및 구멍으로부터) 군락 열 손실의 두 단계에서 내부로부터 외부로의 열전달률은 대략 내부와 외부의 온도 차이에 비례해 증가한다(T_1-T_0). 이 온도 차이가 열 손실의 추진력이다. 증발로 인해 열전달이 없을 때는 뉴턴의 냉각 법칙이 적용된다.

$$열전달률 = C \times (T_1 - T_0)$$

구조물의 열전도 계수 C는 구조물 내부에서 외부(봉군이든 둥지 경계 구역이든)로 열이 얼마나 즉각적으로 이동할 수 있는지를 측정한 값이다. C의 값이 낮은 봉군이나 둥지 경계 구역은 열 손실에 대한 저항성이 높고, 따라서 단열값이 높다. 이제 꿀벌 군락이 어떻게 많은 벌의 $C_{봉군}$을 조절하는지, 그리고 꿀벌 군락이 두꺼운 벽의 나무 구멍에 거주함으로써 거주지의 벽에 대해 어떻게 인상적일 만큼 낮은 $C_{경계 구역}$을 획득하는지에 관해 알려진 정보를 검토해보자.

꿀벌 군락은 열전도$(C_{봉군})$를 낮춤으로써 열 손실을 대폭 줄일 수 있다. 벌이 촘촘하고 거의 구형에 가까운 봉군을 형성하려고 바짝 밀착하면 그렇게 된다. 이 과정은 둥지 구멍 내부의 온도가 약 섭씨 14도 아래로 떨어질 때 시작된다. 만일 봉군의 외부 온도가 더 떨어지면, 벌들은 더 바짝 밀착해 봉군의 크기를 줄인다. 섭씨 영하 10도 정도에서 봉군의 축소가 한계에 도달하기는 하지만 말이다. 섭씨 14도와 섭씨 영하 10도 사이에 봉군의 부피는 대략 5배 줄어든다. 월동 봉군의 구조는 1951년 위스콘신주 매디슨의 찰스 오웬스(Charles D. Owens)가 자세히 조사했다. 그는 당시 미국 농무부에서 일하고 있었는데, 주변 온도가 섭씨 영하 14도이던 어느 날 군락의 봉군 전체에 걸쳐 주의 깊게 온도를 측정한 다음, 시안화수소 가스로 군락을 죽이고, 마지막으로 죽은 군락을 조심스럽게 해부했다. 그림 9.4는 오웬스가 발견한 두 부분으로 된 내부 조직을 보여준다. 섭씨 7도와 16도 등온선 사이에는 머리를 안쪽으로 향하고 겹겹이 밀집한 벌들로 이뤄진 **외부 구역**이 있었다. 벌들은 단열 막을 형성하려고 벌집의 빈 벌방을 전부 채우고 벌집 사이의 공간에서는 최대한 바짝 밀착했다. 그러나 **내부 구역**의 벌들한테는 기어 다니고, 꿀 저장분을 먹이고, 날개로 부채질하고, 유충을 돌볼 공간이 있었다.

주변 온도가 낮으면 벌들은 왜 조밀한 봉군을 이루는 걸까? 봉군 형성은 한편으로는 열복사에 의해 열을 빼앗길 표면적을 줄임으로써 군락의 열 손실을 줄인다. 또한 대류(공기의 흐름)로 인한 열 손실을 줄여주기도 한다. 벌들이 밀착하면 봉군의 다공성이 감소하고 그에 따라 공기의 흐름에 의한 열 손실도 감소하기 때문이다. 무엇보다도 봉군의 조밀한 외층은 전도로 인한 열 손실을 줄여주는 효과적인 단열 담요를 형성한다. 에드워드 사우스윅(Edward E. Southwick)은 주변 온도에 따른 군락의 대사율 측정을 바탕으로 1만 7000마리(즉 2.2킬로그램/4.9파운드)의 벌이 있는 월동 봉군의 열전도 계수가 1킬로그램·1도당 0.10와트라고 열전도율을 추정한 바 있다. 더욱 놀랍게도, 이 낮은 열전도 계수는 동일한 몸무게의 조류나 포유류의 계수와 비슷하거나 그보다 훨씬 더 낮다. 확실히 월동 봉군 꿀벌의 조밀한 외부층 단열 효과는 새의 날개나 포유류 털의 효과와 다름없거나 그보다 더 낫다.

야생에 사는 꿀벌 군락은 벽이 두꺼운 나무 구멍에 거주함으로써 열 손실을 줄이기도 한다. 이 두꺼운 나무 벽은 열전도 계수가 낮으므로(낮은 C봉군), 둥지 구멍으로부터 전체 환경으로의 전도로 인한 열 손실을 막아준다. 현재로서는 어느 누구도 보금자리 정찰벌이 잠재적인 둥지 구멍의 벽 두께를 가늠하고 이 것을 잠재적인 집터의 전반적 품질 평가에 하나의 요소로 포함시키는지 탐구한 적이 없다. 내가 봤을 때 정찰벌은 그렇게 할 것 같지만 말이다. 다만 꿀벌 군락의 둥지 경계 구역의 총열전도율에서 벽이 두꺼운 나무 구멍과 종래의 벽이 얇은 목재 벌통 사이에 얼마나 큰 차이가 있는지는 연구가 이뤄졌다. 잉글랜드의 데릭 미첼이 이 연구를 수행했다. 나무 구멍의 두꺼운 벽은 **열용량**과 **열전도율**이라는 두 측면에서 목재 벌통의 벽과는 다르지만, 미첼은 열전도율 그 자체의 차이가 주는 영향을 연구하기로 했으므로 열용량이 극히 적은 물질인 경질 우레탄폼 몇 장을 사용해 손수 만든 나무 구멍 모델을 가지고 작업했다. 그는 1970년대에 로저 모스와 내가 야생 군락의 둥지에 관한 논문에서 발표했던, 벽이 두꺼운 나무 구멍과 1단위높이당 열전도율(1미터·1도당 와트)이 똑같은 벽으로 된 우레탄폼 나무 구멍 모델을 제작했다. 그는 또한 자신의 나무 구멍 모델을 크기(40리터/10.6갤런), 모양(길쭉한 원통), 입구 특성—15센티미터(6인치) 길이의 통로에 지름 5센티미터(2인치)—이라는 변수들의 측면에서 우리가 연구했던 나무 구멍 보금자리의 평균값과 같도록 지었다. 그뿐 아니라 영국 국립식 벌통 및 와레식(Warré: 프랑스 성직자이자 양봉가인 에밀 와레의 이름을 딴 벌통—옮긴이) 벌통을 비롯한 다양한 종류의 목재 벌통으로도 작업했다. 나무 구멍 모델과 각각의 벌통 안에는 다수의 온도 센서를 설치하고, 위쪽에는 벌 군락의 열 생산을 시뮬레이션하기 위한 발열체를 매달았다. 그는 끝으로 모든 벌통에 전원을 넣어 발열체가 작동하게 하고 각 구조물 내부의 조건이 균형 상태가 될 때까지 온도 센서가 몇 시간 동안 데이터를 모으도록 했다. 그가 발견한 것은 벽이 두꺼운 나무 구멍 모델의 총(집중) 경계 구역 열전도율(C경계 구역) 값은 1도당 겨우 약 0.5와트인 반면, (가령) 영국 국립식 벌통의 C경계 구역은 5배 정도 더 높은 1도당 약 2.5와트라는 점이었다.

천연 나무 구멍의 벽과 종래의 전통적인 목재 벌통의 벽 사이에 존재하는 이렇게 큰 열전도율 차이는 어떤 영향을 주는 걸까? 한 가지 영향은 단열이 잘 되는 나무 구멍에 사는 대규모 군락의 벌은 겨울까지 너끈히, 어쩌면 겨울 내내 둥지 안에서 계속 자유롭게 돌아다닐 수 있다는 것이다. 미첼의 분석에 따르면, 둥지 온도 섭씨 20도에서 정상적인 20와트 비율로 열을 생산하는 1킬로그램(2.2파운드)의 벌 군락이 두꺼운 벽에 단열이 잘되는 나무 구멍 안에 살고 있다면 구멍 밖 온도가 섭씨 영하 30도나 영하 40도 아래로 내려갈 때까지는 조밀하고 단열이 잘되는 봉군을 형성할 필요가 없을 것이다. 반면 벽이 얇은 표준 목재 벌통에 사는 같은 규모의 군락은 둥지 구멍의 단열이 아주 부실하

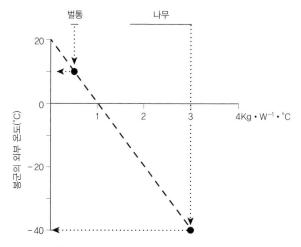

그림 9.5　둥지 경계 구역의 총열전도율에 따라 1.0킬로그램(2.2파운드)의 군락이 온기를 유지하기 위해 봉군을 형성해야 하는 임계 온도의 시각적 분석: 벽이 얇은 목재 벌통(영국 국립식)과 벽이 두꺼운 나무 구멍. 나무 구멍의 총열전도율은 비교적 낮으므로 군락의 질량 대비 둥지 경계 구역의 열전도율($Kg \cdot W^{-1} \cdot ℃$)이 높다. 따라서 나무 구멍에 사는 1킬로그램의 꿀벌 군락은 외부 온도가 섭씨 영하 40도 아래로 내려갈 때까지는 둥지 구멍 내부에서 섭씨 20도가 넘는 따뜻한 미세 기후를 경험하겠지만, 영국 국립식 벌통에 사는 1킬로그램의 꿀벌 군락은 바깥 온도가 약 섭씨 10도를 넘을 때에만 그런 따뜻한 미세 기후를 경험할 것이다.

기 때문에 벌통 밖 온도가 약 섭씨 10도 아래로 떨어지면 바로 밀착된 봉군 단계로 들어가야 할 것이다(그림 9.5). 이런 현저한 차이는 벌통에 사는 군락에 비해 나무 구멍에 거주하는 군락의 겨울 생존력이 더 낫다는 뜻으로 풀이할 수 있다. 왜냐하면 나무 안에서 겨울을 나는 군락은 더 오랫동안 벌집을 돌아다닐 수 있고, 따라서 벌꿀 저장분과 계속 접촉하는 데도 더 나을 것이기 때문이다. 하지만 나무 구멍의 두꺼운 벽은 전통적인 벌통의 얇은 벽에 비해 열용량—높은 단열값뿐 아니라—이 높으므로 이 주제는 훨씬 더 많은 탐구가 필요하다. 이는 나무 구멍의 벽은 겨울 동안 일단 차가워지고 나면 구멍 안에 사는 군락이 봉군을 풀 수 있는 약 섭씨 14도까지 그 안의 공기를 덥히는 걸 지연시킬 거라는 뜻이다. 이렇게 되면 벽이 두꺼운 나무 구멍에 사는 군락은 봄에 활동을 하는 데 있어 벽이 얇은 목재 벌통에 사는 군락에 비해 더딜 수 있다.

벽이 두꺼운 나무 구멍과 벽이 얇은 벌통 사이의 미세 기후 차이를 좀더 탐구하고자 나는 최근 2명의 동료 로빈 래드클리프 및 헤일리 스코필드(Hailey Scofield)와 함께 꿀벌 없이 두 종류의 구조물 내부의 미세 기후를 1년 내내 기술하는 연구를 하나 시작했다. 우리는 2개의 둥지 구멍을 제작하는 데서 출발했다. 하나는 일반적인 소나무 재목으로, 다른 하나는 전기톱으로 커다란 사탕단풍나무를 잘라 만들었다(그림 9.6). 두 구멍은 모양(길쭉하고 좁다), 부피(50리터/12.3갤런), 입구 크기(지름 5센티미터/2인치)는 같지만, 벽의 두께는 약 2센티미터(0.75인치)와 36센티미터(14인치)로 크게 다르다. 그러니까 두 구멍은 천연 둥지 구멍의 모양과 크기를 갖고 있지만, 둘 중 한쪽만 천연 둥지 구멍의 벽 두께를 갖고 있다는 뜻이다. 그것들을 나란히 놓고 각각 구멍의 위아래로부터 20센티미터(8인치) 지점 한가운데에 온도 센서와 기록계를 설치했다. 또한 주변 온도 측정을 위해 두 구조물 사이의 음지에도 온도 센서와 기록계를 올려놨다. 우리의 목적은 1년간은 모든 구멍에 난방을 하지 않고, 다음 1년간은 모든 구멍에 2킬로그램(4.4파운드)의 꿀벌 군락이 거주할 경우 일어날 법한 난

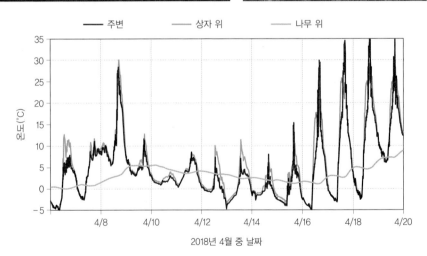

그림 9.6 **위:** 치수와 입구 크기가 같은 벽이 두꺼운 나무 구멍과 벽이 얇은 목재 상자 안의 미세기후를 1년간 비교하는 데 사용한 2개의 인공 둥지 구멍. **아래:** 벽이 두꺼운 나무 구멍과 벽이 얇은 목재 상자 내부 및 두 구조물 바깥의 온도 기록 표본.

방을 시뮬레이션하기 위해 내부에 40와트 발열체를 설치해 총 2년에 걸쳐 양쪽 구멍 내부의 온도 역학을 비교하는 것이었다.

그림 9.6의 그래프는 2018년 4월에 2주 동안 두 구멍 및 주변의 온도 센서에 나타난 온도 측정값을 보여준다. 이는 이 초봄 기간 중 나무 구멍의 측정값이 주변 온도나 벌통 상자의 값보다 훨씬 더 안정적이라는 것을 드러낸다. 또 화창한 날에는 벌통 상자 내부가 바깥(주변) 공기보다 더 따뜻한데도 후자의 두 측정값 세트들이 거의 동일하다는 것도 알 수 있다. 게다가 밤에는 항상 나무 구멍이 상자보다 더 따뜻하다는 것도 알 수 있다. 이 연구가 전반적으로 우리에게 무엇을 말해주는지 알기에는 너무 시기상조이지만, 커다란 나무 안쪽 깊숙이 사는 야생 군락과 벽이 얇은 벌통에 거주하는 관리 군락이 경험하는 둥지 구멍 온도의 안정성에서 얼마나 현저한 차이가 있는지는 이미 밝혀졌다.

그러나 세상에서 가장 단열이 잘된다 해도 생물체가 열을 발생시키지 않는다면 그것을 따뜻하게 유지하지 못할 것이므로, 인상적인 열 생산 능력이 꿀벌 군락의 보온 적응을 보완한다고 해도 놀랍지 않다. 상당량의 열이 유충과 성충의 휴식 대사에 의해 발생한다. 육아권 온도가 섭씨 35도일 때 각각 1킬로그램당 8와트와 20와트 정도다. 그러나 성충 벌은 비행근의 등척성 수축을 통해—그럼으로써 날개 운동을 일으키지 않고도 에너지를 연소시킨다—대사 열 생산을 1킬로그램당 약 500와트(1파운드당 230와트)까지 대폭 증진시킬 수 있다! 따라서 군락의 열 생산을 조절하는 데 있어 달라지는 것은 바로 성충 일벌의 대사율이다. 군락의 열 생산에 종사하는 일벌은 휴식 중인 벌과 거의 구별되지 않는다. 둘 다 벌집 위에 꼼짝 않고 있다. 그러나 가끔 일벌이 번데기가 들어 있는 벌방의 덮개에 자신의 흉부를 대고 꽉 누르면서 몇 분간 이 자세로 가만히 있는 모습을 관찰할 수 있다. 자신의 흉부 온도를 약 섭씨 40도까지 올리기 위해 (비행근으로) 열을 발생시키고 있는 것이다. 이렇게 하면 새끼벌방의 온도가 몇 도는 올라갈 것이다. 또한 온도 조절식 호흡계(controlled-

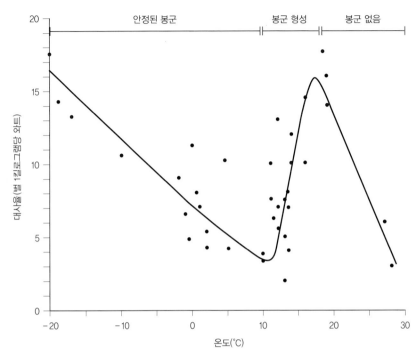

그림 9.7   월동 군락의 주변 온도 대비 대사율. 군락은 신진대사 공간의 역할을 하는 온도 조절
실 안에 있었다. 각각의 데이터 포인트(data point)는 정온에서 가동한 24시간 동안 군락의 최소
대사율을 나타낸다.

temperature respirometer)에 개별 벌이나 소집단 벌을 가두고 측정해보면 일벌
이 대사율을 극적으로 높임으로써 추위에 맞선다는 게 명확히 입증된다. 가령
섭씨 35도에서 10마리의 일벌 집단은 흉부 온도(섭씨 36도)를 거의 올리지 않고
대사율도 낮았던(1킬로그램당 29와트/1파운드당 13와트) 반면, 섭씨 5도가 되자 대
사율을 1킬로그램당 300와트(1파운드당 136와트)로 높이고, 그렇게 해서 흉부 온
도를 주변 온도보다 훨씬 높은 섭씨 29도로 유지했다.

　각각의 벌이 수천 마리의 군락 동료와 함께 추위에 맞서는 데 협력하는 자
연 속에서 일벌의 열 생산 증가 과정은 봉군 형성으로 열 손실을 줄이는 과
정과 함께 작동한다. 그림 9.7은 벌이 어떻게 이 두 가지 체온 조절 메커니즘

을 조화시키는지 보여준다. 열 생산은 주변 온도가 섭씨 30도에서 약 15도까지 떨어질 때 증가하고 약 섭씨 10도 아래로 떨어질 때 다시 증가하지만, 주변 온도가 약 섭씨 15도에서 10도로 내려갈 때는 급격히 감소한다. 앞서 언급했듯 이는 군락이 단열이 잘되는 봉군으로 밀착해 열 손실을 완전히 줄임으로써 심해지는 한파를 견딜 수 있는 온도 범위다. 봉군은 온도가 약 섭씨 영하 10도에 도달할 때까지 계속 오그라들기 때문에 열 손실 감소는 이 온도까지 계속 군락의 온도 조절에서 중요한 역할을 한다. 그림 9.7에서 볼 수 있듯 거기에 열 생산 증가가 동반되기는 하지만 말이다. 아마 군락이 이보다 더 높은 온도에서 봉군 대형에 착수하고 그럼으로써 둥지 난방 비용을 줄이지 않는 이유는 밀착 봉군으로 합치면 먹이의 채취 및 저장 같은 군락의 다른 활동에 지장을 주기 때문인 듯하다.

둥지의 냉각

육아권 지역의 온도를 약 섭씨 36도 아래로 유지하기 위해 꿀벌 군락은 보금자리를 가끔씩 냉각시키기도 해야 한다. 이보다 섭씨 2~3도만 높은 온도가 계속되어도 미숙한 꿀벌의 변태—즉 유충에서 성충으로의 변형—에 지장을 줄 것이다. 둥지 과열의 위험 중 일부는 군락에 필연적인 대사열 생산에서 발생한다. 적극적으로 부화시킨 벌보다 유충 및 부화하지 않은 성충의 휴식 수준에서의 열 생산이 훨씬 더 낮다. 그렇더라도 부화하지 않은 벌마저 충분한 열을 생산해 둥지 밖 기온이 약 섭씨 27도 넘게 올라가면 군락은 육아권 과열의 위협에 직면할 수 있다. 이런 위험은 인근 나무들 때문에 그늘이 지고 단열도 잘되는 나무 구멍에 거주하는 야생 군락보다는 직사광선에 그대로 노출되어 있고 단열층이 얇은 벌통에 사는 관리 군락한테서 더 흔하다. 그러나 벌은 육아권이 과열될 때마다 둥지를 시원하게 유지하는 데도 따뜻하게 유지할 때만큼 효과적인 메커니즘을 사용한다. 예를 들어, 마르틴 린다우에르(Martin Lindauer)는 벽이 얇은 목재 벌통에 사는 꿀벌 군락을 이탈리아 남부 살레르노(Salerno) 근처의 햇볕 쨍쨍한 용암원에 두었는데, 벌통 높이의 바깥 기온은 섭씨 60도까지, 인근의 벌 없는 벌통의 내부 온도는 섭씨 41도까지 올라갔음에도 벌통 안에 있던 군락의 최고 온도는 섭씨 36도를 절대 넘기지 않았다. 군락은 둥지의 과열을 방지하기 위해 단계적으로 대응하며, 많은 냉각 메커니즘을 효율적으로 사용한다. 성충이 둥지 안에 넓게 흩어지고 일부는 둥지를 떠나는 것부터 시작해(내부의 열 생산을 줄이고 대류에 의한 열 손실을 촉진하기 위해), 부채질이 그 뒤를 잇고(대류를 강제로 창출하기 위해), 마지막으로는 벌집에 물을 뿌린다(증발성 냉각을 이끌어내기 위해).

둥지 구멍 내부에서 온도가 상승함에 따른 성충 일벌의 분산은 둥지 구멍 내부 온도가 약 섭씨 영하 10도 이상으로 오를 때 시작되는 봉군 팽창의 연장선이다. 벌의 이런 분산을 부채질 행동이 보완하기 시작할 때 둥지 외부의 기온은 그때그때 다른데, 둥지 구조물(나무나 벌통)의 햇빛 노출, 둥지 구멍 벽의 단열, 군락의 강도(전반적인 열생산율에 영향을 준다) 같은 요인에 좌우된다. 군락에 중요한 것은 결국 둥지 내부의 온도를 섭씨 36도 아래로 유지하는 것이며, 둥지 내부의 온도가 육아권 온도의 이 한계점에 가까워질 때 벌이 강력한 환기를 시작한다고 많은 관찰자가 보고한 바 있다. 부채질벌은 둥지 전역에 배치되며, 기존의 (단일 방향) 흐름을 따라 공기를 유도하기 위해 연속으로 정렬한다. 그 밖의 부채질벌은 자신들의 복부를 입구와 다른 쪽으로 향한 채 밖에 서서 둥지로부터 공기를 빼낸다.

최근 하버드 대학교의 제이컵 피터스(Jacob Peters)와 동료들은 입구의 기류 **속도**를 측정해 그것이 1초당 3미터(1초당 약 10피트), 그러니까 1시간당 최고 10.8킬로미터(6.7마일)가 될 수 있다고 보고한 바 있다. 이런 일은 방출되고 있는 공기의 온도가 섭씨 36도를 넘을 때 일어나며, 군락의 육아권 온도가 위험할 정도로 높다는 뜻이다. 그보다 앞선 연구자로 네덜란드에서 작업하는 엥얼 하젤호프(Engel H. Hazelhoff)는 부채질벌에 의해 창출된, 둥지를 통과하는 기류의 **부피**를 측정했다. 그는 입구 하나는 공기속도계(풍속계)에 연결해 맨 위에, 또 하나는 벌통의 입구 역할을 하도록 맨 아래에 둔, (입구가 2개인) 벌통을 지었다. 이 벌통으로 부채질벌이 만들어낸, 벌통을 관통하는 기류를 정확히 측정할 수 있었다. 하젤호프는 벌 12마리가 25센티미터(10인치) 너비의 벌통 입구를 따라 모두 고른 간격을 두고 열심히 부채질하고 있을 때 맨 꼭대기의 입구를 통해 차갑고 신선한 공기가 흘러 들어오는 속도를 측정했다. 1초당 최대 1.0~1.4리터(0.26~0.37갤런)였다!

하젤호프는 고온뿐만 아니라 둥지 안의 공기 중 높은 수준의 이산화탄소 역시 환기를 위한 벌의 강력한 부채질을 자극한다는 점을 발견했다. 이는 꿀벌의 둥지 환기가 집단의 온도 조절뿐 아니라 집단의 호흡에도 작용한다는 뜻이다. 놀랍게도 군락 둥지 구멍 내부의 공기 중 이산화탄소 함유량은 벌들이 활발하게 환기하고 있지 않을 때는 0.7~1.0퍼센트로서, 정상적인 대기 중 이산화탄소 비율(0.03~0.04퍼센트)보다 20~30배가 더 높다. 이렇게 '탁한' 상황에서도 번성하는 꿀벌 군락의 능력은 이 사회성 벌들이 입구가 작은 나무 구멍 속에서 단체로 생활하는 데 얼마나 놀랄 만큼 잘 적응했는지를 입증한다.

5장에서 우리는 야생 군락의 나무 구멍 둥지 입구가 어떻게 단 하나일 때가 많은지, 그리고 그 크기도 상당히 작은 10~20제곱센티미터(1.5~3.0제곱인치)에 불과할 때가 많은지를 살펴봤다. 이것은 벌이 둥지의 과도한 열 (그리고 이산화탄소) 증가를 방지하기 위해 어떻게 하나뿐인 작은 입구로 공기의 흐름을 충분히 얻어내느냐는 질문을 제기하게 한다. 제이컵 피터스와 동료들의 연구는 벌이 이 문제를 어떻게 해결하는지 보여준다. 부채질벌은 공기가 지속적으로 입구 둘레의 각기 다른 위치에서 들어왔다 나갈 수 있도록 그 주변에 비대칭으

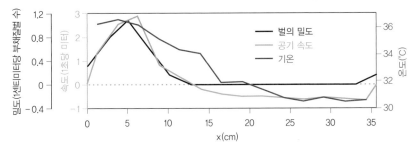

그림 9.8　위: 구멍 왼쪽에 무리를 지어 벌통 입구에서 환기 중인 일벌들. 아래: 벌통 입구의 공기 속도(녹색), 벌의 밀도(검정색), 그리고 기온(빨간색). 유출 및 유입 속도는 각각 음양의 값으로 표시되어 있다.

로 분포한다(그림 9.8). 부채질벌의 봉군 형성은 또한 공기의 유체 마찰을 감소시키는 장점도 있는데, 이것이 환기의 효율을 높인다. 확실히 부채질벌은 기온—공기가 빠져나가는 곳에서 가장 높다—을 감지함으로써, 그리고 공기가 가장 뜨거운 곳이면 어디서든 그 흐름의 방향과 보조를 같이함으로써 기류의 유입 및 유출이라는 이 효율적인 분배를 이뤄낸다. 다시 말해, 부채질벌은 자신들의 둥지 입구를 통과하는 더운 공기의 유출과 찬 공기의 유입을 효율적으로 분배하기 위해 다른 부채질벌과의 직접적인 상호 작용이 아니라 공기의 흐름 그 자체를 이용한다.

　벌들이 일벌의 분산과 둥지 환기를 이용해 자신들의 둥지를 충분히 식힐 수 없을 때는 이 문제에 증발 냉각의 힘을 동원한다. 물은 액체에서 기체가 될 때 엄청난 양의 열(에너지)을 흡수하므로, 물의 증발은 사물을 냉각시키는 놀랍도록 강력한 수단이다. 우리 모두는 우리 몸이 과열될 때 땀을 흘려본 경험을 통해 이 사실을 알고 있다. 양봉의 맥락에서는 캘리포니아 남부의 양봉가 채드윅(P. C. Chadwick)의 참사 보고서에 증발 냉각의 힘이 생생하게 나타나 있다. 한낮의 기온이 섭씨 48도까지 올랐던 1916년 6월 어느 날, 그의 벌들은 엄청난 양의 물을 둥지로 가져와 벌집이 녹는 것을 막아냈다. 밤 9시가 되자 온도는 섭씨 29.5도까지 떨어졌지만, 자정에 사막에서 불어온 더운 산들바람이 기온을 다시 섭씨 38도까지 올려놨다. 곧 군락에 공급된 물이 동났고, 날이 밝기 전까지는 더 이상 물을 채취할 수 없었다. 채드윅의 군락에 있는 다수의 벌집은 말랑말랑해졌다가 밤사이 무너져내리고 말았다.

둥지에서 물의 획득·운반·저장과 관련한 세부 사항과 그것의 채집 규제는 최근 집중적인 관심을 받아왔다. 예를 들면, 벌통 밖에서 일할 만큼 충분히 나이 든 군락의 일부 일벌이 물 채집을 전문으로 한다는 것, 그리고 작은 주머니(연료 탱크)를 물로 가득 채운 채 귀가해야 하기는 해도 그들이 최대 2킬로미터(1.2마일)의 물 공급원까지 이동할 수 있다는 것이 이제는 확실해졌다. 어떤 때는 증발 냉각 때문에, 어떤 때는 유충을 먹이기 위해 저장된 꿀을 희석시키고 샘 분비물을 생성해야 하기 때문에, 또 어떤 때는 유충의 건조 방지를 위해 둥지를 촉촉하게 만들어야 하기 때문에 군락에는 매일같이 물이 필요하므로 꿀벌 군락의 일부 일벌이 물 채집 전문가라는 점은 이해가 된다. 또한 성충 벌은 단순히 개인적인 갈증을 해소하기 위해—즉 체내의 삼투 항상성을 유지하기 위해—물이 필요할 때도 있다.

이타카의 1월 어느 날, 나는 유충 없는 한 군락의 벌들이 강한 개인적 갈증에 반응하는 것을 목격했다. 깊이 쌓인 눈이 대지를 뒤덮었지만 강한 햇볕이 공기를 충분히 데워놓은 상태라 내 사무실의 관찰용 벌통에 사는 일부 벌은 밖에 나가 비행을 하고 있었다. 처음에는 이 벌들이 그냥 세척 비행을 하고 있다고 생각했는데, 이후 벌통 안의 여러 벌이 건물 바로 밖의 한 장소를 향해 대단히 격렬한 8자춤을 추고 있는 것이 보였다. 바로 물 채집벌이었다! 그들

그림 9.9　어느 추운 1월의 아침. 스코틀랜드 북부 인버네스(Inverness) 인근의 이끼로 가득 찬 물 공급원에서 물을 가득 싣고 있는 일벌.

은 주차장에서 눈이 녹아 생긴 웅덩이를 발견했고, 목마른 벌들은 그들이 관찰용 벌통에 들어가자마자 떼를 지어 몰려들었다. 이 물 채집벌 중 한 마리는 내가 지금껏 본 중에서 가장 생동감 넘치고 지속적인 8자춤을 창조해냈다. 춤은 쉬지 않고 339바퀴 넘게 지속됐다. 나는 '339바퀴 넘게'라고 쓸 수밖에 없다. 시선을 잡아끄는 이 춤의 첫 시작을 보지 못했기 때문이다.

　당시에는 이 벌들의 유별난 겨울철 갈증이 자연스럽지 못하다고 생각했다. 나는 그것을 대사성 수분이 둥지 구멍(관찰용 벌통)의 벽에 응결되는 것을 방지하기 위한 조치로 난방을 하는 방의 관찰용 벌통에 벌들이 살기 때문에 생긴 인위적 결과로 보았다. 하지만 그때 이후로 야외의 추운 목재 벌통에 사는 벌들조차도 겨울에 심한 갈증이 생길 수 있다는 걸 알았다. 스코틀랜드 북부의 양봉가 앤 칠콧(Ann Chilcott)은 하늘이 흐린 1월과 2월에도 기온이 섭씨 4도만 넘어가면 꿀벌들이 물을 채취한다고 기록한 바 있다(그림 9.9). 이와 관련한 연구로, 오스트리아 그라츠 대학교의 헬무트 코파크(Helmut Kovac)와 동료들은 겨울철의 물 채집벌이 벌통 인근의 물 공급원에서 물을 마시는 동안 적외선 카메라를 사용해 그들의 흉부 온도를 측정했다. 연구자들은 겨울철 물 채집벌이 물 공급원에서 부지런히 물을 실을 때 기온이 섭씨 3도 정도로 낮더라도 자신들의 흉부 온도를 **항상 섭씨 35도 넘게** 유지하기 위해서 비행근을 활성화시킨다(즉, 떤다)는 사실을 발견했다! 이는 물 채집벌이 비행 중 바람의 한기로 인해—비행을 하기에 충분히 높은 날갯짓 빈도의 생성에 필요한 임계점인 섭씨 25도 아래로—흉부 온도가 떨어지기 전에 짧은 비행을 완수하고 집으로 돌아갈 수 있도록 확실히 보장해준다.

겨울철 저온에서 필사적으로 물을 채집하는 벌에 관한 이 보고서는 벌통이나 나무 구멍의 벽에 생기는 응결이 월동 군락한테 과연 이로운 것인지 의문을 갖게 한다. 어쩌면 이는 야생 군락이 둥지 구멍의 입구를 위쪽에 두는 것을 피하는 이유를 설명해주는 듯하다. 그렇게 하면 따뜻하고 습한 공기가 빠져나가는 것이다. 데릭 미첼은 만일 둥지 구멍의 단열이 잘되어 있고 통풍구가 상단에 없다면 벌들의 위쪽에 있는 천장과 벽의 온도가 이슬점보다 높을 것이므로 겨울을 나는 벌한테 응결된 차가운 물방울이 뚝뚝 떨어지는 일은 **없을** 것이라고 설명한 바 있다. 벌 아래쪽의 추운 벽에는 물방울이 있겠지만, 이것은 즉각적으로 그들에게 신선한 물 공급원이 될 것이므로 이로울 수 있다. 아울러 이것은 천연 둥지 구멍에 사는 벌이 왜 벽을 프로폴리스로 코팅하는지도 설명해준다. 응결된 물이 집의 나무 벽에 흡수됨으로써 벌에게는 손실이 아니기 때문이다.

따뜻한 달에는 대부분의 꿀벌 군락이 물 공급원에 금방 접근할 수 있기 때문에 둥지에 대용량의 물 저장분을 유지하지 않아도 물 수요를 충족할 수 있다. 그러나 외부의 물 공급원에 대한 의존은 상황이 바뀜에 따라 군락에서 물 채집벌의 활성화와 불활성화를 요구한다. 최근 코넬 대학교 학부생 마들렌 오스트발트(Madeleine M. Ostwald)는 어떻게 군락의 물 채집벌이 활성화하고 불활성화하는지 조사하기 위해 나와 내 박사과정 학생 마이클 스미스와 함께 작업했다. 이를 위해 유리벽이 있는 관찰용 벌통에 사는 군락을 벌들의 물 접근을 통제할 수 있는 온실로 옮겼다. 우리는 벌들에게 저울 위에 설치한 단 하나의 물 공급원만 제공했다. 그리고 물방울 무게를 잼으로써 실험 기간 동안 군락의 물 채집을 정확히 측정할 수 있었다. 그런 다음 백열등으로 관찰용 벌통을 가열해 군락의 물 채집을 자극하고, 벌들이 물 공급원을 찾아가기 시작할 때 이 물 채집벌에게 개체 식별용 표시를 했다. 군락한테 다시 열 압박을 준 날에 벌통 속 물 채집벌의 행동을 자세히 관찰함으로써 우리는 어떻게 군락의 물 채집벌이 갑자기 행동을 개시하는지 살폈다(그림 9.10). 이 벌들은 열 압박이 시작되고 약 1시간 후에 행동에 나섰고, 이는 물 채집벌이 둥지의 고온에 반응하는 것이 아님을 보여줬다. 대신 이 벌들은 개인적 갈증이 심해지거나 물을 구해오라는 요구가 더욱 빗발치거나, 아니면 둘 다일 때 작업을 재개하는 자극을 받았다. 주자네 퀸홀츠(Susanne Kühnholz)와 내가 수행했던 이전의 연구는 일단 물 채집벌이 행동을 개시하고 나면 벌통에 돌아와 자신이 실어온 물을 다른 벌(물 보급벌)들에게 내리려 할 때 겪는 일에 주의를 기울임으로써 군락의 물 수요에 대한 정보를 계속 얻는다는 사실을 알아냈다. 군락의 물 수요가 높으면 높을수록 채집벌이 물을 내리다가 거절당하는 경험이 더 적어지고 물을 실어 나르는 속도는 더 빨라진다.

꿀벌 군락이 둥지에 물 저장분을 대량으로 유지하는 것은 맞지만, 양봉가들은 오스트레일리아와 남아프리카공화국의 가뭄 동안 군락의 벌집에서 저장된 물(양은 특정하지 않았다)을 발견했다고 보고한 바 있다. 두 번째 물 저장 수단은 일벌이 자신들의 작은 주머니(꿀주머니)에 물을 담는 것이다. 월리스 파크는 날씨가 춥고 벌이 유충을 키울 물을 거의 구할 수 없는 이른 봄에 아이오와주의 한 군락에서 저장벌―희석된 꽃꿀을 담아 작은 주머니가 부푼 일벌―무리를 찾았다고 보고했다. 그는 또한 관찰용 벌통에 사는 군락에서 물 채집벌이 떼 지어 날아가는 것도 관찰했다. 이 벌들은 풀잎과 물웅덩이에서 물을 채집했고, 벌통으로 돌아오자마자 자신이 실어온 것을 물 저장벌 역할을 하는

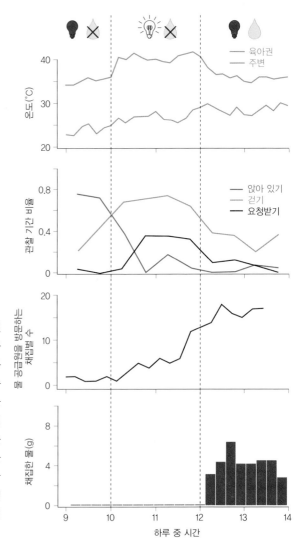

그림 9.10 군락에서 육아권 과열을 경험하고 일시적으로 물 채집을 못할 때 물 채집벌의 행동 변화. 실험 처리: 처음 1시간은 육아권을 가열하지 않았고, 그런 다음 가열해 2시간 동안 물을 주지 않았으며, 마지막으로 벌통 밖에서 **임의로** 물을 공급했다. 6마리의 물 채집벌에 초점을 맞춰 그들이 앉아 있거나 걷고 있거나 물 요청을 받는 데 보내는 시간의 비율을 확인하기 위해 5시간 동안 관찰을 계속했다. 15분마다 물 공급원을 방문한 채집벌의 출석을 확인(개체 식별을 위해 페인트 표시를 해뒀다)했다. 15분마다 물 공급원의 무게를 달아 채집한 물의 양을 측정했다.

다른 벌들에게 전달했다. 마들렌 오스트발트와 마이클 스미스 그리고 나도 연구 군락이 하루 동안 물 부족과 더불어 열 압박을 겪고 난 후 그날 저녁에 물을 가득 채운 벌들이 우리 관찰용 벌통의 벌집에 가만히 앉아 있는 것을 발견했다. 게다가 벌통 입구 바로 안쪽에 위치한 벌방들에 물이 저장되어 있다는 것도 알았다. 저장벌과 벌방에 있는 일시적인 물 저장분이 꿀벌 군락의 사회적 생리에서 중요한 부분이라는 사실은 이제 명백해 보인다.

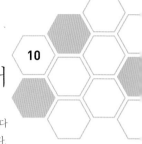

군락 방어

생명은 야생으로 이뤄져 있다
가장 생명력 넘치는 것은 가장 야성적이다.
－헨리 데이비드 소로(Henry David Thoreau), 〈산책(Walking)〉(1862)

모든 생명체는 수많은 약탈자·기생충·병원균에 직면하는데, 이것들은 제각기 먹이나 숙주의 방어를 뚫을 정교한 수단을 갖추고 있다. 꿀벌 군락의 경우, 바이러스부터 흑곰에 이르기까지 끊임없이 벌들의 방어벽을 어떻게든 뚫어보려는 구성원이 있는 수백 개의 종이 있다. **그렇게** 많은 종이 꿀벌 군락에 **그렇게** 끌리게 만드는 이유는 당연히 맛있는 꿀 저장분과 둥지 안의 영양가 많은 유충이다. 여름에 벌통이나 벌 나무 안의 벌집은 보통 10킬로그램(20파운드) 넘는 꿀과 수천 마리의 미성숙한 벌(알, 번데기, 애벌레)을 보유하고 있다. 더욱이 이 유충 품목은 따뜻한 벌의 보금자리 한가운데에 깔끔하게 한 묶음으로 포장되어 있기까지 하니 무럭무럭 자라나는 일단의 벌을 감염시키거나 이들의 몸에 침입하는 데 성공한 바이러스, 박테리아, 원생동물, 곰팡이, 진드기한테는 완벽한 횡재다. 꿀벌 군락은 분명 엄청나게 매력적인 표적이다. 또한 완벽하게 정적인 표적이기도 하다. 군락의 밀랍 벌집은 어마어마한 에너지의 투자물이고 이 벌집에는 유충과 먹이로 가득 차 있을 때가 많기 때문에, 꿀벌 군락은 위협을 받았다고 해서 안전을 찾아 집에서 도망칠 수 없다. 그 대신 그들은 버터서 적들에 대처해야 하고, 보통 생화학적·형태적·행동적 병기의 정교한 무기고에 의존해 승리를 거둔다.

꿀벌이 3000만 년의 역사를 갖고 있음을 감안하면 아피스 멜리페라와 그 약탈자 및 질병 매개체의 관계는 대부분 오래전에 확립되었을 가능성이 높다. 따라서 누구의 방해도 받지 않고 야생에서 사는 군락한테는 병원균과 기생충이 심각한 질병을 유발할 정도로 늘어나는 것을 막는 방어 메커니즘이 있을 것으로 예상한다. 실제로 야생 꿀벌 군락은 기생충 및 병원균의 풍토병을 빈번하게 앓을 확률이 높고, 먹이 부족이나 둥지 손상처럼 환경적으로 불리한 상황으로 인해 이 군락이 약해져 있을 때에만 질병의 증상이 발현될 가능성도 높다. 그러나 우리는 벌과 그들의 병원균 및 기생충 간 힘의 균형이 양봉 습성이 끼어들면서 교란될 수 있고, 이런 습성이 군락의 심각한 손실을 초래할 수 있음을 알고 있다. 가령―미국부저병과 백묵병을 비롯한―꿀벌의 여러 가지 질병의 공통적 특징은 그 원인인 병원균이 벌집의 휴식 단계인 겨울철에도 사라지지 않고 계속 존재한다는 점이다. 자연에서 이런 벌집은 살아 있는 군락이라면 벌이 청소를 할 테고, 죽은 군락의 둥지라면 죽은 동물을 먹어치우는 놈들〔예를 들면, 벌집나방(Galleria mellonella)〕이 처분할 것이다. 둘 중 어떤 행동이든 감염을 억제할 터이다. 그러나 고정소상 벌통(가령 스켑)을 사용하다 가동소상 벌통(가령 랑식 벌통) 작업으로 전환한 이래로 양봉가들은 벌한테서 꿀을 추출하고 나면 그걸 저장했던 벌집을 재활용해왔다. 일반적으로 겨울철에 양봉가들은 빈 벌집을 벌과 떨어진 곳에 보관하는데, 이는 벌이 이런 벌집을 자연적으로 청소하지는 않는다는 뜻이다. 그 후 봄이 되면 벌은 벌집으로 돌아오고, 벌집은 군락에 병원균을 재접종할 수 있다.

옛날에 꿀벌 군락과 질병 매개체 사이에 존재했던 균형의 일부분을 양봉 관행이 어떻게 파괴시켰는지를 보여주는 안타까운 사례는 최근에 나타난 날개 기형 바이러스의 발병력 증가다. 이 문제의 역사는 1800년대 말에 비롯되었는데, 당시 러시아 제국의 양봉가들은 서양식 벌통의 꿀벌(아피스 멜리페라) 군락을 유럽에서 동아시아, 특히 극동 러시아의 프리모르스키 지방으로 수출하기 시작했다. 이러한 대륙 간 군락의 이식은 처음에는 범선을 통해, 그러다가 나중에는 모스크바와 블라디보스토크를 연결하는 시베리아 횡단 철도를 통해 일어났다. 결국 프리모르스키 지방 어딘가에서 외부 기생 진드기인 바로아 자콥소니(*Varroa jacobsoni*)는 숙주를 동아시아 태생인 동양종 꿀벌로부터 동아시아에 도입되어 있던 아피스 멜리페라로 바꿨다. 이러한 숙주 전환 이후 프리모르스키 지방의 아피스 멜리페라 군락에 얹혀살던 바로아 진드기 개체군은 바로아 데스트룩토르(*Varroa destructor*: 꿀벌응애)라는 종으로 분화되었다. 꿀벌응애는 성충 및 어린 꿀벌의 혈액림프(피)를 먹고 살기 때문에 벌의 바이러스를 옮기는 대단히 효과적인 매개체이며, 아피스 멜리페라 군락, 특히 그것들이 운반하는 진드기와 바이러스가 쉽게 군락 사이에 퍼지는 양봉장에 밀집해 사는 군락들한테 심각한 건강상의 문제를 야기해왔다. 잠시 후에 설명하겠지만, 꿀벌응애와 날개 기형 바이러스가 서로 무관한 군락 사이에 확산된 것―이른바 수평적 전염―은 적어도 날개 기형 바이러스의 한 가지 악성 변종의 진화를 선호했다.

다음에 이어질 내용에서는 야생 유럽종 꿀벌 군락과 관리받는 유럽종 꿀벌 군락의 생활이 군락 방어라는 끝없는 문제에 영향을 미치는 방식에서 어떤 차이가 있는지 살펴보려 한다. 야생 군락은 인간으로부터 약탈자, 기생충, 병원균에 대한 보호를 받지 않지만 양봉장 군락에 비해 군락 방어 문제에 덜 시달리는―그리고 비용도 덜 드는―경향이 있음을 알게 될 것이다.

꿀벌응애 처치 없이 살기 vs. 처치받고 살기

유럽에서는 1970년대, 그리고 북아메리카에서는 1990년대 이래 대부분의 양봉가는 정기적으로 군락에 진드기 살충제 처치를 해야 한다고 생각해왔다. 그러지 않으면 꿀벌응애가 전파시키는 바이러스, 무엇보다 날개 기형 바이러스의 심각한 감염으로 말미암아 군락이 1~2년 후 죽어버릴 테니 말이다. 그러나 지난 10여 년 동안 여러 양봉가와 생물학 연구자들은 살충제 처치를 받지 않고도 번성 중인 유럽종 꿀벌 군락 개체군이 있다고 보고해왔다.

러시아 프리모르스키 지방
이 중 한 개체군이 극동 러시아 프리모르스키 지방으로부터 미국 농무부가 수입한 혈통에 바탕을 둔, 미국에서 입수 가능한 꿀벌 상품 라인이다. 앞에서 언급했듯 아피스 멜리페라 군락은 1800년대 말 러시아 제국 서쪽 지방에서 이곳으로 유입됐고, 그 뒤 어느 때쯤에 바로아 자콥소니가 숙주를 동양종 꿀벌에서 아피스 멜리페라로 전환했다. 진드기의 이러한 숙주 전환은 아주 드물게 (아마 단 한 차례) 일어났을 게 틀림없다. 동양종 꿀벌과 아피스 멜리페라에 들러붙어 사는 진드기 간의 유전자 교환은 이 두 바로아 진드기 개체군이 형태 및 행동에서 분화해 결국에는 확연히 다른 두 종으로 살 만큼 매우 드물었기 때문이다. 그 결과가 아피스 멜리페라의 체외 기생충으로서 유감스럽게도 기막히게 필사적으로 적응한 진드기, 즉 바로아 데스트룩토르(꿀벌응애)다.

꿀벌응애가 극동 러시아에 도입되어 있던 유럽종 꿀벌 군락에 일단 기생하고 나자, 벌들은 이 진드기에 대한 저항력에 대해 자연 선택을 받기 시작했다. 결국 극동 러시아에 사는 아피스 멜리페라 군락과 꿀벌응애는 안정적인 숙주-기생충 관계로 발전했다. 꿀벌의 이러한 저항 메커니즘은 루이지애나주 배턴루지에 있는 꿀벌 번식·유전학·생리학연구소의 토머스 린더러가 이끄는

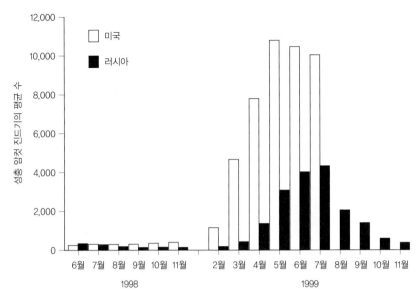

그림 10.1 프리모르스키 또는 러시아종 꿀벌 군락(검정색 막대)과 북미 상품용 군락(흰색 막대)의 시간 경과에 따른 꿀벌응애 감염 수준. 두 종류의 군락은 공통적인 양봉장 2곳에서 함께 살았다.

연구팀이 면밀하게 연구했다. 1990년대 말에 시작된 일련의 연구는 러시아 꿀벌 군락의 일벌이 — 미국에서 상업적으로 이용하는 상품 군락의 일벌들과 비교했을 때 — 몸에서 꿀벌응애를 털어내고, 벌방에서 진드기에 감염된 애벌레를 제거하는 데 뛰어나며 다리에서 진드기를 물어 뜯어내는 데도 능해 보인다고 밝혀냈다. 최종 결과는 꿀벌응애 개체군이 미국 내 상품용 군락보다 러시아 꿀벌 군락에서 훨씬 더 천천히 증가한다는 것이었다(그림 10.1).

스웨덴 고틀란드섬
러시아종 벌은 유럽 태생인 아피스 멜리페라 군락의 개체군이 꿀벌응애에 감염되더라도 생존 메커니즘을 발전시킬 수 있다는 것을 명백하게 입증한다. 안타깝게도 아무도 이 진화적 변화를 추적하지 않았고, 따라서 우리는 꿀벌응애

그림 10.2 스웨덴의 고틀란드섬 남단
에 고립 상태로 설치한 7개의 양봉장 중
한 곳.

에 대한 벌의 저항력이 극동 러시아에서 얼마나 빠르게 발전했는지 알 수 없
다. 하지만 2000년대 초 당시 스웨덴 대학교 농과학 교수이던 (지금은 작고한)
잉에마르 프리에스(Ingemar Fries)의 지도 아래 스웨덴에서 수행된 한 놀라운
실험에서 꿀벌응애 저항력이 얼마나 빨리 발전할 수 있느냐는 질문에 대한 답
변이 나왔다. 이 실험의 목표는 꿀벌응애가 "꿀벌 군락한테 진드기 통제나 분
봉 통제를 전혀 실시하지 않은 북유럽 환경에서 한 고립된 지역의 유럽종 꿀
벌을 전멸시킬 것인지" 알아보는 것이었다.

이 실험은 1999년에 시작되었고, 유전적으로 다양한—스웨덴의 다양한 공
급원으로부터 공수한 유럽흑색종, 이탈리안종 및 카니올란종 여왕벌이 이끄
는—150개 군락으로 이뤄진 개체군이 스웨덴 본토에서 동쪽으로 약 90킬로
미터(56마일) 떨어진 발트해의 섬 고틀란드(Gotland: 면적 3200제곱킬로미터(1200제곱
마일)) 남단에서 고립 상태에 들어갔다. 그들은 이 150개 군락을 7개의 양봉장
에 분배했다(그림 10.2). 각 군락에는 속이 깊고 벌집 틀 10장들이 벌통 본체가
2개 있는 랑식 벌통과 비슷한 스웨덴식 2단 벌통을 거처로 제공했다. 일단 자

리를 잡고 나자 기본적으로 군락은 간섭을 받지 않고 분봉도 허용되었다. 유일한 관리라면 벌꿀 저장분이 겨울을 나기에는 충분치 않은 소수 군락의 사양이었다. 각 군락은 꿀벌응애 없이 출발했지만, 연구원들이 진드기에 심하게 감염된 본토의 군락으로부터 수집한 벌을 군락마다 1000마리씩 제공하자 60마리 정도의 진드기가 흘러 들어갔다. 또한 조사자들은 보통 분봉에 기인한 여왕벌 교체를 감지할 수 있도록 각 군락의 여왕벌들한테 페인트 표시를 해뒀다. 군락을 방해하는 때는 매년 딱 네 번으로, 늦겨울에 군락의 생존, 이른 봄에 군락의 규모, 여름철에 군락의 분봉, 10월 말에 진드기 감염 정도를 점검하는 조사가 이뤄졌다. 군락의 분봉군은 현지의 양봉가가 양봉장을 정기적으로 점검하는 중에 벌 유인통을 지어 수거했다. 그리고 이 분봉군을 양봉장의 빈 벌통에 배치했다.

이 죽느냐 사느냐의 실험에서 군락에는 무슨 일이 일어났을까? 그림 10.3은 첫 번째 겨울에 들어갈 무렵(1999년 10월) 이 군락의 평균적인 진드기 감염 수준(벌 100마리당 진드기 수)이 낮았고, 첫 번째 겨울 동안(1999~2000) 군락의 사망률 수준도 낮았음(약 5퍼센트)을 보여준다. 또한 군락 수가 거의 출발할 때 수준으로 유지된 2000년 여름에는 분봉을 아주 많이 할 만큼 군락이 강했지만, 2000년 10월에 들어서면 진드기 감염이 부쩍 심해졌고, 2000~2001년 겨울에는 비교적 높은 군락 사망률(거의 30퍼센트)이 뒤를 이었다는 것도 알 수 있다. 개체군의 상태는 2001년 여름에 더욱 악화해 여름 내내 분봉이 줄었고, 10월에는 진드기 감염률이 더 높아졌으며, 2001~2002년 겨울 동안에는 군락 사망률이 늘어났다. (거의 80퍼센트였다!) 2002년 세 번째 여름이 되자 아직도 살아 있는 군락은 거의 없고, 남은 군락 또한 너무 약해서 어떤 군락도 분봉을 하지 못했다. 2002년 10월에는 21개 군락만 남았고, 2002~2003년 겨울에는 평균적으로 진드기 감염률과 군락 사망률(57퍼센트)이 높았다. 2003년 네 번째 여름에는 나아지는 기미가 보였다. 비록 군락 수는 이전보다 줄었지만—

2003년 10월에는 120개의 벌통 중 8개에만 벌이 살았다—이 생존 군락 중 하나는 분봉을 할 정도로 제법 강했고, 평균적인 진드기 감염 수준은 하락하기 시작했으며, 2003~2004년 겨울에 군락의 사망률은 인상적일 만큼 낮았다 (12퍼센트). 2004년의 다섯 번째 여름에는 이런 호전에 탄력이 붙어 절반 이상

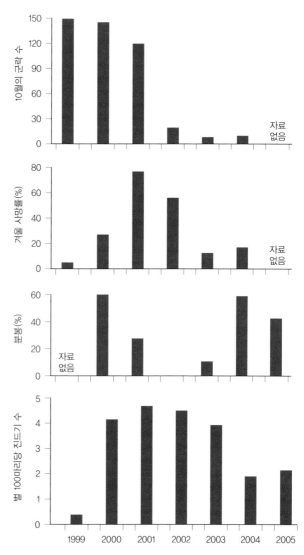

그림 10.3 발트해의 고틀란드섬 남단에 150개의 꿀벌 군락으로 이뤄진 고립된 개체군을 갖고 수행한 7년간의 실험 결과. 꿀벌응애에 감염된 군락을 진드기 관리 및 처치를 하지 않은 상태로 내버려뒀다. 군락의 겨울철 사망률, 여름철 분봉, 10월의 꿀벌응애 감염 수준을 점검했다.

의 군락이 분봉군을 내보냈고, 진드기 감염률은 이전 4년간보다 훨씬 더 낮았으며, 2004~2005년 겨울 동안 사망률은 다시 크게 떨어졌다(겨우 18퍼센트). 조사자들은 2005년 봄 이래로 이 군락들의 개체군을 내버려둔 상태였으므로 시간이 지나면 어떻게 될지 알 수 있었고, 개체군은 그다음 10년간(2015년까지) 20~30개의 자립적인 군락을 형성했다.

고틀란드 실험에서는 이 스웨덴 꿀벌 개체군의 유전자를 자세히 연구하지 않아 그 안에서 어떤 유전적 변화가 일어났는지는 모르지만, 이 벌들이 꿀벌응애와 그것이 옮기는 바이러스에 대한 저항력을 부여하는 특성과 관련해 혹독한 자연 선택을 겪었다는 데는 의심의 여지가 없다. 그게 과연 어떤 특성일까? 고틀란드 생존 개체군 및 스웨덴의 다른 곳 꿀벌, 그리고 그와 함께 고틀란드의 생존 개체군 및 다른 곳의 진드기를 이용해 진드기 개체군 증가의 교차 감염을 연구한 결과, 고틀란드 생존 군락의 진드기 개체군 증가율이 진드기 출처와는 무관하게 82퍼센트 더 낮은 것으로 밝혀졌다. 이는 고틀란드 벌의 생존율 호전 원인이 진드기의 독성이 떨어져서가 아니라 벌의 저항력 증가가 진화한 데 있었음을 보여준다.

꿀벌응애의 번식을 억제하는 조치를 꿀벌이 취할 수 있는 단계로는 두 가지가 있다. 1) 암컷 진드기들이 편승(phoresy, 便乘)할 때(돌아다니며 성충 벌을 뜯어먹을 때), 그리고 2) 암컷 진드기들이 번데기가 들어 있는 새끼벌방에 봉인되어 있을 때다. 고틀란드의 벌이 편승하는 진드기의 다리와 더듬이를 물어뜯어 그것들을 공격하고 죽이는 데 능숙하다는 증거는 없다. 그러나 번데기가 들어 있는 벌방에 암컷 진드기가 봉인되어 있을 때 그것들을 파괴하는 데 능숙하다는 강력한 증거는 있다. 2명의 스웨덴 연구자 바르바라 로케(Barbara Locke)와 잉에마르 프리에스는 고틀란드에서 살아남은 벌 군락의 진드기 중 약 50퍼센트만 실질적으로 짝짓기를 통해 딸 진드기를 생산한 반면 (진드기에 취약한) 대조 군락에서는 거의 80퍼센트의 진드기가 그렇다는 것을 한 연구를 통해 알아냈다. 이는 적어도 한편으로는 고틀란드의 벌이 꿀벌응애 민감성 위생 행동(*Varroa-sensitive hygienic behavior*, VSH 행동)—즉 벌들이 번식 중인 진드기가 들어 있는 새끼벌방의 덮개를 걷고 진드기에 감염된 번데기를 제거하는 행동—의 강도를 더욱 높였기 때문일지도 모른다. 또 한편으로는 고틀란드의 벌이 일벌의 새끼벌방, 특히 진드기에 감염된 벌방을 물어서 열었다가 다시 덮개를 씌우는 경향이 높아서 생긴 결과일 수도 있다. 최근의 한 연구는—실험자들이 덮개를 벗긴 벌방과 그러지 않은 벌방의 비생식 암컷 진드기 비율을 비교함으로써—새끼벌방의 덮개를 벗기고 다시 씌우는 것만으로도 진드기의 번식 성공률을 낮추는 데 효과가 있음을 밝혀낸 바 있다. 새끼벌방의 덮개를 씌우는 이런 조작이 덮개를 벗긴 (그리고 결국에는 다시 덮개를 씌울) 벌방에서 자라는 번데기에게 치명적이지는 않으므로, 이런 진드기 통제 메커니즘은 진드기를 파괴하려다 꿀벌 번데기를 죽이는 VSH 행동보다 군락이 치르는 대가가 적어 보인다.

고틀란드 군락은 또한 규모가 더 작은 편이고, 분봉할 확률이 더 높고, 스웨덴의 다른 곳에 사는 진드기에 취약한 군락에 비해 수벌 양육을 더 절제하는 경향이 있었다. 고틀란드 벌의 이런 군락 수준의 특성이 군락에서 진드기 개체군의 증가를 줄이는 데 일조했을 가능성도 높다. 분봉은 군락의 유충 양육에 휴식기를 생성하고, 이렇게 해서 진드기의 번식에 차질을 준다. 소수의 수벌만을 양육하는 것도 진드기가 선호하는 숙주의 공급을 제한함으로써 그것들의 번식을 가로막는다.

미국의 아노트 산림

아노트 산림과 그 밖의 이타카 바로 남쪽 숲속에 사는 꿀벌이 꿀벌응애를 통제하려고 진드기 살충제로 처리하지 않았음에도 이 진드기에 대항하는 우수한 방어력을 보유한 꿀벌 군락 개체군의 세 번째 사례다. 이 야생 군락에 언제 진드기가 들끓었을까? 2장에 썼듯이 나는 지난 1994년 내 연구소에 있는 군락에서 꿀벌응애를 처음 봤다. 이 사실에다 일벌이 먹이를 채집하거나 꿀을 훔치는 사이 그 위로 기어 올라가는 꿀벌응애의 놀라운 능력에 관해 현재 우리가 아는 정보를 합쳐보면, 이 진드기들이 1990년대 초 이타카 지역에 도착한 직후 널리 퍼졌을 확률이 높다. 그러니까 나는 1990년대 중반에 아노트 산림의 군락에 꿀벌응애가 들끓었을 가능성이 높다고 본다.

2장에서 나는 내 관리 군락에서 꿀벌응애를 발견한 후 10년밖에 지나지 않은 2004년에 아노트 산림의 야생 군락이 자신들과 함께 살아가는 꿀벌응애 개체군에 대한 통제 메커니즘을 이미 보유하고 있었다는 강력한 증거가 나한테 있다고도 쓴 바 있다. 따라서 아노트 산림에 사는 벌은 강력한 자연 선택을 통해 꿀벌응애에 대한 막강한 방어력을 (분명히) 신속하게 발전시킨 미처리 군락 개체군의 세 번째 사례를 제공한다. 이 세 번째 사례의 특징은 꿀벌응애 도착 이후 이들 군락의 개체군에서 발생한 유전적 변화를 통찰하게끔 해준다는 데 있다.

꿀벌응애가 이타카 인근 숲속에 사는 꿀벌 군락에 미친 영향에 대해 우리가 조사를 시작한 것은 2011년 여름이었다. 코넬 대학교 학생이던 숀 그리핀과 나는 1978년과 2002년 당시 내가 그곳에서 사용했던 것과 똑같은 벌 사냥 방법을 써서 아노트 산림의 야생 군락에 관한 세 번째 조사를 수행했다. 우리의 첫 번째 목표는 이 숲에 사는 야생 군락의 위치를 최대한 파악하고, 우리가 찾아낸 각 군락으로부터 적어도 100마리씩의 일벌 표본을 수집하는 것이었다. 두 번째 목표는 아노트 산림 밖에 있는 가장 가까운 양봉장들의 위치를 파악하고, 거기 있는 군락 1개당 100마리씩의 일벌 표본을 수집하는 것이었다. 그러고 나면 이 소중한 표본을 2명의 동료 데버라 딜레이니와 데이비드 타피에게 넘겨서 아노트 산림에 사는 야생 군락 개체군이 자급자족하고 있는지, 아니면 가장 가까운 거리에서 관리받는(그리고 처치된) 군락으로부터 이사 온 분봉군을 기반으로 지속되고 있는지를 알려줄 유전 분석을 수행할 참이었다.

7월 말부터 9월 초까지 손과 나는 아노트 산림의 절반을 누비며 벌 사냥을 했다. 우리는 이 숲의 활엽수 속에 사는 군락 9개와 숲의 북동쪽 모퉁이에서 약 500미터(0.3마일) 떨어진 멋들어진 스트로부스소나무 안에 사는 군락 1개의 위치를 파악했다. (주의: 이 수치는 최소 1제곱킬로미터당/2.5제곱마일당 아노트 산림 야생 군락의 밀도를 나타내는데, 이는 1978년과 2002년에 조사한 군락 밀도 측정값과 동일하다.) 우리는 이 10개의 벌 나무 군락 각각으로부터 일벌 표본을 100마리씩 모았다. 그런 다음 아노트 산림의 경계에서 6킬로미터(3.7마일) 이내에 사는 관리 군락을 찾아 나서 각각 20개 정도의 군락을 보유한 양봉장을 딱 2곳 발견했다. 한 곳은 아노트 산림의 남서부 경계선으로부터 1킬로미터(0.6마일) 지점에 위치한 신설 양봉장이었다. 다른 한 곳은 숲의 북동쪽 모퉁이에서 5.2킬로미터(3.2마일) 지점에 위치한 오래된 양봉장이었다(그림 7.11 참조). 둘 다 같은 양봉 사업자 소유였다. 나는 그에게 전화를 걸어 내 프로젝트를 설명하고, 두 양봉장의 10개 군락에서 각각 100마리씩의 벌을 수집하게 허락해달라고 부탁했다. 약 30초 동안 상대편 전화기에서는 아무 말도 없었다. 그러더니 각 군락마다 얼마만큼의 벌을 빼낼 건지 다시 한 번 말해달라고 물었다. 나는 숫자를 반복했다. 또 한 번의 긴 침묵이 지난 후, 그가 천천히 말했다. "좋아요. 필요한 만큼 가져가세요." 좋았어! 나는 곧 양쪽 양봉장에서 대단히 중요한 일벌 표본을 수집했다. 그런 다음 유전학자인 나의 공동 연구자들이 각 군락 출신 개체의 가변적인 미소부수체 좌위(microsatellite loci) 12자리에서 DNA 추출물을 분석했고, 아노트 산림의 야생 군락과 두 양봉장의 관리 군락 사이에서 커다란 유전적 차이를 발견했다. 이러한 결과는 아노트 산림 밖에 사는 가장 가까운 관리 군락이 이 숲속에 사는 야생 군락의 유전자에 미친 영향이 거의 없음을 입증했다.

아노트 산림의 벌에 관한 유전자 조사의 다음 단계는 2011년 늦여름에 시작됐다. 전 코넬 대학교 학부생이자 친구인 알렉산더 (사샤) 미케예프가 나를 찾아왔다. 사샤는 오키나와과학기술대학원대학('일본의 MIT') 교수로 그곳의 생태진화학부 학장을 맡고 있다. 이 숲에 사는 야생 군락에서 추출한 최근의 일벌 표본 얘기를 했더니, 사샤는 내게 꿀벌응애 도착 **이전**에 이 숲의 야생 군락으로부터 수집해둔 일벌 표본이 있냐고 물었다. 만일 있다면, 꿀벌응애의 도입이 초래한 유전자 변화를 찾아내기 위해 옛날 표본과 최신 표본 모두에 정교한 유전자 도구—전장 유전체 분석—를 사용할 수 있다고 했다. 다행히도 내게는 그가 말한 바로 그런 표본이 있었다. 야생 군락의 수명에 대해 알아보려고 이타카 인근에 사는 몇십 개의 야생 군락을 추적했던 지난 1977년(7장에서 다뤘다) 이런 군락 32개의 일벌 표본을 수집해 핀으로 고정시키고 코넬 대학교 곤충 컬렉션에 보관해뒀던 것이다. 모든 표본의 이름표에는 수집 장소 및 날짜를 적었다. 이 증빙 표본 중 일부는 그해 여름 내가 아노트 산림의 벌 유인통으로 잡았던 군락에서 온 것이었지만, 이타카 남쪽의 나무·헛간·농장에 사는 야생 군락에서 온 것도 있었다. 그러니까 이 1977년 벌과 2011년 벌을 제대로 비교하려면, 2011년에 다시 이타카 남쪽의 나무·헛간·농장에 사는 야생 군락으로부터 표본을 수집할 필요가 있었다. 이 일은 식은 죽 먹기였다. 당시 나는 야생 군락의 생존과 수명에 관해 내가 1970년대에 했던 연구를 다시 하던 중이었고, 따라서 야생 군락의 거주지 명단을 이미 갖고 있었기 때문이다. 며칠 내로 나는 아노트 산림의 벌 나무에서 수집한 10개의 일벌 표본에 첨부하기 위해 이 22곳으로부터 일벌을 수집했다(그림 10.4). 10월 초에는 이타카 근처, 그러니까 주로 이 소도시 남쪽의 삼림 지대에 사는 64개의 야생 군락으로부터 수집한 일벌 표본 64개를 배편으로 사샤에게 보냈다. 이 표본 중 32개는 뉴욕주의 이 지역에 꿀벌응애가 도착하기 **약 20년 전**에 수집한 것이고, 나머지 32개는 꿀벌응애가 도착하고 나서 **약 20년 후**에 수집한 것이어서 나는 뿌듯했다. 이 얼마나 기분 좋은 대칭인가!

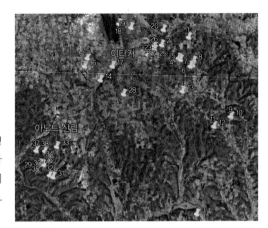

그림 10.4　2011년 100마리의 일벌 표본을 수집한 야생
꿀벌 군락의 위치 지도. 아노트 산림을 포함한 이타카 남
쪽의 울창한 산지에 나타난 꿀벌의 분포는 지난 1977년에
일벌 표본을 추출했던 야생 꿀벌 군락의 분포와 근본적으
로 같다.

　　사샤의 분석은 무엇을 밝혀냈을까? 첫째, 그는 벌의 미토콘드리아 DNA를
살펴보고 1977년과 2011년 사이에 눈에 띄는 차이가 없음을 알았다. 미토콘
드리아의 옛 혈통은 거의 멸종되고 없었다(그림 10.5). 그는 또한 야생 군락에
지속되고 있던 미토콘드리아 혈통이 상업용 꿀벌 계통에는 나타나지 않는다
는 사실도 알아냈다. (나는 아노트 산림에서 가장 가까운 두 양봉장의 군락으로부터 수집한
일벌 표본도 사샤에게 보냈었다.) 이 연구 결과는 1977년과 2011년 사이 어느 쯤엔
가 이타카 인근에 사는 야생 군락 개체군이 난관에 봉착했지만 멸종하지 않았
음을 우리에게 말해준다. 확실히 이 야생 군락 개체군은 꿀벌응애의 도착 이
전과 도착 그리고 도착 이후로 나눠 추적했던 스웨덴(그림 10.3) 및 다른 몇몇
장소—프랑스 남부, 노르웨이, 루이지애나주, 텍사스주 그리고 애리조나주—
의 꿀벌 개체군의 경우처럼 꿀벌응애의 도착 이후 붕괴를 경험했다. 이런 결
과는 아울러 2010년대의 야생 군락 밀도가—적어도 아노트 산림에서는—
1980년대와 같기는 하지만 오늘날 이타카 인근에 사는 대부분의 야생 군락이
소수 여왕벌의 후손이라는 사실도 우리에게 말해준다.
　　두 번째 일련의 통찰은 사샤와 그의 팀이 이타카 숲속에 사는 옛날 벌과 새
로운 벌의 핵 DNA를 살펴볼 때 등장했다. 가장 먼저, 연구는 (추정하건대) 양

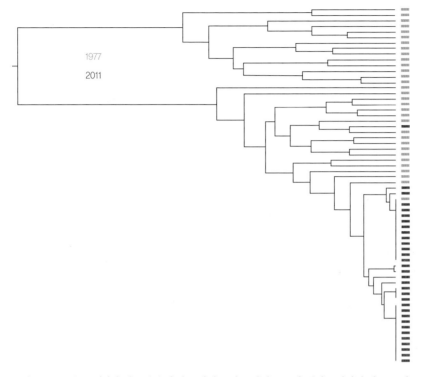

그림 10.5　뉴욕주 이타카 남부 숲속에 사는 야생 꿀벌 군락의 1977년 개체군(파란색)과 2011년 개체군(빨간색)의 미토콘드리아 유전체 계통 발생. 옛날 개체군에 존재하던 미토콘드리아의 유전적 다양성은 현대 개체군에서 대부분 사라졌다. 벌한테 작용한 엄청난 군락 사망률과 강력한 자연 선택은 분명 꿀벌응애의 도착과 연관이 있었다. 현대 개체군은 비교적 소수인 여왕벌의 후손이다.

봉가들에 의해 플로리다에서 이타카 인근 지역으로 이동했을 여왕벌 및 군락을 통해 1977년부터 아프리카종의 유전자 이입이 일부 있었음을 밝혀냈다. 이 연구는 또한 현대의 꿀벌 군락이 꿀벌응애 감염을 견뎌낼 수 있는 메커니즘에 관해 몇 가지 실마리도 밝혀냈다. 이는 전체 꿀벌 유전자의 634개 좌위에 흩어져 있는 자연 선택의 확실한 증거—벌 유전자의 중요한 변화—로서, 그중 절반 정도는 벌의 성장과 관계가 있어 보인다. 확실히 현재 야생에 살아

남아 있는 군락은 최소한 부분적으로라도 구성원의 발달 프로그램 변화를 토대로 한 저항력 메커니즘을 보유하고 있다. 발달 유전자의 변화라는 연구 결과와 일맥상통하는 것으로, 사샤는 2011년에 수집한 일벌이 1977년에 수집한 것보다 몸 크기—즉 머리 너비와 날개 밑면 사이의 거리—가 눈에 띄게 더 작다는 사실을 발견했지만, 이것이 꿀벌응애에 대한 저항력에 과연 어떤 기여를 하는지는 여전히 수수께끼다.

내 박사과정 학생 중 한 명인 데이비드 펙은 2015년부터 아노트 산림에 사는 군락의 일벌이 보유한 진드기 저항력 메커니즘을 조사하기 시작했다. 일반적인 가능성은 두 가지다. 암컷 진드기가 성충 벌에 매달려 있는 **편승 단계** 아니면 새끼벌방에 봉인되어 있는 **번식 단계**에 공격하는 것이다. 진드기가 편승 단계에 있을 때 일벌은 자신이나 둥지 동료의 몸에서 진드기를 털어낸 다음 그것들의 다리, 더듬이, 등판 구조를 물어뜯어 손상시킬 수 있다. 진드기가 번식 단계에 있을 때는 진드기에 감염된 벌방의 덮개를 열어 그 안의 번데기를 제거하든가—VSH 행동—아니면 그냥 번데기 상태인 벌의 벌방 덮개를 벗겼다 다시 덮는 것으로 진드기의 번식에 지장을 줄 수 있다.

데이비드는 일벌이 군락에서 꿀벌응애 개체군을 억제하는 두 가지 일반적 방식과 관련해 아노트 산림의 벌을 갖고 시험을 해봤다. 그는 흑곰의 손에 닿지 않게 매단 벌 유인통을 이용해(그림 2.14 참조) 숲속의 꿀벌 분봉군을 포획한 다음, 이들이 세운 군락을 (곰으로부터 안전하도록) 아노트 산림 밖에 고립된 양봉장의 벌통으로 옮기는 데서 출발했다. 그런 다음 진드기를 편승 단계에서 죽이는 털기/물어뜯기 반응과 번식 단계에서 죽이는 방해 반응(VSH 행동과 벌방 덮개 여닫기)을 놓고 아노트 산림의 벌을 시험했다. 그 결과 꿀벌응애 저항력 때문에 선택되지 않았던 계통의 여왕벌들이 이끄는 대조 군락 일벌에 비해 아노트 산림의 꿀벌 군락 일벌이 털기/물어뜯기 반응과 VSH 반응 모두에서 더 강하다는 것을 알았다. 그는 또한 아노트 산림의 꿀벌 군락 중 일부는 벌이 진드기의 번식을 방해할 수 있는 또 하나의 방식이라고 우리가 배운, 덮개를 벗겼다가 다시 씌운 새끼벌방의 비율이 높다(40퍼센트 이상)는 사실도 알았다. 내 생각에 데이비드의 연구에서 얻은 가장 중요한 통찰은 아노트 산림에 사는 야생 군락의 일벌이 군락의 진드기 개체군을 억제하는 **여러** 행동적 메커니즘을 보유하고 있다는 것이다. 한마디로 그들은 꿀벌응애에 맞서 단일한 묘책이 아닌 다양한 행동적 저항 무기 세트를 효율적으로 사용한다. 벌을 키우는 분들은 유념하시길.

멀리 떨어진 군락과 살기 vs. 바싹 밀착된 군락과 살기

우리 인간은 야생 군락 사냥에서 관리 군락 사육으로 전환하면서 우리의 감독 하에 있는 군락에 근본적인 생태 변화를 강요했다. 바로 군락 사이의 간격을 엄청나게 줄여버린 것이다. 우리는 이미 야생 군락이 일반적으로 멀찍이 떨어져 살며, 흔히 벌 나무 둥지 사이에는 1킬로미터(0.6마일) 이상의 숲이 있다는 것을 살펴봤다(그림 2.6, 2.12, 7.11 참조). 그러나 양봉가들이 관리하는 군락은 거의 항상 북적거리며 산다. 양봉장 군락이 한 곳에 뭉쳐 살면 실용적이기 때문에 틀림없이 양봉가에게는 득이 되지만, 벌한테는 전적으로 이롭지는 않다. 야생 군락에 비해 관리 군락은 먹이 채집 경쟁의 심화, 꿀을 도둑맞을 위험성 증가, 그리고 혼인 비행을 끝내고 귀가하던 어린 여왕벌이 엉뚱한 벌통으로 들어가 침입자에 대비해 보초를 서던 일벌에게 죽임을 당하는 경우처럼 번식과 관련해 더 많은 문제를 겪는다.

하지만 우리가 꿀벌을 양봉장에서 초만원으로 살도록 강제하는 바람에 꿀벌 군락에 입힌 최대의 피해는 기생충 및 병원균의 고독성(高毒性) 변종의 진화에서 오지 않았을까 싶다. 우리는 질병 매개체가 **서로 무관한** 군락 사이에 확산하도록 함으로써(이른바 수평적 전염) 이런 상황을 초래한다. 수평적으로 전염된 기생충 및 병원균한테는 숙주의 건강을 유지할 필요가 없기 때문에 이런 질병 전염 방식은 악성 변종에 유리하다. 대신 자연 선택은 숙주 안에서 급속히 번식해야 하는 변종에게 유리하다. 이것은 숙주한테 피해를 주기는 하지만 기생충이나 병원균이 또 다른 숙주에게 전염될 확률을 높이기 때문이다. 이런 생활 방식은 다른 잠재적 숙주에게 쉽게 퍼질 수 있는 기생충과 병원균한테 효과가 좋다. 꿀벌의 많은 기생충과 병원균 중에는 (무관한 군락 사이에서) 흔히 수평적으로 전염되는 것이 세 가지 있는데, 전부 고독성 변종을 갖고 있다. 바로 꿀벌응애, 미국부저병 그리고 날개 기형 바이러스다. 이것들이 양봉가들이 가장 싫어하는 꿀벌 질병의 매개체라는 사실은 놀랍지 않다.

꿀벌 질병의 수평적 전염은 양봉가들이 감염된 벌과 유충을 품은 벌집을 군락 사이에서 옮길 때, 그리고 벌이 질병으로 약해진 군락에서 꿀을 훔칠 때 일어날 수 있다. 그렇지만 양봉장 내의 서로 무관한 군락 사이에서 질병이 전염되는 가장 흔한 메커니즘은 표류—성충 벌이 실수로 엉뚱한 벌통으로 돌아가는 것—가 아닐까 싶다. 이런 실수의 빈도는 벌통을 양봉장에 어떻게 배치하느냐에 달려 있고, 벌통 간격을 더 멀리 떨어뜨리고 다른 색깔로 페인트칠을 하고 서로 다른 방향을 향하게 놓으면 대폭 낮출 수 있다. 그러나 전형적인 벌통 배치는 약 1미터(약 3피트) 간격으로 떨어뜨린 벌통을 똑같은 색으로 칠해 같은 방향을 향하도록 해서 일직선으로 놓는 것이다. 이런 상황에서는 40퍼센트 이상의 벌이 출신 군락에서 나왔다가 이웃 군락에 표류하는 일이 비일비재하다. 이런 빈번한 표류는 무관한 군락 사이에서 병원균과 기생충이 쉽게 퍼질 수 있음을 의미한다.

나는 군락의 간격 측면에서 야생 군락과 관리 군락 사이의 엄청난 차이가 질병의 생태에 가져올 결과를 고민하기 시작했을 때 양봉장에 뭉쳐 사는 군락의 건강 효과에 관한 생물학자와 양봉가들의 논문을 여기저기 수소문했지만 도무지 찾지 못했다. 그리하여 군락 간격 조절이 꿀벌 군락이 이웃들로부터 병원균 및 기생충 전염을 피하려 할 때 직면하는 어려움에 어떤 영향을 주는지 밝혀내길 바라면서 내가 직접 실험을 수행하기로 했다.

2011년 6월 나는 코넬 대학교 지정 자연보호구역 중 한 곳에 12개의 소군락으로 된 두 집단을 배치하며 실험에 착수했다. 내가 사용한 구역은 이타카 북쪽에 있는 큰 비버 연못 인근의 버려진 농지로 탁 트인 평지에 덤불이 우거진 곳이었다(그림 10.6). 한 집단의 군락은 벌통이 이웃 군락과 1미터(약 3피트)도 안 되는 간격으로 떨어져 한 줄로 늘어선 양봉장에 모여 있었다(그림 10.7). 첫 번째 그룹에서 몇백 미터 거리에 있는 다른 집단의 군락은 길쭉한 밭과 그 주변의 공터에 여기저기 흩어져 있어 평균으로 따지면 각 군락은 가장 가까운 이웃 군락과 34미터(110피트) 떨어져 있었다.

양 집단 모두 각 군락은 속이 깊은 랑식 벌통 본체 2개로 이뤄진 벌통에 거주했다. 벌통 사이에서 벌이 표류하는 정도를 측정하기 위해 나는 각 집단의 12개 군락 중 10개에 골든이탈리안종 여왕벌 한 마리를 집어넣었다. 꿀벌이 일반적인 검정색 또는 가죽 같은 갈색을 띠는 것은 멜라닌이란 물질 때문인데, 이 여왕벌은 그것의 합성에 관여하는 효소(타이로신(tyrosine))를 생성하라고 지시하는 유전자의 돌연변이(코르도반이라고 부른다) 형태와 동형 유전자를 갖고 있다. 나는 골든이탈리안종 여왕벌을 12개 군락 중 10개 군락에 배치함으로써 이 군락에서 생산된 모든 수벌이 밝은 황색을 띠도록 보장했다. 그런가 하면 각 집단의 나머지 두 군락에는 카니올란종 여왕벌을 집어넣었는데, 이는 이 두 군락에서 생산된 모든 수벌이 진갈색 아니면 검정색까지 띨 수 있도록 보장했다. 집단마다 카니올란종 여왕벌이 있는 2개의 군락을 집단의 중앙부에 배치했다. 모든 군락의 여왕벌을 페인트 점으로 표시해뒀기 때문에 5월부터 10월까지 월별로 군락을 점검할 때 여왕벌의 교체(보통은 분봉 때문이다)를 감지할 수 있었다. 연구 군락은 2011년 6월부터 2013년 5월까지 2년간

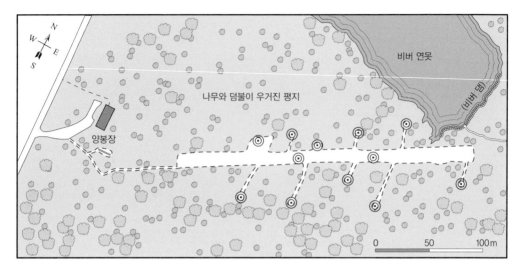

그림 10.6 양봉장 군락의 밀집이 군락 간 꿀벌의 혼합과 질병 전파에 미치는 영향을 조사하는 데 사용한 연구 현장 지도. 양봉장에 밀집한 12개 군락의 벌통이 좌측의 '양봉장'이라는 단어 위에 검정색 막대로 표시되어 있다. 인근 벌판에 흩어져 있는 12개 군락의 벌통은 원으로 둘러싸인 검정색 사각형으로 표시했다.

그림 10.7 양봉장에 정렬된 12개의 밀집 군락. 맨 꼭대기에 벽돌을 수직으로 세워놓은 두 벌통에는 카니올란종 여왕벌이 있고 검정색 수벌만 생산했다.

의 실험 기간 동안 꿀벌응애를 통제할 아무런 처치도 받지 않았다. 군락은 벌집 틀 2장들이 핵 군락(nucleus colony)에서 출발했고, 따라서 2011년 여름에는 하나같이 힘을 키우면서 보냈지 분봉은 하지 않았다. 그들은 전부 건강하게 2011~2012년 겨울로 들어섰다.

그러던 중 2012년 여름 동안 밀집된 군락과 분산된 군락의 생활에서 두드러진 몇 가지 차이점이 눈에 들어왔다. 첫째, 각 집단마다 12개 군락 중 7개가 분봉을 했는데, 밀집된 군락은 분봉 후 여왕벌 교체 성공률이 분산된 군락보다 저조했다. 성공한 군락은 각각 7개 중 단 2개와 7개 중 5개였다. 나는 이런 차이가 생긴 원인 대부분이 밀집된 집단의 어린 여왕벌이 혼인 비행을 마치고 돌아올 때 엉뚱한 벌통으로 들어간 데 있다고 본다. 나는 밀집된 집단에서 분봉하지 않은 한 군락의 벌통 입구 밖에 쓰러져 있는 죽은 여왕벌을 두 차례 발견했다. 둘째, 수벌의 표류가 분산된 군락보다 밀집된 군락에서 훨씬 더 많았다. 2011년 9월과 2012년 4월—군락이 분봉하기 전이므로 각 군락에 골든 이탈리안종이건 카니올란종이건 원래의 여왕벌이 있던 때—에 실시한 집계에서 나는 밀집된 집단의 두 흑색 벌(카니올란종) 군락으로 날아 들어간 수벌의 46퍼센트(9월)와 56퍼센트(4월)가 밝은 황색(코르도반종) 수벌임을 알아냈다! 같은 시기에 분산된 집단의 두 흑색 벌 군락에서 집계한 수치는 그보다 훨씬 낮은 1퍼센트와 3퍼센트에 불과했다. 두 집단에서 나타나는 군락 간 수벌의 혼재 수준 차이는 군락 간 일벌의 혼재에도 해당할 확률이 높다. 셋째, 군락이 두 번째 여름을 마무리하고 있던 2012년 여름 말에 분봉하고 여왕벌을 교체한 2개의 밀집 군락에서는 꿀벌응애 수준이 현저하게 급증했지만 분봉하고 여왕벌을 교체한 5개의 분산 군락에서는 **그렇지 않았다**. 이 7개의 군락은 진드기 수치가 6월과 7월 내내 하나같이 낮았고 (이는 아마도 6월 분봉의 영향이었던 듯한데) 이 건강하고 진드기 수치가 낮은 상황은 오로지 5개의 분산 군락에서만 8월까지 지속됐다. 밀집 군락의 진드기 수치가 8월에 왜 치솟았는지는 확실히 말할 수 없지만, 이 두 군락의 채집벌이 붕괴되고 있던 인근 군락에서 꿀을 훔치다가 무심결에 둥지로 많은 진드기를 몰고 온 게 아닐까 싶다. 이 실험은 2013년 5월에 끝났고, 최종 점검 결과 12개의 밀집 군락은 어느 것도 살아 있지 않았다. 하지만 12개의 분산 군락 중 5개는 여전히 살아 있는 것으로 밝혀졌다. 사실 그들은 번성하고 있었다.

이는 소규모 실험이었고 단 한 장소에서 한 차례만 수행했으므로 거기서 광범위하고 명백한 결론을 도출할 수는 없지만, 군락 방어라는 시험대가 야생에서 멀찍이 떨어져 사는 군락과 인간의 관리 아래 밀집해 사는 군락에서 어떻게 다른지 더 잘 이해하기 위해 내딛은 소중한 한 걸음이라고 생각한다.

작은 둥지 구멍에서 살기 vs. 큰 둥지 구멍에서 살기

양봉가들이 야생 군락에 비해 관리 군락의 군락 방어 문제점을 확대시키는 원인으로는 양봉장에 군락을 가득 채우는 방식만 있는 것은 아니다. 보통 자연에서 벌이 갖는 것보다 훨씬 더 넓은 생활 공간을 제공하는 벌통에서 군락을 사육하는 바람에 문제를 키우기도 한다. 우리는 5장에서 이타카 인근 숲속에 사는 야생 군락이 일반적으로 30~60리터(약 8~16갤런) 범위의 용적을 가진 나무 구멍에 거주하는 반면, 미국의 대부분 관리 군락은 120~160리터(약 32~42갤런) 용적의 벌통에 (여름 동안) 수용된다는 것을 알았다(그림 5.3 참조). 양봉가들이 이렇게 널찍한 집을 군락에 제공하니 벌이 꿀을 저장할 공간도 넉넉하다. 대략적으로 군락에 둥지를 틀 공간을 100리터(약 26갤런) 이상 더 주면 꿀 50킬로그램(약 100파운드)을 더 저장할 수 있다. 양봉가들은 또한 벌이 너무 붐벼서 분봉군을 생성할 확률을 낮추려고 자신의 군락에 널찍한 집을 제공하고 싶어 한다. 7장에서 우리는 군락이 첫 분봉군을 배출할 때 노동력의 거의

75퍼센트를 내놓는데(그림 7.9 참조), 이는 벌이 군락의 번식을 꾀할 때 그들에게는 좋지만 벌이 꿀 생산에 집중하길 바라는 양봉가에게는 참사라는 것을 알았다.

큰 벌통에 꿀벌 군락을 수용하는 것은 양봉가한테는 완전히 수긍이 되지만 번식을 억제시키기 때문에 벌에게는 전혀 터무니없는 소리라는 것을 생물학자들은 오래전부터 알고 있었다. 꿀벌응애의 도래는 안 그래도 곤란한 이 상황을 복잡하게 만들었다. 왜냐하면 크고 강한 군락일수록 어마어마한 꿀 덩어리뿐 아니라 크고 강한 치명적인 꿀벌응애 떼를 창출할 확률이 높기 때문이다. 이는 내가 두 학생 카터 로프터스(J. Carter Loftus) 및 마이클 스미스와 함께 수행했던 2년간의 실험에서 입증되었다. 이 실험에서 우리는 60미터(200피트)밖에 떨어져 있지 않은 두 양봉장에 사는 12개 군락의 두 집단을 비교했다. 한 집단의 군락은 속이 깊은 벌집 틀 10장들이 랑식 벌통 본체 하나로 이뤄진 작은 벌통(42리터/11.1갤런)에 거주했다. 이것은 작은 벌통 군락으로, 야생 꿀벌 군락을 시뮬레이션해주었다. 다른 집단인 큰 벌통 군락은 각각 대형 벌통(168리터/44.4갤런)에 거주했고 군락의 벌꿀 생산량을 최대화하는 일반적 방식으로 관리했다. 각 군락에는 새끼벌방을 위한 속이 깊은 벌통 본체가 2개, 거기에 꿀 저장용으로 속이 깊은 벌통 본체〔꿀 계상: 계상(super)은 벌통과 본체 크기는 같지만 밑판이 없는 벌통을 말한다—옮긴이〕 1개를 제공했다. 우리는 또한 이 큰 벌통 군락의 여왕벌방—군락이 분봉을 준비한다는 신호—을 두 달에 한 번씩 점검하고 자기 벌한테 좋은 꿀을 기대하는 모든 양봉가가 그러하듯 여왕벌을 찾는 대로 모조리 제거했다.

우리는 2012년 5월에 이 24개의 군락을 설치한 다음 그들을 2014년 5월까지 추적 관찰했다. 2012년과 2013년에 5월부터 10월까지 한 달에 한 번 각 군락의 유충 및 성충 벌 개체군, 진드기 감염 수준, 질병의 존재, 분봉의 징후(여왕벌 교체)를 측정했다. 또한 2년 동안 이 24개 군락의 연간 꿀 생산량과 생존율을 기록했다. 모든 군락은 벌로 뒤덮인 벌집 틀 2장들이 벌집(한 장은 유충으로 가득했고, 다른 한 장의 일부는 꽃가루와 꿀로 가득했다)에다 먹이는 있되 유충은 없는 벌집 틀 3장들이 벌집을 더해 구성한 벌집 틀 5장들이 핵 군락이었다. 또한 모든 군락은 캘리포니아의 한 여왕벌 사육업체에서 사들인 어린 여왕벌 한 마리씩으로 출발했다. 그러나 이들 군락에 해주지 않은 게 하나 있었다. 즉 우리는 2년의 실험 기간 내내 그들 모두에게 진드기 살충제 처리를 하지 않고 보류했다.

우리는 2년의 실험 기간 동안 작은 벌통 군락이 큰 벌통 군락보다 더 잘 살아남을 거라고 예측했다. 왜냐하면 작은 벌통 군락은 규모도 더 작을 테고, 큰 벌통 군락보다 분봉을 더 자주 할 것이며, 따라서 군락에서 고도의 바이러스성 유충 질병을 유발하는 꿀벌응애 감염에 위험하리만큼 심하게 시달릴 가능성도 더 적기 때문이다. 우리의 예측은 이전 연구들의 여러 결과물을 기반으로 했다. 한 가지 핵심 배경 지식은 군락이 분봉을 할 때 성충 꿀벌응애의 약 35퍼센트를 내보낸다는 것이었다. 이것은 군락이 분봉군을 내보낼 때 군락의 성충 벌 중 약 70퍼센트가 떠나는데(7장 참조), 군락에서 꿀벌응애의 약 50퍼센트는 성충 벌의 몸에 올라타 있기 때문에(나머지는 봉인된 새끼벌방에 있다) 일어난다. 두 번째 핵심 배경 지식은 분봉군을 내보낼 때 군락은 유충 양육의 휴식기를 겪는다는 것이었다. 이는 군락의 새 여왕벌이 성장을 완료하고, 경쟁자를 처치하고, 짝짓기를 하고, 마침내 알을 낳기 시작할 때까지 시간이 걸리기 때문이다. 꿀벌응애는 유충 없는 군락에서는 번식을 못한다. 따라서 우리는 유충 없는 시기가 생기면 진드기의 번식에 지장을 주고 그것들의 주요 은신처—봉인된 새끼벌방—를 없앰으로써 군락의 꿀벌응애 개체군을 줄이는 데 일조할 것이라고 예상했다. 그러나 우리가 사전에 알지 못한 부분은 작은 벌통 군락이 더욱 분봉에 분발함으로써 군락에서 성충 진드기의 상당수가 없어지고 남겨진 진드기의 번식과 생존도 충분히 감소시켜 작은 벌통 군락이 큰 벌통 군락보다 더 잘 살아남게 될 것인지 여부였다.

그림 10.8은 성충 벌 개체군과 두 실험 집단 군락의 꿀벌응애 감염과의 역학 관계에 대해 우리가 알아낸 것들을 보여준다. 2012년 실험에 착수했을 때

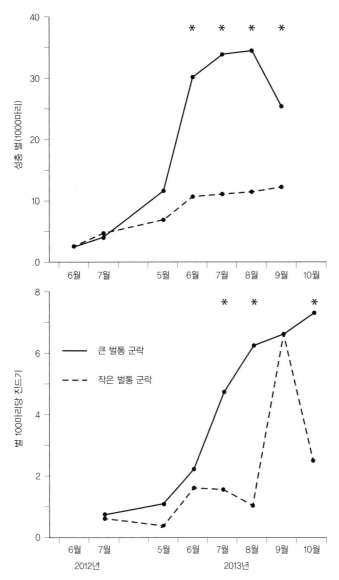

그림 10.8 큰 벌통과 작은 벌통에 수용된 군락의 성충 꿀벌 개체군(위)과 성충 벌의 꿀벌응애 감염률(아래)의 역학 관계. 별표는 유의미한 차이를 나타낸다.

는 두 집단의 군락당 성충 벌의 평균적인 수가 같았지만, 2013년 여름철의 개체군 조사에서는 두 집단이 현저하게 갈렸음을 알 수 있다. 평균적으로 작은 벌통 군락의 개체군 증가분은 1만 마리를 크게 넘기지 않은 반면, 큰 벌통 군락의 개체군은 3만 마리 이상으로 늘었다. 두 집단의 평균 꿀벌응애 감염 수준 역시 똑같이 출발했다가 2013년 여름 동안 현저하게 갈렸음을 알 수 있다. 평균적으로 작은 벌통 군락의 감염률은 9월 이전까지는 안전하고 낮은 수준에 머물렀는데(벌 100마리당 진드기 2마리), 9월에 큰 벌통 군락에서 발견된 위험할 정도로 높은 감염률(벌 100마리당 6마리 이상의 진드기)까지 치솟았다가 이후 떨어졌다. 작은 벌통 군락의 이런 일시적 평균 감염률 상승이 가장 흥미로운 방식으로 일어났다는 데 주목해야 한다. 12개의 작은 벌통 군락 중 3개 군락에서 9월에 벌 100마리당 진드기 15~17마리라는 눈에 띄는 진드기 수치의 급증을 겪었다. 뒤에서 살펴보겠지만 이것은 아주 강력했던 것으로 밝혀졌다.

2013년 여름 동안 두 실험 집단 사이에 나타난 진드기 감염 수준 차이의 원인과 결과는 무엇일까? 첫째, 2012년에는 어느 쪽 실험 집단의 군락도 분봉하지 않았지만, 2013년에는 작은 벌통 군락은 거의 전부 분봉한 데 반해(12개 중 10개) 큰 벌통 군락 중에는 분봉한 군락이 거의 없었다(12개 중 2개). 나는 이것이 2013년에 (9월을 제외하고) 큰 벌통 군락보다 작은 벌통 군락의 진드기 감염률이 훨씬 더 낮았던 이유를 설명해준다고 본다. 구체적으로 말하면, 12개의 작은 벌통 군락 중 10개가 분봉군 속에 진드기를 내보내고 유충 양육의 휴식기를 경험했지만, 12개의 큰 벌통 군락 중에서는 단 2개만 그랬다. 그러므로 2013~2014년 겨울 동안 큰 벌통 군락(12개 중 10개)이 작은 벌통 군락(12개 중 4개)보다 훨씬 더 심한 사망률에 시달렸다는 것을 알고도 전혀 놀라지 않았다.

이 실험의 가장 흥미로운 성과는 아마 예상치 않게 일어난 결과일 것이다. 작은 벌통 군락 중 3개의 진드기 감염 수준이 2013년 9월 중순에 벌 100마리당 진드기 15~17마리로 갑자기 일시적으로 치솟았다. (주의: 이 세 군락의 진드기 수치 급증이 그림 10.8에 나타난 작은 벌통 군락의 진드기 수치 급증을 유발한 원인이다.) 이 세 군락 진드기 수치의 이런 폭발적 급증은 60미터(200피트)밖에 떨어져 있지 않은 다른 양봉장의 큰 벌통 군락 1개의 붕괴와 동시에 일어났다. 나는 이 붕괴된 군락을 점검하면서 벌통 앞에서 (그리고 유일하게 이 군락의 벌통에서만) 죽은 벌 한 무더기를 발견했고, 벌통 안에서는 사실상 어떤 벌도, 거의 어떤 유충도, 어떤 저장된 꿀도 찾지 못했다. 단지 극소수의 진드기(모두 죽었다)를 발견했을 뿐이다. 이 벌통의 바닥은 죽은 벌(대부분 날개가 쪼글쪼글했다)과 도둑벌이 꿀이 든 벌방 덮개를 아무렇게나 벗길 때 생긴 것 같은 가장자리가 매끈하지 못한 밀랍 조각으로 어질러져 있었다. 군락이 높은 진드기 감염률로 붕괴된 이후 그곳의 벌꿀 저장분을 도둑맞은 게 뻔했지만, 진드기는 어떻게 됐는지 명확하지 않았다. 이 군락을 죽인 꿀벌응애 무리 대부분이 도둑벌 몸에 올라탄 다음 이 벌들의 집으로 옮겨졌던 게 아닐까 싶다. 또한 도둑벌 다수는 9월 중순에 진드기 수치가 일시적으로 치솟았던 3개의 작은 벌통 군락 출신이 아니었을까 싶기도 하다. 공교롭게도 2013~2014년 겨울 동안 죽은 작은 벌통 군락 4개 중에서 3개의 군락은 2013년 9월에 꿀벌응애 개체군이 급증했던 바로 그 3개의 군락이었다. 네 번째 군락은 여왕벌이 2013년 7월에 미수정란을 낳은 건강한 군락이었다. 이 군락은 암컷 유충이 없어 여왕벌을 교체할 수 없었으므로 결국에는 수벌 유충만 남아 점차 소멸했다.

나는 이 실험의 참신한 결과—작은 벌통에 군락을 수용하는 것만으로도 벌이 꿀벌응애에 대처하는 데 엄청난 도움을 준다는 것—가 옳은지 재차 확인하고자 이 실험을 반복하고픈 엄청난 유혹에 빠져 있다. 만일 이 실험을 다시 한다면, 나는 도둑벌이 붕괴된 군락의 벌꿀 저장분을 약탈할 때 일어날 수 있는 두 집단 간 진드기 이동을 최소화하기 위해 작은 벌통 군락을 큰 벌통 군락으로부터 더욱 멀찍이 떨어뜨려놓을 것이다.

작은 벌방에서 살기 vs. 큰 벌방에서 살기

양봉가들 사이에 많이 거론되고 논란이 일었던 기생성 진드기 꿀벌응애의 통제 방법 중 하나는 군락 둥지에서 일벌방의 크기를 줄이는 것이다. 이는 벌방이 작으면 작을수록 미성숙한 진드기의 사망률을 높일 거라는 발상이다. 진드기는 벌방 안의 미성숙한 벌 바로 곁에서 성장하므로 성장 중인 벌과 벌방 벽 사이의 공간이 작을수록 미성숙한 진드기의 움직임을 방해할 것이기 때문이다. 구체적으로 말해, 그렇게 되면 미성숙한 진드기가 벌방 안에서 번데기 꿀벌의 복부 위 먹이 장소에 도달하는 능력을 감소시킬 것이다. 우리는 이타카 인근 숲에 사는 3개의 야생 군락에서 일벌방의 벽부터 벽까지 평균 치수가 5.12, 5.19, 5.25밀리미터(0.201, 0.204, 0.206인치)임을 5장에서 살펴봤다. 따라서 평균적으로 그들의 일벌방 크기는 5.19밀리미터였다. 비교하자면, 여러 제조업체로부터 구입한 표준 밀랍 벌집 기초 위에다 벌집을 지은 내 관리 군락의 경우 일벌방의 벽부터 벽까지의 평균 치수는 그보다 큰 5.38밀리미터(0.212인치)다. 이는 다음의 질문을 제기하게 만든다. 이타카 인근 숲에 사는 야생 군락 둥지의 벌방이 더 작은 것은 이 벌들이 꿀벌응애로부터 자신을 방어하는데 도움을 줄까?

이게 사실인지는 대단히 의심스럽다. 미국 남동부(플로리다주와 조지아주)와 아일랜드에서 최근에 수행한 세 건의 연구는 유럽종 꿀벌 군락에 작은 벌방이 있는 벌집을 제공하면 꿀벌응애에 대한 민감도를 감소시킨다는 발상을 실험적으로 검증했다. 이 연구들은 작은 벌방(4.91밀리미터/0.193인치)이 있거나 표준 벌방(5.38밀리미터/0.212인치)이 있는 벌집 군락에서 진드기 개체군의 증가를 비교했는데, 군락에 작은 벌방의 벌집을 공급하면 진드기의 번식을 방해한다는 징후를 조금도 발견하지 못했다. 나도 내 학생 중 한 명인 숀 그리핀과 이타카에서 이러한 발상을 검증했다. 우리는 동일한 진드기 감염 상태에서 출발한 동일한 강도의 군락 7쌍을 설정했다. 각 쌍마다 한 벌통은 표준 벌방(평균 너비 5.38밀리미터/0.212인치) 벌집만, 다른 벌통은 작은 벌방(평균 너비 4.82밀리미터/0.190인치) 벌집만 있었다. 우리는 작은 벌방 처리를 위해 플라스틱으로 만든 벌집을 사용하고 벌이 지은 수벌방은 모든 벌통에서 남김없이 제거했기 때문에, 틀림없이 작은 벌방 처리 집단의 군락에는 벌집에 작은 벌방만 있고 표준 벌방 처리 집단의 군락에는 벌집에 표준 벌방만 있었다. 두 처리 집단 사이에 이렇게 크고도 확실한 벌방 크기의 차이가 있음에도 일벌 100마리당 진드기 수로 측정한 진드기 감염 수준과 관련해 우리는 (여름 내내) 두 집단 사이에 아무런 차이도 발견하지 못했다.

만일 꿀벌응애가 작은 벌방의 벌집에 사는 유럽종 꿀벌한테 기생할 때 번식에 지장을 받는 게 사실이라면, 우리는 여름철에 표준 벌방 군락에 비해 작은 벌방 군락에서 진드기 수준의 감소를 목격했어야 하는데 그렇지 않았다. 벌방의 크기가 진드기 번식에 미치는 확실한 영향을 아무도 발견하지 못한 이유를 나는 작은 벌방이라 하더라도 번데기 표면에 진드기가 돌아다닐 공간이 많기 때문이라고 생각한다. 손과 나는 물론이고 아일랜드 꿀벌 연구팀[존 맥멀런(John McMullan)과 마크 브라운(Mark J. F. Brown)]은 우리 연구에 사용한 표준 벌방 벌집과 작은 벌방 벌집의 충전율—퍼센티지로 표현한 벌방 너비 대비 벌의 흉부 너비 비율—을 모두 측정했는데, 양측 모두 표준 벌방 벌집에서 키운 벌의 충전율은 73퍼센트인 반면 우리의 작은 벌방 벌집에서 키운 벌의 충전율은 79퍼센트임을 발견했다. 충전율은 양쪽 꿀벌 집단 모두 낮았고 작은 벌방 벌집에 사는 벌이 경미하게 높았을 뿐이므로, 우리가 작은 벌방 벌집이 유럽종 꿀벌의 꿀벌응애 번식을 방해한다는 아무런 조짐도 발견하지 못한 것은 놀랍지 않다.

둥지 입구가 높은 곳에서 살기 vs. 낮은 곳에서 살기

천연 구멍에 사는 야생 군락과 인공 벌통에 거주하는 관리 군락 사이의 가장 확실하면서도 가장 알려지지 않은 차이는 아마 집 높이의 차이인 것 같다. 우리는 당연히 우리의 편의를 위해 지면에 벌통을 놓고 싶어 하지만, 벌은 자신들이 살 곳을 선택할 수 있을 때는 높은 입구가 있는 거주 구역을 고른다(5장 참조). 왜 그럴까? 정확히 알 수는 없으나 몇 가지 가능성이 있다. 하나는 벌이 겨울에 하는 세척 비행을 더 안전하게 만든다는 것이다. 벌이 지면보다 훨씬 높은 둥지의 입구를 드나들면 눈 위에 불시착해 차가워진 비행근으로 오도 가도 못할 확률이 낮아질 것이다. 다른 가능성은 둥지 입구가 눈에 묻힐 확률을 줄여준다는 것이다. 또 하나의 가능성은 숲 바닥 근처의 그늘지고 차가운 미세 기후보다 수관(樹冠: 수목의 가지나 잎이 무성한 숲의 윗부분―옮긴이)(그림 7.6)의 햇볕 잘 들고 따뜻한 미세 기후에 노출된다는 것이다. 5장에서 우리는 둥지 입구가 그늘진 북향보다는 양지바른 남향에 있는 군락이 겨울을 나는 데 더 큰 성공을 거둔다는 사실을 알았다. 그리고 북반구의 양봉가들은 일반적으로 북향보다 남향의 군락이 더 많은 꿀을 생산한다는 데 의견을 같이한다.

그러나 야생 군락이 높은 나무 위에 둥지를 틀어 생기는 가장 큰 혜택은 아마도 육생 포식자, 특히 곰의 눈에 덜 띄게 된다는 점일 듯하다. 이 부분은 아직 실험 연구가 더 필요하지만, 나는 아노트 산림에서 작업하며 배운 두 가지를 통해 야생 군락이 지면에서 높이 떨어져 있는 둥지 구멍을 선택함으로써 흑곰으로부터 상당한 보호를 받을 수 있다는 확신을 갖게 됐다. 첫 번째는 2002년 아노트 산림에서 곰의 자취를 찾던 중 알게 된 것이다(그림 10.9, 위). 흑곰들이 이 숲을 어슬렁거리고 있었다. 두 번째는 아노트 산림의 벌 나무를 관찰하던 중 알게 된 것이다. 나는 아노트 산림에서 2002년에 8그루의 벌 나무를, 2011년에 추가로 10그루를 발견했다. 이 18그루의 벌 나무를 찾아낸 이후 7장에서 썼듯 한 해에 세 차례 그것들이 잘 있는지 확인했다. 이 벌 나무들은 옛 군락이 죽고 새 군락이 이주해 들어오는 식으로 야생 군락에 의해 간헐적으로 점유되었다. 나는 지난 16년간 벌이 사는 아노트 산림의 나무를 관찰해왔는데, 군락의 연령으로 치면 총 51년이다. 이 숲에 사는 야생 군락의 둥지에 곰들이 가한 공격을 감지할 많고 많은 기회가 내게 있었다는 뜻이다. 하지만 놀랍게도 내가 흑곰의 벌 나무 군락 공격을 감지한 것은 단 한 차례뿐이고, 그것도 특별한 상황에서 벌어졌다. 아이리시힐의 맨 꼭대기에 있는 북가시나무가 겨울 폭풍에 쓰러져 이 나무의 둥지 입구 높이가 10.9미터(36피트)에서 1.2미터(4피트)로 낮아진 것이다.

이 벌 나무가 땅에 쓰러져 있는 걸 발견한 것은 바로 2009년 5월에 벌 나무 점검을 돌 때였다. 당시 나는 거기에 거주하던 군락이 아직 살아 있으며, 사실은 번성하고 있다는 것도 알아챘다. 왜냐하면 벌들이 무더기로 운반한 꽃가루를 쏟아붓고 있었기 때문이다. 나는 더 나아가 벌의 둥지 입구였던 옹이구멍 주변의 나무껍질이 온통 벗겨지고 입구 통로 주위의 헐벗은 나무에는 발톱 자국이 새겨져 있는 것을 발견했다. 의심의 여지가 없었다. 적어도 한 마리의 흑곰이 이 군락을 찾아냈고, 둥지에 들어가려 안간힘을 썼지만 실패한 것이다. 하지만 이 이야기의 가장 중요한 부분은 **수년간 흑곰들이 아노트 산림에 있는 '나의' 나머지 벌 나무 17그루의 군락을 찾지 못했다**는 것이다. 만일 그들이 찾았다면, 나는 분명히 그걸 알아챘을 것이다. 왜냐하면 흑곰은 아노트 산림에 있는 내 벌 유인통의 군락을 찾아낼 때마다 (그리고 공격할 때마다)(그림 2.14) 땅바닥에 나뒹구는 못 쓰게 된 벌 유인통뿐 아니라 눈에 띄는 많은 흔적을 남기고 갔기 때문이다. 바로 벌 유인통을 올려둔 나무의 껍질에 난 발톱 자국이다(그림 10.9, 아래). 내가 지속적으로 감시하는 나머지 벌 나무 17그루의 껍질에서 발톱 자국을 발견한 적이 없으므로 곰이 이 나무들의 군락을 절대 발견하지 못한 것이라고 나는 확신한다. 왜 찾지 못했을까? 미국 동부의 포유류에 관한 나의

그림 10.9 **위:** 아노트 산림의 흑곰 발자국. **아래:** 아노트 산림의 참나무 껍질에 있는 흑곰의 발톱 흔적.

참고문헌을 보면 흑곰은 예리한 후각과 청각을 갖고 있지만 "시각은 그냥 적당하다"고 나와 있다. 어떤 사물에 대해서는 적당하지만, 높은 나무 위에 있는 어두운 옹이구멍과 가느다란 틈새로 출입하는 조그만 벌을 포착하기에는 분명 적당하지 못한 것이다.

프로폴리스 막이 있는 곳 vs. 없는 곳에서 살기

우리는 이미 5장에서 나무 구멍에 사는 야생 꿀벌 군락은 항균성 식물 수지를 모아 구멍의 천장, 벽, 바닥을 코팅하는 데 사용하고 둥지 주위에 프로폴리스 막을 만든다는 것을 알았다. 그러니까 꿀벌 군락이 프로폴리스로 벌통 뚜껑 주변의 균열은 물론이고 벌집 틀 사이의 틈새는 메우겠지만, 제조된 벌통의 내부 표면은 두껍게 코팅하지 않는다는 점은 상당히 중요하다. 분명 프로폴리스 막을 입히도록 유도하는 자극은 작은 틈새와 균열이다(그림 5.4 참조). 거칠고 구멍이 많은 표면은 박테리아한테 영양분과 수분을 공급할 뿐 아니라 매달릴 만한 기질을 풍부하게 제공하기 때문에 박테리아의 성장에도 이상적이다. 그리고 만일 이를 그냥 내버려둬서 이런 장소에 박테리아가 살게 된다면 자신이 제거되는 걸 방어할 수 있는 생물 막을 만들 것이다. 그러므로 꿀벌이 둥지의 거칠고 구멍 많은 표면을 식물 수지로 코팅하려고 열심히 작업하는 것은 전혀 놀랄 일이 아니다.

실험실 기반의 많은 연구는 꿀벌 유충의 두 가지 질병, 즉 미국부저병(파에니바실루스 애벌레에 의해 유발되는 박테리아성 질병)과 백묵병(아스코스파에라 아피스에 의해 유발되는 곰팡이성 질환)의 원인인 매개체의 증식에 프로폴리스가 어떤 효과가 있는지 검증해왔다. 이 연구들은 하나같이 프로폴리스가 이런 병원균에 대한 강한 억제 효과를 갖고 있다고 보고한다. 그러나 실험실 안에서 수행한 이 체외 연구의 결과물이 군락의 질병 통제와 어떤 연관이 있는지는 완전히 확실하지 않다. 특히 꿀벌이 프로폴리스를 먹고 그 혼합물을 유충에게 주는 먹이에 포함시키는지가 명확하지 않기 때문이다.

미네소타 대학교의 말라 스피박(Marla Spivak)과 동료들은 꿀벌 자체에 주목함으로써 프로폴리스 막에 둘러싸인 둥지에 사는 것이 꿀벌의 건강에 어떤 이득을 주는지 평가해왔다. 그들의 실험 중 하나에는 두 종류의 벌통에 사는 일벌의 면역 관련 유전자의 전사(transcription, 轉寫: DNA를 원본으로 사용해 RNA를 만드는 과정—옮긴이) 수준 비교도 포함되었다. 실험 집단의 벌통은 내부 표면이 프로폴리스의 에탄올 추출물로 코팅되어 있었던 반면, 통제 집단의 벌통은 내부 표면이 순수한 에탄올로 코팅되어 있었다. 7일이 지나자 프로폴리스가 풍부한 벌통에 사는 개별 벌들이 통제 집단의 벌통에 사는 벌들에 비해 박테리아의 하중이 더 낮았고, 곤충의 면역 반응에 관여하는 유전자도 더 낮은 활동 수준을 보였다. 확실히 벌통 내부를 프로폴리스 추출물로 코팅한 것은 통제 집단 벌통에 비해 실험 집단 벌통의 면역 유도 인자 수준(즉 박테리아와 곰팡이의 수준)을 낮췄다.

미네소타 연구팀이 수행한 또 다른 실험은 꿀벌 군락의 건강에 프로폴리스 막이 가져다준 이득을 한층 더 강력하게 입증한다. 이번에는 **진짜** 프로폴리스 막이 있는 군락과 없는 군락을 비교하는 연구팀을 **2년간** 가동했다. 그들은 해마다 24개 군락의 여러 건강 지표를 측정했는데, 12개 군락은 프로폴리스 막이 있었고 12개는 없었다. 연구팀은 벌통의 부드러운 내벽에 플라스틱 재료로 된 '프로폴리스 덫' 판을 고정시켜 군락 중 절반이 프로폴리스 막을 구축하도록 유도했고, 벌들은 이 플라스틱판을 프로폴리스로 코팅하는 것으로 대응했다(그림 10.10). 연구팀은 나머지 12개 군락의 벌통 내벽은 그대로 놔뒀는데, 벌들은 프로폴리스 막을 구축하지 않았다.

실험은 두 가지 주요 결과물을 얻어냈다. 첫째, 여름과 가을 동안 프로폴

그림 10.10 연구원들이 벌통 내벽에 스테이플러로 고정한, 플라스틱 재료로 된 프로폴리스 덫 판을 (실험 말미에) 제거하고 난 후 벌통 내벽에 붙은 프로폴리스의 모습. 프로폴리스 덫 판의 틈새를 메운 갈색 프로폴리스 얼룩이 남아 있다.

리스 막이 없는 벌통에 사는 일벌에 비해 그것이 있는 벌통에 사는 일벌한테서 곤충의 면역에 관여하는 여러 유전자의 전사 (활동) 수준이 일관되게 더 낮고 안정적이었다. 이런 면역 유전자의 전사 수준 차이는 기능상 중요하다. 그것이 벌의 면역 체계가 감염과 싸우려고 열심히 작동하는 동안 벌의 생리에서 가장 큰 대가를 치러야 하는 부분일 수 있기 때문이다. 따라서 면역 체계 활동이 적어지면 벌이 유충 양육, 밀랍 생산/벌집 건축, 먹이 채집 같은 다른 과업에 더 많은 에너지를 할당할 수 있다. 두 번째 주요 결과물은 훨씬 더 중

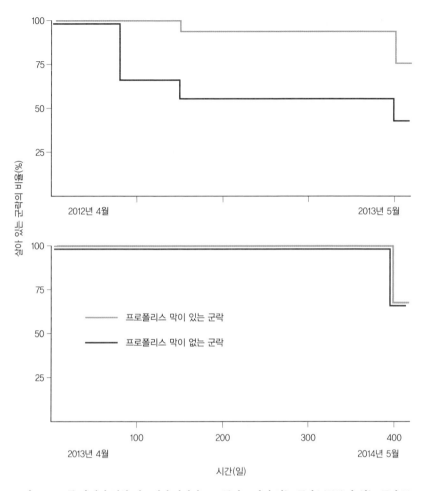

그림 10.11 두 차례의 실험 시도에서 나타난 프로폴리스 막이 있는 군락(**파란선**)과 없는 군락(**붉은선**)의 생존율 기록. 두 시도 모두 실험 집단마다 12개의 군락이 있었다. 첫 번째 시도 말미에는 군락 생존율에 유의미한 차이가 있었으나 두 번째 시도에서는 없었다.

요하다. 프로폴리스 막이 있는 군락은 2년 중 한 해에 생존율이 더 높았고(그림 10.11), 두 해 모두 5월에 유충이 더 많았으며, **두 해 모두 어린 일벌의 영양 상태가 더 나은 것으로** 나타났다. 어린 일벌의 영양 상태는 Vg 유전자의 활동 정도를 측정해 쟀다. 이는 어린 일벌이 그들의 주요 저장 단백질인 비텔로제닌

(vitelogenin)을 생산하는 데 활성화시키는 유전자다. 사실 건강한 어린 간호벌의 체액 단백질에서는 비텔로제닌이 약 40퍼센트를 차지한다. 이 벌들이 어린 유충에게 먹이려고 단백질 풍부한 로열젤리를 생산할 때 그것에 의존하기 때문이다. 건강하고 영양 상태 좋은 간호벌이야말로 군락에서 유충의 생산 및 성장의 바탕이며, 따라서 이 독창적인 실험이 밝혀낸 것은 이렇다. 즉 군락은 프로폴리스 막을 만들 때 미래의 성장과 궁극적인 성공에 지대한 영향을 가져다줄 투자를 하고 있다는 것이다.

다윈식 양봉

현대의 양봉은 아직도 항상 그렇듯이 야생 곤충 군락의 착취다.
최고의 양봉이란 그들을 활용하는 동시에 그들의 자연적 성향을 가능한 한 거의 건드리지 않는 능력이다.
―레슬리 베일리(Leslie Bailey), 《꿀벌 병리학(Honey Bee Pathology)》(1981)

지금까지 우리는 아피스 멜리페라의 자연사를 형성하는 연간 주기, 군락 번식, 둥지 구축, 먹이 채집, 온도 조절, 군락 방어라는 서로 얽혀 있는 주제를 검토해봤다. 우리는 또한 양봉의 문화사와 함께 이 독특한 형태의 축산이 이 경이로운 곤충을 토대로 했으면서도 그들의 자연스러운 삶을 방해하는 방식 또한 검토했다. 마지막인 이번 장에서는 최근 몇십 년간 우리가 야생에서 꿀벌이 어떻게 사는지에 관해 알게 된 지식을 벌과 양봉가에게 서로 도움이 되는 방식으로 우리의 양봉 관행 일부를 바꾸는 데 적용함으로써 이 두 가지 일반 주제를 통합해보려 한다. 우리의 목표는 꿀벌의 자연적인 삶을 존중하는 것이지만, 또한 꿀 제조자이자 작물의 꽃가루 매개자인 그들의 고된 노동의 이득을 향유하는 것이기도 하다. 우리는 두 단계로 이 목표를 달성하기 위한 작업을 하고자 한다. 첫째, 야생 군락과 관리 군락의 생활 여건에서 가장 중요한 차이를 검토하려 한다. 이는 표준 양봉 관행이 꿀벌의 생활을 바꾸고 종종 이 곤충에게 스트레스를 주는 많은 방식을 드러내는 일이 될 것이다. 둘째, 양봉가들이 다리가 6개인 동업자의 삶을 스트레스가 덜하게, 그럼으로써 더 건강하게 만들기 위해 자신들의 관행을 바꿀 수 있는 방법을 살펴보려 한다. 우리는 이 작업의 본질이 꿀벌 군락을 최대한 그들이 진화해왔고 그에 따라 적응한 상황과 동일한 여건 아래서 살아가도록 해주는 방식으로 관리하는 것임을 알게 될 것이다. 또한 그러기 위해서는 양봉가의 욕구보다는 꿀벌의 욕구를 종종 우선시해야 한다는 것도 알게 될 것이다.

야생 군락 vs. 관리 군락

이 책 전체에서 우리는 야생 꿀벌 군락의 생태를 형성한 원래 환경—그들의 진화적 적응 환경(environment of evolutionary adaptation, EEA)—과 관리 군락의 현재 생활 여건 사이에 확연한 차이가 있다는 것을 거듭 살펴봤다. 야생 군락과 관리 군락은 서로 다른 환경에서 산다. 모든 농부가 그렇듯 양봉가들이 생산성 증대를 위해 가축의 환경을 바꾸기 때문이다. 불행히도 농업용 동물의 이런 생활 여건 변화는 그들을 기생충과 병원균에 더욱 취약하게 만들 때가 많다. 표 11.1은 야생 군락이 살아온 (그리고 아직도 살고 있을 때가 많은) 생활 여건과 관리 군락이 현재 살고 있는 생활 여건 사이의 21가지 차이를 나열한 것이다.

차이 1: 군락이 장소에 유전적으로 적응했다 vs. 장소에 유전적으로 적응하지 못했다.

자연 선택에 의한 적응 과정은 이 종의 원산지 범위인 유럽, 서아시아, 아프리카에 사는 30가지 아피스 멜리페라 아종을 구별 짓는 일벌의 색깔, 형태, 행동의 차이를 생성했다. 각 아종의 군락은 자기 토착 지역의 기후, 계절, 식

표 11.1 꿀벌 군락이 야생 군락으로 살아온 환경과 현재 관리 군락으로 살고 있는 환경 비교

진화적 적응 환경	현재 상황
1. 군락이 장소에 유전적으로 적응했다	군락이 장소에 유전적으로 적응하지 못했다
2. 군락이 전원에서 멀찍이 떨어져 산다	군락이 양봉장에서 밀착해 산다
3. 군락이 작은 둥지 구멍에 거주한다	군락이 큰 벌통에 거주한다
4. 둥지 구멍의 벽에 프로폴리스 코팅이 있다	벌통 벽에 프로폴리스 코팅이 없다
5. 둥지 구멍의 벽이 두껍다	벌통 벽이 얇다
6. 둥지 입구가 높고 작다	둥지 입구가 낮고 크다
7. 둥지의 10~25퍼센트는 수벌집이다	둥지에 수벌집이 거의 없다(5퍼센트 미만)
8. 둥지 구조가 안정적이다	둥지 구조가 자주 바뀐다
9. 집터 재배치가 드물다	벌통 재배치가 흔할 수 있다
10. 군락이 좀처럼 방해받지 않는다	군락이 자주 방해를 받는다
11. 군락이 익숙한 질병에 대응한다	군락이 새로운 질병에 대응한다
12. 군락의 꽃가루 공급원이 다양하다	군락의 꽃가루 공급원이 동일하다
13. 군락이 자연식을 먹는다	군락이 가끔 인공식을 먹는다
14. 군락이 새로운 독소에 노출되지 않는다	군락이 살충제와 살진균제에 노출된다
15. 군락이 질병 처치를 받지 않는다	군락이 질병 처치를 받는다
16. 인간이 꿀을 가져가거나 꽃가루를 추수하지 않는다	인간이 꿀을 가져가고 꽃가루도 가끔 추수한다
17. 군락 간에 벌집이 이동하지 않는다	군락 간에 벌집이 자주 이동한다
18. 벌들이 밀랍 뚜껑을 재활용한다	양봉가가 밀랍 뚜껑을 수확한다
19. 벌들이 여왕으로 키울 유충을 선택한다	양봉가가 여왕으로 키울 유충을 선택한다
20. 수벌이 짝짓기를 위해 극심하게 경쟁한다	여왕벌 사육자가 짝짓기용 수벌을 선택할 수 있다
21. 진드기 통제를 위해 수벌 유충을 제거하지 않는다	수벌 유충을 가끔 제거하고 냉동한다

물군, 약탈자 및 질병에 잘 적응했다. 게다가 자연 선택은 각 아종의 지리적 범위 내의 생태형—그들의 지역 여건에 맞게 미세 조정된 개체군—을 만들어냈다. 아마도 이러한 지리적 적응을 가장 상세히 기록한 사례는 프랑스 남서부의 랑드 지방에 사는 데 적응한 유럽흑색종 꿀벌 생태형일 게다. 그들의 군락 성장 연간 주기 리듬은 8월과 9월의 황무지 헤더 꽃이 만발할 때에 맞춰져 있다. 이 지역 태생인 꿀벌 군락은 이례적으로 8월에 유충 양육의 두 번째 절정기를 맞는다. 이것은 그들이 이 늦여름의 헤더 꽃 만개를 활용할 수 있게 해주는 군락 개체군의 두 번째 폭발적 성장을 가져온다. 파리 인근 지역(헤더 꽃이 만발하는 일은 없다)의 군락과 랑드 지방 군락을 서로의 장소로 옮긴 다음 그들의 유충 양육 패턴을 기록하는 군락 이동 실험을 수행한 결과, 이 두 생태형 사이의 연간 유충 주기 차이가 유전자에 바탕을 두고 있음이 드러났다. 이 사례는 짝짓기한 여왕벌을 배에 실어 수백 또는 수천 마일 떨어진 곳—가령 하와이에서 메인주 또는 이탈리아에서 스웨덴—으로 운반하고, 모든 군락을 트럭으로 실어 나르는 것이 군락을 어울리지 않는 환경에서 강제로 살게 만들 확률이 높다는 사실을 입증한다.

차이 2: 군락이 전원에 넓은 간격을 두고 떨어져 산다 vs. 양봉장에서 밀착해 산다

이런 변화는 양봉을 실용적으로 만들지만, 꿀벌의 생태에 근본적 변화를 창출하기도 한다. 밀착된 군락은 더 심해진 먹이 채집 경쟁, 더 커진 절도 위험, 벌 떼가 자신의 벌통을 떠나 합쳐지고 혼인 비행에서 돌아온 여왕벌이 엉뚱한 벌통에 들어가는 식의 더 많은 번식 문제에 시달린다. 하지만 군락이 밀착될 때 발생하는 최악의 영향은 어쩌면 군락 간의 병원균 및 기생충 전염률 증가일 터이다. 이렇게 질병 전염이 촉진되면 군락의 질병 발생률이 상승하고 꿀벌의 병원균 및 기생충 악성 변종이 쉽게 생길 수 있다.

차이 3: 군락이 작은 둥지 구멍에 거주한다 vs. 큰 벌통에 거주한다

이런 변화도 꿀벌의 생태를 심하게 바꿔놓는다. 큰 벌통의 군락에는 엄청난 꿀 작물을 저장할 공간이 있지만, 공간의 제한이 없으므로 아무래도 분봉을 덜 하기도 한다. 이것은 강하고 건강한 군락에 대한 자연 선택을 약화한다. 번식하는 군락이 적어지기 때문이다. 군락을 큰 벌통에서 키우는 데 따른 좀더 즉각적인 문제는 군락이 꿀벌응애 같은 유충 기생충 문제에 더 많이 시달린다는 것이다. 크고 분봉군을 내보내지 않는 군락은 이 기생충들에게 넓고 안정적인 숙주 개체군, 바로 꿀벌의 유충과 번데기를 공급하기 때문이다.

차이 4: 군락이 항균성 식물 수지 막이 있는 둥지에 산다 vs. 없는 둥지에 산다

프로폴리스 막 없이 살면 병원균에 대한 군락 방어의 생리적 비용을 상승시킨다. 예를 들어 프로폴리스 막이 없는 군락의 일벌은 프로폴리스 막이 있는 군락의 일벌에 비해 손실이 큰 면역 체계 활동―가령 항균성 펩타이드(peptide)의 합성―에 더 많이 투자한다고 현재 알려져 있다.

차이 5: 군락의 둥지 구멍 벽이 두껍다 vs. 얇다

이것은 둥지의 단열 차이로 이어지며, 그 차이가 군락의 온도 조절에 들어가는 에너지 비용에 큰 영향을 미친다. 특히 군락이 유충을 양육하는 중이어서 온도를 최적인 섭씨 34.5~35.5도의 좁은 범위로 유지하려고 육아권을 덥히거나 냉각할 때 이것의 영향이 크다. 벽이 두꺼운 보통의 나무 구멍에 사는 야생 군락에서 나오는 (혹은 군락으로 들어가는) 열전달률은 벽이 얇은 표준 목재 벌통에 사는 관리 군락보다 4~7배 더 낮다.

차이 6: 군락의 둥지 입구가 작고 높다 vs. 크고 낮다

이 차이 때문에 관리 군락이 절도와 약탈에 더 취약하다. 입구가 크면 클수록 방어하기 더 힘들기 때문이다. 그것은 또한 월동성의 확률도 더 낮아지게 할 수 있다. 낮은 입구는 눈으로 폐쇄될 때가 많아서 벌이 세척 비행을 못하게 만들기 때문에, 그리고 세척 비행을 하는 중에 충돌하거나 눈 위에 착륙할 확률을 더 높이기 때문이다. 눈 위에 내려앉은 벌은 다시 둥지로 날아갈 만큼 비행근을 충분히 데우지 못해 거기서 갇히기 십상이다.

차이 7: 군락에 수벌집이 많다 vs. 없다

군락에서 수벌집을 없애면 수벌을 키울 수 없게 만들 것이며, 이는 꿀 생산량을 증대하고 군락의 **꿀벌응애** 번식을 둔화시킬 것이다. 그러나 이는 또한 군락의 건강에 대한 자연 선택을 방해할 터이다. 가장 건강한 군락이 수벌을 통한 유전자 전달에서 최고의 승자가 되는 걸 가로막을 것이기 때문이다.

차이 8: 군락에 안정적인 둥지 구조가 있다 vs. 없다

양봉을 목적으로 둥지 구조를 파괴하면 군락의 기능을 저해할 수 있다. 자연에서 꿀벌 군락은 둥지를 일관성 있는 3차원의 공간 구조로 조직한다. 꽃가루가 든 벌방에 둘러싸인 유충으로 빽빽이 들어찬 벌방 지역, 그리고 대부분 둥지 상부에 위치한 꿀로 가득 찬 벌방 주변부 지역이다. 이런 공간적 구조는 육아권이 적절한 온도를 유지하도록 보장하는 데 일조한다. 그것은 또한 간호벌(꽃가루의 주요 소비자)이 유충 근처에서 꽃가루를 즉각적으로 공급받게 보장해줌으로써 노동 효율을 높이는 데도 일조한다. 이 둥지 구조를 변경하는 양봉 조작―가령, 육아권의 밀집을 줄이려고 빈 벌집을 삽입하는 것―은 육아권의 온도 조절에 지장을 주고, 군락의 기능에서 여왕벌의 산란, 간호벌의 유충 먹이 생산, (중년의) 먹이 저장벌의 꽃꿀 저장 같은 다른 측면도 저해할 수 있다.

차이 9: 군락의 재배치가 드물다 vs. 가끔 빈번한 재배치를 겪는다

이동식 양봉에서 흔히 일어나듯 군락을 새로운 장소로 옮길 때마다 채집벌은 벌통 주변의 이정표를 익혀야 하고 꽃꿀, 꽃가루, 물의 새로운 공급원을 찾아야 한다. 한 연구에 따르면 밤새 새로운 장소로 이동한 군락은 이주한 첫 주의 체중 증가분이 이미 그 장소에 살고 있던 대조 군락에 비해 더 적었다.

차이 10: 군락이 거의 방해받지 않는다 vs. 자주 방해받는다

야생 군락이 심각하게 방해(가령 곰이나 스컹크 또는 말벌의 공격)받는 일이 얼마나 잦은지는 모르지만, 아마도 툭하면 둥지가 열리고 연기가 들어오고 조작되는 관리 군락보다는 드물 것이다. 유밀기(流蜜期: 꽃꿀이 분비되는 시기—옮긴이)에 수행한 한 실험에서 점검을 받은 군락과 그렇지 않은 군락의 체중 증가를 비교해보니, 점검을 시행한 날에 점검받은 군락이 대조 군락에 비해 (방해의 정도에 따라) 무게가 20~30퍼센트 덜 증가한 것으로 밝혀졌다.

차이 11: 군락이 익숙한 질병에 대응한다 vs. 새로운 질병에 대응한다

역사적으로 꿀벌 군락은 오랫동안 무기 경쟁을 벌여온 기생충 및 병원균에만 대응했다. 따라서 그들은 질병 매개체와 함께 살아남는 수단을 진화시켰다. 인간이 동아시아로부터 외부 기생 진드기인 꿀벌응애를, 사하라 사막 이남의 아프리카로부터 작은벌집딱정벌레(*Aethina tumida*)를, 유럽으로부터 백묵병과 기문응애를 전파하면서 이 모든 것을 바꿔놓았다. 꿀벌응애의 거의 전 세계적인 전파만으로도 야생 군락과 관리 군락을 가리지 않고 수백만 꿀벌 군락의 죽음을 초래했다.

차이 12: 군락의 꽃가루 공급원이 다양하다 vs. 동일하다

많은 관리 군락은 다양성이 낮은 꽃가루 식단과 상대적으로 빈약한 영양 섭취를 경험하는 농업 생태계—가령 거대한 아몬드(*Prunus amygdalus*) 과수원이나 광활한 유채(*Brassica napus*) 꽃밭 — 에 배치된다. 꽃가루의 다양성이 주는 효과는 각각 단일한 꽃의 꽃가루 식단과 여러 꽃의 꽃가루 식단이 주어진 간호벌을 비교해 연구했다. 미포자충 기생충인 노세마(*Nosema ceranae*)에 감염된 간호벌을 이용한 시험에서 여러 꽃가루를 섞어 먹은 벌이 단일한 꽃의 꽃가루를 섭취한 벌보다 더 오래 사는 것으로 알려졌다.

차이 13: 군락이 자연식을 먹는다 vs. 인공식을 받아먹는다

어떤 양봉가는 꽃가루를 구할 수 있기 전에 군락의 성장을 촉진하려고 자신의 군락한테 단백질 보충제(꽃가루 대용물)를 먹인다. 수분 계약의 필요조건인 군락의 규모를 충족시키고 더 많은 꿀을 생산하기 위함이다. 최고의 꽃가루 보충제/대용물은 진짜 꽃가루만 못할 때가 많긴 하지만 실제로 유충 양육을 촉진한다. 꽃가루 결핍으로 인해 (또는 빈약한 인공 식단으로 인해) 영양분의 압박을 받는 군락은 수명이 감소하고, 조기에 먹이 채집을 개시하고, 채집벌 역할 기간이 단축된 일벌을 생산한다.

차이 14: 군락이 새로운 독성에 노출되지 않는다 vs. 노출된다

꿀벌에게 노출된 가장 중요한 새 독성 물질은 그들에게 해독 메커니즘을 발전시킬 시간이 없었던 살충제와 살진균제다. 꿀벌은 현재 그들이 입는 피해에 시너지 효과를 일으킬 수 있는, 어느 때보다도 광범위한 살충제와 살진균제에 노출되어 있다.

차이 15: 군락이 질병 처치를 받지 않는다 vs. 받는다

우리가 군락한테 질병 처치를 하면 아피스 멜리페라와 그 병원균 및 기생충 사이의 숙주 대 기생충의 무기 경쟁을 방해하는 것이다. 구체적으로 말하면 질병 저항력에 대한 자연 선택을 약화시킨다. 북아메리카와 유럽의 **관리**

군락 대부분에는 꿀벌응애에 대한 저항력이 거의 없으며, 10장에서 거론했듯 양쪽 대륙에 강한 저항력을 진화시켜온 **야생** 군락 개체군이 있다는 사실은 그다지 놀랍지 않다. 또한 군락에 진드기 살충제와 항생제를 처치하면 군락에서 벌의 마이크로바이옴(microbiome: 특정 환경에 존재하고 있는 미생물의 총체적 유전 정보─옮긴이)에 지장을 줄 수도 있다.

차이 16: 군락이 꿀과 꽃가루의 공급원으로 관리받지 않는다 vs. 관리받는다

꿀 생산을 위해 관리받는 군락은 대형 벌통에 수용되므로 생산성이 더 높다. 그러나 그들은 분봉으로 번식하는 경향이 덜하고, 이는 건강한 군락에 대한 자연 선택─즉 가장 건강한 군락이 유전자 전달에 가장 성공한다─의 여지가 더 적다는 뜻이기도 하다. 또한 대형 벌통 군락은 유충의 양이 엄청나게 많아서 꿀벌응애를 비롯해 유충에서 번식하는 그 밖의 꿀벌 질병 매개체의 폭발적인 개체군 증가에 더욱 취약하다. 꽃가루 수확은 군락이 완전한 식단을 확보하는 걸 더욱 어렵게 만든다.

차이 17: 군락 간에 벌집을 옮긴다 vs. 옮기지 않는다

벌집, 특히 유충을 키우는 데 사용했거나 사용하고 있는 벌집을 한 군락에서 다른 군락으로 옮기는 일은 군락 간에 질병을 전파하는 극도로 효과적인 수단임에도 흔하게 이뤄진다. 어떤 때는 군락의 세력을 평준화하려고, 어떤 때는 군락에 꿀을 저장할 벌집을 추가로 제공하려고 이런 일을 벌인다. 목적이 무엇이건 이는 군락 간의 질병 확산을 크게 증가시킨다.

차이 18: 벌이 밀랍 덮개를 재활용한다 vs. 양봉가들이 수확한다

꿀을 수확하려고 벌꿀집 덮개를 벗길 때 밀랍을 제거해버리면 군락에 심각한 에너지 부담을 안긴다. 설탕에서 밀랍을 합성할 때의 중량 대 중량 효율은

잘해야 0.20 정도이므로, 어떤 군락에서 꺼내는 밀랍 1킬로그램(약 2파운드)당 유충 양육과 월동 같은 다른 목적으로 쓸 수 없는 약 5킬로그램(약 10파운드)의 꿀이 없어지는 것이다. 밀랍 합성의 에너지 비용 외에도 밀랍 합성에 관여하는 일벌의 감가상각 비용이 있다. 벌은 다른 과업을 수행하는 대신 밀랍을 생산할 때 자신들의 평생 작업량의 일부를 쓴다. 이런 상황은 뭔가를 제조하는 총비용에는 기계에 동력을 공급하는 에너지 비용뿐 아니라 기계류의 감가상각(마모) 비용도 포함되는 인간의 공장과 유사하다. 벌한테 에너지적으로 가장 부담을 주는 꿀 수확 방식은 꿀이 그득한 벌집을 통째로 제거하는 것(잘라낸 벌집꿀이나 으깬 벌집꿀)이다. 추출된 꿀을 생산하는 쪽이 부담이 덜하다. 왜냐하면 이것은 밀랍 덮개의 맨 위층만 제거하기 때문이다.

차이 19: 여왕벌로 키울 유충을 군락이 선택할 수 있다 vs. 선택할 수 없다

1일령 유충을 여왕벌로 키우려고 인공 여왕벌 컵으로 이식하면서 우리 인간은 벌이 어떤 유충을 여왕벌로 성장시킬지 선택하지 못하게 만든다. 한 연구에 따르면 벌은 비상 상황에서 여왕벌을 양성할 때 무작위로 유충을 선택하는 게 아니라 확실한 부계를 가진 유충을 선호한다고 한다. 벌이 성장 중인 벌의 전반적 활력의 징후인 유충의 건강에 근거해 선택하는 것도 아마 여기에 해당할 수 있다.

차이 20: 짝짓기를 위한 수벌의 격렬한 경쟁이 허용된다 vs. 허용되지 않는다

인공 수정을 사용하는 꿀벌 사육 프로그램에서는 정자를 공급하는 수벌들이 비행 중인 여왕벌에 올라타 난관에 정액을 주입하기 위해 수십 또는 수백 마리의 다른 수벌과 경쟁함으로써 자신의 힘을 입증할 필요가 없다. 수벌 대 수벌의 이런 경쟁이 없으니 우월한 건강과 비행 능력 유전자를 소유한 수벌에 대한 성적 선택이 약화한다.

차이 21: 진드기 통제를 위해 수벌 유충을 군락에서 제거하지 않는다 vs. 제거한다

군락에서 수벌 유충을 제거하는 관행은 부분적으로 그들을 거세하고, 그럼으로써 수벌을 키우고 뒷받침하는 데 많이 투자할 만큼 충분히 건강한 군락에 대한 자연 선택을 방해한다.

다윈식 양봉을 위한 제안

양봉은 진화적 관점에서 생각하면 달리 보인다. 우리는 꿀벌이 수백만 년 동안 인간으로부터 독립해서 살아왔으며, 이 엄청난 시간 동안 그들의 생태는 두 가지를 선호하는 자연 선택에 의해 조정되어왔다는 것을 알았다. 바로 군락의 생존과 번식이다. 우리는 아울러 수천 년 전 인간이 벌통에서 벌을 기르기 시작한 이래로 예전에는 이 벌들과 환경 사이에 존재했던 완벽한 조화를 방해해왔다는 것도 알았다. 우리가 방해하는 방식은 일반적으로 두 가지였다. 1) 꿀벌 군락을 그들이 제대로 적응하지 않은 지리적 위치로 이동시켰고, 2) 우리가 가치 있게 여기는 것들, 즉 벌꿀·밀랍·꽃가루·로열젤리·수분의 생산을 증대하는 방식으로 그들의 삶을 조종했다.

자신의 꿀벌이 환경과 조화를 이루고, 그로써 스트레스를 덜 받고 더 건강하게 살도록 하기 위해 오늘날 양봉가는 무엇을 할 수 있을까? 대답은 개별 양봉가의 목적에 달려 있다. 주로 벌을 바라보는 즐거움을 위해 소수의 군락을 감독하는 걸 즐기고 벌의 욕구를 기꺼이 자신의 욕심보다 우선시하는 뒤뜰의 양봉가라면 꿀벌 친화적인 양봉을 추구할 방법은 많이 있다. 반면 꿀을 생산하고 수분 계약을 완수해서 돈을 벌기 위해 수백수천의 군락을 경영하는 양봉 사업자라면 더 친절하고 관대한 기술 접근법을 추구하기에는 선택지가 그

보다 적다. 다음 내용은 제안 목록이다. 여러분은 여기 있는 항목을 다원식 양봉의 개인적 레시피, 즉 양봉가로서 여러분의 목표와 가능성을 놓고 봤을 때 현실적인 방안을 고안하기 위한 제안으로 생각하면 되겠다.

1. **당신의 장소에 적응한 벌과 작업하라.** 가령 여러분이 미국 북동부에 산다면, 당신이 가진 가장 생존에 강한 군락의 여왕벌을 키우든가, 아니면 길고 혹독한 겨울에도 이 지방에서 번성해 스스로를 입증한 혈통에서 나온 여왕벌(또는 핵 군락)을 구입하라. 만일 당신의 여왕벌을 키우고 싶지도 않고 현지 여왕벌 생산업체도 없지만 당신의 지역에 야생 군락이 정말 살고 있다면, 그 야생 군락이 생산한 분봉군을 포획함으로써 지역에 적응한 혈통의 벌을 쉽게 얻을 수 있다. 그러기 위한 가장 효과적인 방식은 벌 유인통을 설치하는 것이다. 당신의 주거지가 멀리서 배로 운송된 여왕벌을 구매하고 있을지도 모르는 일부 동료 양봉가로 북적대지 않는 장소라면 이 접근법이 가장 잘 먹힐 것이다.

2. **벌통의 간격을 가능한 한 멀찍이 떨어뜨려라.** 뉴욕주 중부의 내가 거주하는 곳에서는 숲속에 사는 야생 군락이 대략 800미터(0.5마일) 간격으로 떨어져 있다. 우리는 야생 군락이 10장에서 이렇게 멀찍이 떨어져 있어 이득을 보지만, 당연히 대부분의 양봉가에게는 군락 사이에 이런 넓은 간격을 두는 게 불가능하다는 사실을 살펴본 바 있다. 다행히 우리는 군락의 간격을 단 30~50미터(100~160피트)만 떨어뜨려놓아도 군락 간 수벌의―그리고 어쩌면 일벌의―표류와 그로 인한 질병 전파 확률을 대폭 감소시킨다는 것도 10장(그림 10.6)에서 살펴본 바 있다.

3. **군락을 작은 벌통에 살게 하라.** 군락의 육아권을 위해 깊은 벌통 본체 1개만 공급한 다음 여왕 가름판 위에 적당한 수준의 꿀을 확보할 중간 깊이의 꿀 계상 하나만을 공급할 생각을 하라. 군락에 육아권을 위한 깊은 벌통 본체 2개를 제공하고 맨 위에 키 큰 계상을 여러 개 올려 군락을 특대형으로 키우려

할 때보다는 벌꿀 수확량이 더 적을 것이다. 하지만 군락의 기생충과 병원균 문제, 특히 꿀벌응애와 10장에서 거론한 대로 그것이 매개하는 바이러스 문제를 감소시킬 것이다(그림 10.8 참조). 이것은 특히 여러분이 군락의 분봉을 허용한다면 더욱 그러하다. 분봉은 군락에서 많은 진드기를 없애주며, 진드기의 번식에 필요한 봉개된 새끼벌방에서 그것들을 제거하는 유충 양육의 휴식기를 창출한다.

4. **벌통 내벽의 표면 처리를 매끈하지 않게 하거나 내벽을 톱으로 거칠게 켠 재목으로 만들어라.** 이것은 군락이 여러분의 벌통 내벽을 프로폴리스로 덮어서 벌집 주위에 항균성 보호막을 만들도록 유도할 것이다.

5. **단열이 잘되는 벽이 있는 벌통을 사용하라.** 두꺼운 목재나 발포 플라스틱으로 만든 벌통이 그러할 것이다. 각기 다른 기후에 사는 군락에 최상의 단열은 무엇이며, 그것을 어떻게 제공하는 게 최선일지는 향후 연구의 중요한 주제다.

6. **벌통을 지면으로부터 높은 곳에 두라.** 이는 언제나 실현 가능한 것은 아니지만, 벌통을 보관할 수 있는 현관이나 편평한 지붕이 있다면 가능하다. 또 하나 중요한 연구 주제는 입구 높이가 각기 다른 환경과 기후에서 군락이 성공을 거두는 데 정확히 어떤 영향을 주는가이다. 겨울에 눈이 많은 곳에 사는 군락은 지면으로부터 입구가 높이 있으면 일벌이 겨울철 세척 비행을 하러 나갔을 때 눈에 부딪치는 일을 피하도록 해주기 때문에 큰 혜택을 누린다는 게 맞는 말일까?

7. **군락이 벌통에서 10~20퍼센트의 벌집을 수벌집으로 유지하도록 하라.** 이렇게 하면 여러분의 군락에 수벌을 많이 키울 기회를 제공할 테고, (여러분의 군락에 특별한 처리를 하고 있지 않다면) 여러분 지역의 유전자를 향상시킬 수 있다. 수벌은 비용이 많이 들기 때문에 수벌 부대를 생산할 수 있는 것은 오직 가장 건강하고 가장 강한 군락뿐이다. 유의하시기 바란다. 군락에 수벌 유충이 풍부하면 꿀벌응애에게 이상적인 숙주를 공급함으로써 그것들의 번식을 촉진하므로 수

벌집을 많이 공급하려면 군락의 진드기 수준을 부지런히 점검하고 그 수준이 위험할 정도로 높아진 모든 군락에는 적절한 조치를 취해야 한다(아래의 14번 제안 참조).

8. **각 군락 둥지의 기능적 구조가 유지되도록 둥지 구조의 파괴를 최소화하라.** 실제로 이것은 점검을 위해 벌집 틀을 하나하나 벌통에서 꺼냈다가 원래 위치와 방향을 모조리 바꿔놓는 것을 뜻한다. 아울러 이것은 군락의 분봉을 억제하기 위해 유충으로 가득한 벌집 틀 사이에 빈 벌집 틀을 삽입하는 일은 삼가야 한다는 뜻이기도 하다.

9. **군락의 이동을 최소화하라.** 유충 돌보기, 둥지의 온도 조절, 먹이 채집을 포함한 군락 기능의 많은 측면에 지장을 주기 때문에 군락은 가능한 한 이동시키지 말아야 한다. 이동 자체의 스트레스 외에도 각 채집벌은 집으로 가는 길을 찾을 수 있도록 벌통 주변의 새 이정표를 기억해야 하고, 우수한 먹이원과 손쉬운 물 공급원의 위치를 처음부터 다시 익혀야 한다.

10. **군락을 살충제와 살진균제로 오염된 꽃으로부터 최대한 먼 곳에 위치시켜라.** 이 해로운 화학제의 출처로부터 군락을 더 멀리 떨어뜨려놓을수록 여러분 군락의 채집벌이 거기에 덜 노출될 것이며 그들이 채취하는 꽃꿀, 꽃가루, 물에 그것을 담아 가져오는 일도 더 드물어질 것이다.

11. **군락을 습지, 숲, 버려진 들판, 황무지 등 최대한 많은 자연 지역으로 둘러싸인 장소에 위치시켜라.** 이것은 여러분의 군락이 깨끗한 물과 프로폴리스의 우수한 공급원뿐 아니라 살충제와 살진균제로 오염되지 않은 다양한 꽃가루 및 꽃꿀 공급원에 접근하도록 보장해줄 것이다.

12. **군락이 추가로 필요할 때에는 벌 유인통으로 분봉군을 포획하거나, 강한 군락으로부터 '분가'를 시켜 그들이 유사시 여왕벌을 키우고 자연 교미를 수행하도록 놔둠으로써 얻으라.** 군락을 추가로 획득하는 이 두 가지 방식은 벌한테 선택받은 유충으로 키워져 짝짓기 성공을 위해 맹렬히 경쟁하는 수벌과 교미한 여왕벌이

이끄는 군락을 여러분에게 제공할 것이다.

13. **군락으로부터 꽃가루 채집과 벌꿀 수확을 최소화하라.** 두 활동은 모두 벌이 자신들의 필요 때문에 힘들여 일해서 모은 자원을 강탈하는 것이다. 군락에서 이것들을 빼앗는 행위는 직접적이든 간접적이든 벌의 생존율이나 번식률, 아니면 둘 다를 낮춤으로써 생명체로서 그들의 성공률을 감소시킨다.

14. **군락의 꿀벌응애 처치를 삼가라.** 이것은 여러분의 벌이 자연 선택을 통해 진드기에 대한 저항력을 얻도록 도와줄 것이다. 여러분 주위의 군락이 대부분 야생이거나 아니면 꿀벌응애 처치와 진드기에 취약한 혈통의 여왕벌 수입을 삼가는 데 동의한 양봉가들이 관리하는 곳에 여러분이 살고 있다면, 아마 5년 내로 결국에는 이런 일이 생길 것이다. 10장에서 설명한 스웨덴 고틀란드의 연구는 처음엔 엄청난 군락 손실이 있겠지만 소수의 군락이 진드기에 대한 자연적 저항력이 생겨 살아남을 것임을 우리에게 보여준다. 하지만 나는 여러분이 극도로 부지런한 양봉 프로그램의 일환으로 그렇게 할 수 있을 경우에만 군락의 꿀벌응애 처치를 중단하라는 이 제안을 채택하길 강력히 권고한다. 만일 여러분이 군락의 진드기 수준에 세심한 관심을 쏟지 않은 채 꿀벌응애 처치 없는 양봉을 추구한다면, 자연 선택이 꿀벌응애에 저항력 있는 벌이 아니라 강한 꿀벌응애를 선호할 확률이 높은 양봉장 상황이 조성될 것이다. 자연 선택이 꿀벌응애에 저항력 있는 벌을 선호하게 하기 위해서는 모든 군락의 진드기 수준을 점검해야 하고, 군락이 진드기로 인해 퍼진 바이러스에 심하게 감염되어 붕괴하기 한참 전에 진드기 개체군이 급증할 때 그 군락을 없애야 한다.

꿀벌응애에 취약한 군락을 예방 차원에서 죽임으로써 여러분은 중요한 두 가지를 달성한다. 첫째, 꿀벌응애 저항력이 없는 군락을 제거한다. 둘째, 이웃 군락의 채집벌이 붕괴된 군락으로부터 꿀을 훔치다가 그들의 꿀벌응애를 집으로 데려올 때 여러분의 다른 군락―그리고 그 지역의 다른 모든 군락―에 진드기가 대량으로 퍼지는 '진드기 폭탄' 현상을 예방한다. 만일 이런 예방 살상을 시행하지 않는다면, 여러분의 양봉장 안팎에서 가장 저항력 강한 군락마저도 진드기가 들끓어 죽을 수 있는데, 이럴 경우 양봉장 군락 가운데 진드기 저항력에 대한 자연 선택은 전혀 없을 것이다. 만일 여러분이 위험할 정도로 진드기 적재량이 높은 군락을 죽이고 싶지 않다면, 그들에게 살충제 처치를 철저히 하고 여왕벌을 진드기 저항력 있는 혈통으로 교체해야 할 것이다.

마지막 생각

이상으로 꿀벌이 자연에서 살아가는 방식에 관한 우리의 지식을 재검토했고, 여러분에게 즐거운 시간이 되었기를 바란다. 우리는 아피스 멜리페라가 아직도 길들여지지 않은 동물이며, 이 작은 존재에게 양봉가의 벌통에서 나무의 속 빈 구멍까지는 여전히 한 발짝밖에 되지 않는다는 것을 알았다. 아울러 꿀벌 군락은 신중하게 선택한 집터에 뿌리를 내린 다음 거기서 몇 년간 생존과 번식이라는 난관에 잘 대처하는 자연 선택에 의해 형성되어온 경이로울 만큼 통합된 생활 조직이라는 것도 알았다. 야생 군락이 어떻게 둥지를 짓고, 먹이를 얻고, 따뜻한 온도를 유지하고, 후손을 키우고, 침입자로부터 자신들을 방어하고, 분봉군을 배출하고 수벌을 키워 유전자를 물려주는지를 살펴보면서 우리는 꿀벌 군락이 우리에게 무수한 수수께끼를 제시한다는 것 또한 알았다. 그들은 자기가 짓는 벌집의 종류―처음에는 그냥 일벌집뿐이지만 결국에 가서는 수벌집도 포함된다―를 어떻게 조절할까? 계절에 따라 수벌방을 꿀로 채웠다가 비우고 하는 일은 어떻게 관리할까? 유충 양육을 한겨울에 언제 시작해 초가을에 언제 끝낼지 어떻게 아는 걸까? 분봉 시기는 어떻게 결정할까? 그리고 그런 결정을 내리면 분봉으로 떠날 벌의 비율, 즉 분봉군 분할분은 어떻게 조절할까? 그리고 군락은 왜 여름이 끝날 무렵 둥지 구멍을 프로폴리스로 그렇게 꽉 매우는 걸까? 수분이 둥지 구멍의 벽에 응결되어 기나긴 겨울 내내 구성원이 마실 물을 공급하도록 하기 위해서일까? 위의 질문과 야생에 사는 군락의 생활에 대한 그 밖의 수많은 질문은 우리에게 꿀벌의 행동과 사회생활이 여전히 많은 비밀을 품고 있다는 걸 상기시켜준다.

만일 여러분이 양봉가라면, 꿀벌의 경이로운 자연사에 관한 이 여행에서 영감을 받아 꿀벌 군락을 꿀 공장이나 수분의 단위로 다루는 게 아니라, 하나의 놀라운 삶의 형태로 존중하는 데 초점을 맞추는 방식의 양봉을 추구하겠다는 생각을 했으면 좋겠다. 꿀벌은 어떤 다른 곤충보다도 우리의 마음을 사로잡고 우리의 감정을 자연의 경이와 신비에 연결할 힘을 갖고 있다. 우리는 멋지게 사회생활을 하는 이 벌을 사랑하고, 그들이 우리 뒤뜰에 머물기를 바라며, 우리 중 다수는 그들이 없는 생활은 생각조차 할 수 없다.

꿀벌을 존중하는 우리 모두가 그들의 생활을 개선할 방법을 찾고 있다. 인간 개체군이 80억 명에 육박함에 따라 우리에게는 꿀벌이 제공하는 수분 서비스가 과거 어느 때보다도 필요하므로 이것은 매우 중요하다. 각기 다른 벌 품종의 작물 생산 가치에 관한 최근의 권위 있는 한 연구는 꿀벌이 전 세계 모든 작물 수분 서비스의 거의 절반을 제공한다고 결론 내렸다. 이것은 아피스 멜리페라가 작물 수분을 하는 수백 종에 이르는 다른 벌 품종을 거의 다 합친 것만큼 농업에 기여한다는 뜻이다. 그것은 또한 꿀벌이 특별한 대접을 받을 만하다는 뜻이기도 하다. 우리가 아피스 멜리페라를 보존할 수 있는 한 가지 방법은 숲을 보호하는 것이다. 숲은 야생 군락에 서식지를 공급하기 때문이다. 치명적인 꿀벌응애의 확산에도 아메리카, 아프리카, 유럽의 삼림 지대에 사는 꿀벌 군락이 지속된다는 것은 꿀벌의 유연성이 놀랄 만큼 크다는 것을 입증한다. 그것은 또한 만일 우리가 숲과 그 밖의 야생 장소를 보존한다면, 야생 꿀벌 군락은 틀림없이 번성해서 이 품종의 유전적 다양성의 중요한 저장고를 제공하리라는 것을 보여주기도 한다.

　우리가 꿀벌의 생활을 개선할 수 있는 두 번째 방법은 야생이 아닌 우리 벌통에 사는 수백만 군락에 대한 처우를 바꾸는 것이다. 이것이 내가 다윈식 양봉이라 부르고, 다른 이들은 자연적 양봉, 꿀벌 중심 양봉, 꿀벌 친화적 양봉이라 부르는 방법의 목표다. 이름이야 어떻든 목적은 같다. 바로 꿀벌의 욕구를 양봉가의 욕심보다 우선하는 것이다. 이것은 양봉가가 벌을 꿀벌 친화적인 의도를 가지고 꿀벌의 자연사와 조화되는 방식으로 취급할 때 일어난다. 하지만 전통적인 양봉은 꿀벌 군락의 삶을 방해하고 위험에 처하게 하는 궤도를 따라 계속 발전하고 있다. 따라서 진정으로 벌을 도우려면 우리는 그들을 위해 세상을 단지 건강하게 유지시키는 것 이상을 해야 한다. 또한 우리의 식량 생산이 달려 있는 수백만 관리 군락의 건강을 증진시키는, 인간과 꿀벌 사이의 새로운 관계를 구축해야 한다. 내게는 벌을 존중하는 것과 그들을 실용적인 목적으로 이용하는 것을 결합하는 다윈식 양봉이야말로 우리가 곤충 중 가장 위대한 친구인 아피스 멜리페라의 책임감 있는 집사가 될 수 있는 좋은 방법으로 보인다.

주

머리말

9쪽　미국에서 출판된 꿀벌에 관한 책이 거의 4000권이라는 수치의 출처는 Mason (2016)의 벌과 양봉에 관한 주석 딸린 미국 문헌 목록(the annotated bibliography of American books on bees and beekeeping)에서 가져왔다.

10쪽　카를 폰 프리슈가 꿀벌들이 수행하는 의사소통 춤의 의미를 발견한 이야기는 Munz (2016)에 가장 잘 나와 있다.

10쪽　양봉가들이 키우는 군락의 연간 사망률이 40퍼센트라는 수치의 출처는 '꿀벌 정보 파트너십(Bee Informed Partnership, BIP)'으로, 이곳은 미국에서 매년 5000명 이상의 양봉가들로부터 여름 및 겨울의 군락 사망률 수준을 보고받는다. Colony loss 2014-2015: Preliminary results, Bee Informed Partnership, 13 May 2015, https://beeinformed.org/results/colony-loss-2914-2015-preliminary-results/ 참조(2017년 3월 17일 검색).

12쪽　"너의 동물을 그들의 세상 안에서 알라"는 원칙은 Tinbergen (1974)의 책 제목을 바탕으로 했다.

01　서문

15쪽　웬델 베리 인용문은 그의 에세이 〈야생의 보존〉에서 가져왔다. Berry (1987), p. 147 참조.

16쪽　여기서 언급한, 밤에 대부분의 수면을 취하고 비교적 길게 한숨 자는 것들은 바로 군락 안에서 나이 든 벌(채집벌)뿐임을 입증한 것은 Klein, Olzsowy et al. (2008)과 Klein, Stiegler et al. (2014)의 연구다. Klein, Klein et al. (2010)의 연구는 수면의 기능을 탐구하기 위해 꿀벌에게 수면 박탈 방법을 사용했다.

17쪽　양봉가들이 키우는 군락의 연간 사망률이 40퍼센트라는 수치의 출처는 '꿀벌 정보 파트너십'으로, 이곳은 미국에서 매년 5000명 이상의 양봉가들로부터 여름과 겨울의 군락 사망률 수준을 보고받는다. Colony loss 2014-2015: Preliminary results, Bee Informed Partnership, 13 May 2015, https://beeinformed.org/results/colony-loss-2914-2015-preliminary-results/ 참조(2017년 3월 17일 검색).

17쪽　밀집한 꿀벌 군락이 질병의 전염을 촉진한다는 증거는 Seely and Smith (2015)에 나온다. 꿀벌을 큰 벌통에 수용하면 꿀 생산량은 증대시키지만 기생충에 대한 취약성도 높인다는 증거는 Loftus et al. (2016)에 나온다. 이 주제에 대해서는 10장 '군락 방어'에서 더 자세히 다룰 것이다.

18~23쪽　유럽흑색종 꿀벌의 특징에 관한 좀더 완벽한 설명은 Ruttner (1987)과 Ruttner et al. (1990) 참조.

20쪽　기원전 5200~기원전 5500년으로 거슬러 올라가는 독일과 오스트리아 유적의 도기 조각들에 보존된 유기성 잔재물에서 순수한 밀랍의 화학적 자취를 찾아낸 고고학 연구는 Roffet-Salque et al. (2015)에 발표되었다.

20~21쪽　아피스 멜리페라가 서아시아에서 아피스 속(屬)에 속하는 다른 일원들로부터 확실히 갈라져 나온 이후의 진화 및 개체군 역사에 대한 유전자 분석을 토대로 한 상세한 정보는 Han et al. (2012) 와 Wallberg et al. (2014) 참조.

21쪽　중세 러시아의 나무 양봉에 관한 상세한 정보의 가장 좋은 출처는 Galton (1971)이다. 바시키르공화국의 우랄 남부 지역 나무 양봉에 관한 추가 정보는 Ilyasov et al. (2015)에 나온다.

21~23쪽　1600년대 북아메리카의 꿀벌 도입에 뒤이은 확산은 Kritsky (1991)에 설명되어 있다. 뉴잉글랜드 사람들이 "벌이 숲속 어디에 벌집을 이루고 사는지" 찾아내는 방법은 Dudley (1720)에 나온다. 1804년 미시시피강 서부에 사는 꿀벌들에 관한 윌리엄 클라크 인용문은 Moulton (2002)에서 가져왔다.

23~24쪽　아피스 멜리페라 아종들의 북아메리카 도입에 대한 상세한 검토는 Sheppard (1989)에 있다. 또한 Schiff et al. (1994)는 아프리카화 꿀벌이 도착하기 전에 미국 남부(노스캐롤라이나에서 애리조나까지)의 692개 야생 군락에서 수집한 벌들의 미토콘드리아 DNA 분석을 보고한다. 그들의 연구는 이 남부 주들에 사는 야생 군락 대부분이 유럽 아종을 나타내는 미토콘드리아 DNA 단상형을 갖고 있음을 밝혀냈다. 61.6퍼센트는 카니올란종과 이탈리안종에서 흔한 단상형을, 36.7퍼센트는 유럽흑색종에서 흔한 단상형을, 1.7퍼센트는 이집트종에서 흔한 단상형을 갖고 있었다.

24쪽　1991년부터 2013년 사이에 일어난 텍사스 남부 야생 꿀벌의 아프리카화는 Pinto et al. (2004, 2005) 와 Rangel, Giresi et al. (2016)의 유전자 분석에 훌륭하게 기록되어 있다.

25~26쪽   뉴욕주 이타카 인근 전원에 사는 야생 꿀벌 군락의 혈통에 관한 전장 유전체 분석에 대한 자세한 설명은 Mikheyev et al. (2015) 참조.

29쪽   1994년 아프리카화 꿀벌이 푸에르토리코에 도입된 이후 보인 온순한 행동의 급속한 진화는 Rivera-Marchand et al. (2012)에 설명되어 있고, Avalos et al. (2017)에는 이에 대한 유전자 분석이 나와 있다. 하와이 카우아이섬에서 수컷 귀뚜라미의 암컷을 부르는 노래 소리가 5년도 안 되어 적응적으로 소멸한 것에 관해 더 알고 싶으면 Zuk et al. (2006) 참조. 수컷 귀뚜라미의 행동에 나타난 이 급속한 진화의 기저에 있는 유전학은 Tinghitella (2008)에 설명되어 있다.

29쪽   자연 개체군의 동물들에 나타나는 생리학적·행동적 특성의 급속한 진화 사례에 대해 더 알고 싶으면, 북아메리카 동부에 사는 멕시코양지니(*Haemorhous mexicanus*)의 40년에 걸친 이주 행동 변화를 다룬 Able and Belthoff (1998), 그리고 텍사스 남부에 사는 도마뱀의 저온 저항력과 관련해 2013~2014년 겨울 동안 유전자에 바탕을 둔 뚜렷한 변화를 다룬 Campbell-Stanton et al. (2017) 참조. 갈라파고스군도에 있는 한 섬에서 핀치(finch) 개체군의 부리 크기 및 모양의 40년에 걸친 진화적 변화를 상세히 들여다보는 Grant and Grant (2014)도 참조.

02   아직, 숲속에 벌이 있다

33쪽   마크 트웨인 인용문은 그가 자신이 죽었다는 뉴스 기사에 대응해 연합통신사에 보낸 전보 내용이다. 1897년 6월 2일자 〈뉴욕 저널〉에 실렸다.

33~34쪽   핑거호 지역의 지질사에 대해서는 von Engeln (1961), 이타카의 기후에 대해서는 Dethier and Pack (1963) 참조.

35~39쪽   이타카와 주변 땅들의 사회적·환경적 역사는 Kammen (1985)와 Allmon et al. (2017) 참조. Smith, Marks et al. (1993)와 Thompson et al. (2013)은 미국 북동부 전역, 특히 이타카 근처가 울창한 삼림 지대로 복귀한 것에 대한 연구를 담고 있다.

43쪽   꿀벌의 보금자리 선호도에 관한 나의 연구는 Seeley and Morse (1978a)에 실려 있다.

44쪽   아노트 산림의 역사에 대해서는 Hamilton and Fischer (1970)과 Odell et al. (1980) 참조.

46쪽   매력적인 벌 사냥 기술은 Seeley (2016)에 자세히 설명되어 있다. Edgell (1949)도 참조.

50~51쪽   1978년 아노트 산림의 벌 사냥 결과는 Visscher and Seeley (1982)에 실려 있다.

51~52쪽   뉴욕주 오스위고의 야생 군락 연구는 Morse et al. (1990)에 실려 있다.

52~53쪽   텍사스 남부에 있는 웰더 야생생물보호구역의 야생 군락에 대한 독보적인 연구는 Pinto et al. (2004)에 실려 있다.

54~55쪽 나무가 일렬로 늘어선 폴란드 북부 시골길에 사는 야생 군락 연구는 Oleksa et al. (2013)에 실려 있다. 같은 폴란드 지방의 관리 군락 밀도에 관한 정보는 Semkiw and Skubida (2010)에서 가져왔다.

56~57쪽 독일의 국립공원 2곳과 세 번째 시골 지역의 군락 밀도에 대해 간접적인 유전학 방법으로 수행한 연구는 Moritz, Kraus et al. (2007)에서 가져왔다. 독일의 두 천연 너도밤나무 숲 지역의 군락 밀도에 대해 벌 사냥과 까막딱따구리의 둥지 구멍 점검을 통해 수행한 좀더 최근의 연구는 Kohl and Rutschmann (2018)에서 가져왔다.

57~59쪽 오스트레일리아의 두 국립공원 연구는 Hinson et al. (2015)에서 가져왔다.

59쪽 뉴욕주 신다긴할로 주유림에서 일부 지역의 벌 사냥을 통한 야생 군락 조사는 Radcliffe and Seeley (2018)에 실려 있다. 아피스 멜리페라의 천연 서식지(유럽, 아프리카, 중앙아시아) 전역의 다양한 장소에 있는 꿀벌 군락의 밀도 연구에 관해서는 Jaffé et al. (2009) 참조. 그러나 야페 등이 보고한 군락 밀도 추정치는 관리 군락과 야생 군락을 둘 다 포함한다.

61~63쪽 꿀벌응애의 생태는 De Jong (1997)에서 검토했다. Varroa mite, Featured Creatures, University of Florida, http://entnemdept.ufl.edu/creatures/misc/bees/varroa_mite.htm(2017년 7월 10일 검색)도 참조. 이 진드기가 원래는 동아시아의 동양종 꿀벌에 분포했다는 것, 그것이 극동 러시아의 서양종 꿀벌로 숙주를 전환한 역사, 그리고 양봉가들에 의해 이후 유럽·아프리카·남아메리카로 확산한 것에 대한 상세한 정보는 De Jong et al. (1982) 참조. Anderson and Trueman (2000)은 동양종 꿀벌을 감염시킨 꿀벌응애가 두 종─바로아 자콥소니와 바로아 데스트룩토르─으로 이뤄져 있다는 것, 그리고 거의 전 세계적으로 아피스 멜리페라를 감염시킨 진드기는 모두 바로아 데스트룩토르 종의 일원이라는 것을 알아냈다. 이 바로아 데스트룩토르의 원래 숙주 종은 아시아 내륙의 동양종 꿀벌이었다. 말레이시아-인도네시아-뉴기니 지역 섬들에서 바로아 자콥소니의 숙주 종은 여전히 동양종 꿀벌이다.

63쪽 북아메리카의 꿀벌응애 도입 및 대륙 전역으로의 급속한 전파는 Wenner and Bushing (1996)과 Sanford (2001)에서 검토했다. 1983~1989년 플로리다에서 발견한, 중앙아메리카와 남아메리카의 배 여덟 척에 있던 아프리카화 벌 분봉군에 관한 정보는 플로리다 식물양봉검역소의 데이브 웨스터벨트 (Dave Westervelt)가 내게 제공해준 〈플로리다의 아프리카화 벌 차단〉 기록에서 가져왔다.

65쪽 캘리포니아의 야생 군락 개체군에 관한 극도로 우울한 소식을 보고한 베른하르트 크라우스와 로버트 페이지 주니어의 논문은 Kraus and Page (1995)이다.

65~67쪽 제럴드 로퍼는 Loper (1995, 1996, 2002)에서 투손 북부에 사는 야생 군락 개체군에 관한 자신의 연구를 설명한다. 그는 또한 Loper et al. (2006)에서 후속 보고서를 제공한다.

72~77쪽 2002년 가을에 아노트 산림의 야생 꿀벌 군락 지도 제작과 2003년과 2004년 이 군락들의 꿀벌응애 감염도 검증에 대한 보고서 전문은 Seeley (2007)에 나와 있다. 이 연구에 관한 최초의 보고서는 Seeley (2003)에 있다.

03 야생을 떠나

79쪽 유얼 기번스 인용문은 그의 저서 《야생 아스파라거스에 살금살금 다가가기》에서 가져왔다. Gibbons (1962), p. 235 참조.

79~81쪽 인류 이전의 우리 조상들[호모 속(屬)의 다른 일원과 오스트랄로피테쿠스를 포함한 그들의 직계 조상]이 꿀을 소비하고 즐겼다는 견해는 여러 비인간 영장류 종들—개코원숭이, 마카크, 침팬지, 고릴라, 오랑우탄을 포함하는—도 성공적인 꿀 사냥꾼이라는 사실로 뒷받침된다. 이 주제에 대해서는 Crittenden (2011)이 검토했다. 가봉의 침팬지들은 꿀벌 군락의 둥지를 습격할 3개 도구 세트를 준비할 만큼 꿀을 아주 좋아한다. 거기에는 두드리는 도구(둥지 입구를 부숴서 열기 위한 무거운 막대), 확대하는 도구(열린 입구를 안쪽으로 확대하는 것), 수거하는 도구(벌꿀집을 콕 찍어 입으로 가져가서 꿀을 후루룩 마시는 데 쓰는 끝이 날카로운 막대)가 포함된다. Boesch et al. (2009) 참조.

79~81쪽 최초의 아피스 속(屬) 꿀벌 화석이라는 이름을 제대로 부여받은 것은 Cockerell (1907)의 화석이다. 꿀벌 화석에 관해 더 많은 정보를 알고 싶으면 Zeuner and Manning (1976)의 세계 벌 화석에 관한 논문, Engel (1998)의 꿀벌 화석에 대한 최근 리뷰, 그리고 Grimaldi and Engel (2005)의 곤충의 진화에 관한 거의 완벽한 저서 참조.

81쪽 시기를 제대로 알 수 있는 가장 오래된 호모 사피엔스의 증거는 모로코 서해안 인근의 제벨이루드 (Jebel Irhoud) 단층 지괴에서 채광 작업 중에 발견한 머리뼈 화석이다. 그것의 나이는 열발광 연대 측정법에 의하면 31만 5000년으로, 오차 범위는 3만 4000년이다. 이 머리뼈에 관한 최근의 분석으로는 Hublin et al. (2017) 참조.

81~82쪽 호모 사피엔스의 아프리카 기원과 이후 아시아 및 유럽과 궁극적으로는 전 세계로 이동한 복잡한 이야기는 Wenke (1999)에 실려 있다. Gibbons (2017)과 Hublin et al. (2017)은 최신 개정 정보를 제공한다.

81~82쪽 꿀의 칼로리 함량 분석에 관해서는 White et al. (1962) 또는 Murray et al. (2001) 참조. 후자의 문헌은 탄자니아 하드자 부족이 채취한 꿀, 그러니까 초기 인류가 먹었을 으깨진 꿀벌 애벌레 및 번데기의 단백질과 지방으로 강화된 벌꿀의 분석 결과를 제공한다.

81~82쪽 탄자니아 하드자 부족의 벌꿀 사냥에 관한 상세한 보고는 Marlowe et al. (2014)와 Wood et al. (2014) 참조. 최근의 한 논문〔Smits et al. (2017)〕은 하드자 수렵·채집인이 건기에는 고기를 대량 소비하다가 우기에는 벌꿀, 딸기류 및 기타 과일을 소비하는 쪽으로 전환함에 따라 건강한 장을 유지할 수 있도록 장내 미생물이 우기와 건기 사이에 어떻게 변하는지를 설명한다. 콩고민주공화국 이투리 산림에 사는 에페 부족〔그리고 그들의 가까운 친척인 음부티(Mbuti) 부족〕의 벌꿀 사냥에 관한 상세한 보고는 Turnbull (1976), Ichikawa (2981), Terashima (1998) 참조. 남아프리카에 살던 초기 인류에 의한 벌꿀 사냥과 암각화에 관한 단편소설을 즐기고 싶으면 Dixon (2015) 참조.

82~84쪽   암각화에 등장하는 인간들이 야생 꿀벌 군락한테서 꿀을 채집했다는 증거는 Crane (1999)에서 철저하게 검토했다. Hernández-Pacheco (1924)는 에스파냐의 아라냐 동굴 지대에서 1917년 발견한 선사 시대 그림들에 관한 최고의 참고 논문이다. Dams and Dams (1977)은 1976년 에스파냐 동부에서 중석기 시대의 벌꿀 채집을 묘사한 또 다른 암각화를 발견했다고 보고한다.

84~86쪽   니우세레 파라오가 태양의 신 레에게 바치는 신전의 얕은 돋을새김 석각에 대해서는 Crane (1999) 20장과 Kritsky (2015) 2장에서 좀더 자세히 다룬다. 고대 이집트의 양봉과 그 밖의 일상 활동을 잘 보존하고 있는 현장에 관한 또 하나의 풍부한 출처로는 기원전 1470~기원전 1445년으로 거슬러 올라가는 (테베에 있는) 두 파라오의 고관을 역임한 레크미레(Rekhmire)의 호화로운 장식 무덤이 있다. Garis Davies (1944) 참조.

86쪽   이스라엘 북부의 텔레호브에서 발견한 철기 시대 양봉장에 관한 정보를 더 알고 싶으면 Mazar and Panitz-Cohen (2007)과 Bloch et al. (2010) 참조.

86~88쪽   '고대 이집트 양봉의 사후 세계(The Afterlife of Ancient Egyptian Beekeeping)'라는 교묘한 제목이 붙은 Kritsky (2015)의 마지막 장에는 현대 이집트의 전통적 양봉 도구 및 기술에 대한 훌륭한 사진과 상세한 묘사가 포함되어 있다. 이것들은 약 2000년 전 파라오 시대의 양봉가들이 사용했던 것과 닮은 듯하다.

88쪽   콜루멜라의 저서 《농업에 관하여》 9권의 양봉에 관한 글은 Columella (1968)의 번역을 참조.

88~92쪽   북유럽의 나무 양봉에 관한 전반적인 정보는 Crane (1999) 16장 참조. 러시아 나무 양봉에 관한 상세 정보의 최고 출처는 Galton (1971)이다. 프로코포비치가 측정한, 나무 양봉가들이 수확하는 벌 나무 한 그루당 벌집의 추정치는 Galton (1971), p. 27에 실려 있다.

92쪽   바시키르공화국의 우랄 남부 지역 나무 양봉에 관한 추가 정보는 Ilyasov et al. (2015)에 나와 있다.

92~95쪽   엎어놓은 바구니 또는 스켑이 가장 널리 퍼진 전통적 벌통이었던 유럽 북서부의 전통적 양봉에 관한 훌륭한 검토로는 Crane (1999) 27장과 Kritsky (2010) 3장 및 4장 참조. 스켑 2개가 있는 그림 3.6의 목판화는 Münster (1628), p. 1415에서 가져왔다.

96~99쪽   로렌조 랑스트로스가 최초로 완벽하게 작동하는 가동소상 벌통을 설계하다가 꿀벌 공간을 발

견하고 그것을 사용했다는 이야기는 Naile (1976)의 랑스트로스 전기에 감탄할 만큼 정확하게 기술되어 있다. 랑스트로스 발견의 배경, 특히 가동소상 벌통을 개발하려는 유럽의 많은 비슷한 시도에 관한 더 많은 정보는 Kritsky (2010) 참조.

99쪽 1851년 10월 30일에 쓴 랑스트로스의 일기에 관해서는 Naile (1976), p. 75 참조. "양봉가에게 자신의 벌들을 완벽하게 통제할 힘을 줄 것"이라는 랑스트로스 인용문은 1851년 11월 26일에 쓴 그의 일기에서 가져왔다. Naile (1976), p. 79 참조.

100~102쪽 전 세계적으로 랑스트로스의 가동소상 벌통이 양봉에 미친 영향과 가동소상 벌통으로 하는 양봉의 생산성을 매우 높인 도구와 방법의 후속 발명들에 대한 검토는 Crane (1999) 41장과 43장 참조.

04 꿀벌은 사육되었나

103쪽 로렌조 랑스트로스 인용문은 그의 저서 《랑스트로스의 벌통과 꿀벌 이야기》 2장 제목에서 가져왔다. Langstroth (1853) 참조.

103쪽 전반적인 사육에 관해 더 알고 싶으면 Roberts (2017)과 DeMello (2012) 참조.

103쪽 맥주, 포도주, 증류주, 사케, 바이오에탄올을 양조하는 데 사용하는 산업용 효모(*Saccharomyces cerevisiae*)의 사육에 관한 흥미로운 이야기는 Gallone et al. (2016)에 실려 있다.

104~105쪽 중동 최초의 농부들에 의한 꿀벌의 활용 증거에 관한 더 많은 정보는 Roffet-Salque et al. (2015) 참조.

105쪽 《성경》 인용문 '젖과 꿀이 흐르는 땅'은 〈출애굽기〉 3장 8~17절에서 가져왔다.

105쪽 유럽 혈통의 야생 꿀벌 군락이 20~40리터(5.3~10.6갤런) 범위의 중간 크기 둥지 구멍에 거주하는 것을 선호한다는 증거는 Seely and Morse (1976, 1978a), Jaycox and Parise (1980, 1981), Rinderer, Tucker et al. (1982)의 논문에 나와 있다.

105쪽 내가 아는 한 꿀벌 무리가 신석기 시대 농부들의 빈 항아리와 바구니에 거주하면서 벌통 양봉이 시작됐다는 가설을 최초로 내놓은 사람은 에바 크레인이다. Crane (1999), p. 161 참조.

106쪽 분봉 이전에 나타나는 꿀벌 일벌들의 탐식은 Combs (1972)에 자세히 나와 있다. Free (1968)은 군락에 연기가 들어왔을 때 꿀벌 일벌들의 탐식에 대해 기술한다.

106쪽 더 큰 규모의 분봉군으로 시작한 군락이 첫 번째 겨울에 살아남을 확률이 더 높다는 것은 Rangel and Seeley (2012)에 나와 있다.

106~109쪽 연기에 반응해 방어력이 떨어지는 것은 아마도 벌의 중추신경계에 미친 영향 때문에 주로

발생하는 듯하지만, 연기가 벌의 감각 기관(후각)에 미친 영향 또한 한몫을 한다. 꿀벌 일벌은 연기가 발생하면 경보 페로몬의 냄새에 대한 감도가 떨어진다. 연기는 단지 벌의 경보 페로몬 탐지뿐 아니라 어쩌면 전반적인 후각을 방해하는 듯하다. Visscher, Vetter et al. (1995) 참조.

107~109쪽 남아프리카공화국의 케이프포인트 자연보호구역에 사는 야생 꿀벌 군락이 어떻게 들불에 살아남았는지에 관한 더 많은 정보는 Tribe et al. (2017) 참조.

109쪽 인간이 불을 통제하고 원하는 대로 그것을 사용하는 법을 익힌 시기와 관련한 고고학적 증거는 Gowlett (2016)에 나와 있다.

110쪽 뉴욕주의 낙농업 산업에 관한 더 많은 정보는 Kurlansky (2014) 참조.

110쪽 생물학자들은 어떤 생물(또는 꿀벌의 경우 군락)의 특성이 유전적으로 영향을 받는 정도를 기술하는 데 유전율이라는 개념을 사용한다. 그것은 0부터 1에 걸쳐 다른데, 어떤 특성을 개체의 육종가(breeding value) 판단의 지침으로 사용할 만하다는 신뢰도를 평가하는 데 쓰인다. Collins (1986)의 표 1은 개별 꿀벌(가령 일벌의 수명)과 전체 꿀벌 군락(가령 꿀 생산량) 둘 다의 특성에 대한 유전율 측정치를 나열한다. 몇 가지 군락의 특성(봄의 성장률, 밀랍 생산량, 온순함 등)에 대한 유전율 측정치에 대해서는 Bienefeld and Pirchner (1990)과 Oxley and Oldroyd (2010)도 참조. 예를 들어 꿀 생산량의 유전율 측정치는 0.15부터 0.54에 걸쳐 있다.

112쪽 기구 수정에 관한 최초의 설명은 Watson (1928) 참조. 기구 수정을 신뢰할 만한 기술로 만드는 데 필요한 이후의 개선에 대해서는 Laidlaw (1944)에 나와 있다. 최근의 설명으로는 Harbo (1986)이 있다. 기구 수정이 어떻게 이뤄지는지 보여주는 영상도 구할 수 있다. 꿀벌 여왕벌의 기구 수정—Susan Cobey, YouTube video, 5: 23, 2009년 1월 6일 'tlawrence53'이 포스팅, http://www.youtube.com/watch?v=Csjy020fpyl(2017년 12월 22일 접속).

113쪽 미국부저병은 꿀벌의 치명적인 질병 중 유일하게 병원균을 기반으로 한 것이다—즉, 방어 메커니즘을 급속히 압도해 군락을 죽일 수 있다. Fries and Camazine (2001)은 감염으로 약해진 군락의 꿀을 다른 군락의 벌들이 도둑질하거나 예전 군락이 미국부저병에 굴복해 전멸한 보금자리를 분봉군이 차지했을 때 미국부저병 포자가 한 군락에서 그와는 무관한 군락으로 쉽게 옮겨지면서 이 독성이 진화해온 경위를 설명한다. Ewald (1994)는 왜 일부 병원균—인간의 말라리아·천연두·결핵·AIDS, 벌의 미국부저병 포함—은 극도로 치명적이고 다른 것은 그렇지 않은지에 대해 명확한 진화론적 설명을 제공한다.

113~114쪽 Rothenbuhler (1958)은 1930년대와 1940년대에 윌리스 파크와 동료들이 수행한 미국부저병 저항력을 위한 성공적인 사육 프로그램을 상세하게, 그리고 참고문헌을 잘 정리해 검토한 것은 물론 응애병(기문응애가 원인 매개체로 추정된다) 저항력을 위해 잉글랜드의 애덤(Adam) 수도사가 수

행한 것 같은 기타 사육 프로그램에 대해서도 간단히 설명한다. 미국부저병 저항력을 위한 사육과 관련해 또 하나의 탁월한 검토로 좀더 최근 것으로는 Spivak and Gilliam (1998a) 참조.

114~115쪽 Spivak and Gilliam (1998b)는 주로 백묵병, 유럽부저병, 꿀벌응애에 대한 방어 메커니즘으로서 위생 행동에 관한 월리스 파크와 월터 로텐벌러 시대 이후의 뛰어난 연구들을 상세하게, 그리고 참고문헌을 잘 정리해 검토했다.

116쪽 알팔파 벌의 놀라운 이야기에 대해 더 알고 싶으면 Mackensen and Nye (1966)과 Nye and Mackensen (1968, 1970) 참조. 상업용 알팔파 씨앗 생산업체에 의한 이러한 벌 사육은 Cale (1971)에 실려 있다.

116쪽 Oxley and Oldroyd (2010)과 Oldroyd (2012)는 뚜렷이 구별되는 꿀벌 품종의 부재와 꿀벌들이 진정으로 사육된 적이 한 번도 없었다는 사실을 대단히 상세하게 다룬다.

117~118쪽 Roberts (2017)은 개와 소를 비롯해 야생에서 살았던 그 밖의 여덟 가지 동물(닭, 말, 인간 등) 및 식물(밀, 사과, 감자, 쌀, 옥수수) 사육의 뿌리 깊은 역사를 검토한다.

118쪽 북아메리카, 뉴질랜드, 오스트레일리아에 정착한 꿀벌 개체군이 대부분 유럽 꿀벌 아종〔캐나다의 경우 Harpur et al. (2012)에서 입증되었다〕의 혼합이기 때문에, 그리고 양봉가들의 이동 활동과 국가 간 여왕벌 운송이 유럽 내 꿀벌 아종을 균질화하기 시작했기 때문에〔De la Rua et al. (2009)〕일각에서는 인간이 아피스 멜리페라의 유전자에 근본적 변화를 가져왔다고 말할 것이다. 그러나 나는 이 유전자 변화를 근본적이라고 여기지 않는다. 그것은 동계교배된 꿀벌들에서 뚜렷이 구분되는 특정 생물형군(종)을 배출하지 않았기 때문이다.

119쪽 DeMello (2012)의 상자 5.2에는 개 외에도 총 18가지의 사육 동물 명단과 함께 각각의 사육화 시간 측정치가 있다. 이 명단은 양, 고양이, 염소, 돼지, 소, 닭, 기니피그, 당나귀, 오리, 말, 라마, 쌍봉낙타, 단봉낙타, 물소, 야크, 알파카, 칠면조—그리고 꿀벌도—로 이뤄져 있다.

119쪽 스코틀랜드의 헤더 황무지로 이동하는 꿀벌 군락에 관한 더 많은 정보는 Manley (1985)와 Badger (2016) 참조.

120~121쪽 캘리포니아의 아몬드 꽃이 만개했을 때 수분 수요를 충족시키는 데 필요한 이동식 양봉에 관한 개요는 Ferris Jabr, The mind-boggling math of migratory beekeeping, *Scientific American*, 1 September 2013, https://www.scientificamerican.com/article/migratory-beekeeping-mind-boggling-math/ (2017년 12월 23일 접속) 참조. Jacobsen (2008)과 Nordhaus (2011)는 꽃가루 매개자를 필요로 하는 미국 전역의 농부에게 매년 수백만 군락이 트럭으로 운반되는 현상에 대해 좀더 상세하게 기술한다.

121~124쪽 현대 양봉의 도구와 방법에 관한 더 많은 정보는 Flottum (2014)와 Sammataro and

Avitabile (2011) 참조.

05 둥지

125쪽　찰스 다윈 인용문은 그의 저서 《종의 기원》에서 가져왔다. Darwin (1964), p. 224 참조.

125~126쪽　동물의 둥지를 생존 장비의 일부로 보는 개념을 가장 잘 설명한 사람은 리처드 도킨스(Richard Dawkins)다. 그는 생명체가 지은 구조물이 어떻게 그들의 '확장된 표현형(extended phenotypes)'의 일부가 되는지 거론한다. Dawkins (1982) 또는 Dawkins (1989)의 마지막 장 참조.

126쪽　이타카 인근 숲속에 사는 꿀벌들의 천연 둥지 연구에 대한 보고서 전문은 Seeley and Morse (1976)에 나와 있다. 여기에는 우리가 벌집을 제거한 뒤 모래를 채워 둥지 구멍을 측정하는 방법을 비롯한 둥지 해부 방법론이 설명되어 있다. Avitabile et al. (1978)은 나무에 사는 108개 군락의 둥지 입구 높이, 크기, 방향에 관한 정보를 모은 (코네티컷에서 수행된) 관련 연구를 보고한다. 저자들은 또한 둥지 입구가 대부분 낮고(<5미터/16.4피트), 작고(<60제곱센티미터/9.3제곱인치), 남향임을 발견했다고 언급한다.

127쪽　각 둥지를 자세히 해부하고 그 안의 벌들에 관해 정확한 조사를 수행하기 위해 나는 나무가 쓰러진 그날 모든 군락을 죽였다. 이 작업을 하면서 벌들의 고통을 최소화하려고 애썼다. 그러기 위해 벌들이 둥지 밖으로 날아가지 못하도록 여전히 시원하고 여명이 밝아오는 아침 일찍 벌 나무에 도착했다. 그런 다음 나무에 올라가 둥지 입구 중 하나를 제외하고 전부 헝겊으로 틀어막았다. 이어 시아노가스 가루(시안화칼슘) 몇 테이블스푼을 아직 열려 있는 입구에 집어넣은 다음 그곳도 틀어막았다. 그럴 때마다 봉해진 둥지 안쪽에서 갑자기 윙윙대는 소리가 커졌다. 하지만 2분 내로 침묵이 흘렀다. 그것은 우울한 작업이었고, 나는 지금도 그렇게 할 수 있을지 자신이 없다. 그러나 이 연구에서 얻은 정보의 혜택이 21개 연구 군락의 죽음을 정당화해준다고 믿는다.

127쪽　방향 통계를 사용해 벌 나무들 입구의 나침반 방향 분포를 분석해보니 평균 벡터 방위 192도(즉 남남서쪽), 즉 평균 방향 벡터 0.39라는 결과가 나왔다. 이는 그것들의 분포가 남쪽으로 편향되어 있으며, 의심할 여지없이 비임의적임을 확실히 입증한다. 비임의성에 대한 레일리(Rayleigh) 시험 결과는 $p < 0.01$이다. Batschelet (1981) 참조.

129쪽　아노트 산림의 야생 군락에 관한 세 가지 조사는 Visscher and Seeley (1982), Seeley (2007), Seeley, Tarpy et al. (2015)에 실려 있다. 신다긴할로 주유림의 야생 군락에 대한 조사는 Radcliffe and Seeley (2018)에 실려 있다.

131쪽　둥지 입구(204제곱센티미터/31.6제곱인치)도 어마어마하고 구멍(448리터/118.3갤런)도 거대한 특이한 벌 나무 둥지가 하나 있었다. 입구는 큰 너도밤나무의 밑면에 뻥 뚫려 있고, 구멍은 그 안의 약 5미터(16.4피트) 높이의 공간이었다. 군락은 이 구멍의 맨 꼭대기 근처에 둥지를 지었으므로 입구와 구멍이 둘 다 유난히 크기는 했지만 벌들은 포근하고 괜찮은 보금자리에 거주했다.

135쪽　우리가 이 나무 구멍들의 목재 벽 두께를 좀더 체계적으로 측정하지 않은 것이 후회스럽다. 이것이 이러한 천연 구멍에서 군락의 온도 조절이 어떻게 작동하는지를 아는 데 중요한 것으로 드러났기 때문이다. Mitchell (2016) 참조.

135쪽　우리가 이 둥지에서 발견한 높은 비율(10~24퍼센트, 평균 17퍼센트)의 수벌집은 벌집을 짓는 데 인간의 조작이 개입되지 않은, 군락이 지은 둥지에 대해 기술한 또 다른 연구에서도 확인되었다. 이 두 번째 연구에 보고된 범위는 11~23퍼센트로, 평균 20퍼센트였다. Smith, Ostwald et al. (2016) 참조.

135쪽　꿀벌응애 감염을 통제하는 수단으로서 작은 벌방 벌집에 관한 나의 연구에는 작은 벌방의 벌집 기초 위에 지은 벌방에 대한 데이터가 포함되는데, 이 내용은 Seeley and Griffin (2011)에 실려 있다.

136쪽　Edgell (1949)은 뉴햄프셔주 중부의 56개 벌 나무 군락에서 채취한 벌꿀이 평균 8.5킬로그램(약 19파운드)으로 추정된다고 보고한다. 군락은 이 둥지들을 여름 동안 여러 번 사용했다.

138쪽　이타카 분봉군 출현의 계절적 패턴은 6년 동안 측정했고, 126개의 분봉군을 집계했다. Fell et al. (1977) 참조.

138쪽　Rangel, Griffin et al. (2010)은 군락이 분봉군을 내보내기 전부터 집터 정찰벌이 어떻게 잠재적인 보금자리를 찾기 시작하는지 기록한다. 이 논문은 군락이 분봉하기 2~3일 전부터 정찰벌이 잠재적 집터를 조사한다고 보고한다.

138~139쪽　집터 정찰벌이 잠재적인 둥지 구멍의 크기와 그 밖에 다른 특성을 잴 목적으로 조사할 때의 행동에 대한 자세한 설명은 Seeley (1977) 참조. 분봉군의 정찰벌이 새로운 보금자리를 선택하는 집단적 의사 결정 과정에서 어떻게 협력하는지에 관한 자세한 정보는 Lindauer (1955)와 Seeley (2010) 참조.

139쪽　프랑스 양봉가가 쓴, 꿀벌 분봉군에 매력적인 벌 유인통을 짓는 방법에 관한 글은 Marchand (1967)이다. 완벽한 벌통을 추구하는 양봉가들의 오랜 역사는 Kritsky (2010)에 멋지게 설명되어 있다.

139~141쪽　이타카 인근 야생 꿀벌의 보금자리 선호도에 관한 나의 연구 방법 및 결과물에 대한 세부 사항은 Seeley and Morse (1978a) 참조.

143쪽　겨울에 춥고 눈이 많이 내리는 곳에 사는 벌들에게 남향의 둥지 입구가 주는 이점에 관한 티보 자보의 논문은 Szabo (1983a)이다.

143~144쪽　맨 꼭대기에 입구를 두지 않을 때 벌들이 갖는 이득에 관한 데릭 미첼의 논문은 Mitchell (2017)이다.

144~147쪽 정찰벌이 유망한 둥지 구멍의 용적을 측정하는 방법과 그들이 구멍 용적과 관련해 선호하는 것에 관한 나의 연구는 Seeley (1977)에 실려 있다. 엘버트 제이콕스와 스티븐 퍼라이즈가 수행한 관련 연구는 Jaycox and Parise (1980, 1981)에 실려 있다. 토머스 린더러와 동료들의 대규모 조사를 보고한 논문은 Rinderer, Tucker et al. (1982)이다. 저스틴 슈미트의 관련 연구에 대한 보고서는 Schmidt and Hurley (1995)이다.

147쪽 벌집 틀이 벌집으로 가득 차 있는 벌통에다 분봉군을 배치하는 것의 이점에 관한 티보 자보의 연구 보고서 전문은 Szabo (1983b) 참조. 러시아의 나무 양봉가들이 다른 군락이 이미 살았던 나무 구멍에 높은 가치를 둔다는 것은 Galton (1971)에 설명되어 있다. 꿀벌의 벌 유인통에 대한 세 권의 좋은 참고문헌은 Marchand (1967), Guy (1971), Seeley (2017a)이다.

148~149쪽 세로로 길쭉한 모양 대 원 모양의 실험에 사용한 입구의 치수는 길쭉한 모양은 1×7센티미터(0.4×2.75 인치), 원 모양의 지름은 3센티미터(1.2인치)였다. 구멍의 건조도 실험에서는 둥지 상자마다 나무나 송전선 기둥에 올려놓기 직전에 2리터(0.5갤런)의 톱밥(젖은 것 또는 마른 것)을 넣었다. 젖은 톱밥은 2리터의 톱밥과 1리터(0.26갤런)의 물을 섞어 만들었다. 약 10일에 한 번씩 둥지 상자를 점검할 때마다 젖은 톱밥 처리 집단의 모든 상자에 1리터의 물을 더 부었다. 벌들의 집 선호도 연구에 사용한 방법론의 세부 사항은 Seeley and Morse (1978a) 참조.

150쪽 밀랍선 상피 조직(그리고 그에 따른 밀랍 생산)이 꿀벌 일벌의 나이에 따라 어떻게 달라지는지에 대한 검토는 Hepburn (1986) 4장 참조. 여기서는 또한 보통 채집벌로 일하며 얇은 밀랍선 상피 조직만 갖고 있는 군락의 늙은 벌들이 분봉군의 일원이 되면 밀랍선을 회복시킬 수 있음을 입증한 연구도 검토한다.

150쪽 육각형의 면적을 계산하는 공식은 $a^2 \cdot 6 \tan(30°)$ 또는 $a^2 \cdot 0.8655$로, 여기서 a는 육각형의 벽에서 벽까지의 치수(변심 거리)다. 이 공식을 사용하면 1.92제곱미터(20.7제곱피트)의 일벌집에는 약 8만 2051개의 일벌방(변심 거리＝5.20밀리미터/0.205인치, 그러므로 일벌방의 면적은 23.40제곱밀리미터/0.0363제곱인치다)이 있고, 0.48제곱미터(5.2제곱피트)의 수벌집에는 약 1만 3125개의 수벌방(변심 거리＝6.50밀리미터/0.25인치, 그러므로 수벌방의 면적은 36.57제곱밀리미터/0.0567제곱인치다)이 있다고 계산할 수 있다. 이 일벌집과 수벌집의 면적은 2.4제곱미터(25.8제곱피트)의 총 벌집 표면(즉, 벌집의 양쪽면을 계산했다)에서 각각 80퍼센트와 20퍼센트를 차지하는 것으로 계산됐다. 이는 내가 야생 군락의 둥지들에서 찾아낸 총 벌집 표면의 평균량이다.

151쪽 보이첵 스코브로넥(Wojciecch Skowronek)〔Hepburn (1986), p. 39에 인용되어 있다〕은 꿀벌 일벌이 약 20밀리그램(0.0007온스)의 밀랍을 생산할 수 있음을 알아냈다. 벌 6만 마리×벌 1마리당 밀랍 20밀리그램＝밀랍 120만 밀리그램 또는 1.2킬로그램(2.6파운드). 벌들이 20제곱센티미터(3.1제곱인치)의 벌집 표면(즉, 벌집 양면으로 10제곱센티미터/1.6제곱인치)을 짓는 데 약 1그램(0.04온스)의 밀랍이 필요하다는 추정치는 보이첵 스코브로넥[Hepburn (1986), p. 64에 인용되어 있다] 한테서 가져왔다.

151쪽 분봉군의 벌 1마리당 운반하는 설탕의 양과 관련한 수치는 Combs (1972)에서 가져왔다. 분봉군의 평균 일벌 수는 Fell et al. (1977)에서 가져왔다. 설탕으로부터 밀랍을 합성할 때 효율의 추정치는 Horstmann (1965)와 Weiss (1965)에서 가져왔다.

151쪽 이전 여름에 분봉군으로 출발한 군락(신생 군락)이 겨울을 날 확률에 관한 상세한 정보는 Seeley (1978)과 Seeley (2017b) 참조.

154쪽 단생벌과 꿀벌 외 사회성 벌(가령 호박벌과 부봉침벌)의 둥지에 있는 벌방의 원형 횡단면 모양에 관한 정보는 Michener (1974)나 Michener (2000) 참조. 아피스 속이 아닌 이 모든 종의 둥지에서 벌방은 오직 새끼벌방 역할만 한다. 꿀벌이 아닌 사회성 벌은 꿀 저장분을 담을 특별한 꿀단지를 짓는다.

154~155쪽 일벌이 벌방을 짓는 동안 벌방의 벽 두께를 가늠하는 데 더듬이를 어떻게 사용하는지에 관한 더 많은 정보는 Martin and Lindauer (1966) 참조.

155~156쪽 분봉군이 빈 둥지 구멍으로 이주한 후의 둥지 건축 패턴과 군락 개체군의 역학에 관한 보고서 전문은 Smith, Ostwald et al. (2016) 참조. 이 논문에는 아울러 군락이 새 둥지 구멍을 차지한 뒤 14개월 동안 어떻게 군락의 벌집 면적이 증가하는지, 어떻게 일벌 및 수벌 개체군이 변하는지, 그리고 꿀과 꽃가루 저장분이 얼마나 증가하고 감소하는지도 보고한다. 이 연구에 사용한 대형 관찰용 벌통의 치수는 깊이 4.3센티미터, 너비 88센티미터, 높이 100센티미터(1.7인치×34.6인치×39.7인치)다.

156쪽 벌집 짓기의 한차례 폭풍이 중요하다는 걸 보여주는 한 가지 척도는 새 둥지 구멍에 살기 시작한 처음 4~6주 내에 군락의 첫해 벌집 짓기의 대부분이 이뤄진다는 것이다. Smith, Ostwald et al. (2016)는 처음 4주 내로 57퍼센트를 완성한다고 보고하고, Lee and Winston (1985)는 처음 6주 내로 90퍼센트를 완성한다고 보고한다.

156쪽 분봉군의 일벌이 꿀을 잔뜩 먹어두는 것은 Combs (1972)에 설명되어 있다.

158~160쪽 최적의 벌집 건설 시기에 관한 스티븐 프랫의 이론적·실험적 연구는 Pratt (1999)에 나와 있고, Pratt (2004)에서도 검토한다.

160쪽 Rösch (1927)과 Seeley (1982)는 벌집 건설을 맡은 벌과 도착하는 채집벌로부터 꽃꿀을 받아 벌방 안에 저장하는 일을 맡은 벌들의 연령대가 같다고 보고한다.

160쪽 꽃꿀을 수령하는 일을 하는 일벌은 벌집 건설에 참여하는 벌 중에서 높은 비율을 차지하지 않는다는 것을 증명한, 벌에게 페인트 표시를 한 연구는 Pratt (1998a) 참조.

161쪽　보금자리에 새롭게 정착한 분봉군은 처음 벌집을 짓는 몇 주 동안은 오직 일벌방만 짓는다는 내용은 Smith, Ostwald et al. (2016)뿐 아니라 Free (1967), Taber and Owens (1970), Lee and Winston (1985)에도 실려 있다.

161~164쪽　어떤 종류의 벌집(일벌집 혹은 수벌집)을 지을지 결정하기 위해 벌들이 사용하는 정보 경로 연구는 Pratt (1998b) 참조. 이 주제와 언제 벌집을 지을지에 대한 문제를 검토한 것으로는 Pratt (2004)도 참조.

165~166쪽　아피스 멜리페라가 채집하는 프로폴리스의 출처라고 보고된 식물들에 대한 훌륭한 요약은 Crane (1990)의 표 12.5 참조. 이 주제에 관한 좀더 최근의 논문들을 참고문헌으로 다룬 Simone-Finstromm and Spivak (2010)도 참조.

165쪽　수지 채집벌이 자신의 꽃가루 바구니를 수지로 채우는 과정에 대한 상세한 설명은 Meyer (1954)와 Meyer (1956) 참조.

165~167쪽　수지 채집벌 및 사용벌에 대한 나카무라 준의 치밀한 관찰에 대한 상세 정보는 Nakamura and Seeley (2006) 참조.

168쪽　수지 채집벌이 꽃가루 채집벌보다 촉각 자극에 대한 연관 학습 능력이 낫다는 것을 발견한 연구는 Simone-Finstrom, Gardner et al. (2010) 참조.

06　연간 주기

171쪽　로버트 프로스트 인용문은 그의 시 〈봄의 기도〉에서 가져왔다. Latham (1969) 참조.

173쪽　늦가을부터 이른 봄까지 코네티컷주 중부에 사는 꿀벌 군락의 무게에 관한 정보는 Avitabile (1978) 참조. 코네티컷주 중부의 기후는 뉴욕주 중부와 거의 비슷하다.

174쪽　주변 온도의 기능에 따른 전형적인 월동 군락 대사율에 관한 정보는 Southwick (1982) 참조.

174쪽　에너지 획득(또는 손실)의 지표로서 꿀벌 군락의 무게 변화를 사용한 데 대한 비판적 평가는 McLellan (1977) 참조.

174쪽　미국, 캐나다, 독일의 여름 동안 혹은 1년 내내 꿀벌 군락의 무게 변화 기록을 검토한 것으로는 각각 Milum (1956), Mitchener (1955), Koch (1967) 참조.

174쪽　1980년 11월부터 1983년 6월까지 두 비관리 군락(야생 군락을 시뮬레이션한)의 주간 무게 변화를 기록한 연구에 관한 추가 정보는 Seeley and Visscher (1985) 참조.

176쪽　겨울철 꿀벌 군락의 유충 양육과 무게 감소에 꽃가루 저장분이 미치는 영향에 관한 연구의 세부 사항은 Farrar (1936) 참조.

178쪽 둥지의 새끼벌방 수를 측정해 군락의 성장 패턴을 기술한 사례는 Nolan (1925), Allen and Jeffree (1956), Winston (1981) 참조. 이것을 군락의 성충 개체를 반복적으로 조사해 측정한 사례는 Jeffree (1955)와 Loftus et al. (2016) 참조.

178쪽 분봉군을 준비하면서 여왕벌 양육의 시작을 그르치는 일이 발생하는 것에 대한 정보는 Simpson (1975a)와 Gary and Morse (1962) 참조.

178쪽 군락이 낮 길이의 증가에 대응해 겨울에 유충 양육의 시작 시기를 조절한다는 증거는 Kefuss (1978)의 논문에서 가져왔다.

180쪽 그림 6.4에서 11월 중순부터 2월 말까지 낮은 유충 양육 수준에 대한 데이터는 Avitabile (1978) 에서 가져왔다. 분봉 날짜 데이터는 Fell et al. (1977)에 실린 결과물을 확장한 것이다. 기온 데이터는 Brumbach (1965)에서 가져왔다.

180쪽 온대 기후의 연간 유충 양육 패턴에 대한 정보를 더 알고 싶으면 Nolan (1925)와 Jeffree (1955, 1956) 참조.

181쪽 유충 양육의 연간 주기가 일부는 유전자의 통제 아래 있음을 입증한, 프랑스에서 수행한 군락 이식 실험에 관한 정보를 더 알고 싶으면 Louveaux (1973)과 Strange et al. (2007) 참조.

181쪽 로담스테드 실험소 군락의 수벌 생산 시기에 관한 정보를 더 알고 싶으면 Free and Williams (1975) 참조.

181쪽 분봉의 계절별 시기 결정에 관한 더 많은 보고서로는 매니토바(Manitoba)의 경우는 Mitchener (1948), 스코틀랜드의 경우는 Murray and Jeffree (1955), 잉글랜드 남부의 경우는 Simpson (1957b), 미국 북동부의 경우는 Fell et al. (1977)과 Caron (1980), 캘리포니아 중부의 경우는 Page (1982) 참조.

182쪽 여기서 제시한 여름과 겨울 동안의 신생 군락과 기존 군락의 생존 확률은 내가 1970년대와 2010 년대에 수행한 두 차례의 야생 군락 생존에 관한 장기적 연구에서 가져왔다. Seeley (1978)와 Seeley (2017b) 참조.

182쪽 이 연구에 사용한 12개 군락의 유충 양육 개시를 한겨울에서 봄 중반으로 지연시키기 위해 우리 는 군락마다 가느다란 나뭇조각으로 8밀리미터(0.3인치)씩 간격을 떨어뜨려놓은 두 장의 플라스틱 여왕가름판 사이에 여왕벌을 가두고 각 군락의 벌통 위층과 아래층 사이에 집어넣었다. 이런 배치로 겨울에 여왕벌은 좌우로 움직일 수 있었고, 따라서 월동 봉군과의 접촉은 유지했지만 알을 낳을 벌집으로의 접근은 차단당했다. 그 밖의 연구 군락 6개는 전부 여왕벌의 움직임을 방해하지 않았고, 따라서 군락의 겨울철 유충 양육을 제한하지 않았다.

182쪽 여기서 검토한 군락 성장 및 번식의 결정적 시기에 대한 연구는 Seeley and Visscher (1985)에 실려 있다.

184쪽 호박벌 군락의 생활 주기에 관한 더 많은 정보는 Heinrich (1979)와 Goulson (2010) 참조.

185쪽 1년 중 일부는 영하의 온도에 노출되는 온대 지방, 아북극 지방, 심지어 북극 지방에서 곤충들이 어떻게 겨울을 나는지에 관한 더 많은 정보는 Chapman (1998), pp. 518~520 참조.

185쪽 툰드라에 거주하는 북극호박벌에 관한 더 많은 정보는 Richards (1973) 참조.

185쪽 Michener (1974)는 부봉침벌과 꿀벌 모두의 자연사 및 생물지리학을 멋지게 요약한다.

185~186쪽 개미들이 무방비 상태의 말벌 유충을 포식하는 비율의 위도별 격차에 대한 연구는 Jeanne (1979)에 실려 있다.

07 군락 번식

187쪽 조지 윌리엄스 인용문은 그의 저서 《적응과 자연 선택》에서 가져왔다. Williams (1966) 6장 ('Reproductive Physiology and Behavior')의 첫 문장 참조.

187쪽 생식을 하는 생물(식물 또는 동물)이 매 번식기마다 암컷과 수컷 생식체(알과 정자)를 생산한다면 동시적 자웅동체다. 이 문제에 대한 본격적인 논의는 Charnov (1982) 2장 참조. 꿀벌 군락의 생식체는 처녀 여왕벌과 짝짓기를 하지 않은 수벌이다.

189~190쪽 꿀벌의 여왕벌 및 수벌의 성장 기간(16일과 24일)과 벌방에서 나온 뒤 성적 성숙기(최소값: 6일과 10일)에 관한 상세한 정보는 Koeniger, Koeniger, Ellis et al. (2014)와 Koeniger, Koeniger, and Tiesler (2014) 4장과 5장에 나온다.

191쪽 봉개된 수벌집의 면적[Page (1981)]이나 유충으로 차 있는 수벌집의 면적[Smith, Ostwald et al. (2016)]을 수벌 유충의 벌방 수로 전환하기 위해 나는 보고된 수벌집의 값(제곱센티미터)에 2.73개의 벌방을 곱했다. 이것은 변심 거리(벽에서 벽까지의 치수)가 6.5밀리미터(0.24인치)인 육각형 벌방의 밀도로, 유럽종 꿀벌 수벌방의 평균 치수다. 한 군락에서 수벌 유충이 벌방에 있는 총일수를 계산하기 위해 나는 Page (1981)와 Smith, Ostwald et al. (2016)에 실린, 여름 내내 군락 둥지의 봉개된 (또는 유충으로 차 있는) 수벌방 수의 곡선 아래 면적을 계산했다. 여름 동안 군락에 의해 키워진 수벌의 총수를 계산하기 위해 나는 군락에서 수벌방이 있는 일수의 총합을 수벌 1마리당 수벌방에 있는 일수(봉개된 수벌 유충 벌방은 14일, 또는 수벌 유충이 있는 모든 벌방은 21일)로 나누었다. 이것은 성장 중인 수벌을 포함한 모든 벌방이 생존 가능한 수벌을 배출한다고 가정한다.

191~193쪽 꿀벌 군락이 우선적으로 벌꿀 저장에 어떤 종류의 벌집(수벌 또는 일벌)을 사용할지 계절에 따라 선택하며, 그래서 봄에는 수벌집을 비우고 유충 양육을 위한 준비를 하는 것인지 검증하는 연구

에 관해 더 많은 정보를 알고 싶으면 Smith, Ostwald et al. (2015) 참조.

194쪽　여왕벌을 흔드는 일벌의 행동과 그것이 분봉군과 함께든 짝짓기 비행을 나서는 것이든 (무엇보다도) 여왕벌이 벌통에서 날아갈 준비를 시키는 기능을 얼마만큼 하는지에 관한 더 많은 정보는 Allen (1956, 1958, 1959a), Hammann (1957), Schneider (1989, 1991) 참조.

194쪽　분봉 준비를 하는 여왕벌의 무게 감소율이 25퍼센트라는 수치는 Fell et al. (1977)에서 가져왔다.

194쪽　어미 여왕벌을 포함한 분봉군이 떠날 때 군락의 일벌 중 겨우 25퍼센트만 남는다는 증거는 이번 장 뒷부분에서 자세히 다룬다.

194쪽　분봉 군락의 일벌이 집에 머물며 어린 (자매) 여왕벌을 지원할지, 아니면 첫 분봉군으로 떠나 옛날 (어미) 여왕벌을 지원할지를 어떻게 결정하는지 궁금해진다. 새 여왕벌이 친자매라면 전자의 옵션을 선호하지만 어린 여왕벌이 전부 아버지가 다르다면 후자의 옵션을 선호할까? 한 연구[Rangel, Mattila et al. (2009)]는 일벌이 미성숙한 여왕벌 일부가 친자매일 경우 집에 더 머물고 싶어 하는지 검사해봤는데 그렇다는 증거를 전혀 찾지 못했다. 그러므로 아피스 멜리페라한테는 분봉 중 군락 내부에 친족주의가 없는 게 확실해 보인다.

194쪽　분봉군의 정찰벌이 새로운 보금자리를 선택하는 경이로운 과정은 Seeley (2010)에 상세하게 실려 있다.

194쪽　꿀벌 분봉군의 넓은 분산 거리에 대한 정보는 Seeley and Morse (1978b)와 Kohl and Rutschmann (2018)에 나와 있다.

195쪽　여름철 비관리 군락의 분봉 확률이 0.87이라는 값은 Seeley (2017b)에 실린, 이타카 인근 숲속에 사는 시뮬레이션 야생 군락을 대상으로 수행한 나의 연구에서 가져왔다.

196쪽　분봉 과정에서 생긴 짝짓기 못한 여왕벌 중 한 마리를 제외하고 모두 원래 둥지에서 제거당하는 메커니즘에 관한 굉장히 상세한 설명은 Gilley and Tarpy (2005) 참조. 캔자스주 로렌스에 사는 비관리 꿀벌 군락의 분봉군과 후분봉군 발생에 관한 상세 정보는 Winston (1980)도 참조.

196쪽　군락이 첫 번째 후분봉군(0.70)과 두 번째 후분봉군(0.60)을 배출할 확률은 Winston (1980)과 Gilley and Tarpy (2005)가 보고한 것을 바탕으로 계산했다. 각 연구는 5개 군락의 첫 분봉과 후분봉의 패턴을 설명한다.

197쪽　여기서 언급한 델리아 앨런의 연구는 Allen (1956)에 나와 있다.

197쪽　첫 분봉군으로 떠나는 어미 여왕벌(p=0.23)과 원래 둥지를 물려받는 딸 여왕벌(p=0.81)의 다음 여름 생존 확률은 Seeley (2017b, 그림 5 참조)에 나온다.

198쪽　여기서 언급한 두 가지 장기적인 야생 군락 개체학 연구의 방법과 결과물은 Seeley (1978)과 Seeley (2017b)에 상세히 실려 있다.

198쪽　Seeley (2012, 2017a)는 벌 유인통을 사용해 어떻게 내가 분봉군을 포획했는지 설명한다.

198쪽　이타카 지역의 계절에 따른 두 가지 방식의 분봉 패턴은 Fell et al. (1977)에 실려 있다.

200쪽　후분봉군은 첫 분봉군이 나가고 나서 한참 뒤에 원래 둥지를 떠나기 때문에 둥지 건설이 첫 분봉 군에 비해 지연된다. 후분봉군의 지연된 출발에 관한 상세한 정보는 Gilley and Tarpy (2005)의 표 1에 나와 있다. 그들은 첫 번째 후분봉군은 첫 분봉군이 나가고 5~7일 뒤에 떠나며, 두 번째 후분봉군은 첫 번째 후분봉군이 나가고 12~18일 뒤에 떠난다고 보고한다.

202쪽　평균적으로 한 장소를 꿀벌 군락이 지속적으로 얼마나 오래 차지할지 계산하는 공식은 다음과 같다. 여기서 A는 장소의 연령을 나타낸다.

$$0.5 + \sum_{A=0}^{20} A[(0.23)(0.81)^{A-1}][0.19] = 연령$$

204쪽　수컷 및 암컷 자손에 대한 부모의 자원 배분 진화에 대한 정보를 더 알고 싶으면 Charnov (1982) 참조.

205쪽　여기서 사용한 수벌 및 일벌의 평균 건조 중량값은 Henderson (1992)의 연구에서 가져왔다.

205쪽　분봉군의 일벌이 집을 떠날 때 운반해가는 먹이 저장분은 얼마나 될까? Combs (1972)는 분봉군 의 일벌 한 마리가 자신의 소낭(꿀주머니)에 평균 67퍼센트의 당액 37밀리그램(0.001온스)을 갖고 나 간다고 보고한다. (비교하자면, 분봉군이 아닌 군락의 일벌 한 마리는 평균 39퍼센트의 당액 10밀리그 램/0.0003온스만을 가지고 있다.) 따라서 1만 2000마리의 일벌이 있는 보통 분봉군은 설탕 약 300그 램(10.6온스)을 구비하는 셈이다. (벌 1만 2000마리×1마리당 당액 37밀리그램×설탕 67퍼센트 = 설 탕 297.5그램.)

205쪽　나는 군락이 수벌 개체군을 생산하고 유지하는 비용을 연구한 바 있다〔Seeley (2002)〕. 그러기 위해서 벌꿀 생산을 목적으로 관리하는 군락의 수벌집이 있을 때와 없을 때 꿀 수확량을 비교했고, 수벌을 최대로 생산한 군락은 이를 엄격히 제한한 군락보다 평균 약 20킬로그램(44파운드) 더 적은 꿀을 만든다는 사실을 알아냈다.

205쪽　수벌은 평생 얼마나 많은 혼인 비행을 할까? 수벌은 성적 성숙에 도달한 뒤 약 20일 동안 살며, 날씨가 좋은 날 2~4회의 혼인 비행을 한다〔Winston (1987), pp. 56, 202〕. 여름 중 절반의 날씨가 수벌과 여왕벌이 혼인 비행을 수행할 만큼 좋다고 가정하면, 보통의 수벌은 짧은 (그리고 성적으로 완전히 성숙하지 못한) 생애에서 20~40회의 혼인 비행을 한다고 추정할 수 있다.

208쪽　여기서 언급한 두 부분의 조사는 Rangel, Reeve et al. (2013)에 실려 있다.

209쪽　분봉군 분할분의 함수로서 어미 여왕벌 군락과 자매 여왕벌 군락의 겨울 생존 확률을 측정하는 방법에 관한 더 많은 정보는 Rangel and Seeley (2012) 참조.

211쪽　분봉군 분할분의 측정값을 보고하는 세 연구는 Martin (1963), Getz et al. (1982), Rangel and Seeley (2012)이다.

211~216쪽　꿀벌의 매력적인 짝짓기 생태는 현재 두 권의 책에 완벽하게 설명되어 있다. 독일어로 쓰인 Koeniger, Koeniger, and Tiesler (2014)와 영어로 쓰인 Koeniger, Koeniger, Ellis et al. (2014).

212쪽　E-9-옥소-2-데센산이 꿀벌의 성 유인 페로몬이라는 발견은 Gary (1962)에 실려 있다.

214~215쪽　여왕벌이 짝짓기 장소까지 날아가는 평균 거리(2~3킬로미터/1.2~1.9마일)와 수벌들이 짝짓기 기회를 찾아 날아가는 최대 거리(5~7킬로미터/3.0~4.2마일) 수치는 Ruttner and Ruttner (1966)에서 가져왔다.

214~215쪽　수벌의 혼인 비행 거리에 관한 인상적인 표식-재포획 연구의 최초 보고서는 Ruttner and Ruttner (1966)이다.

215쪽　캐나다 온타리오주에서 수행한, 꿀벌의 최대 짝짓기 범위에 관한 훌륭한 실험 연구는 Peer (1957)에 실려 있다.

216쪽　아피스 속의 일처다부제(여왕벌의 다중교배) 진화는 Palmer and Oldroyd (2000)에 실려 있다. 아피스의 8개 종 전체의 평균 아비 수에 관한 보고서로는 Tarpy et al. (2004) 참조. 저자들은 아피스 멜리페라의 경우 자신들이 관찰한 수정 횟수는 12.0±6.3(평균 ±1의 표준편차), 실질적인 아비의 빈도수는 12.1±8.6 또는 11.6±7.9라고 보고한다.

217쪽　수벌이 여왕벌의 난관에 정자를 주입한 뒤 그 일부가 장기 보관을 위해 여왕벌의 수정낭으로 옮겨지는 다단계 과정에 대해서는 Koeniger, Koeniger, Ellis et al. (2014) 10장에 잘 설명되어 있다.

217쪽　여왕벌이 많은 수벌로부터 정자를 얻은 다음 유전학적으로 다양한 노동력을 생산하는 데서 꿀벌 군락이 어떻게 이득을 얻는지 보여주는 연구는 많다. 질병 저항력의 증대에 관한 정보는 Tarpy (2003), Seeley and Tarpy (2007), Simone-Finstrom, Walz et al. (2016) 참조. 둥지의 미세 기후 안정성 증대에 관해서는 Jones et al. (2004) 참조. 그리고 먹이 자원 획득의 향상을 통한 생산성 증대에 관해서는 Mattila and Seeley (2007)과 Mattila et al. (2008) 참조.

217쪽　여왕벌의 성적 문란함이 군락에서 먹이 채집 관련 활동의 사회적 촉진자인 극소수 일벌을 확실히 보유하게끔 해준다는 헤더 마틸라의 발견은 Mattila and Seeley (2010)에 실려 있다.

217~221쪽　군락이 널리 분산된 야생에서 사는 여왕벌과 바짝 밀착된 양봉장에서 사는 여왕벌의 짝짓기 빈도를 비교한 연구의 추가적인 정보는 Tarpy, Delaney et al. (2015) 참조.

08 먹이 채집

223쪽 토머스 스미버트 인용문은 그의 시 〈야생 땅벌〉에서 가져왔다. Smibert (1851) 참조.

223쪽 일벌이 먹이를 채집하기 위해 14킬로미터(8.7마일)를 여행한다는 증거는 와이오밍의 반사막 지방에서 수행한 한 연구로부터 가져왔다. 군락들은 관개 시설을 갖춘 알팔파와 노란전동싸리 들판에서 다양한 거리(최대 14킬로미터/8.7마일)에 배치됐고, 가장 멀리 있는 군락조차 이 들판에서 꽃꿀과 꽃가루를 채취한 것으로 밝혀졌다. Eckert (1933) 참조.

223쪽 한 군락이 구성원의 약 3분의 1을 채집벌로 내보낼 거라는 설명은 Thom et al. (2000)에 실린 결과물에 바탕을 뒀다.

226쪽 꽃가루 채집벌이 유충(특히 알과 애벌레)이 들어 있는 벌방 근처에 꽃가루를 우선적으로 내려놓는다는 것은 Dreller and Tarpy (2000)에서 가져왔다. 둥지의 벌집 안에 일관된 유충, 꽃가루, 꿀의 패턴—맨 아래에 유충이 있고, 그것을 꽃가루가 둘러싸며, 맨 위에 꿀이 있다—을 창출하는 꿀벌의 행동 원칙에 대한 좀더 폭넓은 분석은 Camazine (1991), Johnson (2009), Montovan et al. (2013) 참조.

226쪽 물 채집벌은 강한 유밀기—꽃꿀 채집이 유력한 시기—동안에도 액체 화물 한 뭉치를 싣고 벌통으로 들어오는 벌 중 일부를 차지한다. 예를 들면 Seeley (1986)의 그림 2 참조.

226쪽 군락에서 꽃꿀 수령벌과 물 수령벌의 연령 분포에 관한 더 많은 정보는 Seeley (1989)와 Kühnholz and Seeley (1997) 참조.

228쪽 코네티컷주에 사는 이 방해받지 않은 군락들에 관한 연구의 세부 사항은 Seeley and Visscher (1985)에 실려 있다.

228쪽 1킬로그램당 약 7700마리의 벌(3500마리/파운드)이 있다. Otis (1982) 참조.

229쪽 일벌 한 마리를 생산하는 데 130밀리그램(0.0004온스)의 꽃가루가 필요하다는 수치는 Haydak (1935)에서 가져왔다.

229쪽 평균적으로 일벌 한 마리가 여름에 약 한 달을 생존한다는 설명은 Sekiguchi and Sakagami (1966)와 Sakagami and Fukuda (1968)에 바탕을 두었다.

229쪽 벌꿀 생산을 목적으로 관리하는 군락의 유충 양육 및 먹이 소비 추정치는 유충 생산과 관련해서는 Brünnich (1923)과 Nolan (1925), 꽃가루 소비와 관련해서는 Eckert (1942), Hirschfelder (1951), Louveaux (1958), 벌꿀 소비와 관련해서는 Weipple (1928)과 Roscov (1944)에서 가져왔다.

230쪽 꽃가루 한 뭉치의 평균 무게는 Parker (1926)와 Fukuda et al. (1969)에서 가져왔다. 평균 비행 거리(꽃밭까지 평균 거리의 2배)는 Visscher and Seeley (1982)에서 가져왔다. 비행 비용의 추정치는 Scholze et al. (1964)와 Heinrich (1980)에서 가져왔다. 꽃가루의 에너지값은 Southwick and

Pimentel (1981)에서 가져왔다. 꽃꿀의 평균 설탕 농도는 Park (1949), Southwick et al. (1981), Seeley (1986)에서 가져왔다. 벌꿀의 평균 설탕 농도는 White (1975)에서 가져왔다. 꽃꿀 한 뭉치의 평균 무게는 Park (1949)와 Wells and Giacchino (1968)에서 가져왔다.

231~232쪽 한 군락의 먹이 채집 범위가 6킬로미터(3.7마일)라는 수치는 아노트 산림에 사는 대규모 군락의 공간적 채집 패턴을 기술한 Visscher and Seeley (1982)에 실린 연구를 바탕으로 했다. 연구는 이 군락 채집벌의 8자춤이 가리키는 장소의 95퍼센트를 에워쌀 만큼 큰 원이 6킬로미터의 반지름을 갖고 있음을 알아냈다.

232쪽 채집벌의 비행 속도―시속 30킬로미터(시속 18.6마일)―는 꽃꿀 채집벌이 아무것도 싣지 않고 나갈 때의 순항 비행 속도(시속 34.2킬로미터/21.3마일)와 잔뜩 싣고 집으로 돌아올 때의 비행 속도(시속 24.2킬로미터/15.0마일)를 대략적으로 평균한 수치다. 이 비행 속도를 어떻게 측정하는지에 관한 세부 사항은 Seeley (1986) 또는 Seeley (2016)의 생물학 상자 5번 참조.

232~233쪽 표준 표식-재포획법을 사용한 채집 범위 연구 사례에 대해서는 Berlepsch (1860, p. 176), Levin et al. (1960), Levin (1961), Robinson (1966) 참조. 와이오밍의 반사막 지방에서 수행한 연구는 Eckert (1933)에 실려 있다. 꿀벌의 표식-재포획 시스템에서 강철 표식의 자석 검색 방법은 Gary (1971)에 설명되어 있다. 군락의 채집벌 분포를 알아내기 위해 강철 표식의 자석 검색 방법을 사용한 연구의 좋은 사례는 Gary et al. (1978)이다.

234쪽 벌들의 8자춤 해독을 바탕으로 꿀벌 군락 채집 활동의 공간적 범위를 연구한 헤르타 크나플의 선구적 업적은 Knaffl (1953)에 상세히 설명되어 있다.

233~236쪽 아노트 산림에 사는 대규모 군락 채집 작업의 공간적·시간적 패턴에 관해 커크 비서와 함께 수행한 연구의 상세한 설명은 Visscher and Seeley (1982) 참조.

238쪽 잉글랜드 셰필드 외곽에 있는 고층 습원(高層濕原)의 헤더 꽃으로 날아가는 벌들의 장거리 채집에 관한 뛰어난 연구로는 Beekman ad Ratnieks (2000)이 있다. 군락의 규모와 계절이 채집의 범위와 역학에 미치는 효과를 탐구하기 위해 8자춤을 감시하는 기법을 사용한, 잉글랜드에서 수행한 주목할 만한 연구에 대해 더 알고 싶으면 Beekman et al. (2004)와 Couvillon et al. (2014, 2015) 참조.

239~241쪽 군락이 둥지로부터 멀리 떨어진 유익한 먹이원을 정찰하는 능력에 관한 보물 사냥 연구는 Seeley (1987)에 설명되어 있다.

242쪽 아노트 산림에 사는 군락의 모집 목표물이 매일매일 달라지는 역학을 그린 더 많은 지도의 사례는 Visscher and Seeley (1982)의 그림 3 참조.

244~247쪽 군락이 잠재적인 먹이원에서 일하는 채집벌 수를 능숙하게 조절함으로써 이 변화하는 먹이원의 배열 중 선택하는 능력에 관한 실험적 연구는 Seeley, Camazine et al. (1991)에 상세히 실려 있

다. 이 주제에 관한 모든 연구의 검토에 관해서는 Seeley (1995) 3장과 5장 참조.

247쪽   코네티컷주의 일벌이 채집한 액체 뭉치의 설탕 농도 분포 사례는 Seeley (1995)의 표 2.12 참조. 이 그림에 나타난 설탕 농도의 범위는 15~65퍼센트이며 평균은 약 40퍼센트다. Park (1949)와 Southwick et al. (1981)은 각각 아이오와주와 뉴욕주의 일벌이 채집한 꽃꿀에서 똑같은 평균 설탕 농도를 보고한다.

248쪽   양봉장 군락 사이에서 도둑질을 촉진하는 요인이 무엇인지 살펴본 연구 사례는 Butler and Free (1952)와 Ribbands (1954) 참조.

248~250쪽   멀찍이 떨어져 있는 야생 군락 사이에서 벌어지는 도봉의 속도와 빈도에 관한 연구는 Peck and Seeley (근간)에 실려 있다.

250쪽   내 헛간에 붙어 있는 창고의 벌 유인통은 소형 벌집 틀 5장들이 랑식 벌통이다. 벌 유인통이 정찰벌의 눈에 띄고 매력적으로 보이도록 진하고 향기 좋은 벌집으로 가득 찬 벌집 틀을 5개 삽입했다. Seeley (2012)와 Seeley (2017a) 참조.

251쪽   일벌의 몸으로 올라가는 꿀벌응애의 특출한 능력에 대해 기술한 논문은 Peck et al. (2016)이다. 꿀벌응애가 진드기 감염 질병으로 약해진 군락에 있으면 채집벌(도둑벌을 포함해) 위에 올라타는 것도 더 이상 마다하지 않는다는 걸 입증한 논문은 Cervo et al. (2014)이다.

252쪽   2장에서 언급했듯 내가 아노트 산림에서 포획한 모든 분봉군이 진드기에 감염되어 있었으므로, 나는 이곳의 모든 군락이 현재 꿀벌응애에 감염되어 있다고 생각한다.

09 온도 조절

253쪽   토머스 후드 인용문은 그의 시 〈11월〉에서 가져왔다. Hood (1873), p. 332 참조.

253쪽   유충 없는 월동 봉군의 온도에 대한 정보를 주는 좋은 출처는 많다. Hess (1926), Owens (1971), Fahrenholz et al. (1989), Stabentheiner et al. (2003) 참조. 꿀벌 군락의 육아권 온도에 관한 상세 정보는 Himmer (1927), Owens (1971), Levin and Collison (1990), Kraus et al. (1998) 참조.

253~254쪽   일벌의 적절한 행동 수행이 번데기의 성장기 내내 온도가 섭씨 34.5~35.5도로 유지되는 데 달려 있다는 것을 입증한 두 연구는 Tautz et al. (2003)과 Groh et al. (2004)이다. 이들의 결과물은 이 협소한 온도 범위가 꿀벌 군락의 육아권에서는 전형적임을 보여준다.

255쪽   현재로서는 꿀벌이 거주하는 천연 나무 구멍의 벽 두께에 관한 좋은 데이터가 없어 정찰벌이 유망한 둥지 구멍을 점검할 때 벽의 두께도 평가하는지는 알 수 없다. 그림 5.1은 천연 나무 둥지 한 개의 벽 너비를 보여준다. 벽의 너비는 8~13센티미터(3~5인치) 범위에서 다양하다.

255쪽　그림 9.1에 있는 벌통의 등온선은 벌집 가장 중앙에 있는 벌집 틀 2개 사이, 벌통 중심면의 가로 행 12개에 올려진 열전대(thermo-couple, 熱電對) 192개의 눈금값을 바탕으로 했다. 벌통의 목재 벽 두께는 19밀리미터(0.75인치)였다.

256쪽　곤충의 비행근이 알려진 것 중에서 가장 높은 수준의 대사 활동을 한다는 것은 Bartholomew (1981)에서 다뤘다. 무게별 동력 출력율은 꿀벌의 경우 Heinrich (1980), 올림픽 조정 선수의 경우 Neville (1965)에서 가져왔다. 연료를 기계력으로 전환하는 곤충의 비행 장치 효율은 Kammer and Heinrich (1978)에서 논의한다.

257쪽　벌이 흉부 온도를 주변 온도보다 높게 얼마나 빨리 상승시킬 수 있는지에 관한 더 많은 정보는 Esch (1960)과 Heinrich (1979b) 참조. 꿀벌 일벌이 흉부 온도를 약 17도보다 높게 유지해야 하는 필요성은 Esch (1976)과 Heinrich (1979b)에 실려 있고, Josephson (1981)과 Heinrich (1977)에도 설명되어 있다. 꿀벌 일벌이 비행근의 등척성 수축을 통해 이 근육을 데우는 능력은 Esch (1964)에서 분석했다.

257쪽　꿀벌이 비행근을 데우는 것과 둥지를 따뜻하게 하는 데 똑같은 메커니즘을 사용한다는 내용은 Esch (1960)에 나와 있다. Bujok et al. (2002)와 Kleinhenz et al. (2003)은 간호벌이 벌방 덮개를 자신의 흉부로 누르거나 번데기가 들어 있는 벌방 옆의 빈 벌방에 들어간 다음 자신의 비행근으로 열을 냄으로써 번데기를 따뜻하게 해주는 방법을 설명한다.

259쪽　육아권 온도가 섭씨 37도 위로 지속되면 애벌레의 변태에 지장을 준다는 내용은 Himmer (1927)에 실려 있다. Chadwick (1931)은 섭씨 40도에서는 꿀이 가득한 벌집이 무너져내리기 시작할 거라고 보고한다. 성충 꿀벌에게 치명적인 온도 상한선은 Allen (1959b)와 Free and Spencer-Booth (1962)에 실려 있다. 꿀벌이 섭씨 15도에서 며칠간 생존할 수 있다는 것은 Free and Spencer-Booth (1960)에 나온다.

260쪽　육아권 온도가 일벌의 성장 시간에 미치는 영향에 대한 번 밀럼의 연구는 그의 논문 Milum (1930)에 실려 있다. 온도를 섭씨 30도로 몇 시간 동안만 낮춰도 백묵병 포자가 애벌레 감염에 성공하기 충분하다는 것을 발견한 아나 마우리치오의 연구는 그녀의 획기적인 논문 Maurizio (1934)에 나온다.

260쪽　백묵병 포자 감염에 대한 육아권 온도(열) 상승 반응을 발표한 연구는 Starks et al. (2000)에 실려 있다.

262쪽　약 섭씨 18도 아래로 냉각된 벌은 비행근을 활성화할 수 없다는 것을 발견한 연구는 Allen (1959b)과 Esch and Bastian (1968)이다. Free and Spencer-Booth (1960)의 연구는 약 섭씨 10도 아래로 냉각되면 벌이 저온 혼수상태에 들어간다는 것을 밝혔다.

262쪽　전도는 열이 부동의 물질을 통해 전달되는 것이다. 대류는 물질의 운동에 의해 열이 그 물질을 통해 전달되는 것이다. 그러려면 공기나 물의 흐름이 필요하다. 물의 증발은 물이 액체에서 기체로 변할 때 상당량의 열을 흡수하기 때문에 열을 빼앗는다. 열복사는 사물이 적외선 복사 같은 전자기파 복사를 방출할 때 발생하는 열전달이다.

265쪽　봉군 형성이 시작되는 온도에 관한 상세 정보는 Free and Spencer-Booth (1958), Kronenberg and Heller (1982), Southwick (1982, 1985)에 실려 있다. 겨울철 군락의 구조물과 온도의 관계에 관한 찰스 오웬스의 연구는 Owens (1971)에 실려 있다. 온도가 섭씨 14도에서 영하 10도—벌들이 봉군 수축의 하한선에 도달하는 온도—로 떨어지면 군락 봉군의 용적이 5배 줄어든다는 설명은 Owens (1971)의 그림 22를 바탕으로 했다.

265쪽　랑식 벌통에 사는 꿀벌의 월동 봉군 벌 1만 7000마리(약 2.2킬로그램/4.9파운드)의 열전도율 측정은 Southwick and Mugaas (1971)에 실려 있다. 벌과 조류 그리고 포유류의 월동 군락 열전도율의 유사성은 이 논문의 그림 5에 나와 있다.

266~267쪽　천연 나무 구멍의 벽과 다양한 인공 벌통 벽의 열전도율 차이, 그리고 이러한 차이의 결과에 관한 선구적인 연구는 Mitchell (2016, 2017)에 실려 있다.

268쪽　두 구멍의 너비, 깊이, 높이 치수는 24센티미터×24센티미터×87센티미터(9.5인치×9.5인치×34인치)로 같다. 나무 구멍은 사탕단풍나무를 맨 위의 지름이 96센티미터(37.8인치)로 잘라서 나뭇조각을 제거하고, 내부 표면을 손도끼로 매끈하게 해서 만들었다. 구멍 주변의 벽 두께는 제각기 다르다. 가장 얇은 것은 떼어낼 수 있는 앞쪽 벽(입구가 있는)으로 15센티미터(6인치), 가장 두꺼운 것은 뒷벽으로 57센티미터(22.4인치), 옆 벽의 두께는 36센티미터(14.2인치). 온도 데이터는 각 상자 위에 올려져 나무의 태양 전지판을 동력으로 하는 라즈베리파이(Raspberry Pi)의 마이크로컨트롤러 온도 센서/기록계 유닛들의 배열로 수집했다.

270쪽　섭씨 35도에서 유충 벌과 성충 벌의 통합된 휴식기 대사 수치는 Allen (1959b), Cahill and Lustick (1976), Kronenberg and Heller (1982)에서 가져왔다. 꿀벌 비행근의 최대 대사율인 1킬로그램당 500와트(파운드당 230와트)라는 수치는 Jongbloed and Wiersma (1934), Bastian and Esch (1970), Heinrich (1980)에서 가져왔다.

271쪽　간호벌이 자신의 흉부를 데워서 새끼벌방의 덮개에 대고 누름으로써 번데기 무리를 키운다는 것을 밝혀낸 연구는 Bujok et al. (2002)이다.

272~273쪽　냉각에 저항하기 위한 소집단 벌들의 강한 대사율 증가—섭씨 36도에서는 1킬로그램당 약 30와트(1파운드당 13.5와트)였다가 섭씨 5도에서는 1킬로그램당 300와트(1파운드당 135와트)—는 Cahill and Lustick (1976)에 실려 있다.

273쪽 주변 온도 및 봉군 형성의 함수로서 군락의 대사율 이야기(그림 9.7)는 Southwick (1982)에서 가져왔다.

273쪽 이탈리아에서 수행한 린다우에르의 실험은 꿀벌 군락의 온도 조절과 물 절약에 관한 그의 1954년 논문에 실려 있다. Lindauer (1954) 참조.

273쪽 육아권 내부의 온도가 섭씨 36도에 도달하면 벌들이 (냉각을 위해) 바람을 일으키기 시작한다는 최초의 두 보고서는 Hess (1926)과 Wohlgemuth (1957)이다.

274쪽 제이컵 피터스와 동료들의 연구는 Peters et al. (2017)에 실려 있다. 온도 조절과 이산화탄소 제거를 목적으로 한 꿀벌 둥지의 환기에 관한 엥얼 하젤호프의 보고는 Hazelhoff (1941)과 Hazelhoff (1954)에 실려 있다. 높은 수준의 이산화탄소에 대응해 둥지를 환기하는 것에 관한 실험적 연구는 Seeley (1974)에 실려 있다.

276쪽 꿀벌 군락의 냉각에서 물의 중요성을 입증한 캘리포니아 남부의 자연 실험은 Chadwick (1931)에 설명되어 있다.

276쪽 채집벌 연령대의 몇몇 벌이 몇 주는 아니더라도 며칠간 물 채집에 특화된다는 증거는 Lindauer (1954), Robinson et al. (1984), Kühnholz and Seeley (1997), Ostwald et al. (2016)에서 가져왔다. 물 채집벌이 어떻게 자신들의 귀환 비행 연료를 공급하는지에 대한 분석은 Visscher, Crailsheim et al. (1996)에 나온다. 꿀벌이 물을 채집하는 여러 목적은 Park (1949), Nicolson (2009), Human et al. (2006)에 설명되어 있다.

277쪽 스코틀랜드 북부 벌들의 겨울철 물 채집은 Chilcott and Seeley (2018)에 실려 있다. 적외선 카메라를 사용한 겨울철 물 채집벌의 온도 조절 기술에 관한 분석은 Kovac et al. (2010)에 설명되어 있다. 물 채집벌의 온도 조절─역시 적외선 카메라를 사용해 조사했다─에 대한 상세 정보는 Schmaranzer (2000) 참조.

278쪽 맨 꼭대기에 있는 입구가 단열이 잘된 벌통에 사는 군락의 온도와 습도에 미치는 효과에 대한 데릭 미첼의 분석을 읽으려면 Mitchell (2017) 참조.

279쪽 꿀벌 군락이 일시적인 열 압박에 시달릴 때 물 채집벌의 활성화와 비활성화에 대한 연구는 Ostwald et al. (2016)와 Kühnholz and Seeley (1997)에 실려 있다.

280쪽 벌집의 물 저장에 관한 오스트레일리아 및 남아프리카공화국 양봉가들의 보고는 Rayment (1923)와 Eksteen and Johannsmeier (1991)에 실려 있다. 물로 가득 찬 저장벌 무리에 관한 윌리스 파크의 보고서는 Park (1923)이다.

10 군락 방어

283쪽 헨리 데이비드 소로 인용문은 그의 에세이 〈산책〉에서 가져왔다. Thoreau (1862), p. 665 참조.

283쪽 벌의 방어를 뚫을 수 있다면 꿀벌 군락 일부나 전체를 먹어치울 수백 가지 동물에 대한 폭넓은 검토는 Morse and Flottum (1997) 참조.

284~285쪽 꿀벌이 그들의 전염성 질병 대부분과 오랜 진화의 역사를 갖고 있으며, 벌이 자신들의 질병 매개체를 통제하는 자연적 메커니즘을 양봉가들이 가끔 방해한다는 시각은 Bailey (1963, 1981)과 Bailey and Ball (1991)의 꿀벌병리학에 관한 권위 있는 저서에서 다루었다.

285쪽 우크라이나에서 극동 러시아 지방까지 유럽의 아피스 멜리페라 군락이 이동한 역사는 Crane (1999), pp. 366~367에 요약되어 있다.

285쪽 부모로부터 자손들로(수직적)가 아니라 유전적으로 무관한 숙주들 사이에(수평적) 쉽게 퍼지는 병원균 및 기생충에서 높은 독성이 진화한 것으로 여겨진다. 병원균/기생충의 수평적 전염이 왕성하게 번식하는 품종을 선호하며, 이 높은 번식률이 보통은 숙주에게 해를 끼치기 때문이다. 반면 수직적 전파는 병원균이나 기생충에게 다음 숙주로서 필요한 자손을 생산할 만큼 숙주가 충분히 건강하게 남아 있도록 천천히 번식하는 병원균/기생충을 선호한다. 독성의 진화가 병원균/기생충의 생태에 어떻게 좌우되는지에 대한 좀더 자세한 설명은 Ewald (1994, 1995) 참조. 꿀벌한테는 기형 날개 바이러스의 수평적 전염(무관한 군락들 사이에)이 두 가지 방식으로 발생할 수 있다. 1) 이 바이러스를 운반하는 꿀벌응애에 감염된 일벌이 감염되지 않은 군락으로 어쩌다 들어가게 됐을 때, 그리고 2) 이 바이러스를 운반하는 꿀벌응애가 있는 군락에서 일벌이 도둑질을 한 다음 이 진드기들을 집에 가져올 때.

285쪽 나는 꿀벌응애가 러시아 프리모르스키 지방의 아피스 멜리페라 군락을 감염시키기 시작한 시기에 관해 믿을 만한 정보를 찾지 못했으나, Crane (1978)은 그것이 1883년 이 지방에 아피스 멜리페라 군락을 가지고 들어온 우크라이나 소작농들의 정착 직후에 발생했다고 보고한다(Ihor Samokysh, Ukrainians Zeleny Klyn, Day Kyiv, 17 November 2011, https://day.kyiv.ua/en/article/day-after-day/ukrainians-zeleny-klyn 참조; 2018년 6월 28일 접속).

285쪽 Martin (1998), Martin (2001), Martin et al. (2012)의 연구는 꿀벌(아피스 멜리페라) 군락의 광범위한 사망률의 1차적 원인이 꿀벌응애와 바이러스, 특히 기형 날개 바이러스에 의한 벌들의 동시 감염이라고 밝혔다.

286~287쪽 극동 러시아 꿀벌의 꿀벌응애 저항력 메커니즘은 루이지애나에 있는 미국 농무부의 꿀벌 번식·유전학·생리학연구소에서 일하는 연구팀이 자세히 설명한다. 그들의 상세하고 다면적인 연구는 Rinderer, Harris et al. (2010)에 실려 있다. 극동 러시아에서 수입한 벌의 유전자에 기반한 꿀벌응애

저항력을 확실하게 입증한 통제된 현장 연구는 Rinderer, Guzman et al. (2001)에 자세히 실려 있다.

287~292쪽 스웨덴의 고틀란드섬에 고립되어 사는, 꿀벌응애에 감염된 꿀벌 개체군을 추적한 실험의 설계 및 결과물에 관한 자세한 정보는 Fries, Hansen et al. (2003), Fries, Imdorf et al. (2006), Locke (2016) 참조. 고틀란드 벌의 꿀벌응애 저항력 메커니즘에 관한 정보는 Fries and Bommarco (2007), Locke and Fries (2011), Locke (2015, 2016), Oddie, Büchler et al. (2018) 참조.

293쪽 일벌이 꽃에서 채집하는 동안 그들의 몸으로 올라가는 꿀벌응애의 놀라운 기술은 Peck et al. (2016)에 실려 있다. 이 논문에는 진드기들의 이 믿기 힘든 민첩성을 보여주는 매력적인 영상도 링크되어 있다.

294쪽 여기서 암시한 벌 사냥 방법은 Seeley (2016)에 완벽하게 실려 있다.

294~295쪽 아노트 산림에 사는 꿀벌이 이 숲에서 가장 가까운 양봉장에 사는 벌과 유전학적으로 확실하게 구별되는지 탐구한 것에 관한 더 많은 정보는 Seeley, Tarpy et al. (2015) 참조.

295~298쪽 전장 유전체 분석을 사용한 야생 군락 벌의 옛날(박물관) 표본과 최신(현대) 표본의 유전자 연구는 Mikheyev et al. (2015)에 실려 있다.

296쪽 꿀벌응애의 도착 이후 야생 꿀벌 군락 또는 버려진 꿀벌 군락 개체군의 그 밖의 붕괴(그러나 전멸은 아니다)에 관해서는 텍사스주, 애리조나주, 루이지애나주, 스웨덴, 노르웨이, 프랑스에서 보고서를 발표했다. 텍사스주는 Pinto et al. (2004), 애리조나주는 Loper et al. (2006), 루이지애나주는 Villa et al. (2008), 스웨덴은 Fries, Imdorf et al. (2006), 노르웨이는 Oddie, Dahle et al. (2017), 프랑스는 Le Conte et al. (2007)와 Kefuss et al. (2016) 참조.

298쪽 데이비드 펙의 저서는 아직 출판되지 않았지만 곧 〈유럽종 꿀벌의 생존 개체군에 도입된 기생충 꿀벌응애에 대한 복수의 행동적 저항성 메커니즘〉이란 제목의 논문에 실릴 것이다.

298쪽 진드기에 감염된 일벌 유충의 벌방 덮개를 그냥 열었다 다시 닫는 것만으로도 일벌이 꿀벌응애의 번식 성공을 효과적으로 줄일 수 있다는 증거는 Oddie, Büchler et al. (2018) 참조.

299쪽 벌 사냥에서 양봉으로의 전환 역사는 Crane (1999)에 가장 완벽하게 설명되어 있다. 양봉장에 모여 있는 군락이 야생의 흩어진 둥지에 사는 군락에 비해 얼마나 더 심한 먹이 채집 경쟁을 겪는지에 관한 정보는 Crane (1990), p. 194 참조. 꽃꿀이 없는 시기에 꿀을 도둑맞을 위험이 얼마나 더 높은지는 Free (1954)와 Downs and Ratnieks (2000), 얼마나 더 많은 번식 문제(특히 여왕벌 손실)에 시달리는지는 Crane (1990), p. 196 참조. 그리고 질병에 걸릴 위험이 얼마나 더 큰지는 Free (1958)와 Goodwin and Van Eaton (1999) 참조.

300쪽 자신이 태어나지 않은 군락으로 40퍼센트 이상의 벌이 표류한다는 수치는 Jay (1965, 1966a, 1966b)에서 가져왔다. 양봉장의 군락 사이에서 표류벌을 줄이는 다양한 방법의 효과에 관한 연구는

Jay (1965, 1966a, 1966b)와 Pfeiffer and Crailsheim (1998)에 실려 있다.

300~304쪽　여기서 기술한, 양봉장에서 붐비는 꿀벌 군락의 효과에 대한 실험 연구는 Seeley and Smith (2015) 참조. 관련 연구인 Frey and Rosenkranz (2014)는 풍경 규모(즉, 저밀도 군락이 있는 지역 vs. 고밀도 군락이 있는 지역)에서 군락 간의 간격 차이가 군락이 가을에 이웃 군락으로부터 꿀벌응애에 감염되는 비율에 얼마나 강력한 영향을 줄 수 있는지 살펴본다.

305~309쪽　꿀벌응애에 감염되었음에도 야생 군락이 살아남는 데 작은 둥지 및 빈번한 분봉이 중요한 지에 대해 조사한 실험 연구는 Loftus et al. (2016)이다.

306쪽　작은 벌통에 사는 군락은 큰 벌통에 사는 군락보다 더 자주 분봉을 한다고 밝혀낸 연구는 Simpson and Riedel (1963)이다. 군락의 진드기 중 약 50퍼센트는 성충 벌에, 50퍼센트는 봉인된 새끼벌 방에 붙어 있음을 밝혀낸 연구는 Fuchs (1990)이다.

310쪽　Donzé and Guerin (1997)은 미성숙한 꿀벌응애가 꿀벌의 봉개된 유충 벌방의 어디에서 얼마나 많은 시간을 보내는지 탁월하게 설명한다. 꿀벌응애의 연간 주기에 관한 종합적인 설명은 Rosenkranz et al. (2010) 참조. 벌방이 작을수록 미성숙한 꿀벌응애 사망률을 더 높여준다는 사실을 처음으로 밝힌 연구로는 Erickson et al. (1990)과 Medina and Martin (1999)이 있다.

310쪽　유럽종 꿀벌 군락에서 꿀벌응애에 대한 취약성을 줄이기 위해서는 작은 벌방 벌집을 제공해야 한다는 발상을 검증한 이전의 세 가지 연구는 Ellis et al. (2009), Berry et al. (2010, Coffey et al. (2010)이다. 내가 숀 그리핀과 수행한 이 발상에 대한 검증은 Seeley and Griffin (2011)에 실려 있다.

311쪽　큰 벌방이 있는 유충 벌집과 작은 벌방이 있는 유충 벌집의 충전율에 대한 존 맥멀런과 마크 브라운의 연구는 McMullan and Brown (2006)이다.

312쪽　남향 입구가 군락에 주는 이득을 밝힌 연구는 Szabo (1983a)이다.

313~315쪽　북아메리카 동부의 포유류에 대한 내 참고문헌은 Whitaker and Hamilton (1998)이다.

315쪽　프로폴리스가 꿀벌의 다양한 박테리아 및 곰팡이 병원균의 성장에 미치는 억제 효과에 관한 몇 가지 중요한 체외 연구는 Antúnez et al. (2008), Bastos et al. (2008), Bilikova et al. (2013), Lindenfelser (1968), Wilson et al. (2015)이다.

316~319쪽　여기서 요약한 말라 스피박의 실험실 연구는 두 권의 논문, 즉 Simone et al. (2009)와 Borba et al. (2015)에 실려 있다. 꿀벌 둥지에 프로폴리스가 건강상 이득─군락의 프로폴리스 채집 강도와 그것의 수명 및 유충 생존력과의 밀접한 상관관계─을 준다는 강력한 증거를 제시하는 또 다른 연구는 Nicodemo et al. (2014)이다.

11 다윈식 양봉

321쪽 레슬리 베일리 인용문은 그의 저서 《꿀벌 병리학》에서 가져왔다. Bailey (1981), p. 7 참조.

321쪽 다윈식 양봉 개념은 Williams and Nesse (1991)과 Nesse and Williams (1994)에서 논의한 것처럼 다윈식 의학의 개념을 양봉이란 주제에 적용하는 것이다. 다윈식 의학과 다윈식 양봉 둘 다의 근본적 통찰은 생물체는 현대의 환경(현재의 환경)과 그들이 살도록 진화해온 환경(진화적 적응의 환경) 사이의 차이를 겪는다는 것, 그리고 생물체는 그들의 현대적 환경의 새로움에 대처할 채비가 안 되어 있기가 십상이므로 이러한 차이가 많은 문제를 유발한다는 것이다.

324쪽 프랑스 남서부 랑드 지방 군락의 이례적인 유충 연간 주기가 유전자에 바탕을 둔 적응적 특성이라고 밝힌 실험은 Louveaux (1973)과 Strange et al. (2007)에 실려 있다. Hatjina et al. (2014)는 군락 성장의 시기에 지역별 적응 차이를 탐구한 대규모 연구를 설명한다. 여기서 저자들은 서양종 꿀벌의 다섯 가지 아종인 카니올란종, 이탈리안종, 마케도니안종, 유럽흑색종, 시칠리안종(siciliana)을 사용한 시험 분석에 대해 기술한다.

324쪽 양봉장의 밀집 군락이 군락의 번식 및 질병 전파 문제에 미치는 영향을 구체적으로 살펴본 연구는 Seeley and Smith (2015)이다. Brosi et al. (2017)은 벌통/벌집 밀도가 전염병의 전파에서 핵심 역할을 한다는 것을 보여주는 전염병학의 모델을 제시한다.

325쪽 벌통의 크기가 벌꿀 생산량과 유충 질병 문제에 미치는 영향을 명쾌하게 살펴본 연구는 Loftus et al. (2016)이다.

325쪽 군락의 둥지 구멍(또는 벌통) 벽을 프로폴리스로 코팅하는 것이 일벌의 면역 체계에 미치는 영향에 대한 실험은 Borba et al. (2015)에 실려 있다.

325쪽 나무 구멍의 벽과 표준 목재 벌통의 벽 사이의 단열값 차이, 그리고 이러한 차이가 군락의 온도 조절 에너지학에 미치는 영향에 관한 최고의 정보 출처는 Mitchell (2016)이다.

325~326쪽 내가 아는 한 둥지 입구의 높이가 겨울철 지면에 눈이 있을 때 세척 비행을 감행하는 위험에 미치는 영향에 관한 연구는 발표된 적이 없다. 하지만 나는 내 실험실에 붙어 있는 창고의 완만하게 경사진 지붕 위에 두 군락을 올려놓고, 인근 지표면의 벌통 받침대에 두 군락을 더 올려놓은 후 예비 연구를 수행한 적이 있다. 약 20센티미터(8인치)의 눈이 땅을 덮었을 때 높은 벌통에서 나간 벌들은 눈보다 약 200센티미터(약 6.5피트) 위에서 출발한 반면, 낮은 벌통에서 나간 벌들은 겨우 몇 센티미터(1~2인치) 위에서 출발했다. 화창한 겨울날 벌이 세척 비행을 할 만큼 공기가 따뜻한 사흘 동안 나는 이 4개의 벌통으로부터 날아서 바깥의 눈 위로 추락한 벌의 수를 세보았다. 높은 벌통 2개에서는 평균적으로 화창한 1일당 8마리인 반면, 낮은 벌통에서는 113마리였다.

326쪽 수벌 생산의 억제가 군락의 꿀 생산을 증대시킨다는 증거는 Seeley (2002)에, 그것이 꿀벌응애의 번식을 둔화시킨다는 증거는 Martin (1998)에 실려 있다.

326~327쪽 여러 조사자가 꿀벌 둥지의 벌방 배분 패턴을 창출하는 일벌의 행동 원칙을 탐구해왔다. 선구적인 연구는 벌들이 둥지의 최종 배치에 대한 전반적인 지식('청사진') 없이 단순한 원칙을 따름으로써 이러한 패턴을 창출할 수 있음을 보여준 Camazine (1991)과 Camazine et al. (1990)에 실려 있다. Johnson (2009)는 둥지 맨 위쪽에 주로 꽃꿀을 저장하는 패턴을 만들기 위해 거기에 꽃꿀 저장벌의 움직임을 치중하게끔 하는 중력 기반 원칙을 추가했다. Montovan et al. (2013)이 수행한 가장 최근의 연구는 두 가지 행동 원칙을 덧붙인다. 1) 일벌의 꽃꿀과 꽃가루 소비는 유충의 밀도에 달려 있다. (유충 근처가 가장 강하다.) 2) 여왕벌의 움직임은 온도 변화에 반응해 벌집의 중앙부에 치중해 있다. 꿀벌 둥지의 벌방 배분 패턴을 창출하고 유지하는 메커니즘이 풍부하다는 것은 이러한 패턴이 벌에게 적응적 가치를 갖는다는 강력한 표시다.

327쪽 한밤중에 군락을 새로운 장소로 이동하는 것이 그다음 주에 군락의 무게 증가분을 감소시킬 수 있다는 증거는 Moeller (1975)에 실려 있다.

327쪽 군락을 방해하는 것이 군락의 그날 무게 증가분(꿀 생산량)에 미치는 영향을 측정한 연구는 Taber (1963)에 실려 있다.

327쪽 꿀벌응애(그리고 그것이 퍼뜨리는 바이러스)가 수백만 꿀벌 군락을 죽였다는 설명은 Martin et al. (2012)에서 가져왔다.

328쪽 간호벌의 식단에서 다양한 꽃가루의 효과에 대한 연구는 Di Pasquale et al. (2013)에 실려 있다.

328쪽 다양한 꽃가루 대체물과 진짜 꽃가루의 효과를 비교하는 연구는 Oliver (2014) 참조. Randy Oliver, A comparative test of the pollen subs, ScientificBeekeeping.com(n.d.), http://scientificbeekeeping. com/a-comparative-test-of-the-pollen-sub/도 참조. 올리버는 "천연 꽃가루의 지배력이 여전히 지대하다"는 것을 알아냈다. 꽃가루 압박이 있는 군락에서 성장한 일벌이 질낮은 채집벌이 된다는 것을 입증한 연구는 Scofield and Mattila (2015)에 실려 있다.

328쪽 북아메리카 꿀벌 군락에서 보이는 높은 수준의 농약을 기록한 연구는 Mullin et al. (2010) 참조. Traynor et al. (2016)은 군락이 꿀을 생산하거나 소작지 마당에 앉아 있을 때보다 수분 서비스(사과, 블루베리, 크랜베리, 감귤류, 오이를 위해)를 수행하는 중 살충제와 살진균제에 중독될 위험이 더 높다고 보고한다. 다른 연구들은 상업적 수분 환경은 인근의 비재배 식물로 살충제가 이동하면서 여름내 살충제 노출 경로를 창출하기 때문에 거의 언제나 꿀벌 관리 군락을 높은 수준의 잔여 살충제에 노출시킨다고 밝힌다[Botías et al. (2015)].

328~329쪽 꿀벌응애 처치 없이 살아남은 야생 꿀벌 군락 개체군으로 알려진 것들을 검토하려면 Locke (2016) 참조. 꿀벌 군락을 진드기 살충제와 항생제로 처치하면 어떻게 그들의 미생물군 유전체를 바

꿀 수 있는지 조사한 논문으로는 Engel et al. (2016) 참조.

329쪽 Loftus et al. (2016)의 연구는 꿀벌응애 및 백묵병(원인이 되는 매개체는 아스코스파에라 아피스 곰팡이)과 미국부저병(원인이 되는 매개체는 파에니바실루스 애벌레) 같은 유충이 들어 있는 벌방에서 번식하는 질병 매개체의 폭발적 개체군 증가에 대한 취약성의 관점에서 큰 벌통에 사는 군락과 작은 벌통에 사는 군락을 비교했다.

329~330쪽 단위 중량 1의 밀랍을 생산하는 데 소비되는 꿀의 단위 중량이 5라는 수치는 Hepburn (1986)에서 분석한 Weiss (1965)의 데이터에서 가져왔다.

330쪽 일벌이 여왕벌을 키울 때 특정 부계의 애벌레를 선호할 수 있음을 알아낸 것은 Moritz, Lattorff et al. (2005)의 연구다. 어떤 때는 이것이 일벌들 사이에 제대로 나타나지 않는 아과(亞科: 생물에서 과와 속의 수준 사이에 있는 분류 그룹—옮긴이)이기도 하다.

332쪽 벌 유인통의 제작 및 사용에 대해서는 Seeley (2012)와 Seeley (2017b)의 논문, 그리고 Magnini (2015)에 설명되어 있다.

332쪽 군락 사이에 기생충 및 병원균 전파를 줄이기 위한 목적으로 군락 간격을 떨어뜨리는 것이 효과적이라는 증거는 Seeley and Smith (2015)에 실려 있으며, 참고문헌 또한 인용되어 있다.

332~333쪽 군락의 질병 부하를 낮추는 데 벌통 크기를 줄이는 것의 효과는 Loftus et al. (2016)에 설명되어 있다.

333쪽 벌통의 내벽 표면에 두꺼운 프로폴리스 코팅을 한다는 증거는 Simone-Finstrom and Spivak (2010)에 실려 있다.

333쪽 벌통의 천장과 벽의 두꺼운 단열이 군락의 온도 조절에 미치는 영향은 Mitchell (2016, 2017)에 실려 있다.

336쪽 '진드기 폭탄' 현상을 창출하는 벌의 행동은 최근에 분석되었다(Peck and Seeley, 근간). 붕괴된 군락 근처의 군락이 꿀벌응애에 갑자기 높은 감염을 보이는 주된 메커니즘은 인근의 건강한 군락 채집벌이 죽은 군락에서 꿀을 훔치는 것이다. 진드기는 일벌이 가만히 앉아서 죽은 군락의 꿀을 자기 몸에 채우고 있을 때 그 위로 올라타는 데 상당히 능숙하다(Peck and Seeley, 근간).

337쪽 작물의 꽃가루 매개자로서 아피스 멜리페라의 엄청난 중요성은 전 세계의 작물 수분 서비스에 관한 Kleijin et al. (2015)의 상세한 연구에 실려 있다. 여기에는 5개 대륙에 걸쳐 분포하는 1394개의 작물 밭에서 수행한 90개의 연구로부터 가져온 데이터를 기반으로 계산한 다양한 벌 품종의 작물 생산 가치도 포함되어 있다. 각 연구에서 조사자들은 최대 생산량을 위해 벌의 수분에 달려 있는 한 작물의 꽃을 방문하는 벌의 풍도와 밀도를 측정했다. 20개의 각기 다른 작물을 조사했는데, 평균적으로 꿀벌은 1헥타르당 2913달러(1에이커당 1179달러)의 작물 생산에 기여한 반면, '야생 벌' 공동체(꿀벌이 아닌 모든 벌)는 1헥타르당 3241달러(1에이커당 1316달러)의 작물 생산에 기여했다. 이는 꿀벌이 거의 그 밖에 모든 종류의 벌이 기여하는 생산 가치를 합친 것만큼 작물 생산에 기여한다는 것을 보여준다.

338쪽 　전통적인 형태의 꿀벌 관리와는 다른 종류의 양봉을 기술하는 데 사용해온 여러 이름에 대한 논의는 Phipps (2016) 참조. 핍스는 각기 이름은 달라도 그것들이 전부 벌이 천연 재료로 만든 집에서 살고, 자신들의 벌집을 마음대로 짓고, 자신들이 적당하다고 생각할 때 분봉을 하고, 질병을 스스로 처리하도록 내버려두길 원하는 양봉가들이 사용하는 방법을 지칭한다고 지적한다.

338쪽 　Heaf (2010)은 최초로 전통적인 양봉이 건강에 미치는 영향, 그리고 자신의 벌에 대한 양봉가들의 태도에 관해 상세한 논의를 제공한다. Neumann and Blacquière (2016)과 Seeley (2017c)는 최초로 전통적인 양봉 관행―예를 들어 질병 처치, 프로폴리스 사용에 대한 인공 선택, 양봉장의 밀집된 군락―이 건강한 꿀벌 군락의 자연 선택을 방해하는 다양한 측면을 체계적으로 검토했으며, 양봉 문제점의 지속적인 해결책은 자연 선택의 힘을 온전히 이용할 때 찾을 확률이 가장 높다고 제안한다. Blacquière and Panziera (2018)은 인공 선택이 아닌 자연 선택이 꿀벌응애 및 그 밖의 환경적 위협에 대해 자연적 저항력을 가진 벌을 얻는 방향으로 나아가는 주된 방법이 되게끔 해야 한다고 명백하게 간청한다.

감사의 글

지난 40년간 조금씩 꿀벌 군락이 야생에서 어떻게 사는지에 관해 많은 것이 알려졌다. 이 책에 요약한 지식 대부분은 나와 내 제자들이 종종 여러 대학에 기반을 둔 생물학자들과의 협업으로 수행한 연구에서 나왔다. 참여한 모든 이에게 감사드린다. 내 공동 연구자들을 시간적 순서에 따라 소개한다. Roger. A. Morse, Richard D. Fell, John T. Ambrose, D. Michael Burgett, David De Jong, Daniel H. Seely, P. Kirk Visscher, Paul W. Sherman, H. Kern Reeve, Scott Camazine, Susanne Kühnholz, Anja Weidenmüller, Susanne C. Buhrmann, Philip T. Starks, Caroline A. Blackie, Alexander S. Mikheyev, Stephen C. Pratt, Jürgen Tautz, David C. Gilley, David R. Tarpy, Brrian R. Johnson, Adrian M. Reich, Kevin M. Passino, Jun Nakamura, Heather R. Mattila, Katherine M. Burke, Madeleine B. Girard, Barrett A. Klein, Juliana Rangel, Sean R. Griffin, Kathryn J. Montovan, Nathaniel Karst, Laura E. Jones, Michael L. Smith, Madeleine M. Ostwald, Carter Loftus, Deborah A. Delaney, Ann B. Chilcott, David T. Peck, Hailey N. Scofield, Robin Radcliffe가 그들이다. 이 많은 사람들이 꿀벌에 관한 연구를 계속하고 있으며, 연구 소재는 절대 고갈되지 않을 것이라고 확신한다.

나는 또한 이 기회를 빌려 코넬 대학교 다이스 꿀벌연구소의 첫 번째 소장을 역임한 고

(故) 로저 모스 교수에게 인생에서 나의 길을 찾게 도와주신 데 대해 무한한 감사를 표하고자 한다. 그는 내가 학부생일 때 매년 여름 자신의 연구소에서 일할 수 있도록 나를 고용했고, 내가 천연 꿀벌 둥지를 조사할 때는 내게 필요한 것—픽업트럭, 전기톱, 연구소 공간, 메인주의 전직 벌목꾼인 허브 넬슨의 도움—을 제공했다. 로저는 자신의 제자들 하나하나가 자신만의 프로젝트를 찾게 해줬다. 그는 우리가 연구 자금을 얻도록 도와준 다음에는 마음대로 연구할 수 있도록 해줬다. 그가 이 책을 읽을 수 없고, 나에 대한 그의 지원이 어떤 결과를 낳았는지 볼 수 없다는 게 못내 안타깝다.

대학원에 갈 때가 되었을 때 하버드 대학교의 유명한 '개미 사나이' 2명, 곧 베르트 횔도블러와 에드워드 윌슨(Edward O. Wilson)은 나를 그들의 프로그램에 기꺼이 받아들여줬다. 그들의 연구팀에 합류하면서 나는 모든 종류의 사회적 동물에 대한 행동 및 진화를 연구하는 사람들과 교류했고, 이것이 생물학자로서 나의 시각을 넓혀줬다. 나는 이 신사분들에게 큰 빚을 졌다. 1976년 가을, 나는 하버드 대학교 비교동물학박물관의 사무실을 당시 《뒤영벌 경제학(Bumblebee Economics)》이라는 훌륭한 저서를 집필하고 있던 베른트 하인리히(Bernd Heinrich)와 나눠 썼는데, 그에게도 내게 또 한 명의 엄청나게 중요한 스승이자 롤 모델이 되어준 데 대해 감사드린다.

그 밖의 많은 분들이 이 책이 세상의 빛을 보는 데 도움을 줬는데, 그들에게도 감사하고 싶다. 허브 넬슨은 전기톱 작동 방법, 큰 나무를 베어 넘어뜨리는 방법, 깊은 숲속으로 픽업트럭을 몰고 가서 다시 빠져나오는 방법 등등 야생 꿀벌 군락의 둥지를 연구하는 데 필요한 모든 귀한 기술을 내게 가르쳐줬다. 각각 코넬 대학교 아노트 산림의 관리자이고 운영자인 Alfred Fontana과 Donald Schaufler 그리고 Aaron Moen과 Peter Smallidge 교수는 내가 이 멋진 숲에서 지난 40년간 자유롭게 일할 수 있도록 허락해줬다. 스웨덴 농업과학대학교의 Barbara Locke Grandér는 내게 고틀란드섬에서 스스로를 지키기 위해 남겨진 꿀벌 군락의 장기적 실험에 대해 끊임없이 정보를 줬다. 2016년 '대담한 벌 학회(Bee Audacious Conference)'를 창립한 Bonnie Morse와 Gary Morse는 다원식 양봉에 대한 나의 생각을 집대성하는 원동력이 되었다. Ann B. Chilcott, David T.

Peck, Leo Sharashkin, Michael Smith, Francis Ratnirks, Mark Winston은 여러 장의 원고를 읽고 내게 개선할 만한 많은 제안을 해줬다.

간접적이지만 비판적인 방식으로 내 작업을 지원해준 다른 이들도 있다. 나는 예일 대학교와 코넬 대학교의 기관적 차원에서의 지원과 미국 국립과학재단, 미국 농무부, 독일의 알렉산더 폰 훔볼트 재단, 북미 꽃가루 매개자 보호 캠페인(North American Pollinator Protection Campaign), 동부양봉협회, 꿀벌자본재단(Honeybee Capital Foundation)에 감사드린다. 수년에 걸친 이들의 지원은 많은 재정적 문제를 덜어주었다. 이들 기관과 단체에 따뜻한 감사를 보낸다.

또 이 책의 모든 도해를 제작해준 Margaret C. Nelson에게도 고마움을 전한다. 마거릿과 나는 30년 넘게 함께 일해왔고, 양적 정보의 시각적 표현에 대해서는 전적으로 그녀의 조언에 의존한다. 나는 또한 이 책을 위해 사진을 제공해준 많은 이들, 곧 Renata Borba, Laurie Burnham, Scott Camazine, Ann Chilcott, Linton Chilcott, Jenny Cullinan, Megan Denver, Mary Holland, Zachary Huang, Rustyem Ilyasov, Gene Kristsky, Kenneth Lorenzen, Åke Lyberg, Andrzej Oleksa, Robin Radcliff, Juliana Rangel, Michael Smith, Armin Spürgin, Jürgen Tautz, Eric Tourneret, Alexander Wild에게도 감사한다. 그들의 사진은 내가 야생 꿀벌의 삶에 대한 이야기를 생생하게 소개하는 데 도움을 주었다.

내게 이 책을 쓰도록 용기를 주고 이 도전을 시작하고 난 뒤에는 소중한 지침을 주었던 프린스턴 대학교 출판부의 생물학 및 지구과학 편집장 Alison Kalett에게 나의 심심한 감사를 표현할 수 있어 영광이다. 아울러 사려 깊은 편집으로 나를 도와준 Amy Hughes와 제작 과정 전반에 걸쳐 능수능란하게 원고의 중심을 잡아준 Brigitte Pelner에게도 고마움을 전한다.

마지막으로 현장생물학 동료이면서 숲에 사는 꿀벌을 연구하려는 나의 열정을 이해해주는 아내 Robin Hadlock Seeley, 그리고 나를 격려해주고 이 책의 적절한 제목을 찾는 데 도움을 준 두 딸 Saren과 Maira에게 특별히 감사를 전하고 싶다.

그림 저작권

그림 1.1. **왼쪽:** Photo by Thomas D. Seeley. **오른쪽:** Photo by Felix Remter.

그림 1.2. Modified from fig. 2.2 in Ruttner, F., 1992, *Naturgeschichte der Honigbienen*, Ehrenwirth, Munich.

그림 1.3. Modified from fig. 1 in Kritsky, G., 1991, Lessons from history: The spread of the honey bee in North America, *American Bee Journal* 131: 367-370.

그림 1.4. Modified from fig. 4 in Mikheyev, A. S., M. M. Y. Tin, J. Arora, and T. D. Seeley, 2015, Museum samples reveal rapid evolution by wild honey bees exposed to a novel parasite, *Nature Communications* 6: 7991, doi:10.1038/ncomms8991.

그림 1.5. Photo by Thomas D. Seeley.

그림 2.1. Aerial photo from Google Earth.

그림 2.2. Photo by Thomas D. Seeley

그림 2.3. Photo provided by Rustem A. Ilyasov.

그림 2.4. **위:** Aerial photo from Google Earth, with boundary lines added by Michael L. Smith. **아래:** Photo by Thomas D. Seeley.

그림 2.5. Photo by Thomas D. Seeley.

그림 2.6. Original drawing by Margaret C. Nelson.

그림 2.7. Photo by Juliana Rangel.

그림 2.8. Photo by Andrzej Oleksa.

그림 2.9. Photos by Thomas D. Seeley.

그림 2.10. Photo by Alex Wild.

그림 2.11. Original drawing by Margaret C. Nelson, based on data in Loper, G., 1997, Over-winter losses of feral honey bee colonies in southern Arizona, 1992-1997, *American Bee Journal* 137: 446; and Loper, G. M., D. Sammataro, J. Finley, and J. Cole, 2006, Feral honey bees in southern Arizona 10 years after *Varroa* infestation, *American Bee Journal* 134: 521-524.

그림 2.12. Photo by Mary Holland.

그림 2.13. Original drawing by Margaret C. Nelson.

그림 2.14. Photo by Thomas D. Seeley.

그림 2.15. Photo by Thomas D. Seeley.

그림 3.1. Photo provided by Laurie Burnham.

그림 3.2. Reproductions by Margaret C. Nelson. 왼쪽: Based on drawing in Hernández-Pacheco, E., 1924, *Las Pinturas Prehistóricas de Las Cuevas de la Araña (Valencia)*, Museo Nacional de Ciencas Naturales, Madrid. 오른쪽: Based on drawing in Dams, M., and L. Dams, 1977, Spanish rock art depicting honey gathering during the Mesolithic, *Nature* 268: 228-230.

그림 3.3. Reproduction by Margaret C. Nelson of fig. 20.3a in Crane, E., 1999, *The World History of Beekeeping and Honey Hunting*, Routledge, New York.

그림 3.4. Photo provided by Gene Kritsky.

그림 3.5. Photo provided by Rustem A. Ilyasov.

그림 3.6. From Münster S., 1628, *Cosmographia*, Heinrich Petri, Basel, Switzerland.

그림 3.7. Photo by Thomas D. Seeley.

그림 3.8. From Cheshire, F. R., 1888, *Bees and Bee-Keeping; Scientific and Practical*, vol. 2: *Practical*, L. Upcott Gill, London.

그림 4.1. Photo provided by Eric Tourneret.

그림 4.2. Photo provided by Jenny Cullinan.

그림 4.3. Photo from PhD thesis of Lloyd R. Watson: Watson, L. R., 1928, Controlled mating in honeybees, *Quarterly Review of Biology* 3: 377-390.

그림 4.4. Original drawing by Margaret C. Nelson, based on data in Rothenbuhler, W. C., 1958, Genetics and breeding of the honey bee, *Annual Review of Entomology* 3: 161-180.

그림 4.5. Photo by Alex Wild.

그림 4.6. Photo by Ann B. Chilcott.

그림 4.7. Photo by Alex Wild.

그림 5.1. Photos by Thomas D. Seeley.

그림 5.2. Original drawing by Margaret C. Nelson, based on original data of Thomas D. Seeley and data in Seeley, T. D., and R. A. Morse, 1976, The nest of the honey bee (*Apis mellifera* L), *Insectes Sociaux* 23: 495-512.

그림 5.3. Original drawing by Margaret C. Nelson, based on data in Seeley, T. D., and R. A. Morse, 1976, The nest of the honey bee (*Apis mellifera* L), *Insectes Sociaux* 23: 495-512.

그림 5.4. Photo by Thomas D. Seeley.

그림 5.5. Photo by Scott Camazine.

그림 5.6. Photo by Thomas D. Seeley.

그림 5.7. Photo by Thomas D. Seeley.

그림 5.8. Photo by Alex Wild.

그림 5.9. Photo by Armin Spürgin.

그림 5.10. Original drawing by Margaret C. Nelson. Drawing on right is based on fig. 11 in Martin, H., and M. Lindauer, 1966, Sinnesphysiologische Leistungen beim Wabenbau der Honigbiene, *Zeitschrift für Vergleichende Physiologie* 53: 372-404.

그림 5.11. Original drawing by Margaret C. Nelson, based on data in Smith, M. L., M. M. Ostwald, and T. D. Seeley, 2016, Honey bee sociometry: Tracking honey bee colonies and their nest contents from colony founding until death, *Insectes Sociaux* 63: 553-563.

그림 5.12. Original drawing by Margaret C. Nelson, based on data in Pratt, S. C., 1999, Optimal timing of comb construction by honeybee (*Apis mellifera*) colonies: A dynamic programming model and experimental tests, *Behavioral Ecology and Sociobiology* 46: 30-42.

그림 5.13. 위: Photo by Thomas D. Seeley. 아래: Original drawing by Margaret C. Nelson, based on data in Seeley, T. D., and R. A. Morse, 1976, The nest of the honey bee (*Apis mellifera* L), *Insectes Sociaux* 23: 495-512; and in Smith, M. L., M. M. Ostwald, and T. D. Seeley, 2016, Honey bee sociometry: Tracking honey bee colonies and their nest contents from colony founding until death, *Insectes Sociaux* 63: 553-563; and on data collected (but not reported) in Seeley, T. D., 2017, Life-history traits of honey bee colonies living in forests around Ithaca, NY, USA, *Apidologie* 48: 743-754.

그림 5.14. Original drawing by Margaret C. Nelson, based on figure in Pratt, S. C., 1998,

Decentralized control of drone comb construction in honey bee colonies, *Behavioral Ecology and Sociobiology* 42: 193-205.

그림 5.15. Photo by Kenneth Lorenzen.

그림 5.16. Original drawing by Margaret C. Nelson, based on data in Nakamura, J., and T. D. Seeley, 2006, The functional organization of resin work in honeybee colonies, *Behavioral Ecology and Sociobiology* 60: 339-349.

그림 6.1. Photo by Zachary Huang, beetography.com.

그림 6.2. Original drawing by Margaret C. Nelson, based on fig. 4.1 in Seeley, T. D., 1985. *Honeybee Ecology*, Princeton University Press, Princeton, New Jersey.

그림 6.3. Photo by Kenneth Lorenzen.

그림 6.4. Original drawing by Margaret C. Nelson, based on fig. 4.2 in Seeley, T. D., 1985. *Honeybee Ecology*, Princeton University Press, Princeton, New Jersey.

그림 6.5. Original drawing by Margaret C. Nelson, based on data in fig. 3 in Smith, M. L., M. M. Ostwald, and T. D. Seeley, 2016, Honey bee sociometry: Tracking honey bee colonies and their nest contents from colony founding until death, *Insectes Sociaux* 63: 553-563.

그림 7.1. Photo by Kenneth Lorenzen.

그림 7.2. Original drawing by Margaret C. Nelson, based on fig. 2 in Page, R. E., Jr., 1981, Protandrous reproduction in honey bees, *Environmental Entomology* 10: 359-362.

그림 7.3. Photos by Michael L. Smith.

그림 7.4. Original drawing by Margaret C. Nelson.

그림 7.5. Photo by Thomas D. Seeley.

그림 7.6. Photo by Megan E. Denver.

그림 7.7. Original drawing by Margaret C. Nelson.

그림 7.8. Photo by Alex Wild.

그림 7.9. Original drawing by Margaret C. Nelson, based on fig. 2 in Rangel, J., H. K. Reeve, and T. D. Seeley, 2013, Optimal colony fissioning in social insects: Testing an inclusive fitness model with honey bees, *Insectes Sociaux* 60: 445-452.

그림 7.10. Original drawing by Margaret C. Nelson, based on fig. 2 in Ruttner, F., and H. Ruttner, 1966, Untersuchungen über die Flugaktivität und das Paarungsverhalten der Drohnen. 3. Flugweite and Flugrichtung der Drohnen, *Zeitschrift für Bienenforschung* 8: 332-354.

그림 7.11.   Original drawing by Margaret C. Nelson.

그림 7.12.   Original drawing by Margaret C. Nelson, based on data in Tarpy, D. R., D. A. Delaney, and T. D. Seeley. 2015. Mating frequencies of honey bee queens (*Apis mellifera* L.) in a population of feral colonies in the northeastern United States. *PLoS ONE* 10 (3): e0118734.

그림 8.1.   Photo by Alex Wild.

그림 8.2.   Original drawing by Margaret C. Nelson.

그림 8.3.   Photo by Kenneth Lorenzen.

그림 8.4.   Photo by Alex Wild.

그림 8.5.   Original drawing by Margaret C. Nelson.

그림 8.6.   Original drawing by Margaret C. Nelson. 위: Based on data in fig. 5 in Visscher, P. K., and T. D. Seeley, 1982, Foraging strategy of honeybee colonies in a temperate deciduous forest, *Ecology* 63: 1790-1801. 아래: Based on data in table 13 in von Frisch, K., 1967, *The Dance Language and Orientation of Bees*, Harvard University Press, Cambridge, Massachusetts.

그림 8.7.   위: Photo by Thomas D. Seeley. 아래: Original drawing by Margaret C. Nelson.

그림 8.8.   Original drawing by Margaret C. Nelson, based on data in fig. 3 in Visscher, P. K., and T. D. Seeley, 1982, Foraging strategy of honeybee colonies in a temperate deciduous forest, *Ecology* 63: 1790-1801.

그림 8.9.   Original drawing by Margaret C. Nelson, based on fig. 1 in Seeley, T. D., S. Camazine, and J. Sneyd, 1991, Collective decision-making in honey bees: How colonies choose among nectar sources, *Behavioral Ecology and Sociobiology* 28: 277-290.

그림 8.10.   Original drawing by Margaret C. Nelson, based on fig. 3 in Peck, D. T., and T. D. Seeley, forthcoming, Robbing by honey bees in forest and apiary settings: Implications for horizontal transmission of the mite *Varroa destructor*, *Journal of Insect Behavior*.

그림 9.1.   Original drawing by Margaret C. Nelson, based on part E of fig. 5 in Owens, C. D., 1971, The thermology of wintering honey bee colonies, *Technical Bulletin, United States Department of Agriculture* 1429: 1-32.

그림 9.2.   Photo by Jürgen Tautz.

그림 9.3.   Original drawing by Margaret C. Nelson, based on fig. 3 in Starks, P. T., C. A. Blackie, and T. D. Seeley, 2000, Fever in honeybee colonies, *Naturwissenschaften* 87: 229-231.

그림 9.4.   Original drawing by Margaret C. Nelson, based on part A of fig. 5 in Owens, C. D.,

1971, The thermology of wintering honey bee colonies, *Technical Bulletin, United States Department of Agriculture* 1429: 1-32.

그림 9.5. Original drawing by Margaret C. Nelson, based on fig. 3 in Mitchell, D., 2016, Ratios of colony mass to thermal conductance of tree and man-made nest enclosures of *Apis mellifera*: Implications for survival, clustering, humidity regulation and *Varroa destructor*, *International Journal of Biometeorology* 60: 629-638.

그림 9.6. **위:** Photos by Robin Radcliffe. **아래:** Original drawing by Margaret C. Nelson.

그림 9.7. Original drawing by Margaret C. Nelson, based on fig. 2 in Southwick, E. E., 1982, Metabolic energy of intact honey bee colonies, *Comparative Biochemistry and Physiology* 71: 277-281.

그림 9.8. **위:** Photo by Thomas D. Seeley. **아래:** Original drawing by Margaret C. Nelson, based on fig. 1 in Peters J. M., O. Peleg, and L. Mahadevan, 2019. Collective ventilation in honeybee nests, *Journal of the Royal Society Interface* 16: 20180561. doi.org/10.1098/rsif.2018.0561.

그림 9.9. Photo by Linton Chilcott.

그림 9.10. Original drawing by Margaret C. Nelson, based on fig. 3 in Ostwald M. M., M. L. Smith, and T. D. Seeley, 2016, The behavioral regulation of thirst, water collection and water storage in honey bee colonies, *Journal of Experimental Biology* 219: 2156-2165.

그림 10.1. Original drawing by Margaret C. Nelson, based on fig. 1 in Rinderer, T. E., L. I. de Guzman, G. T. Delatte, J. A. Stelzer, and 5 more authors, 2001, Resistance to the parasitic mate *Varroa destructor* in honey bees from far-eastern Russia, *Apidologie* 32: 381-394.

그림 10.2. Photo by Åke Lyberg.

그림 10.3. Original drawing by Margaret C. Nelson, based on figs. 1, 2, and 3 and on data in table 1 in Fries, I., A. Imdorf, and P. Rosenkranz, 2006, Survival of mite infested (*Varroa destructor*) honey bee (*Apis mellifera*) colonies in a Nordic climate, *Apidologie* 37: 564-570.

그림 10.4. Aerial photo from Google Earth, with locations of wild honey bee colonies added by Thomas D. Seeley.

그림 10.5. Original drawing by Margaret C. Nelson, based on fig. 3 in Mikheyev, A. S., M. M. Y. Tin, J. Arora, and T. D. Seeley, 2015, Museum samples reveal rapid evolution by wild honey bees exposed to a novel parasite, *Nature Communications* 6: 7991, doi:10.1038/ncomms8991.

그림 10.6. Original drawing by Margaret C. Nelson, based on fig. 1 in Seeley, T. D., and M. L.

Smith, 2015, Crowding honeybee colonies in apiaries can increase their vulnerability to the deadly ectoparasitic mite *Varroa destructor*, *Apidologie* 46: 716-727.

그림 10.7.   Photo by Thomas D. Seeley.

그림 10.8.   Original drawing by Margaret C. Nelson, based on fig. 1 and fig. 3 in Loftus, J. C., M. L. Smith, and T. D. Seeley, 2016, How honeybee colonies survive in the wild: Testing the importance of small nests and frequent swarming, *PLoS ONE* 11 (3): e0150362, doi:10.1371/journal.pone.0150362.

그림 10.9.   Photos by Thomas D. Seeley.

그림 10.10.   Photo by Renata S. Borba.

그림 10.11.   Original drawing by Margaret C. Nelson, based on fig. 3 in Borba, R. S., K. K. Klyczek, K. L. Mogen, and M. Spivak, 2015, Seasonal benefits of a natural propolis envelope to honey bee immunity and colony health, *Journal of Experimental Biology* 218: 3689-3699.

참고문헌

Able, K. P., and J. R. Belthoff. 1998. Rapid 'evolution' of migratory behavior in the introduced house finch of eastern North America. *Proceedings of the Royal Society of London B* 265: 2063-2071.

Allen, M. D. 1956. The behaviour of honeybees preparing to swarm. *Animal Behaviour* 4: 14-22.

____. 1958. Shaking of honeybee queens prior to flight. *Nature* 181: 68

____. 1959a. The occurrence and possible significance of the 'shaking' of honeybee queens by the workers. *Animal Behaviour* 7: 66-69.

____. 1959b. Respiration rates of worker honeybees at different ages and at different temperatures. *Journal of Experimental Biology* 36: 92-101.

Allen, M. D., and E. P. Jeffree. 1956. The influence of stored pollen and of colony size on the brood rearing of honeybees. *Annals of Applied Biology* 44: 649-656.

Allmon, W. D., M. P. Pritts, P. L. Marks, B. P. Epstein, D. A. Bullis, and K. A. Jordan. 2017. *Smith Woods: The Environmental History of an Old Growth Forest Remnant in Central New York State*. Paleontological Research Institution, Ithaca, New York.

Anderson, D. L., and J. W. H. Trueman. 2000. *Varroa jacobsoni* (Acari: Varroidae) is more than one species. *Experimental and Applied Acarology* 24: 165-189.

Antúnez, K., J. Harriet, L. Gende, M. Maggi, M. Eguaras, and P. Zunino. 2008. Efficacy of natural propolis extract in the control of American Foulbrood. *Veterinary Microbiology* 131: 324-331.

Avalos, A., H. Pan, C. Li, J. P. Acevedo-Gonzalez, G. Rendon, C. J. Fields, P. J. Brown, T.

Giray, G. E. Robinson, M. E. Hudson, and G. Zhang. 2017. A soft selctive sweep during rapid evolution of gentle behaviour in an Africanized honeybee. *Nature Communications* 8: 1550, doi: 10.1038/s41467-017-01800-0.

Avitabile, A. 1978. Brood rearing in honey bee colonies from late autumn to early spring. *Journal of Apicultural Research* 17: 69-73.

Avitabile, A., D. P. Stafstrom, and K. J. Donovan. 1978. Natural nest sites of honeybee colonies in trees in Connecticut, USA. *Journal of Apicultural Research* 17: 222-226.

Badger, M. 2016. *Heather Honey: A Comprehensive Guide*. Beecraft, Stoneleigh, England.

Bailey, L. 1963. *Infectious Diseases of the Honey-Bee*. Land Books, London.

_____. 1981. *Honey Bee Pathology*. Academic Press, London.

Bailey, L., and B. Ball. 1991. *Honey Bee Pathology*. 2nd ed. Academic Press, London.

Bartholomew. G. A. 1981. A matter of size: an examination of endothermy in insects and terrestrial vertebrates. In: *Insect Thermoregulation*, B. Heinrich, ed., pp. 45-78. Wiley, New York.

Bastian, J., and H. Esch. 1970. The nervous control of the indirect flight muscles of the honey bee. *Zeitschrift für Vergleichende Physiologie* 67: 307-324.

Bastos, E. M. A. F., M. Simone, D. M. Jorge, A. E. E. Soares, and M. Spivak. 2008. In vitro study of the antimicrobial activity of razilian propolis against Paenibacillus larvae. *Journal of Invertebrate Pathology* 97: 273-281.

Batschelet, E. 1981. *Circular Statistics in Biology*. Academic Press, London and New York.

Beekman, M., and F. L. W. Ratnieks. 2000. Long-range foraging by the honey-bee, *Apis mellifera* L. *Functional Ecology* 14: 490-496.

Beekman, M., D. J. T. Sumpter, N. Seraphides, and F. L. W. Ratnieks. 2004. Comparing foraging behaviour of small and large honey-bee colonies by decoding waggle dances made by foragers. *Functional Ecology* 18: 829-835.

Berlepsch, A. von. 1860. *Die Biene und Bienenzucht in honigarmen Gegenden*. Heinrichshofen, Mühlhausen, Germany.

Berry, J. A., W. B. Owens, and K. S. Delaplane. 2010. Small-cell comb foundation does not impede Varroa mite population growth in honey bee colonies. *Apidologie* 41: 40-44.

Berry, W. 1987. *Home Economics*. North Point Press, New York.

Bienefeld, K., and F. Pirchner. 1990. Heritabilities for several colony traits in the honeybee (*Apis mellifera carnica*). *Apidologie* 21: 175-183.

Bilikova, K., M. Popova, B. Trusheva, and V. Bankova. 2013. New anti-*Paenibacillus larvae* substances purified from propolis. *Apidologie* 44: 278-285.

Blacquière, T., and D. Panziera. 2018. A plea for use of honey bee's natural resilience in beekeeping. *Bee World* 95: 34-38.

Bloch, G., T. M. Francoy, I. Wachtel, N. Panitz-Cohen, S. Fuchs, and A. Mazar. 2010. Industrial apiculture in the Jordan valley during Biblical times with Anatolian honeybees. *Proceedings of the National Academy of Sciences (USA)* 107: 11240-11244.

Boesch, C., J. Head, and M. M. Robbins. 2009. Complex tool sets for honey extraction among chimpanzees in Loango National Park, Gabon. *Journal of Human Evolution* 56: 560-590.

Borba, R. S., K. K. Klyczek, K. L. Mogen, and M. Spivak. 2015. Seasonal benefits of a natural propolis envelope to honey bee immunity and colony health. *Journal of Experimental Biology* 218: 3689-3699.

Botías, C., A. David, J. Horwood, A. Abdul-Sada, E. Nicholls, E. Hill, and D. Goulson. 2015. Neonicotinoid residues in wildflowers: A potential route of chronic exposure to bees. *Environmental Science and Technology* 49: 12731-12740.

Brosi, B. J., K. Delaplane, M. Boots, and J. C. deRoode. 2017. Ecological and evolutionary approaches to managing honey bee disease. *Nature Ecology and Evolution* 1: 1250-1262.

Brumbach, J. J. 1965. The climate of Connecticut. *Bulletin of the Connecticut Geological and Natural History Survey* 99: 1-215.

Brünnich, K. 1923. A graphic representation of the oviposition of a queen bee. *Bee World* 4: 208-210, 223-224.

Bujok, B., M. Kleinhenz, S. Fuchs, and J. Tautz. 2002. Hot spots in the bee hive. *Naturwissenschaften* 89: 299-301,

Butler, C. G., and J. B. Free. 1952. The behaviour of worker honeybees at the hive entrance. *Behaviour* 4: 263-292.

Cahill, K., and S. Lustick. 1976. Oxygen consumption and thermoregulation in *Apis mellifera* workers and drones. *Comparative Biochemistry and Physiology, Part A: Physiology* 55: 355-357.

Cale, G. H., Jr. 1971. The Hy-Queen story. Pt. 1: Breeding bees for alfalfa pollination. *American Bee Journal* 111: 48-49.

Camazine, S. 1991. Self-organizing pattern formation on the combs of honey bee colonies. *Behavioral Ecology and Sociobiology* 28: 61-76.

Camazine, S., J. Sneyd, M. J. Jenkins, and J. D. Murray. 1990. A mathematical model of self-organized pattern formation on the combs of honeybee colonies. *Journal of Theoretical Biology* 147: 553-571.

Campbell-Stanton, S. C., Z. A. Cheviron, N. Rochette, J. Catchen, J. B. Losos, and S. V. Edwards. 2017. Winter storms drive rapid phenotypic, regulatory, and genomic shifts in the green anole lizard. *Science* 357: 495-498.

Caron, D. M. 1980. Swarm emergence date and cluster location in honeybees. *American Bee Journal* 119: 24-25.

Cervo, R., C. Bruschini, F. Cappa, S. Meconcelli, G. Pieraccini, D. Pradella, and S. Turillazzi. 2014. High *Varroa* mite abundance influences chemical profiles of worker bees and mite-host preferences. *Journal of Experimental Biology* 217: 2998-3001.

Chadwick, P. C. 1931. Ventilation of the hive. *Gleanings in Bee Culture* 59: 356-358.

Chapman, R. F. 1998. *The Insects. Structure and Function.* Cambridge University Press, Cambridge.

Charnov, E. L. 1982. *The Theory of Sex Allocation.* Princeton University Press, Princeton, New Jersey.

Cheshire, F. R. 1888. *Bees and Bee-Keeping: Scientific and Practical.* Vol. 2: Practical. L. Upcott Gill, London.

Chilcott, A. B., and T. D. Seeley. 2018. Cold flying foragers: honey bees in Scotland seek water in winter. *American Bee Journal* 158: 75-77.

Cockerell, T. D. A. 1907. A fossil honey-bee. *Entomologist* 40: 227-229.

Coffey, M. F., J. Breen, M. J. F. Brown, and J. B. McMullan. 2010. Brood-cell size has no influence on the population dynamics of *Varroa destructor* mites in the native western honey bee, *Apis mellifera mellifera. Apidologie* 41: 522-530.

Collins, A. M. 1986. Quantitative genetics. In: *Bee Genetics and Breeding*, T. E. Rinderer, ed., 283-303. Academic Press, Orlando, Florida.

Columella, L. J. M. 1954. *On Agriculture.* Translated by Edward H. Heffner. Vol. 2, bks. 5-9. Harvard University Press, Cambridge, Massachusetts.

Combs, G. F. 1972. The engorgement of swarming worker honeybees. *Journal of Apicultural*

Research 11: 121-128.

Couvillon, M. J., F. C. Riddell Pearce, C. Accleton, K. A. Fensome, S. K. L. Quah, E. L. Taylor, and F. L. W. Ratnieks. 2015. Honey bee foraging distance depends on month and forage type. *Apidologie* 46: 61-70.

Couvillon, M. J., R. Schürch and F. L. W. Ratnieks. 2014. Waggle dance distances as integrative indicators of seasonal foraging challenges. *PLoS ONE* 9 (4): e93495.

Crane, E. 1978. The Varroa mite. *Bee World* 59: 164-167.

_____. 1990. *Bees and Beekeeping: Science, Practice and World Resources*. Cornell University Press, Ithaca, New York.

_____. 1999. *The World History of Beekeeping and Honey Hunting*. Routledge, New York.

Crittenden, A. N. 2011. The importance of honey consumption in human evolution. *Food and Foodways* 219: 257-273.

Dams, M., and L. Dams. 1977. Spanish rock art depicting honey gathering during the Mesolithic. *Nature* 268: 228-230.

Darwin, C. R. 1964. *On the Origin of Species: A Facsimile of the First Edition*. Harvard University Press, Cambridge, Massachusetts.

Dawkins, R. 1982. *The Extended Phenotype*. W. H. Freeman, Oxford.

_____. 1989. *The Selfish Gene*. New ed. Oxford University Press, Oxford.

De Jong, D. 1997. Mites: *Varroa* and other parasites of brood. In: *Honey Bee Pests, Predators, and Diseases*, R. A. Morse and K. Flottum, eds., 279-327. A. I. Root, Medina, Ohio.

De Jong, D., R. A. Morse, and G. C. Eickwort. 1982. Mite pests of honey bees. *Annual Review of Entomology* 27: 229-252.

De la Rúa, P., R. Jaffé, R. Dall'OLio, I. Muñoz, and J. Serrano. 2009. Biodiversity, conservation and current threats to European honeybees. *Apidologie* 40: 263-284.

DeMello, M. 2012. *Animals and Society: An Introduction to Human-Animal Studies*. Columbia University Press, New York.

Dethier, B. E., and A. Boyd Pack. 1963. *The Climate of Ithaca, New York*. New York State College of Agriculture, Ithaca, New York.

Di Pasquale, G., M. Salignon, Y. Le Conte, L. P. Belzunces, A. Decourtye, A. Kretzschmar, S. Suchail, J.-L. Brunet, and C. Alaux. 2013. Influence of pollen nutrition on honey bee health: Do pollen quality and diversity matter? *PLoS ONE* 8: e72016.

Dixon, L. 2015. *A Time There Was: A Story of Rock Art, Bees and Bushmen*. Northern Bee Books, Hebden Bridge, England.

Donzé, G., and P. M. Guerin. 1997. Time-activity budgets and space structuring by the different life stages of *Varroa jacobsoni* in capped brood of the honey bee, *Apis mellifera*. *Journal of Insect Behavior* 10: 371-393.

Doolittle, G. M. 1889. *Scientific Queen-Rearing as Practically Applied; Being A Method by Which the Best of Queen-Bees Are Reared in Perfect Accord with Nature's Ways. For the Amateur and Veteran in Bee-Keeping*. Newman and Son, Chicago.

Downs, S. G., and F. L. W. Ratnieks. 2000. Adaptive shifts in honey bee (*Apis mellifera* L.) guarding behavior support predictions of the acceptance threshold model. *Behavioral Ecology* 11: 233-240.

Dreller, C., and D. R. Tarpy. 2000. Perception of the pollen need by foragers in a honeybee colony. *Animal Behaviour* 59: 91-96.

Dudley, P. 1720. An account of a method lately found out in New-England, for discovering where the bees hive in the woods, in order to get their honey. *Philosophical Transactions of the Royal Society of London* 31: 148-150.

Eckert, J. E. 1933. The flight range of the honey bee. *Journal of Agricultural Research* 47: 257-285.

_____. 1942. The pollen required by a colony of honeybees. *Journal of Economic Entomology* 35: 309-311.

Edgell, G. H. 1949. *The Bee Hunter*. Harvard University Press, Cambridge, Massachusetts.

Eksteen, J. K., and M. F. Johannsmeier. 1991. Oor bye en byeplante van die Noord-Kaap. *South African Bee Journal* 63: 128-136.

Ellis, A. M., G. W. Hayes, and J. D. Ellis. 2009. The efficacy of small cell foundation as a varroa mite (*Varroa destructor*) control. *Experimental and Applied Acarology* 47: 311-316.

Engel, M. S. 1998. Fossil honey bees and evolution in the genus *Apis* (Hymenoptera: Apidae). *Apidologie* 29: 265-281.

Engel, P., W. K. Kwong, Q. McFrederick, K. E. Anderson, S. M. Barribeau, J. A. Chandler, R. S. Cornman, J. Dainat, J. R. de Miranda, V. Doublet, O. Emery, J. D. Evans, and 21 more authors. 2016. The bee microbiome: impact on bee health and model for evolution and ecology of hostmicrobe interactions. *mBio* 7: e02164-15.

Erickson, E. H., D. A. Lusby, G. D. Hoffman, and E. W. Lusby. 1990. On the size of cells: Speculations on foundation as a colony management tool. *Gleanings in Bee Culture* 118: 98-101, 173-174.

Esch, H. 1960. Über die Körpertemperaturen und den Wärmehaushalt von *Apis mellifica*. *Zeitschrift für Vergleichende Physiologie* 43: 305-335.

____. 1964. Über den Zusammenhang zwischen Temperatur, Aktionspotentialen, und Thoraxbewegungen bei der Honigbiene (*Apis mellifica* L.). *Zeitschrift für Vergleichende Physiologie* 48: 547-551.

____. 1976. Body temperature and flight performance of honey bees in a servo-mechanically controlled wind tunnel. *Journal of Comparative Physiology* 109: 265-277.

Esch, H., and J. A. Bastian. 1968. Mechanical and electrical activity in the indirect flight muscles of the honey bee. *Zeitschrift für Vergleichende Physiologie* 58: 429-440.

Ewald, P. W. 1994. *Evolution of Infectious Disease*. Oxford University Press, New York.

____. 1995. The evolution of virulence: A unifying link between parasitology and ecology. *Journal of Parasitology* 81: 659-669.

Fahrenholz, L., I. Lamprecht, and B. Schricker. 1989. Thermal investigations of a honey bee colony: Thermoregulation of the hive during summer and winter and heat production of members of different bee castes. *Journal of Comparative Physiology* 159: 551-560.

Farrar, C. L. 1936. Influence of pollen reserves on the surviving population of overwintered colonies. *American Bee Journal* 76: 452-454.

Fell, R. D., J. T. Ambrose, D. M. Burgett, D. De Jong, R. A. Morse, and T. D. Seeley. 1977. The seasonal cycle of swarming in honeybees. *Journal of Apicultural Research* 16: 170-173.

Flottum, K. 2014. *The Backyard Beekeeper*. Quarry Books, Beverly, Massachusetts.

Free, J. B. 1954. The behaviour of robber honeybees. *Behaviour* 7: 233-240.

____. 1958. The drifting of honey-bees. *Journal of Agricultural Science* 51: 294-306.

____. 1967. The production of drone comb by honeybee colonies. *Journal of Apicultural Research* 6: 29-36.

____. 1968. Engorging of honey by worker honeybees when their colony is smoked. *Journal of Apicultural Research* 7: 135-138.

Free, J. B., and Y. Spencer-Booth. 1958. Observations on the temperature regulation and food consumption of honeybees (*Apis mellifera*). *Journal of Experimental Biology* 35: 930-937.

_____. 1960. Chill-coma and cold death temperatures of *Apis mellifera*. *Entomologia Experimentalis et Applicata* 3: 222-230.

_____. 1962. The upper lethal temperatures of honeybees. *Entomologia Experimentalis et Applicata* 5: 249-254.

Free, J. B., and I. H. Williams. 1975. Factors determining the rearing and rejection of drones by the honeybee colony. *Animal Behaviour* 23: 650-675.

Frey, E., and P. Rosenkranz. 2014. Autumn invasion rates of *Varroa destructor* (Mesostigmata: Varroidae) into honey bee (Hymenoptera: Apidae) colonies and the resulting increase in mite populations. *Journal of Economic Entomology* 107: 508-515.

Fries, I., and R. Bommarco. 2007. Possible host-parasite adaptations in honey bees infested by *Varroa destructor* mites. *Apidologie* 38: 525-533.

Fries, I., and S. Camazine. 2001. Implications of horizontal and vertical pathogen transmission for honey bee epidemiology. *Apidologie* 32: 199-214.

Fries, I., H. Hansen, A. Imdorf, and P. Rosenkranz. 2003. Swarming in honey bees (*Apis mellifera*) and *Varroa destructor* population development in Sweden. *Apidologie* 34: 389-397.

Fries, I., A. Imdorf, and P. Rosenkranz. 2006. Survival of mite infested (*Varroa destructor*) honey bee (*Apis mellifera*) colonies in a Nordic climate. *Apidologie* 37: 564-570.

Frost, R. 1969. *The Poetry of Robert Frost*. Henry Holt, New York.

Fuchs, S. 1990. Preference for drone brood cells by *Varroa jacobsoni* Oud in colonies of *Apis mellifera carnica*. *Apidologie* 21: 193-199.

Fukuda, H., K. Moriya, and K. Sekiguchi. 1969. The weight of crop contents in foraging honeybee workers. *Annotationes Zoologicae Japonenses* 42: 80-90.

Gallone, B., J. Steensels, T. Prahl, L. Soriaga, and 15 more authors. 2016. Domestication and divergence of *Saccharomyces cerevisiae* beer yeasts. *Cell* 166: 1397-1410.

Galton, D. 1971. *Survey of a Thousand Years of Beekeeping in Russia*. Bee Research Association, London.

Garis Davies, N. de. 1944. *The Tomb of Rekh-mi-Rē' at Thebes*. Metropolitan Museum of Art, New York.

Gary, N. E. 1962. Chemical mating attractants in the queen honey bee. *Science* 136: 773-774.

_____. 1971. Magnetic retrieval of ferrous labels in a capture-recapture system for honey bees and other insects. *Journal of Economic Entomology* 64: 961-965.

Gary, N. E., and R. A. Morse. 1962. The events following queen cell construction in honeybee colonies. *Journal of Apicultural Research* 1: 3-5.

Gary, N. E., P. C. Witherell, and K. Lorenzen. 1978. The distribution and foraging activities of common Italian and "Hy-Queen" honey bees during alfalfa pollination. *Environmental Entomology* 7: 228-232.

Getz, W. M., D. Brückner, and T. R. Parisian. 1982. Kin structure and the swarming behavior of the honey bee *Apis mellifera*. *Behavioral Ecology and Sociobiology* 10: 265-270.

Gibbons, A. 2017. Oldest members of our species discovered in Morocco. *Science* 356: 993-994.

Gibbons, E. 1962. *Stalking the Wild Asparagus*. David McKay Co., New York.

Gilley, D. G., and D. R. Tarpy. 2005. Three mechanisms of queen elimination in swarming honey bee colonies. *Apidologie* 36: 461-474.

Goodwin, M., and C. Van Eaton. 1999. *Elimination of American Foulbrood Without the Use of Drugs*. National Beekeepers' Association of New Zealand, Napier.

Goulson, D. 2010. *Bumblebees: Behaviour, Ecology, and Conservation*. Oxford University Press, London.

Gowlett, J. A. J. 2016. The discovery of fire by humans: A long and convoluted process. *Philosophical Transactions of the Royal Society B* 371: 20150164, doi:10.1098/rstb.2015.0164.

Grant, P. R., and B. R. Grant. 2014. *40 Years of Evolution: Darwin's Finches on Daphne Major Island*. Princeton University Press, Princeton, New Jersey.

Grimaldi, D., and M. S. Engel. 2005. *Evolution of the Insects*. Cambridge University Press, New York.

Groh, C., J. Tautz, and W. Rössler. 2004. Synaptic organization in the adult honey bee brain is influenced by brood-temperature control during pupal development. *Proceedings of the National Academy of Sciences (USA)* 101: 4268-4273.

Guy, R. D. 1971. A commercial beekeeper's approach to the use of primitive hives. *Bee World* 52: 18-24.

Hamilton, L. S., and M. M. Fischer. 1970. *The Arnot Forest: A Natural Resources Research and*

Teaching Area. Extension Bulletin 1207. New York State College of Agriculture, Cornell University, Ithaca, New York. https://cpb-us-e1.wpmucdn.com/blogs.cornell.edu/dist/3/6154/files/2015/07/history-of-the-Arnot-1970-2agzopw.pdf (accessed 9 January 2019).

Hammann, E. 1957. Wer hat die Initiative bei den Ausflügen der Jungkönigin, die Königin oder die Arbeitsbienen? *Insectes Sociaux* 4: 91-106.

Han, F., A. Wallberg, and M. T. Webster. 2012. From where did the Western honeybee (*Apis mellifera*) originate? *Ecology and Evolution* 2: 1949-1957.

Harbo, J. R. 1986. Propagation and instrumental insemination. In: *Bee Genetics and Breeding*, T. E. Rinderer, ed., 361-389. Academic Press, Orlando, Florida.

Harpur, B. A., S. Minaei, C. F. Kent, and A. Zayed. 2012. Management increases genetic diversity of honey bees via admixture. *Molecular Ecology* 21: 4414-4421.

Hatjina, F., C. Costa, R. Büchler, A. Uzunov, M. Drazic, J. Filipi, L. Charistos, L. Ruottinen, S. Andonov, M. D. Meixner, M. Bienkowska, G. Dariusz, and 13 more authors. 2014. Population dynamics of European honey bee genotypes under different environmental conditions. *Journal of Apicultural Research* 53: 233-247.

Haydak, M. H. 1935. Brood rearing by honeybees confined to a pure carbohydrate diet. *Journal of Economic Entomology* 28: 657-660.

Hazelhoff, E. H. 1941. De luchtverversching van een bijenkast gedurende den zomer. *Maandscrift voor Bijenteelt* 44: 10-14, 27-30, 45-48, 65-68.

____. 1954. Ventilation in a bee-hive during summer. *Physiologia Comparata et Oecologia* 3: 343-364.

Heaf, D. 2010. *The Bee-Friendly Beekeeper: A Sustainable Approach*. Northern Bee Books, Mytholmroyd, England.

Heinrich, B. 1977. Why have some animals evolved to regulate a high body temperature? *American Naturalist* 111: 623-640.

____. 1979a. *Bumblebee Economics*. Harvard University Press, Cambridge, Massachusetts.

____. 1979b. Thermoregulation of African and European honeybees during foraging, attack, and hive exits and returns. *Journal of Experimental Biology* 80: 217-229.

____. 1980. Mechanisms of body-temperature regulation in honeybees, *Apis mellifera*. *Journal of Experimental Biology* 85: 73-87.

Henderson, C. E. 1992. Variability in the size of emerging drones and of drone and worker eggs in honey bee (*Apis mellifera* L.) colonies. *Journal of Apicultural Research* 31: 114-118.

Hepburn, H. R. 1986. *Honeybees and Wax*. Springer Verlag, Berlin.

Hernández-Pacheco, E. 1924. *Las Pinturas Prehistóricas de Las Cuevas de la Araña (Valencia)*. Museo Nacional de Ciencas Naturales, Madrid.

Hess, W R. 1926. Die Temperaturregulierung im Bienenvolk. *Zeitschrift für Vergleichende Physiologie* 4: 465-487.

Himmer, A. 1927. Ein Beitrag zur Kenntnis des Wärmeshaushalts im Nestbau sozialer Hautflügler. *Zeitschrift für Vergleichende Physiologie* 5: 375-389.

Hinson, E. M., M. Duncan, J. Lim, J. Arundel, and B. P. Oldroyd. 2015. The density of feral honey bee (*Apis mellifera*) colonies in South East Australia is greater in undisturbed than in disturbed habitats. *Apidologie* 46: 403-413.

Hirschfelder, H. 1951. Quantitative Untersuchungen zum Polleneintragen der Bienenvölker. *Zeitschrift für Bienenforschung* 1: 67-77.

Hood, Thomas. 1873. *The Complete Poetical Works*. Vol. 1. G. P. Putnam's Sons, New York.

Horstmann, H.-J. 1965. Einige biochemischen Überlegungen zur Bildung von Bienenwachs aus Zucker. *Zeitschrift für Bienenforschung* 8: 125-128.

Hublin, J.-J., A. Ben-Ncer, S. E. Bailey, S. E. Freidline, S. Neubauer, M. M. Skinner, I. Bergmann, A. Le Cabec, S. Benazzi, K. Harvati, and P. Gunz. 2017. New fossils from Jebel Irhoud, Morocco and the pan-African origin of *Homo sapiens*. *Nature* 546: 289-292.

Human, H., S. W. Nicolson, and V. Dietemann. 2006. Do honeybees, *Apis mellifera scutellata*, regulate humidity in their nest? *Naturwissenschaften* 93: 397-401.

Ichikawa, M. 1981. Ecological and sociological importance of honey to the Mbuti net hunters, Eastern Zaire. *African Study Monographs* 1: 55-68.

Ilyasov, R. A., M. N. Kosarev, A. Neal, and F. G. Yumaguzhin. 2015. Burzyan wild-hive honeybee *A. m. mellifera* in South Ural. *Bee World* 92: 7-11.

Jacobsen, R. 2008. *Fruitless Fall: The Collapse of the Honey Bee and the Coming Agricultural Crisis*. Bloomsbury, New York.

Jaffé, R., V. Dietemann, M. H. Allsopp, C. Costa, R. M. Crewe, R. Dall'Olio, P. de la Rúa, M. A. A. El-Niweiri, I. Fries, N. Kezic, M. S. Meusel, R. J. Paxton, and 3 more authors. 2009. Estimating the density of honeybee colonies across their natural range to fill the gap in pollinator decline censuses. *Conservation Biology* 24: 583-593.

Jay, S. C. 1965. Drifting of honeybees in commercial apiaries. Pt. 1: Effect of various environmental factors. *Journal of Apicultural Research* 4: 167-175.

_____. 1966a. Drifting of honeybees in commercial apiaries. Pt. 2: Effect of various factors when hives are arranged in rows. *Journal of Apicultural Research* 5: 103-112.

_____. 1966b. Drifting of honeybees in commercial apiaries. Pt. 3: Effect of apiary layout. *Journal of Apicultural Research* 5: 137-148.

Jaycox, E. R., and S. G. Parise. 1980. Homesite sellection by Italian honey bee swarms, *Apis mellifera ligustica* (Hymenoptera: Apidae). *Journal of the Kansas Entomological Society* 53: 171-178.

_____. 1981. Homesite selection by swarms of black-bodied honey bees, *Apis mellifera caucasica* and *A. m. carnica* (Hymenoptera: Apidae). *Journal of the Kansas Entomological Society* 54: 697-703.

Jeanne, R. L. 1979. A latitudinal gradient of rates of ant predation. *Ecology* 60: 1211-1224.

Jeffree, E. P. 1955. Observations on the decline and growth of honey bee colonies. *Journal of Economic Entomology* 48: 723-726.

_____. 1956. Winter brood and pollen in honey bee colonies. *Insectes Sociaux* 3: 417-422.

Johnson, B. R. 2009. Pattern formation on the combs of honeybees: Increasing fitness by coupling self-organization with templates. *Proceedings of the Royal Society of London B* 276: 255-261.

Jones, J. C., M. R. Myerscough, S. Graham, and B. P. Oldroyd. 2004. Honey bee nest thermo-regulation: Diversity promotes stability. *Science* 305: 402-404.

Jongbloed, J., and C. A. G. Wiersma. 1934. Der Stoffwechsel der Honigbiene währed des Fliegens. *Zeitschrift für Vergleichende Physiologie* 21: 519-533.

Josephson, R. K. 1981. Temperature and the mechanical performance of insect muscle. In: *Insect Thermoregulation*, B. Heinrich, ed., pp. 20-44. Wiley, New York.

Kammen, C. 1985. *The Peopling of Tompkins County: A Social History*. Heart of the Lakes Publishing, Interlaken, New York.

Kammer, A. E., and B. Heinrich. 1978. Insect fight metabolism. *Advances in Insect Physiology* 13: 133-228.

Kefuss, J. A. 1978. Influence of photoperiod on the behaviour and brood-rearing activities of honeybees in a flight room. *Journal of Apicultural Research* 17: 137-151.

Kefuss, J., J. Vanpoucke, M. Bolt, and C. Kefuss. 2016. Selection for resistance to Varroa destructor under commercial beekeeping conditions. *Journal of Apicultural Research* 54: 563-576.

Kleijn, D., R. Winfree, I. Bartomeus, L. G. Carvalheiro, and 56 more authors. 2015. Delivery of crop pollination services is an insufficient argument for wild pollinator conservation. *Nature Communications* 6: 7414, doi:10.1038/ncomms8414.

Klein, B. A., A. Klein, M. K. Wray, U. G. Mueller, and T. D. Seeley. 2010. Sleep deprivation impairs precision of waggle dance signaling in honey bees. *Proceedings of the National Academy of Sciences (USA)* 107: 22705-22709.

Klein, B. A., K. M. Olzsowy, A. Klein, K. M. Saunders, and T. D. Seeley. 2008. Caste-dependent sleep of worker honey bees. *Journal of Experimental Biology* 211: 3028-3040.

Klein, B. A., M. Stiegler, A. Klein, and J. Tautz. 2014. Mapping sleeping bees within their nest: Spatial and temporal analysis of worker honey bee sleep. *PLoS ONE* 9 (7): e102316, doi:10.1371/journal.pone.0102316.

Kleinhenz, M., B. Bujok, S. Fuchs, and J. Tautz. 2003. Hot bees in empty broodnest cells: Heating from within. *Journal of Experimental Biology* 206: 4217-4231.

Knaffl, H. 1953. Über die Flugweite und Entfernungsmeldung der Bienen. *Zeitschrift für Bienenforschung* 2: 131-140.

Koch, H. G. 1967. Der Jahresgang der Nektartracht von Bienenvölkern als Ausdruck der Witterungssingularitäten und Trachtverhältnisse. *Zeitschrift für Angewandte Meteorologie* 5: 206-216.

Koeniger, G., N. Koeniger, J. Ellis, and L. Connor. 2014. *Mating Biology of Honey Bees (Apis mellifera)*. Wicwas Press, Kalamazoo, Michigan.

Koeniger, G., N. Koeniger, and F.-T. Tiesler. 2014. *Paarungsbiologie und Paarungskontrolle bei der Honigbiene*. Buchshausen Druck und Verlagshaus, Herten, Germany.

Kohl, P. L., and B. Rutschmann. 2018. The neglected bee trees: European beech forests as a home for feral honey bee colonies. *PeerJ* 6: e4602, doi:10.7717/peerj.4602.

Kovac, H., A. Stabentheiner, and S. Schmaranzer. 2010. Thermoregulation of water foraging honeybees—balancing of endothermic activity with radiative heat gain and functional requirements. *Journal of Insect Physiology* 56: 1834-1845.

Kraus, B., and R. E. Page, Jr. 1995. Effect of *Varroa jacobsoni* (Mesostigmata: Varroidae) on feral *Apis mellifera* (Hymenoptera: Apidae) in California. *Environmental Entomology* 24: 1473-1480.

Kraus, B., H. H. W. Velthuis, and S. Tingek. 1998. Temperature profiles of the brood nests of *Apis cerana* and *Apis mellifera* colonies and their relation to varroosis. *Journal of Apicultural Research* 37: 175-181.

Kritsky, G. 1991. Lessons from history: The spread of the honey bee in North America. *American Bee Journal* 131: 367-370.

_____ . 2010. *The Quest for the Perfect Hive: A History if Innovation in Bee Culture*. Oxford University Press, New York.

_____ . 2015. *The Tears of Re: Beekeeping in Ancient Egypt*. Oxford University Press, New York.

Kronenberg, F. C., and H. C. Heller. 1982. Colonial thermoregulation in honey bees (*Apis mellifera*). *Journal of Comparative Physiology* 148: 65-76.

Kühnholz, S., and T. D. Seeley. 1997. The control of water collection in honey bee colonies. *Behavioral Ecology and Sociobiology* 41: 407-422.

Kurlansky, M. 2014. Inside the milk machine: How modern dairy works. *Modern Farmer*. https://modernfarmer.com/2014/03/real-talk-milk/ (accessed 15 December 2017).

Laidlaw, H. H. 1944. Artificial insemination of the queen bee (*Apis mellifera* L.): Morphological basis and results. *Journal of Morphology* 74: 429-465.

Langstroth, L. L. 1853. *Langstroth on the Hive and the Honey-Bee: A Bee Keeper's Manual*. Hopkins, Bridgman, and Co., Northampton, Massachusetts.

Latham, E. C. 1969. *The Poetry of Robert Frost*. Henry Holt, New York.

Le Conte, Y., G. de Vaublanc, D. Crauser, F. Jeanne, J.-C. Rousselle, and J. J. Bécard. 2007. Honey bee colonies that have survived *Varroa destructor*. *Apidologie* 38: 566-572.

Lee, P. C., and M. L. Winston. 1985. The effect of swarm size and date of issue on comb construction in newly founded colonies of honeybees (*Apis mellifera* L.). *Canadian Journal of Zoology* 63: 524-527.

Levin, C. G., and C. H. Collison. 1990. Broodnest temperature differences and their possible effect on drone brood production and distribution in honeybee colonies. *Journal of Apicultural Research* 29: 35-45.

Levin, M. D. 1961. Distribution of foragers from honey bee colonies placed in the middle of a large field of alfalfa. *Journal of Economic Entomology* 54: 431-434.

Levin, M. D., G. E. Bohart, and W. P. Nye. 1960. Distance from the apiary as a factor in alfalfa pollination. *Journal of Economic Entomology* 53: 56-60.

Lindauer, M. 1954. Temperaturregulierung und Wasserhaushalt im Bienenstaat. *Zeitschrift für Vergleichende Physiologie* 36: 391-432.

_____. 1955. Schwarmbienen auf Wohnungssuche. *Zeitschrift für Vergleichende Physiologie* 37: 263-324.

Lindenfelser, L. A. 1968. In vivo activity of propolis against Bacillus larvae. *Journal of Invertebrate Pathology* 12: 129-131.

Locke, B. 2015. Inheritance of reduced *Varroa* mite reproductive success in reciprocal crosses of miteresistant and mite-susceptible honey bees (*Apis mellifera*). *Apidologie* 47: 583-588.

_____. 2016. Natural *Varroa* mite-surviving *Apis mellifera* honeybee populations. *Apidologie* 47: 467-482.

Locke, B., and I. Fries. 2011. Characteristics of honey bee colonies (*Apis mellifera*) in Sweden surviving *Varroa destructor* infestation. *Apidologie* 42: 533-542.

Loftus, J. C., M. L. Smith, and T. D. Seeley. 2016. How honey bee colonies survive in the wild: Testing the importance of small nests and frequent swarming. *PLoS ONE* 11 (3): e0150362, doi:10.1371/journal.pone.0150362.

Loper, G. M. 1995. A documented loss of feral bees due to mite infestations in S. Arizona. *American Bee Journal* 135: 823-824.

_____. 1997. Over-winter losses of feral honey bee colonies in southern Arizona, 1992-1997. *American Bee Journal* 137: 446.

_____. 2002. Nesting sites, characterization and longevity of feral honey bee colonies in the Sonoran Desert of Arizona: 1991-2000. In: *Proceedings of the 2nd International Conference on Africanized Honey Bees and Bee Mites*, E. H. Erickson, Jr., Robert E. Page, Jr., and A. A. Hanna, eds., 86-96. A. I. Root, Medina, Ohio.

Loper, G. M., D. Sammataro, J. Finley, and J. Cole. 2006. Feral honey bees in southern Arizona 10 years after *Varroa* infestation. *American Bee Journal* 134: 521-524.

Louveaux, J. 1958. Recherches sur la récolte du pollen par les abeilles (*Apis mellifica* L.). *Annales de l'Abeille* 1:113-188, 197-221.

____. 1973. The acclimatization of bees to a heather region. *Bee World* 54: 105-111.

Mackensen, O., and W. P. Nye. 1966. Selecting and breeding honeybees for collecting alfalfa pollen. *Journal of Apicultural Research* 5: 79-86.

Magnini, R. M. 2015. *Swarm Traps: Principles and Design*. Sweet Clover, Scotch Lake, Nova Scotia.

Manley, R. O. B. 1985. *Honey Farming*. Northern Bee Books, Hebden Bridge, England.

Marchand, C. 1967. Préparons le piégeage des essaims. *L'Abeille de France* 46 (490): 59-61.

Marlowe, F. W., J. C. Berbesque, B. Wood, A. Crittenden, C. Porter, and A. Mabulla. 2014. Honey, Hadza, hunter-gatherers, and human evolution. *Journal of Human Evolution* 71: 119-128.

Martin, H., and M. Lindauer. 1966. Sinnesphysiologische Leistungen beim Wabenbau der Honigbiene. *Zeitschrift für Vergleichende Physiologie* 53: 372-404.

Martin, P. 1963. Die Steuerung der Volksteilung beim Schwärmen der Bienen. Zugleich ein Beitrage zum Problem der Wanderschwärme. *Insectes Sociaux* 10: 13-42.

Martin, S. 1998. A population model for the ectoparasitic mite *Varroa jacobsoni* in honey bee (*Apis mellifera*) colonies. *Ecological Modelling* 109: 267-281.

Martin, S. J. 2001. The role of *Varroa* and viral pathogens in the collapse of honeybee colonies: A modelling approach. *Journal of Applied Ecology* 38: 1082-1093.

Martin, S. J., A. C. Highfield, L. Brettell, E. M. Villalobos, G. E. Budge, M. Powell, S. Nikaido, and D. C. Schroeder. 2012. Global honey bee viral landscape altered by a parasitic mite. *Science* 336: 1304-1306.

Mason, P. A. 2016. *American Bee Books: An Annotated Bibliography of Books on Bees and Bee-keeping 1492-2010*. Club of Odd Volumes, Boston.

Mattila, H. R., and T. D. Seeley. 2007. Genetic diversity in honey bee colonies enhances productivity and fitness. *Science* 317: 362-364.

____. 2010. Promiscuous honeybee queens generate colonies with a critical minority of waggle-dancing foragers. *Behavioral Ecology and Sociobiology* 64: 875-889.

Mattila, H. R., K. M. Burke, and T. D. Seeley. 2008. Genetic diversity within honeybee colonies increases signal production by waggle-dancing foragers. *Proceedings of the Royal Society of London B* 275: 809-816.

Maurizio, A. 1934. Über die Kalkbrut (Perisystis-Mykose) der Bienen. *Archiv für Bienenkunde* 15: 165-193.

Mazar, A., and N. Panitz-Cohen. 2007. It is the land of honey: Beekeeping at Tel Rehov. *Near Eastern Archaeology* 70: 202-219.

McLellan, A. R. 1977. Honeybee colony weight as an index of honey production and nectar flow: A critical evaluation. *Journal of Applied Ecology* 14: 401-408.

McMullan, J. B., and M. J. F. Brown. 2006. The influence of small-cell brood combs on the morphometry of honeybees (*Apis mellifera*). *Apidologie* 37: 665-672.

Medina, L. M., and S. J. Martin. 1999. A comparative study of *Varroa jacobsoni* reproduction in worker cells of honey bees (*Apis mellifera*) in England and Africanized bees in Yucatan, Mexico. *Experimental and Applied Acarology* 23: 659-667.

Meyer, W. 1954. Die "Kittharzbienen" und ihre Tätigkeiten. *Zeitschrift für Bienenforschung* 2: 185-200.

_____. 1956. "Propolis bees" and their activities. *Bee World* 37: 25-36.

Michener, C. D. 1974. *The Social Behavior of the Bees*. Harvard University Press, Cambridge, Massachusetts.

_____. 2000. *The Bees of the World*. Johns Hopkins University Press, Baltimore, Maryland.

Mikheyev, A. S., M. M. Y. Tin, J. Arora, and T. D. Seeley. 2015. Museum samples reveal rapid evolution by wild honey bees exposed to a novel parasite. *Nature Communications* 6: 7991, doi:10.1038/ncomms8991.

Milum, V. G. 1930. Variations in time of development of the honey bee. *Journal of Economic Entomology* 23:441-446.

_____. 1956. An analysis of twenty years of honey bee colony weight changes. *Journal of Economic Entomology* 49: 735-738.

Mitchell, D. 2016. Ratios of colony mass to thermal conductance of tree and man-made nest enclosures of *Apis mellifera*: Implications for survival, clustering, humidity regulation and *Varroa destructor*. *International Journal of Biometeorology* 60: 629-638.

_____. 2017. Honey bee engineering: Top ventilation and top entrances. *American Bee Journal* 157: 887-889.

Mitchener, A. V. 1948. The swarming season for honey bees in Manitoba. *Journal of Economic Entomology* 41: 646.

_____. 1955. Manitoba nectar flows 1924-1954, with particular reference to 1947-1954. *Journal of*

Economic Entomology 48: 514-518.

Moeller, F. E. 1975. Effect of moving honeybee colonies on their subsequent production and consumption of honey. *Journal of Apicultural Research* 14: 127-130.

Montovan, K. J., N. Karst, L. E. Jones, and T. D. Seeley. 2013. Local behavioral rules sustain the cell allocation pattern in the combs of honey bee colonies (*Apis mellifera*). *Journal of Theoretical Biology* 336: 75-86.

Moritz, R. F. A., F. B. Kraus, P. Kryger, and R. M. Crewe. 2007. The size of wild honeybee populations (*Apis mellifera*) and its implications for the conservation of honeybees. *Journal of insect Conservation* 11: 391-397.

Moritz, R. F. A., H. M. G. Lattorff, P. Neumann, F. B. Kraus, S. E. Radloff, and H. R. Hepburn. 2005. Rare royal families in honeybees, *Apis mellifera*. *Naturwissenschaften* 92: 488-491.

Morse, R. A., S. Camazine, M. Ferracane, P. Minacci, R. Nowogrodzki, F. L. W. Ratnieks, J. Spielholz, and B. A. Underwood. 1990. The population density of feral colonies of honey bees (Hymenoptera: Apidae) in a city in upstate New York. *Journal of Economic Entomology* 83: 81-83.

Morse, R. A., and K. Flottum. 1997. *Honey Bee Pests, Predators, and Diseases*. 3rd ed. A. I. Root Company, Medina, Ohio.

Moulton, G. E. 2002. *The Definitive Journals of Lewis and Clark*. University of Nebraska Press, Lincoln, Nebraska.

Mullin, C. A., M. Frazier, J. L. Frazier, S. Ashcraft, R. Simonds, D. vanEnglesdorp, and J. S. Pettis. 2010. High levels of miticides and agrochemicals in North American apiaries: Implications for honey bee health. *PLoS ONE* 5: e9754, doi.org/10.1371/journal.pone.0009754.

Münster, S. 1628. *Cosmographia*. Heinrich Petri, Basel.

Munz, T. 2016. *The Dancing Bees. Karl von Frisch and the Discovery of the Honeybee Language*. University of Chicago Press, Chicago, Illinois.

Murray, L., and E. P. Jeffree. 1955. Swarming in Scotland. *Scottish Beekeeper* 31: 96-98.

Murray, S. S., M. J. Schoeninger, H. T. Bunn, T. R. Pickering, and J. A. Marlett. 2001. Nutritional composition of some wild plant foods and honey used by Hadza foragers of Tanzania. *Journal of Food Composition and Analysis* 14: 3-13.

Naile, F. 1976. *America's Master of Bee Culture: The Life of L. L. Langstroth*. Cornell University

Press, Ithaca, New York.

Nakamura, J., and T. D. Seeley. 2006. The functional organization of resin work in honeybee colonies. *Behavioral Ecology and Sociobiology* 60: 339-349.

Nesse, R. M., and G. C. Williams. 1994. *Why We Get Sick: The New Science of Darwinian Medicine*. Times Books, New York.

Neumann, P., and T. Blacquière. 2016. The Darwin cure for apiculture? Natural selection and managed honeybee health. *Evolutionary Applications* 2016: 1-5, doi:10.1111/eva.12448.

Neville, A. C. 1965. Energy economy in insect flight. *Science Progress* 53: 203-219.

Nicodemo, D., E. B. Malheiros, D. De Jong, and R. H. N. Couto. 2014. Increased brood viability and longer lifespan of honeybees selected for propolis production. *Apidologie* 45: 269-275.

Nicolson, S. W. 2009. Water homeostasis in bees, with the emphasis on sociality. *Journal of Experimental Biology* 212: 429-434.

Nolan, W. J. 1925. The brood-rearing cycle of the honeybee. *Bulletin of the United States Department of Agriculture* 1349: 1-56.

Nordhaus, H. 2011. *The Beekeeper's Lament: How One Man and Half a Billion Honey Bees Help Feed America*. HarperCollins, New York.

Nye, W. P., and O. Mackensen. 1968. Selective breeding of honeybees for alfalfa pollen: Fifth generation and backcrosses. *Journal of Apicultural Research* 7: 21-27.

_____. 1970. Selective breeding of honeybees for alfalfa pollen collection: With tests in high and low alfalfa pollen collection regions. *Journal of Apicultural Research* 9: 61-64.

Oddie, M., R. Büchler, B. Dahle, M. Kovacic, Y. LeConte, B. Locke, J. R. de Miranda, F. Mondet, and P. Neumann. 2018. Rapid parallel evolution overcomes global honey bee parasite. *Scientific Reports* 8: 7704, doi:10.1038/s41598-018-26001-7.

Oddie, M. A. Y., B. Dahle, and P. Neumann. 2017. Norwegian honey bees surviving *Varroa destructor* mite infestations by means of natural selection. *PeerJ* 5: e3956, doi:10.7717/peerj.3956.

Odell, A. L., J. P. Lassoie, and R. R. Morrow. 1980. *A History of Cornell University's Arnot Forest*. Dept. of Natural Resources Research and Extension Ser. no. 14. Cornell University, Ithaca, New York. https://blogs.cornell.edu/arnotforest/files/2015/07/history-of-the-Arnot-1980-y0a9tl.pdf (accessed 9 January 2019).

Oldroyd, B. P. 2012. Domestication of honey bees was associated with expansion of genetic diversity.

Molecular Ecology 21: 4409-4411.

Oleksa, A., R. Gawroński, and A. Tofilski. 2013. Rural avenues as a refuge for feral honey bee population. *Journal of Insect Conservation* 17: 465-472.

Oliver, R. 2014. A comparative test of the pollen subs. *American Bee Journal* 154: 795-801, 869-874, 1021-1025.

Ostwald, M. M., M. L. Smith, and T. D. Seeley. 2016. The behavioral regulation of thirst, water collection and water storage in honey bee colonies. *Journal of Experimental Biology* 219: 2156-2165.

Otis, G. 1982. Weights of worker honeybees in swarms. *Journal of Apicultural Research* 21: 88-92.

Owens, C. D. 1971. The thermology of wintering honey bee colonies. *Technical Bulletin, United States Department of Agriculture* 1429: 1-32.

Oxley, P. R., and B. P. Oldroyd. 2010. The genetic architecture of honeybee breeding. *Advances in insect Physiology* 39: 83-118.

Page, R. E., Jr. 1981. Protandrous reproduction in honey bees. *Environmental Entomology* 10: 359-362.

_____ . 1982. The seasonal occurrence of honey bee swarms in north-central California. *American Bee Journal* 121: 266-272.

Palmer, K. A., and B. P. Oldroyd. 2000. Evolution of multiple mating in the genus Apis. *Apidologie* 31: 235-248.

Park, O. W. 1923. Water stored by bees. *American Bee Journal* 63: 348-349.

_____ . 1949. Activities of honey bees. In: *The Hive and the Honey Bee*, R. A. Grout, ed., pp. 79-152. Dadant and Sons, Hamilton, Illinois.

Parker, R. L. 1926. The collection and utilization of pollen by the honeybee. *Cornell University Agricultural Experiment Station Memoir* 98: 1-55.

Peck, D. T., and T. D. Seeley. Forthcoming. Mite bombs or robber lures? The roles of drifting and robbing in *Varroa destructor* transmission from collapsing colonies to their neighbors.

_____ . Forthcoming. Multiple mechanisms of behavioral resistance to an introduced parasite, *Varroa destructor*, in a survivor population of European honey bees.

_____ . Forthcoming. Robbing by honey bees (*Apis mellifera*): assessing its importance for disease spread in the wild.

Peck, D. T., M. L. Smith, and T. D. Seeley. 2016. *Varroa destructor* mites can nimbly climb from flowers onto foraging honey bees. *PLoS ONE* 11: e0167798, doi.org/10.1371/journal.pone.0167798.

Peer, D. F. 1957. Further studies on the mating range of the honey bee, *Apis melliera* L. *Canadian Entomologist* 89: 108-110.

Peters, J. M., O. Peleg, and L. Mahadevan. 2017. Fluid-mediated self-organization of ventilation in honeybee nests. *BioRxiv*. Preprint, posted 31 October 2017, doi:http://dx.doi.org/10.1101/212100.

Pfeiffer, K. J., and J. Crailsheim. 1998. Drifting of honeybees. *Insectes Sociaux* 45: 151-167.

Phillips, M. G. 1956. *The Makers of Honey*. Crowell, New York.

Phipps, J. 2016. Editorial. *Natural Bee Husbandry* 1: 3.

Pinto, M. A., W. L. Rubink, R. N. Coulson, J. C. Patton, and J. S. Johnston. 2004. Temporal pattern of Africanization in a feral honeybee population from Texas inferred from mitochondrial DNA. *Evolution* 58: 1047-1055.

Pinto, M. A., W. L. Rubink, J. C. Patton, R. N. Coulson, and J. S. Johnston. 2005. Africanization in the United States: Replacement of feral European honeybees (*Apis mellifera* L.) by an African hybrid swarm. *Genetics* 170: 1653-1665.

Pratt, S. C. 1998a. Condition-dependent timing of comb construction by honeybee colonies: How do workers know when to start building? *Animal Behaviour* 56: 603-610.

_____. 1998b. Decentralized control of drone comb construction in honey bee colonies. *Behavioral Ecology and Sociobiology* 42: 193-205.

_____. 1999. Optimal timing of comb construction by honeybee (*Apis mellifera*) colonies: A dynamic programming model and experimental tests. *Behavioral Ecology and Sociobiology* 46: 30-42.

_____. 2004. Collective control of the timing and type of comb construction by honey bees (*Apis mellifera*). *Apidologie* 35: 193-205.

Radcliffe, R. W., and T. D. Seeley. 2018. Deep forest bee hunting: A novel method for finding wild colonies of honey bees in old-growth forests. *American Bee Journal* 158: 871-877.

Rangel, J., M. Giresi, M. A. Pinto, K. A. Baum, W. L. Rubink, R. N. Coulson, and J. S. Johnston. 2016. Africanization of a feral honey bee (*Apis mellifera*) population in South Texas: Does a decade make a difference? *Ecology and Evolution* 6: 2158-2169.

Rangel, J., S. R. Griffin, and T. D. Seeley. 2010. An oligarchy of nest-site scouts triggers a honeybee swarm's departure from the hive. *Behavioral Ecology and Sociobiology* 64: 979-987.

Range, J., H. R. Mattila, and T. D. Seeley. 2009. No intracolonial nepotism during colony fissioning in honey bees. *Proceedings of the Royal Society of London B* 276: 3895-3900.

Rangel, J., H. K. Reeve, and T. D. Seeley. 2013. Optimal colony fissioning in social insects: Testing an inclusive fitness model with honey bees. *Insectes Sociaux* 60: 445-452.

Rangel, J., and T. D. Seeley. 2012. Colony fissioning in honey bees: Size and significance of the swarm fraction. *Insectes Sociaux* 59: 453-462.

Rayment, T. 1923. Through Australian eyes: Water in cells. *American Bee Journal* 63: 135-136.

Ribbands, C. R. 1954. The defence of the honeybee community. *Proceedings of the Royal Society of London B* 142: 514-524.

Richards, K. W. 1973 . Biology of *Bombus polaris* Curtis and *B. hyperboreus* Schönherr at Lake Hazen, Northwest Territories (Hymenoptera: Bombini). *Quaestiones Entomologicae* 9: 115-157.

Rinderer, T. E., L. I. de Guzman, G. T. Delatte, J. A. Stelzer, V. A. Lancaster, V. Kuznetsov, L. Beaman, R. Watts, and J. W. Harris. 2001. Resistance to the parasitic mite *Varroa destructor* in honey bees from far-eastern Russia. *Apidologie* 32: 381-394.

Rinderer, T. E., J. W. Harris, G. J. Hunt, and L. I. de Guzman. 2010. Breeding for resistance to *Varroa destructor* in North America. *Apidologie* 41: 409-424.

Rinderer, T. E., K. W. Tucker, and A. M. Collins. 1982. Nest cavity selection by swarms of European and Africanized honeybees. *Journal of Apicultural Research* 21: 98-103.

Rivera-Marchand, B., D. Oskay, and T. Giray. 2012. Gentle Africanized bees on an oceanic island. *Evolutionary Applications* 5: 746-756.

Roberts, A. 2017. *Tamed*. Hutchinson, London.

Robinson, F. A. 1966. Foraging range of honey bees in citrus groves. *Florida Entomologist* 49: 219-223.

Robinson, G. E., B. A. Underwood, and C. E. Henderson. 1984. A highly specialized water-collecting honey bee. *Apidologie* 15: 355-358.

Roffet-Salque, M., M. Regert, R. P. Evershed, A. K. Outram, L. J. E. Cramp, O. Decavallas, J. Dunne, P. Gerbault, S. Mileto, S. Mirabaud, M. Pääkkönen, J. Smyth, and 53 more authors. 2015. Widespread exploitation of the honeybee by early Neolithic farmers. *Nature* 527: 226-231.

Rösch, G. A. 1927. Über die Bautätigkeit im Bienenvolk und das Alter der Baubienen. Weiterer Beitrag zur Frage nach der Arbeitsteilung im Bienenstaat. *Zeitschrift für Vergleichende Physi-*

ologie 6: 264-298.

Rosenkranz, P., P. Aumeier, and B. Ziegelmann. 2010. Biology and control of *Varroa destructor*. *Journal of Invertebrate Pathology* 103: S96-S119.

Rosov, S. A. 1944. Food consumption by bees. *Bee World* 25: 94-95.

Rothenbuhler, W. C. 1958. Genetics and breeding of the honey bee. *Annual Review of Entomology* 3: 161-180.

Ruttner, F. 1987. *Biogeography and Taxonomy of Honeybees*. Springer Verlag, Berlin.

Ruttner, F., E. Milner, and J. E. Dews. 1990. *The Dark European Honeybee:* Apis mellifera mellifera *Linnaeus 1758*. British Isles Bee Breeders Association/Beard and Son, Brighton.

Ruttner, F., and H. Ruttner. 1966. Untersuchungen über die Flugaktivität und das Paarungsverhalten der Drohnen. 3. Flugweite and Flugrichtung der Drohnen. *Zeitschrift für Bienenforschung* 8: 332-354.

____. 1972. Untersuchungen über die Flugaktivität und das Paarungsverhalten der Drohnen. V. Drohnensammelplätze und Paarungsdistanz. *Apidologie* 3: 203-232.

Sakagami, S. F., and H. Fukuda. 1968. Life tables for worker honeybees. *Researches on Population Ecology* 10: 127-139.

Sammataro, D., and A. Avitabile. 2011. *The Beekeeper's Handbook*. Cornell University Press, Ithaca, New York.

Sanford, M. T. 2001. Introduction, spread and economic impact of *Varroa* mites in North America. In: *Mites of the Honey Bee*, T. C. Webster and K. S. Delaplane, eds., 149-162. Dadant and Sons, Hamilton, Illinois.

Schiff, N. M., W. S. Sheppard, G. M. Loper, and H. Shimanuki. 1994. Genetic diversity of feral honey bee (Hymenoptera: Apidae) populations in the southern United States. *Annals of the Entomological Society of America* 87: 842-848.

Schmaranzer, S. 2000. Thermoregulation of water collecting honey bees (*Apis mellifera*). *Journal of insect Physiology* 46: 1187-1194.

Schmidt, J. O., and R. Hurley. 1995. Selection of nest cavities by Africanized and European honey bees. *Apidologie* 26: 467-475.

Schneider, S. S. 1989. Queen behavior and worker-queen interactions in absconding and swarming colonies of the African honeybee, *Apis mellifera scutellata* (Hymenoptera: Apidae). *Journal of* the Kansas Entomological Society 63: 179-186.

_____. 1991. Modulation of queen activity by the vibration dance in swarming colonies of the African honey bee, *Apis mellifera scutellata* (Hymenoptera: Apidae). *Journal of the Kansas Entomological Society* 64: 269-278.

Scholze, E., H. Pichler, and H. Heran. 1964. Zur Entfernungsschätzung der Bienen nach dem Kraftaufwand. *Naturwissenschaften* 51: 69-90.

Scofield, H. N., and H. R. Mattila. 2015. Honey bee workers that are pollen stressed as larvae become poor foragers and waggle dancers as adults. *PLoS ONE* 10 (4): e0121731, doi.org/10. 1371/journal.pone.0121731.

Seeley, T. D. 1974. Atmospheric carbon dioxide regulation in honey-bee (*Apis mellifera*) colonies. *Journal of Insect Physiology* 20: 2301-2305.

_____. 1977. Measurement of nest cavity volume by the honey bee (*Apis mellifera*). *Behavioral Ecology and Sociobiology* 2: 201-227.

_____. 1978. Life history strategy of the honey bee, *Apis mellifera*. *Oecologia* 32: 109-118.

_____. 1982. Adaptive significance of the age polyethism schedule in honeybee colonies. *Behavioral Ecology and Sociobiology* 11: 287-293.

_____. 1986. Social foraging by honeybees: How colonies allocate foragers among patches of flowers. *Behavioral Ecology and Sociobiology* 19: 343-356.

_____. 1987. The effectiveness of information collection about food sources by honey bee colonies. *Animal Behaviour* 35: 1572-1575.

_____. 1989. Social foraging in honey bees: how nectar foragers assess their colony's nutritional status. *Behavioral Ecology and Sociobiology* 24: 181-199.

_____. 1995. *The Wisdom of the Hive*. Harvard University Press, Cambridge, Massachusetts.

_____. 2002. The effect of drone comb on a honey bee colony's production of honey. *Apidologie* 33: 75-86.

_____. 2003. Bees in the forest, still. *Bee Culture* 131 (January): 24-27.

_____. 2007. Honey bees of the Arnot Forest: A population of feral colonies persisting with *Varroa destructor* in the northeastern United States. *Apidologie* 38: 19-29.

_____. 2010. *Honeybee Democracy*. Princeton University Press, Princeton, New Jersey.

_____. 2012. Using bait hives. *Bee Culture* 140 (April): 73-75.

_____. 2016. *Following the Wild Bees: The Craft and Science of Bee Hunting.* Princeton University Press, Princeton, New Jersey.

_____. 2017a. Bait hives: A valuable tool for natural beekeeping. *Natural Bee Husbandry* 2 (February): 15-18.

_____. 2017b. Life-history traits of honey bee colonies living in forests around Ithaca, NY, USA. *Apidologie* 48: 743-754.

_____. 2017c. Darwinian beekeeping: An evolutionary approach to apiculture. *American Bee Journal* 157: 277-282.

Seeley, T. D., S. Camazine, and J. Sneyd. 1991. Collective decision-making in honey bees: How colonies choose among nectar sources. *Behavioral Ecology and Sociobiology* 28: 277-290.

Seeley, T. D., and S. R. Griffin. 2011. Small-cell comb does not control *Varroa* mites in colonies of honeybees of European origin. *Apidologie* 42: 526-532.

Seeley, T. D., and R. A. Morse. 1976. The nest of the honey bee (*Apis mellifera* L). *Insectes Sociaux* 23: 495-512.

_____. 1978a. Nest site selection by the honey bee. *Insectes Sociaux* 25: 323-337.

_____. 1978b. Dispersal behavior of honey bee swarms. *Psyche* 84: 199-209.

Seeley, T. D., and M. L. Smith. 2015. Crowding honeybee colonies in apiaries can increase their vulnerability to the deadly ectoparasitic mite *Varroa destructor*. *Apidologie* 46: 716-727.

Seeley, T. D., and D. R. Tarpy. 2007. Queen promiscuity lowers disease within honeybee colonies. *Proceedings of the Royal Society of London B* 274: 67-72.

Seeley, T. D., D. R. Tarpy, S. R. Griffin, A. Carcione, and D. A. Delaney. 2015. A survivor population of wild colonies of European honeybees in the northeastern United States: Investigating its genetic structure. *Apidologie* 46: 654-666.

Seeley, T. D., and P. K. Visscher. 1985. Survival of honey bees in cold climates: The critical timing of colony growth and reproduction. *Ecological Entomology* 10: 81-88.

Sekiguchi, K., and S. F. Sakagami. 1966. Structure of foraging population and related problems in the honeybee, with considerations on the division of labor in bee colonies. *Hokkaido National Agricultural Experiment Station Report* 69: 1-65.

Semkiw, P., and P. Skubida. 2010. Evaluation of the economical aspects of Polish beekeeping. *Journal of Apicultural Science* 54: 5-15.

Sheppard, W. S. 1989. A history of the introduction of honey bee races into the United States. *American Bee Journal* 129: 617-619, 664-666.

Simone, M., J. D. Evans, and M. Spivak. 2009. Resin collection and social immunity in honey bees. *Evolution* 63: 3016-3022.

Simone-Finstrom, M., J. Gardner, and M. Spivak. 2010. Tactile learning in resin foraging honeybees. *Behavioral Ecology and Sociobiology* 64: 1609-1617.

Simone-Finstrom, M., M. Walz, and D. R. Tarpy. 2016. Genetic diversity confers colony-level benefits due to individual immunity. *Biology Letters* 12: 20151007, doi:10.1098/rsbl.2015.1007.

Simone-Finstrom, M., and M. Spivak. 2010. Propolis and bee health: The natural history and significance of resin use by honey bees. *Apidologie* 41: 295-311.

Simpson, J. 1957a. Observations on colonies of honey-bees subjected to treatments designed to induce swarming. *Proceedings of the Royal Entomological Society of London (A)* 32: 185-192.

_____. 1957b. The incidence of swarming among colonies of honey-bees in England. *Journal of Agricultural Science* 49: 387-393.

Simpson, J., and I. B. M. Riedel. 1963. The factor that causes swarming in honeybee colonies in small hives. *Journal of Apicultural Research* 2: 50-54.

Smibert, T. 1851. *Io Anche! Poems, Chiefly Lyrical.* James Hogg, Edinburgh.

Smith, B. E., P. L. Marks, and S. Gardescu. 1993. Two hundred years of forest cover changes in Tompkins County, New York. *Bulletin of the Torrey Botanical Club* 120: 229-247.

Smith, M. L., M. M. Ostwald, and T. D. Seeley. 2015. Adaptive tuning of an extended phenotype: Honeybees seasonally shift their honey storage to optimize male production. *Animal Behaviour* 103: 29-33.

_____. 2016. Honey bee sociometry: Tracking honey bee colonies and their nest contents from colony founding until death. *Insectes Sociaux* 63: 553-563.

Smits, S. A., J. Leach, E. D. Sonnenburg, C. G. Gonzalez, J. S. Lichtman, G. Reid, R. Knight, A. Manjurano, J. Changalucha, J. E. Elias, M. G. Dominguez-Bello, and J. L. Sonnenburg. 2017. Seasonal cycling in the gut microbiome of the Hadza hunter-gatherers of Tanzania. *Science* 357: 802-806.

Southwick, E. E. 1982. Metabolic energy of intact honey bee colonies. *Comparative Biochemistry and Physiology* 71: 277-281.

_____. 1985. Allometric relations, metabolism and heat conductance in clusters of honey bees at cool temperatures. *Journal of Comparative Physiology B* 156: 143-149.

Southwick, E. E., G. M. Loper, and S. E. Sadwick. 1981. Nectar production, composition, energetics and pollinator attractiveness in spring flowers of western New York. *American Journal of Botany* 68: 994-1002.

Southwick, E. E., and J. N. Mugaas. 1971. A hypothetical homeotherm: The honeybee hive. *Comparative Biochemistry and Physiology Part A: Physiology* 40: 935-944.

Southwick, E. E., and D. Pimentel. 1981. Energy efficiency of honey production by bees. *Bioscience* 31: 730-732.

Spivak, M., and M. Gilliam. 1998a. Hygienic behaviour of honey bees and its application for control of brood diseases and varroa. Pt. 1: Hygienic behaviour and resistance to American foulbrood. *Bee World* 79: 124-134.

_____. 1998b. Hygienic behaviour of honey bees and its application for control of brood diseases and varroa. Pt. 2: Studies on hygienic behaviour since the Rothenbuhler era. *Bee World* 79: 169-186.

Stabentheiner, A., H. Pressl, T. Papst, N. Hrassnigg, and K. Crailsheim. 2003. Endothermic heat production in honeybee winter clusters. *Journal of Experimental Biology* 206: 353-358.

Starks, P. T., C. A. Blackie, and T. D. Seeley. 2000. Fever in honeybee colonies. *Naturwissenschaften* 87: 229-231.

Strange, J. P., L. Garnery, and W. S. Sheppard. 2007. Persistence of the Landes ecotype of *Apis mellifera mellifera* in southwest France: Confirmation of a locally adaptive annual brood cycle trait. *Apidologie* 38: 259-267.

Szabo, T. I. 1983a. Effects of various entrances and hive direction on outdoor wintering of honey bee colonies. *American Bee Journal* 123: 47-49.

_____. 1983b. Effect of various combs on the development and weight gain of honeybee colonies. *Journal of Apicultural Research* 22: 45-48.

Taber, S. 1963. The effect of disturbance on the social behavior of the honey bee colony. *American Bee Journal* 103: 286-288.

Taber, S., and C. D. Owens. 1970. Colony founding and initial nest design of honey bees, *Apis mellifera* L. *Animal Behaviour* 18: 625-632.

Tarpy, D. R. 2003. Genetic diversity within honeybee colonies prevents severe infections and promotes colony growth. *Proceedings of the Royal Society of London B* 270: 99-103.

Tarpy, D. R., D. A. Delaney, and T. D. Seeley. 2015. Mating frequencies of honey bee queens (*Apis mellifera* L.) in a population of feral colonies in the northeastern United States. *PLoS ONE* 10 (3): e0118734, doi:10.1371/journal.pone.0118734.

Tarpy, D. R., R. Nielsen, and D. I. Nielsen. 2004. A scientific note on the revised estimates of effective paternity frequency in *Apis*. *Insectes Sociaux* 51: 203-204.

Tautz, J., S. Maier, C. Groh, W. Rössler, and A. Brockmann. 2003. Behavioral performance in adult honey bees is influenced by the temperature experienced during their pupal development. *Proceedings of the National Academy of Sciences of the USA* 100: 7343-7347.

Terashima, H. 1998. Honey and holidays: The interactions mediated by honey between Efe hunter-gatherers and Lese farmers in the Ituri forest. *African Study Monographs*, supplementary issue 25: 123-134.

Thom, C., T. D. Seeley, and J. Tautz. 2000. A scientific note on the dynamics of labor devoted to nectar foraging in a honey bee colony: Number of foragers versus individual foraging activity. *Apidologie* 31: 737-738.

Thompson, J. R., D. N. Carpenter, C. Y. Cogbill, and D. R. Foster. 2013. Four centuries of change in northeastern United States forests. *PLoS ONE* 8 (9): e72540, doi:10.1371/journal.pone.0072540.

Thoreau, H. D. 1862. Walking. *Atlantic Monthly* 9: 657-674.

Tinbergen, N. 1974. *The Animal in Its World (Explorations of an Etholoaist, 1932-1972)*. Harvard University Press, Cambridge, Massachusetts.

Tinghitella, R. M. 2008. Rapid evolutionary change in a sexual signal: Genetic control of the mutation 'flatwing' that renders male field crickets (*Teleogryllus oceanicus*) mute. *Heredity* 100: 261-267.

Traynor, K. S., J. S. Pettis, D. R. Tarpy, C. A. Mullin, J. L. Frazier, M. Frazier, and D. vanEngelsdorp. 2016. In-hive pesticide exposome: Assessing risks to migratory honey bees from in-hive pesticide contamination in the Eastern United States. *Scientific Reports* 6: 33207.

Tribe, G., J. Tautz, K. Sternberg, and J. Cullinan. 2017. Firewalls in bee nests—survival value of propolis walls of wild Cape honeybee (*Apis mellifera capensis*). *Naturwissenschaften* 104: 29, doi.org/10.1007/s00114-017-1449-5.

Turnbull, C. M. 1976. *Man in Africa*. Anchor Press, Garden City, New Jersey.

Villa, J. D., D. M. Bustamante, J. P. Dunkley, and L. A. Escobar. 2008. Changes in honey bee (Hymenoptera: Apidae) colony swarming and survival pre- and postarrival of *Varroa destructor* (Mesostigmata: Varroidae) in Louisiana. *Annals of the Entomological Society of America* 101: 867-871.

Visscher, P. K., K. Crailsheim, and G. Sherman. 1996. How do honey bees (*Apis mellifera*) fuel their water foraging flights? *Journal of Insect Physiology* 42: 1089-1094.

Visscher, P. K., and T. D. Seeley. 1982. Foraging strategy of honeybee colonies in a temperate deciduous forest. *Ecology* 63: 1790-1801.

Visscher, P. K., R. S. Vetter, and G. E. Robinson. 1995. Alarm pheromone perception in honey bees is decreased by smoke (Hymenoptera: Apidae). *Journal of Insect Behavior* 8: 11-18.

von Engeln, O. D. 1961. *The Finger Lakes Region: Its Origin and Nature*. Cornell University Press, Ithaca, New York.

von Frisch, K. 1967. *The Dance Language and Orientation of Bees*. Harvard University Press, Cambridge, Massachusetts.

Wallberg, A., F. Han, G. Wellbagen, B. Dahle, M. Kawata, N. Haddad, Z. Simões, M. Allsopp, I. Kandemir, P. De Ia Rúa, C. Pirk, and M. T. Webster. 2014. A worldwide survey of genome sequence variation provides insight into the evolutionary history of the honeybee *Apis mellifera*. *Nature Genetics* 46: 1081-1088.

Watson, L. R. 1928. Controlled mating in honeybees. *Quarterly Review of Biology* 3: 377-390.

Weipple, T. 1928. Futterverbrauch und Arbeitsteil ung eines Bienenvolkes im Laufe cines Jahres. *Archiv für Bienenkunde* 9: 70-79.

Weiss, K. 1965. Über den Zuckerverbrauch und die Beanspruchung der Bienen bei der Wachs-erzeugung. *Zeitschrift für Bienenforschung* 8: 106-124.

Wells, P. H., and J. Giacchino Jr. 1968. Relationship between the volume and the sugar concen-tration of loads carried by honeybees. *Journal of Apicultural Research* 7: 77-82.

Wenke, R. J. 1999. *Patterns in Prehistory: Humankind's First Three Million Years*. Oxford University Press, New York.

Wenner, A. M., and W. W. Bushing. 1996. *Varroa* mite spread in the United States. *Bee Culture* 124: 341-343.

Whitaker, J. O., Jr., and W. D. Hamilton, Jr. 1998. *Mammals of the Eastern United States*. Cornell University Press, Ithaca, New York.

White, J. W., Jr. 1975. Composition of honey. In: *Honey: A Comprehensive Survey*, E. Crane, ed., pp. 157-206. Heinneman, London.

White, J. W., Jr., M. L. Riethof, M. H. Subers, and I. Kushnir. 1962. *Composition of American Honeys*. U.S. Government Printing Office, Washington, D.C.

Williams, G. C. 1966. *Adaptation and Natural Selection*. Princeton University Press, Princeton, New Jersey.

Williams, G. C., and R. M. Nesse. 1991. The dawn of Darwinian medicine. *Quarterly Review of Biology* 66: 1-22.

Wilson, M. B., D. Brinkman, M. Spivak, G. Gardner, and J. D. Cohen. 2015. Regional variation in composition and antimicrobial activity of US propolis against *Paenibacillus larvae* and *Ascosphaera apis*. *Journal of Invertebrate Pathology* 124: 44-50.

Winston, M. L. 1980. Swarming, afterswarming, and reproductive rate of unmanaged honeybee colonies (*Apis mellifera*). *Insectes Sociaux* 27: 391-398.

_____. 1981. Seasonal patterns of brood rearing and worker longevity in colonies of the Africanized honey bee (Hymenoptera: Apidae) in South America. *Journal of the Kansas Entomological Society* 53: 157-165.

_____. 1987. *The Biology of the Honey Bee*. Harvard University Press, Cambridge, Massachusetts.

Wohlgemuth, R. 1957. Die Temperaturregulation des Bienenvolkes unter regeltheoretischen Gesichtpunkten. *Zeitschrift für Vergleichende Physiologie* 40: 119-161.

Wood, B. M., H. Pontzer, D. A. Raichlen, and F. W. Marlowe. 2014. Mutualism and manipulation in Hadza-honeyguide interactions. *Evolution and Human Behavior* 35: 540-546.

Zeuner, F. E., and F. J. Manning. 1976. A monograph on fossil bees (Hymenoptera: Apoidea). *Bulletin of the British Museum of Natural History (Geology)* 27: 151-268.

Zuk, M., J. T. Rotenberry, and R. M. Tinghitella. 2006. Silent night: Adaptive disappearance of a sexual signal in a parasitized population of field crickets. *Biology Letters* 2: 521-524.

찾아보기